W. von Münch
Elektrische und magnetische
Eigenschaften der Materie

Moeller

Leitfaden der Elektrotechnik

Herausgegeben von
Professor Dr.-Ing. Hans Fricke
Technische Universität Braunschweig
Professor Dr.-Ing. Heinrich Frohne
Universität Hannover
Professor Dr.-Ing. Karl-Heinz Löcherer
Universität Hannover
Professor Dr.-Ing. Paul Vaske †

Band I Grundlagen der Elektrotechnik
Teil 3 Elektrische und magnetische
Eigenschaften der Materie

Springer Fachmedien Wiesbaden GmbH

Elektrische und magnetische Eigenschaften der Materie

Von Dr. phil. nat. Waldemar von Münch
Professor an der Universität Stuttgart

Mit 210 Bildern, 44 Tafeln und 40 Beispielen

 Springer Fachmedien Wiesbaden GmbH 1987

CIP-Kurztitelaufnahme der Deutschen Bibliothek

Leitfaden der Elektrotechnik / Moeller. Hrsg.
von Hans Fricke ... - Stuttgart : Teubner
NE: Moeller, Franz [Begr.]; Fricke, Hans [Hrsg.]
Bd. 1. Grundlagen der Elektrotechnik.
Teil 3. Münch, Waldemar von: Elektrische und
magnetische Eigenschaften der Materie. - 1987
Grundlagen der Elektrotechnik.
Stuttgart : Teubner
  (Leitfaden der Elektrotechnik ; Bd. 1)
Teil 3. Münch, Waldemar von: Elektrische und
magnetische Eigenschaften der Materie. - 1987
Münch, Waldemar von:
Elektrische und magnetische Eigenschaften der
Materie / von Waldemar von Münch.
Stuttgart : Teubner, 1987.
  (Grundlagen der Elektrotechnik ; Teil 3)
  (Leitfaden der Elektrotechnik ; Bd. 1)
  ISBN 978-3-663-09910-9   ISBN 978-3-663-09909-3 (eBook)
  DOI 10.1007/978-3-663-09909-3

© Springer Fachmedien Wiesbaden 1987
Ursprünglich erschienen bei B. G. Teubner Stuttgart 1987.

Softcover reprint of the hardcover 1st edition 1987
Umschlaggestaltung: M. Koch, Reutlingen

Vorwort

Der Fortschritt in der Elektrotechnik ist in den letzten Jahrzehnten entscheidend durch die vielfältige Entwicklung und technologische Beherrschung der Werkstoffe für spezielle Anwendungen geprägt worden. Dementsprechend hat die Werkstoffkunde als Lehrgebiet in der Ausbildung von Elektroingenieuren zunehmend an Bedeutung gewonnen. Dieser Entwicklung folgend ist die Werkstoffkunde auch im Leitfaden der Elektrotechnik schwerpunktmäßig ausgebaut und ihren Grundlagen ein separates Buch gewidmet worden.

Der Band I „Grundlagen der Elektrotechnik" umfaßt das unerläßliche Basiswissen des Studiums der Elektrotechnik in drei voneinander unabhängigen Teilen. Im Teil I/1 „Elektrische Netzwerke" und im Teil I/2 „Elektromagnetische Felder" werden die Vorgänge in makroskopischer Darstellung behandelt, wobei die Werkstoffeigenschaften über leicht verständlich definierte Kenngrößen, wie z. B. Leitfähigkeit, Permeabilität oder Permittivität, eingeführt sind. Im vorliegenden Teil I/3 werden dagegen die elektrischen und magnetischen Eigenschaften der Materie auf Prozesse im atomaren Bereich (z. B. Elektronenbewegung) zurückgeführt. In besonders engem Zusammenhang mit dem vorliegenden Teil I/3 steht der Leitfadenband III „Bauelemente der Halbleiterelektronik", in dem das heute sehr umfangreiche Gebiet der elektrischen Ladungsströmung in Halbleitern – vorzugsweise in den Grenzschichten zwischen Materialien entgegengesetzten Leitungstyps – dargestellt ist.

Alle hier erwähnten Leitfadenbände sind autark und können grundsätzlich für sich verstanden werden. Sie sind aber in Konzeption und Fachvokabular aufeinander abgestimmt. Spezielle Definitionen oder Beschreibungen lassen sich über Inhaltsverzeichnisse oder Sachweiser auffinden, so daß auf die laufende Einfügung gegenseitiger Verweise im Text verzichtet werden konnte.

In dem einleitenden Teil des vorliegenden Buches wird zunächst der atomare Aufbau der Materie – unter besonderer Berücksichtigung der kristallinen Festkörper – erläutert. Außerdem erfolgt eine kurzgefaßte Beschreibung der wichtigsten physikalischen Eigenschaften der Materie in den Aggregatzuständen gasförmig, flüssig und fest.

Im zweiten Teil werden die auf der Bewegung von Ladungsträgern (Elektronen und Ionen) basierenden elektrischen Leitungsmechanismen behandelt. Dabei wird insbesondere auf die aus dem Bändermodell resultierenden Unterschiede der elektrischen Leitung in Metallen, Halbleitern und Isolatoren eingegangen.

Auf der räumlich begrenzten Auslenkung geladener Teilchen, welche nicht am Leitungsmechanismus beteiligt sind, beruhen die im dritten Teil beschriebenen dielektrischen Eigenschaften der Materie. Es werden u. a. die verschiedenen Polarisationsmechanismen sowie der Zusammenhang zwischen mechanischer Deformation und Polarisationsänderung (piezoelektrischer Effekt) erörtert.

Bei den im vierten Teil abgehandelten magnetischen Eigenschaften der Materie spielen die Ordnungszustände der atomaren magnetischen Momente und die damit verknüpften Hystereseerscheinungen eine besondere Rolle. Die einzelnen Teilabschnitte werden durch eine zusammenfassende Übersicht über den Einsatz der betreffenden Werkstoffgruppen in der Elektrotechnik abgeschlossen.

Stuttgart, Juni 1987   W. v. Münch

Hinweise auf DIN-Normen in diesem Werk entsprechen dem Stand der Normung bei Abschluß des Manuskriptes. Maßgebend sind die jeweils neuesten Ausgaben der Normblätter des DIN Deutsches Institut für Normung e.V. im Format A 4, die durch die Beuth-Verlag GmbH, Berlin und Köln, zu beziehen sind. – Sinngemäß gilt das gleiche für alle in diesem Buche angezogenen amtlichen Richtlinien, Bestimmungen, Verordnungen usw.

Inhalt

3 Dielektrische Eigenschaften

4 Magnetische Eigenschaften

Anhang

1 Aufbau der Materie

Die Materie ist aus Elementarteilchen, d.h. aus Protonen (p), Neutronen (n) und Elektronen (e^-) zusammengesetzt. Das Verhalten der Materie in elektrischen und magnetischen Feldern wird daher durch die Eigenschaften dieser Elementarteilchen bestimmt.

1.1 Elementarteilchen

Zu den charakteristischen Merkmalen eines Elementarteilchens gehören die folgenden physikalischen Größen:

- elektrische Ladung e
- Masse (Ruhemasse) m
- Drehimpuls (Spin) s
- magnetisches Moment μ.

Der Spin ist ein Maß für die Drehbewegung des Teilchens um seine eigene Achse. Die Existenz eines magnetischen Momentes bedeutet, daß sich das Elementarteilchen in einem Magnetfeld ausrichten läßt.

In Tafel 1.1 sind die Zahlenwerte der vorstehend definierten Größen zusammengestellt.

Die elektrische Ladung und der Drehimpuls sind quantisierte Größen. Ein Teilchen kann nur eine Ladung besitzen, die ein ganzzahliges (positives oder

Tafel 1.1 Ladung, Ruhemasse, Drehimpuls und magnetisches Moment der Elementarteilchen

	Proton	Neutron	Elektron
Ladung e_p, e_n, e_e	$1{,}602 \cdot 10^{-19}$ C	0	$-1{,}602 \cdot 10^{-19}$ C
Ruhemasse m_p, m_n, m_e	$1{,}673 \cdot 10^{-27}$ kg	$1{,}675 \cdot 10^{-27}$ kg	$0{,}911 \cdot 10^{-30}$ kg
Drehimpuls s_p, s_n, s_e	$5{,}27 \cdot 10^{-35}$ Js	$5{,}27 \cdot 10^{-35}$ Js	$5{,}27 \cdot 10^{-35}$ Js
magnetisches Moment μ_p, μ_n, μ_e	$1{,}41 \cdot 10^{-26}$ Am^2	$-0{,}97 \cdot 10^{-26}$ Am^2	$-9{,}27 \cdot 10^{-24}$ Am^2

negatives) Vielfaches der Elementarladung

$$e = 1{,}602 \cdot 10^{-19} \, \text{As}$$

beträgt. Der Drehimpuls ist stets ein halb- oder ganzzahliges Vielfaches der Größe

$$\hbar = h/(2\pi) = 1{,}054 \cdot 10^{-34} \, \text{Js}, \tag{1.1}$$

in der $h = 6{,}626 \cdot 10^{-34}$ Js das **Plancksche Wirkungsquantum** ist.

Protonen und Neutronen faßt man zu Nukleonen (Kernteilchen) zusammen. Das Massenverhältnis Nukleon∶Elektron beträgt etwa 1835∶1. Die Gesamtmasse der Materie ist somit im wesentlichen auf die Masse der Nukleonen zurückzuführen.

Das **magnetische Moment** des Elektrons ist zahlenmäßig identisch mit dem **Bohrschen Magneton**

$$\mu_B = \frac{e}{m_e} \frac{\hbar}{2} = 9{,}27 \cdot 10^{-24} \, \text{Am}^2. \tag{1.2}$$

Die magnetischen Momente der Nukleonen sind um rund drei Zehnerpotenzen geringer als dasjenige des Elektrons. Die magnetischen Eigenschaften der Materie werden also überwiegend von den Elektronen bestimmt.

Das Neutron besitzt – trotz fehlender Ladung – ein magnetisches Moment, das dem Eigendrehimpuls entgegengerichtet ist (negatives Vorzeichen). Das freie (nicht in einem Kern gebundene) Neutron ist nicht stabil; es zerfällt mit der Halbwertszeit $\tau_{1/2} = 12$ min in ein Proton und ein Elektron.

Neben den vorstehend behandelten Elementarteilchen kann man – unter entsprechenden experimentellen Bedingungen – zahlreiche Teilchen geringer Lebensdauer (unter 10^{-6} s) nachweisen. Von diesen seien insbesondere die in der kosmischen Strahlung vorkommenden π-Mesonen (Masse rund 200 m_e) erwähnt.

Das **Neutrino** ν weist bei der heute erreichbaren Meßgenauigkeit keine meßbare Ruhemasse auf; seine Wechselwirkung mit anderen Teilchen ist äußerst gering. Es trägt jedoch bei Kernreaktionen und -umwandlungen zur Erhaltung der Energie bei.

Zu jedem Teilchen existiert ein Antiteilchen mit entgegengesetztem Ladungsvorzeichen, z. B.

$$\begin{aligned}
&\text{Proton p} &&\leftrightarrow \text{Antiproton } \bar{\text{p}} \\
&\text{Neutron n} &&\leftrightarrow \text{Antineutron } \bar{\text{n}} \\
&\text{Elektron e}^- &&\leftrightarrow \text{Positron e}^+ .
\end{aligned}$$

Beim Zusammentreffen von Teilchen und Antiteilchen erfolgt **Zerstrahlung**, d.h., es wird Materie vollständig in Energie (elektromagnetische Strahlung) umgewandelt. Dabei gilt das **Einsteinsche Äquivalenzgesetz**

$$W = mc^2 \tag{1.3}$$

mit der Lichtgeschwindigkeit c. Die bei der Zerstrahlung auftretende Energie W ist proportional zur verschwindenden Masse m der Teilchen und Antiteilchen. Der genannte Prozeß ist umkehrbar, d.h., durch genügend energiereiche elektromagnetische Strahlung (γ-Strahlung) kann Materie erzeugt werden. Zur Erzeugung eines Elektron-Positron-Paares ist beispielsweise die Energie $W = 1{,}02$ MeV erforderlich.

Bei der Wechselwirkung zwischen elektromagnetischer Strahlung und Materie ist zu berücksichtigen, daß die Strahlung in Form einzelner Quanten emittiert und absorbiert wird. Elektromagnetische Strahlung kann somit auch in der Form eines Stroms von Teilchen, den Photonen, beschrieben werden. Läßt man (hinreichend kurzwelliges) Licht auf eine Metalloberfläche einwirken, so erfolgt eine Elektronenemission (äußerer lichtelektrischer Effekt). Aus dem Zusammenhang zwischen der Wellenlänge des eingestrahlten Lichtes und der kinetischen Energie der emittierten Elektronen folgt, daß die Photonenenergie

$$W_{\mathrm{Ph}} = h\nu = hc/\lambda \tag{1.4}$$

proportional zur Frequenz ν und umgekehrt proportional zur Wellenlänge λ der elektromagnetischen Strahlung ist (h Plancksches Wirkungsquantum)[1]. Mit Hilfe der Äquivalenzrelation Gl. (1.3) ergibt sich für das Photon die Masse

$$m_{\mathrm{Ph}} = h\nu/c^2 \tag{1.5}$$

und damit der Impuls

$$p_{\mathrm{Ph}} = h\nu/c = h/\lambda. \tag{1.6}$$

Photonen sind somit in der Lage, Energie und Impuls an Korpuskeln abzugeben. Bei diesem Vorgang ändert sich die Frequenz (bzw. Wellenlänge) der elektromagnetischen Strahlung (Compton-Effekt).

Die Ruhemasse des Photons ist Null; der Drehimpuls beträgt $\hbar = h/(2\pi)$.

---

[1] Bei elektromagnetischen Wellen, die in der Form von Licht, Röntgen- oder γ-Strahlung emittiert werden, verwendet man üblicherweise für die Frequenz das Symbol ν; es handelt sich dabei um den Frequenzbereich $\nu \gtrsim 10^{12}$ Hz.

1.2 Atomaufbau

Ein Atom ist aus Protonen, Neutronen und Elektronen zusammengesetzt. Die Nukleonen (Protonen und Neutronen) bilden den Atomkern; die Atomhülle besteht aus negativ geladenen Elektronen:

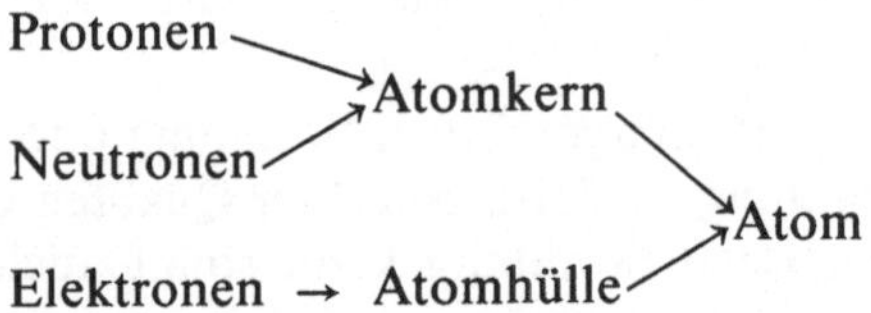

1.2.1 Kernaufbau

Ein Atomkern enthält Z Protonen und N Neutronen. Mit der Protonenzahl (Ordnungszahl) Z ist auch die Zahl der Elektronen in der Atomhülle und damit die Stellung des Atoms im Periodischen System der Elemente festgelegt, d.h., die chemischen Eigenschaften eines Elementes sind mit der Protonenzahl Z verknüpft [24].

Die Summe von Protonen- und Neutronenzahl ist die Massenzahl

$$A = Z + N. \tag{1.7}$$

Durch Angabe der Ordnungszahl (bzw. des Elementsymbols) und der Massenzahl ist die Kernsorte (Nuklid) eindeutig bestimmt. Kerne der Elementsorte E werden durch

$$_Z^A E \quad \text{oder} \quad {}^A E$$

gekennzeichnet.

Der Lithiumkern mit der Massenzahl 7 (3 Protonen und 4 Neutronen) wird beispielsweise durch

$$_3^7 \text{Li} \quad \text{oder} \quad {}^7 \text{Li}$$

beschrieben. Häufig werden auch die Bezeichnungen

$$\text{Li}^7 \quad \text{oder} \quad \text{Li } 7$$

verwendet. Die Angabe des Elementsymbols, der Ordnungszahl und der Massenzahl ist redundant; mit dem Elementsymbol ist die Ordnungszahl bereits festgelegt. Zur eindeutigen Kennzeichnung des Nuklids genügt somit - neben dem Elementsymbol - die Massenzahl.

Kerne (Atome) mit gleicher Ordnungszahl, jedoch unterschiedlicher Massenzahl heißen Isotope; bei Kohlenstoff existieren z. B. die beiden (stabilen) Isotope

$$^{12}_{6}C \quad \text{und} \quad ^{13}_{6}C.$$

Die verschiedenen Isotope eines Elementes besitzen identische Elektronenhüllen und damit gleiche chemische Eigenschaften. Sie können sich jedoch hinsichtlich ihrer physikalischen Eigenschaften (z. B. Radioaktivität) stark voneinander unterscheiden.

Kerne (Atome) mit gleicher Massenzahl, jedoch unterschiedlicher Ordnungszahl werden Isobare genannt, z. B.

$$^{14}_{6}C \quad \text{und} \quad ^{14}_{7}N.$$

Der Aufbau der fünf leichtesten Kerne ist in Bild **1.2** schematisch dargestellt.

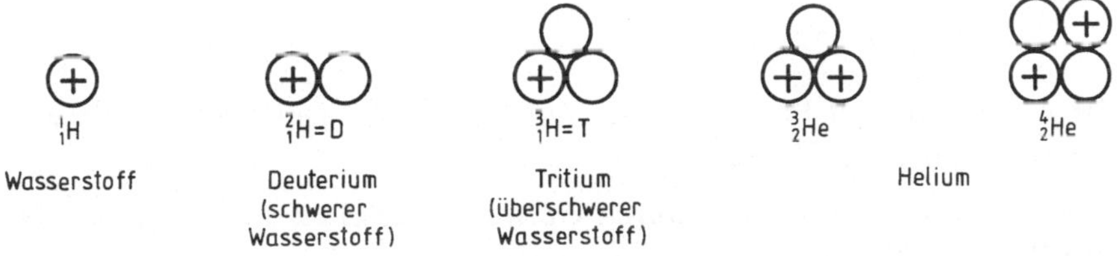

1.2 Aufbau der Kerne der fünf leichtesten Atome

Der Kern des Wasserstoffatoms wird durch ein Proton gebildet. Für die Kerne des schweren Wasserstoffs bzw. des Helium 4 verwendet man die Bezeichnungen Deuteron (1 Proton + 1 Neutron) bzw. α-Teilchen (2 Protonen + 2 Neutronen). Diese Teilchen spielen – neben Protonen und Neutronen – bei Kernumwandlungen eine wichtige Rolle. Eigenständige Bezeichnungen (Deuterium und Tritium) sowie spezielle chemische Symbole (D und T) existieren auch für die Isotope des Wasserstoffs.

In den Jahren nach der Entdeckung des radioaktiven Zerfalls wurden zunächst drei Arten radioaktiver Strahlung experimentell nachgewiesen:
- α-Strahlung (Emission von α-Teilchen),
- β-Strahlung (Emission von β-Teilchen, d. h. von energiereichen Elektronen),
- γ-Strahlung (Emission elektromagnetischer Strahlung mit sehr kurzer Wellenlänge).

Die vorstehenden Strahlungsarten können auf Grund ihres Verhaltens in einem Magnetfeld unterschieden werden. Infolge der unterschiedlichen Ladungsvorzeichen von Elektronen und α-Teilchen werden diese Teilchen im Magnetfeld in entgegengesetzter Richtung abgelenkt. Die γ-Strahlung wird durch ein Magnetfeld nicht beeinflußt.

Die meisten chemischen Elemente bestehen aus einer Mischung von mehreren Isotopen. Bild **1.3** zeigt eine Zusammenstellung der natürlich vorkommenden Nuklide, geordnet nach Protonen- und Neutronenzahlen. Wie aus Bild **1.3** hervorgeht, weisen die Kerne bis zur Ordnungszahl $Z = 16$ (Schwefel) gleiche (oder nahezu gleiche) Protonen- und Neutronenzahlen auf. Bei Kernen höherer Ordnungszahl ist gemäß Bild **1.3** ein Neutronenüberschuß erforderlich. Diese Erscheinung ist auf die zwischen den Protonen wirkenden Coulombschen Abstoßungskräfte zurückzuführen. Die Coulombschen Kräfte besitzen eine – im Vergleich zu den zwischen Protonen und Neutronen wirkenden Kernkräften – große Reichweite; sie machen sich daher vor allem bei Kernen hoher Ordnungszahl bemerkbar.

Bei einem über die Stabilitätsgrenze hinausgehenden Neutronenüberschuß findet eine Umwandlung eines Neutrons in ein Proton unter Aussendung eines Elektrons und eines Antineutrinos statt. Bei diesem – mit β-Strahlung bezeichneten – Vorgang wird die Ordnungszahl des Kerns um eine Einheit erhöht; die Massenzahl ändert sich nicht, da die Massen des Elektrons und des Antineutrinos zu vernachlässigen sind. Somit ist für diese Kernumwandlung folgende Reaktionsgleichung aufzustellen[1]):

$$\tfrac{A}{Z}X \rightarrow \tfrac{A}{Z+1}Y + \beta^- + \bar{\nu}. \tag{1.8}$$

Für Atomkerne mit Protonenüberschuß existieren zwei Möglichkeiten zur Reduzierung positiver Kernladung:

1. Emission eines Positrons durch Umwandlung eines Protons in ein Neutron (Positronenstrahler),

2. Einfang eines Elektrons der Hülle (K-Schale); der freigewordene Platz in der K-Schale (s. Abschn. 1.1.2) wird unter Aussendung von Röntgenstrahlung durch ein Elektron aus den äußeren Schalen aufgefüllt (K-Strahler).

Sehr schwere Atomkerne können auch α-Teilchen emittieren; in diesem Fall reduziert sich die Ordnungszahl um zwei Einheiten, während die Massenzahl um vier Einheiten zurückgeht.

$$\tfrac{A}{Z}X \rightarrow \tfrac{A-4}{Z-2}Y + \alpha. \tag{1.9}$$

Für $Z > 82$ sind alle Elemente instabil (Uran, Thorium, Radium etc.). Sie zerfallen durch Emission von α-Teilchen bzw. Elektronen oder durch spontane Kernspaltung.

Der Kernradius r_K kann nach der Gleichung

$$r_\mathrm{K} = \sqrt[3]{A}\, r_\mathrm{p} \tag{1.10}$$

---

[1]) Bei Kernumwandlungen verwendet man für die Elektronen und die Positronen die Symbole β^- ($= e^-$) und β^+ ($= e^+$).

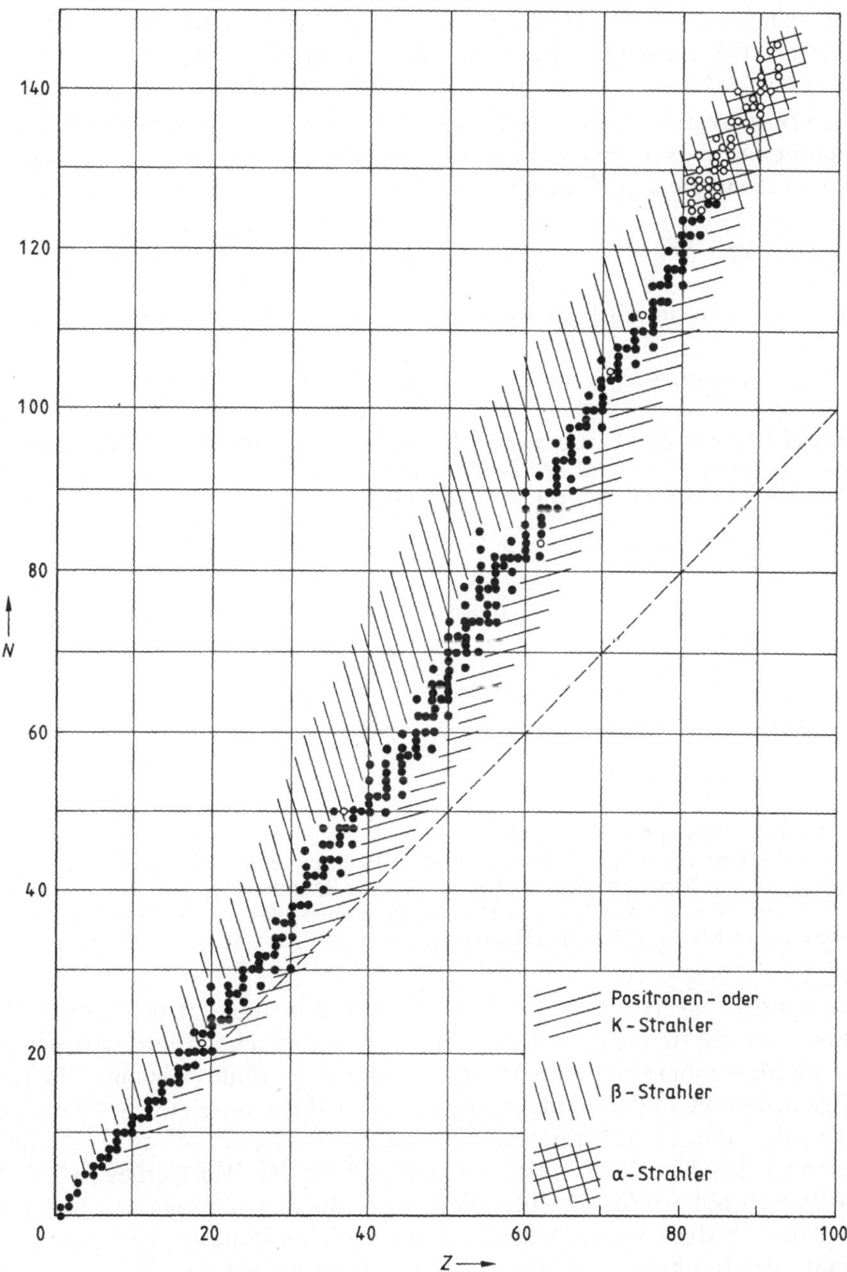

1.3 Protonen- und Neutronenzahlen (Z und N) der natürlich vorkommenden Nuklide (● stabil, ○ instabil)

mit dem **Protonenradius** $r_p = 1{,}2 \cdot 10^{-15}$ m abgeschätzt werden. Es werden hierbei (vereinfachend) Kerne mit kugelförmiger Gestalt und dichtester Packung der Nukleonen angenommen („Tröpfchenmodell").

Die **Gesamtmasse eines Kerns** ergibt sich aus der Summe der Massen von Protonen und Neutronen; hiervon abzuziehen ist das Massenäquivalent der Bindungsenergie W_K (Massendefekt)

$$\Delta m = W_K / c^2 . \tag{1.11}$$

Für das Deuteron gilt beispielsweise

$$m_d = m_p + m_n - \Delta m_d . \tag{1.12}$$

Beispiel 1.1. Aus den Massenwerten des Protons $m_p = 1{,}67265 \cdot 10^{-27}$ kg, des Neutrons $m_n = 1{,}67495 \cdot 10^{-27}$ kg und des Deuterons $m_d = 3{,}34363 \cdot 10^{-27}$ kg errechnet sich nach Gl. (1.12) für das Deuteron ein Massendefekt

$$\Delta m_d = 0{,}00397 \cdot 10^{-27} \text{ kg} .$$

Die entsprechende Bindungsenergie beträgt mit $c = 3 \cdot 10^8$ m/s nach Gl. (1.3)

$$W_d = 0{,}357 \cdot 10^{-12} \text{ kg m}^2/\text{s}^2 = 2{,}2 \text{ MeV} .$$

Beim Deuteron ist somit die Bindungsenergie pro Nukleon

$$W_d / 2 = 1{,}1 \text{ MeV} .$$

Bei der Betrachtung einzelner Teilchen in der Kern-, Atom- und Festkörperphysik ist es üblich, die Energieeinheit Elektronenvolt (eV) zu verwenden. Dabei ist 1 eV diejenige Energie, die ein Teilchen mit der Ladung $\pm e$ beim Durchlaufen einer Potentialdifferenz von 1 V aufnimmt (s. Abschn. 2.1). Die Energieeinheit Elektronenvolt ist daher nichtkohärent an die SI-Einheit Joule (J) angeschlossen, d.h., es gilt 1 eV $= 1{,}602 \cdot 10^{-19}$ J.

Die **Bindungsenergien pro Nukleon** sind in Bild **1.4** für die wichtigsten Atomkerne zusammengestellt; es sind unterschiedliche Koordinatenmaßstäbe für die Massenbereiche 0 bis 10 und 10 bis 240 gewählt. Wie aus Bild **1.4** hervorgeht, nimmt die Bindungsenergie pro Nukleon im Bereich $2 \leq A \leq 10$ mit steigender Massenzahl stark zu; besonders hinzuweisen ist auf die – im Vergleich zu den Nachbarkernen – hohe Stabilität des ^{4}He-Kernes (α-Teilchen). Im Bereich hoher Massenzahlen nimmt die Bindungsenergie pro Nukleon infolge der **Coulombschen** Abstoßung zwischen den Protonen leicht ab. Das Maximum der Bindungsenergie pro Nukleon wird beim Eisenkern ^{56}Fe erreicht. Die Bindungsenergie W_K wird beim Aufbau des Kerns aus seinen Bestandteilen frei bzw. sie muß aufgewendet werden, um den Kern in seine Bestandteile zu zerlegen. Wie aus Bild **1.4** zu entnehmen ist, kann Kernenergie grundsätzlich auf zwei Wegen gewonnen werden:

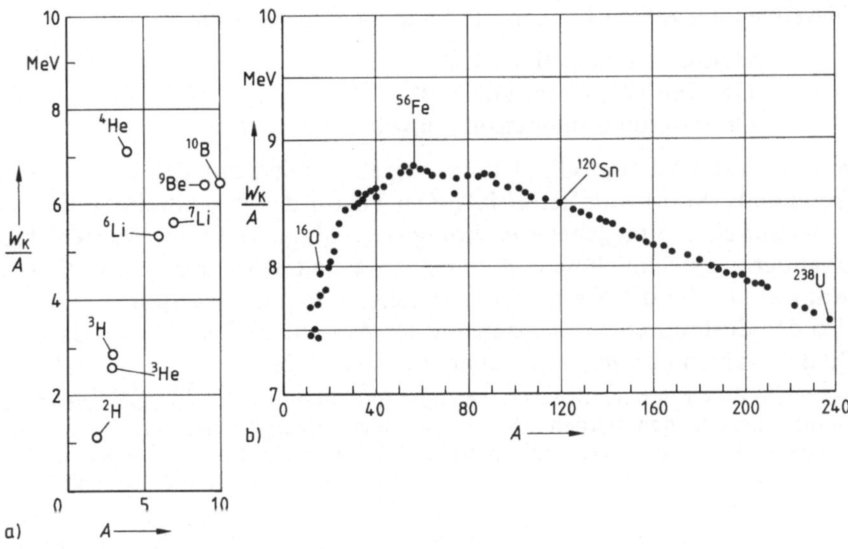

1.4 Bindungsenergie pro Nukleon W_K/A in den wichtigsten Kernen
a) Bereich $0 \leq A \leq 10$, b) Bereich $10 \leq A \leq 240$

1. Kernspaltung, d.h. Zerlegung schwerer Kerne (z. B. ^{235}U) in leichtere Bestandteile; der Energiegewinn pro Nukleon beträgt rund 1 MeV.

2. Kernfusion, z. B. durch Vereinigung zweier Deuteriumkerne zu Helium; in diesem Falle wird pro Nukleon eine Energie von etwa 6 MeV frei.

Als atomare Masseneinheit u ist seit 1960 der zwölfte Teil der Masse des Kohlenstoffisotops ^{12}C festgelegt; somit gilt

$$1\,u = 1{,}66055 \cdot 10^{-27}\,kg.$$

Das Energieäquivalent einer atomaren Masseneinheit beträgt 931,5 MeV [17].

1.2.2 Aufbau der Elektronenhülle und Periodisches System der Elemente

Die Elektronenhülle eines Atoms ist in Schalen, welche durch Hauptquantenzahlen n gekennzeichnet sind, unterteilt. Mit ansteigender Hauptquantenzahl nehmen der mittlere Abstand der Elektronen vom Kern und die Energie der Elektronen zu. Innerhalb der Schalen besteht eine Unterteilung der Elektronen nach unterschiedlichen Drehimpulsquantenzahlen (Nebenquantenzahlen) l. Darüber hinaus weisen die Elektronen mit $l \neq 0$ auch unterschiedliche Orientierungsquantenzahlen m_l, welche die Richtungen der Bahndrehimpulse kennzeichnen, auf. Damit sind die zur Beschreibung eines Elektronenzustandes erforderlichen ganzzahligen Quantenzahlen festgelegt.

Diese Quantenzahlen können die folgenden Werte annehmen:

Hauptquantenzahl $n = 1, 2, \ldots \infty$
Drehimpulsquantenzahl $l = 0, 1, \ldots n - 1$
Orientierungsquantenzahl $m_l = 0, \pm 1, \ldots \pm l$.

Wie aus Tafel **1**.1 und Gl. (1.1) hervorgeht, besitzt das Elektron einen Eigendrehimpuls (Spin) vom Betrag $\hbar/2$. Der Vektor des Eigendrehimpulses kann in bezug auf eine vorgegebene Richtung (z. B. Magnetfeld) zwei unterschiedliche Orientierungen einnehmen; dieser Sachverhalt wird durch eine Spinquantenzahl m_s, die die Werte $\pm 1/2$ annehmen kann, ausgedrückt. Insgesamt ist also der Zustand eines Elektrons in der Atomhülle durch einen Satz von vier Quantenzahlen n, l, m_l, m_s zu charakterisieren [23].

Bei einem Elektron muß also zwischen dem Bahndrehimpuls und dem Eigendrehimpuls (Spin) unterschieden werden. Der Bahndrehimpuls ergibt sich nach dem Bohrschen Atommodell aus der kreisförmigen Bewegung des Elektrons um den Kern. Der Eigendrehimpuls resultiert – wie bereits ausgeführt – aus der Rotation des Elektrons um seine eigene Achse.

Anstelle der Kennzeichnung der Schalen durch Hauptquantenzahlen wird auch häufig eine Benennung der Schalen mit den Buchstabensymbolen K ($n = 1$), L ($n = 2$), M ($n = 3$) usw. durchgeführt. In der K-Schale können sich nur Elektronen mit dem Bahndrehimpuls Null befinden, d.h., es gelten die Quantenzahlen

$$n = 1, \quad l = 0, \quad m_l = 0, \quad m_s = \pm 1/2.$$

In der L-Schale existieren Elektronen mit $l = 0$ und $l = 1$; letztere können unterschiedliche Orientierungsquantenzahlen m_l aufweisen. Die Elektronen der L-Schale sind somit durch folgende Quantenzahlen gekennzeichnet:

$$
\begin{aligned}
n = 2, \quad & l = 0, \quad & m_l = 0, \quad & m_s = \pm 1/2 \\
& l = 1, \quad & m_l = 0, \quad & m_s = \pm 1/2 \\
& & m_l = \pm 1, \quad & m_s = \pm 1/2.
\end{aligned}
$$

Anstelle der Unterscheidung von Elektronenzuständen durch Drehimpulsquantenzahlen können diese Zustände auch durch die Buchstabensymbole s, p, d, f gekennzeichnet werden. Diese – aus der Atomspektroskopie stammenden – Buchstabensymbole werden üblicherweise in Kombination mit der Hauptquantenzahl eingesetzt. Ein 1 s-Elektron entstammt der K-Schale ($n = 1$) und besitzt die Drehimpulsquantenzahl $l = 0$. In der L-Schale ($n = 2$) existieren 2 s-Elektronen (mit $l = 0$) und 2 p-Elektronen (mit $l = 1$). In Tafel **1**.5 sind die Kombinationsmöglichkeiten von n und l für die K-, L-, M- und N-Schale zusammengestellt.

Die **maximale Anzahl der Elektronen** mit der Drehimpulsquantenzahl l in einer Schale beträgt unter Berücksichtigung der beiden Orientierungsmöglichkeiten des Spins $2 \cdot (2l + 1)$. Hieraus ergibt sich die maximal mögliche Anzahl der Elektronen in einer Schale mit der Hauptquantenzahl n:

$$2 \cdot \sum_{l=0}^{l=n-1} (2l+1) = 2n^2. \tag{1.13}$$

Tafel 1.5 Bezeichnung der Elektronenzustände mit den Hauptquantenzahlen $n = 1, 2, 3, 4$ und den Drehimpulsquantenzahlen $l = 0, 1, 2, 3$. Die Zahlen in Klammern geben die maximale Anzahl der Elektronen mit den jeweiligen Drehimpulsquantenzahlen an.

$l =$		0 s-Elek- tronen	1 p-Elek- tronen	2 d-Elek- tronen	3 f-Elek- tronen	Gesamt- zahl $2n^2$
K-Schale	$(n=1)$	1 s (2)	—	—	—	2
L-Schale	$(n=2)$	2 s (2)	2 p (6)	—	—	8
M-Schale	$(n=3)$	3 s (2)	3 p (6)	3 d (10)	—	18
N-Schale	$(n=4)$	4 s (2)	4 p (6)	4 d (10)	4 f (14)	32

Die mathematische Beschreibung der Konfiguration eines Elektrons erfolgt durch die Wellenfunktion $\psi(x, y, z)$, welche mit Hilfe der zeitunabhängigen Schrödinger Gleichung

$$\frac{\partial^2 \psi}{\partial x^2} + \frac{\partial^2 \psi}{\partial y^2} + \frac{\partial^2 \psi}{\partial z^2} + \frac{8\pi^2 m_c}{h^2}(W - W_{pot})\psi = 0 \tag{1.14}$$

zu berechnen ist. Hierin ist W die Gesamtenergie des Elektrons, während $W_{pot}(x, y, z)$ die aus den Coulomb-Kräften resultierende potentielle Energie bedeutet.

Der Ausdruck $|\psi|^2$ kann als Elektronendichte bzw. Aufenthaltswahrscheinlichkeit des Elektrons in dem Volumenelement $\mathrm{d}V$ gedeutet werden. Es gilt die Normierungsbedingung

$$\iiint |\psi|^2 \mathrm{d}V = 1, \tag{1.15}$$

d.h., für ein Einzelelektron muß die Aufenthaltswahrscheinlichkeit im Gesamtvolumen den Wert Eins annehmen.

In den hier behandelten Beispielen ist die Wellenfunktion ψ reell; in diesen Fällen kann $|\psi|^2 = \psi^2$ gesetzt werden. Aus Gründen der Allgemeingültigkeit wird die (übliche) Schreibweise $|\psi|^2$ für die Elektronendichte beibehalten.

Beim Wasserstoffatom befindet sich ein Elektron im elektrischen Feld eines – punktförmig angenommenen – Protons. Die potentielle Energie des Elektrons

$$W_{pot}(r) = -\frac{e^2}{4\pi\varepsilon_0 r} \tag{1.16}$$

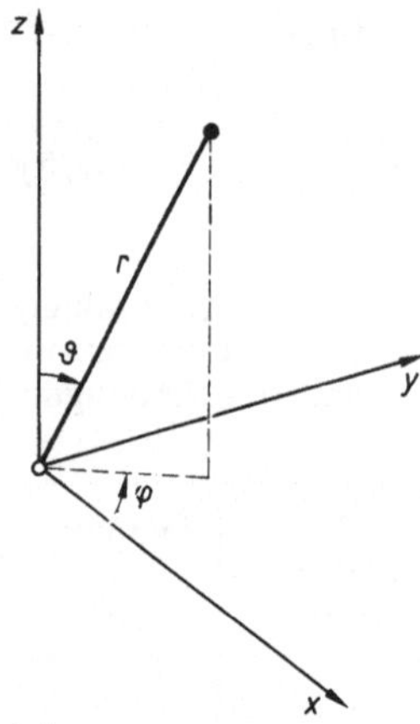

1.6
Zusammenhang zwischen
kartesischen Koordinaten
und Kugelkoordinaten

ist somit nur eine Funktion des Abstandes r vom Kern (ε_0 elektrische Feldkonstante). Dementsprechend ist es zweckmäßig, die Position des Elektrons durch die Kugelkoordinaten r, ϑ und φ zu beschreiben (s. Bild 1.6). Die transformierte Schrödinger-Gleichung lautet dann

$$\frac{1}{r^2} \cdot \frac{\partial}{\partial r}\left(r^2\frac{\partial\psi}{\partial r}\right) + \frac{1}{r^2\sin\vartheta} \cdot \frac{\partial}{\partial\vartheta}\left(\sin\vartheta\frac{\partial\psi}{\partial\vartheta}\right)$$

$$+ \frac{1}{r^2\sin^2\vartheta} \cdot \frac{\partial^2\psi}{\partial\varphi^2} + \frac{8\pi^2 m_{\mathrm{e}}}{h^2}\left(W + \frac{e^2}{4\pi\varepsilon_0 r}\right)\psi = 0. \tag{1.17}$$

Die Lösung von Gl. (1.17) gelingt mit Hilfe des Produktansatzes

$$\psi(r, \vartheta, \varphi) = R(r)\cdot\Theta(\vartheta)\cdot\Phi(\varphi),$$

d. h., die Wellenfunktion eines Elektrons kann durch das Produkt dreier Funktionen, welche jeweils nur eine Abhängigkeit von **einer** Ortskoordinate aufweisen, ausgedrückt werden.

Für die Teilfunktionen gelten die Rand- und Stetigkeitsbedingungen

$$R(\infty) = 0 \tag{1.18a}$$

$$\Theta(\vartheta) = \Theta(\vartheta + 2\pi) \tag{1.18b}$$

$$\Phi(\varphi) = \Phi(\varphi + 2\pi). \tag{1.18c}$$

Der **Grundzustand** (1 s-Zustand) des Elektrons im Wasserstoffatom wird durch die Funktionen

$$\psi_{1s}(r) = \frac{1}{\sqrt{\pi r_1^3}}\,\mathrm{e}^{-r/r_1} \tag{1.19a}$$

bzw.

$$|\psi_{1s}(r)|^2 = \frac{1}{\pi r_1^3}\,\mathrm{e}^{-2r/r_1} \tag{1.19b}$$

beschrieben (s. Bild 1.7). Die Größe

$$r_1 = \frac{\varepsilon_0 h^2}{\pi m_{\mathrm{e}} e^2} \tag{1.20}$$

wird als **(1.) Bohrscher Bahnradius** bezeichnet. Zahlenmäßig gilt $r_1 = 0{,}53 \cdot 10^{-10}$ m ($= 0{,}53$ Å).

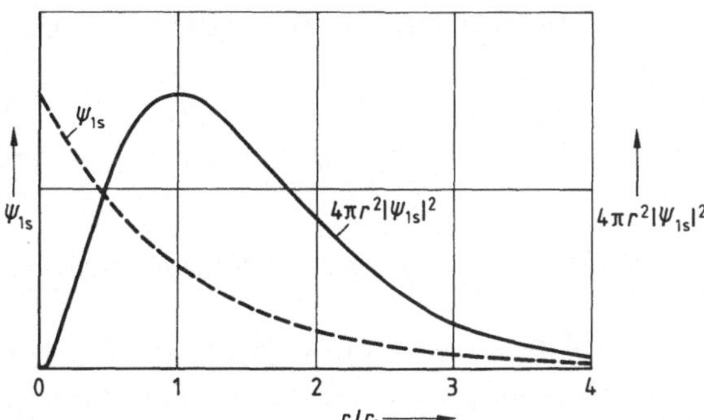

1.7
Verlauf der Wellenfunktion ψ_{1s} (---) und der radialen Dichteverteilung $4\pi r^2 |\psi_{1s}|^2$ (—) der 1s-Elektronen

Berechnet man den in einer Kugelschale mit dem Radius r und der Dicke dr befindlichen Elektronenanteil, so ergibt sich die in Bild **1.**7 ausgezogen eingetragene Funktion $4\pi r^2 |\psi_{1s}|^2$, welche ein Maximum bei $r = r_1$ aufweist.

Die Energie des Elektrons im Grundzustand beträgt

$$W_1 = - \frac{m_e e^4}{8\varepsilon_0^2 h^2} ; \tag{1.21}$$

der Nullpunkt der Energieskala ist dabei so festgelegt, daß die Energie des freien, unbewegten Elektrons gleich Null ist. An den Kern gebundene Elektronen sind somit durch einen negativen Energiewert, freie Elektronen durch einen positiven Energiewert gekennzeichnet. Um das 1 s-Elektron des Wasserstoffatoms vom Kern zu trennen, bedarf es der Energie $|W_1| = 13{,}6$ eV (Ionisierungsenergie des Wasserstoffatoms).

Die Wellenfunktion der 2 s-Elektronen

$$\psi_{2s}(r) = \frac{1}{2\sqrt{2\pi r_1^3}} \left(1 - \frac{r}{2r_1}\right) e^{-r/2r_1} \tag{1.22}$$

weist eine Nullstelle bei $r = 2r_1$ auf. Die Maxima der radialen Dichteverteilung $4\pi r^2 |\psi_{2s}|^2$ sind bei $r = 0{,}8\,r_1$ und $r = 5{,}2\,r_1$ zu finden (s. Bild **1.**8).

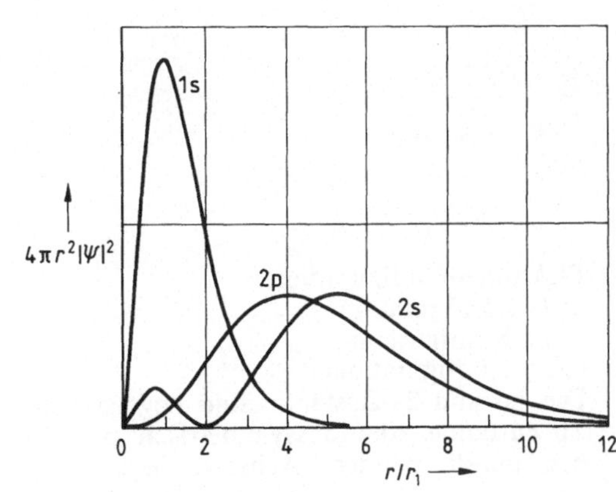

1.8
Radiale Dichteverteilungen bei den 1s-, 2s- und 2p-Konfigurationen

Für die 2 p-Elektronen gelten winkelabhängige Wellenfunktionen, die in der Form

$$\psi_{2p}(r, \vartheta, \varphi) = \frac{1}{2\sqrt{2\pi r_1^3}} \cdot \frac{r}{2r_1}\, e^{-r/2r_1} \cdot \begin{cases} \cos\vartheta & \text{(1.23 a)} \\ \sin\vartheta\cos\varphi & \text{(1.23 b)} \\ \sin\vartheta\sin\varphi & \text{(1.23 c)} \end{cases}$$

für die drei Orientierungsquantenzahlen $m_l = 0$, $m_l = \pm 1$ geschrieben werden können.

Der Verlauf der radialen Dichteverteilungsfunktionen $4\pi r^2 |\psi|^2$ der Elektronenkonfigurationen 1 s, 2 s und 2 p ist in Bild **1.8** dargestellt. Bild **1.9** zeigt schematisch die räumliche Anordnung der „Elektronenwolken" mit den drei Orientierungsmöglichkeiten der 2 p-Zustände. Die Überlagerung der drei 2 p-Konfigurationen ergibt eine kugelsymmetrische Dichteverteilung.

Bei weiter zunehmenden Haupt- und Nebenquantenzahlen resultieren kompliziertere Dichteverteilungen mit einer größeren Anzahl von Knotenebenen bzw. Knotenflächen (d. h. Nullstellen der Elektronendichte). Die Energie der Elektronenzustände ist bei einem Einelektronensystem (Wasserstoffatom) in der hier dargestellten Näherung jedoch nur von der Hauptquantenzahl n abhängig, d. h.

$$W_n = -\frac{m_e e^4}{8\varepsilon_0^2 h^2 n^2}. \qquad (1.24)$$

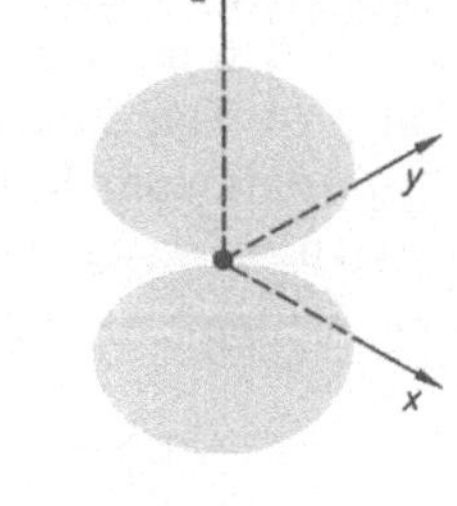

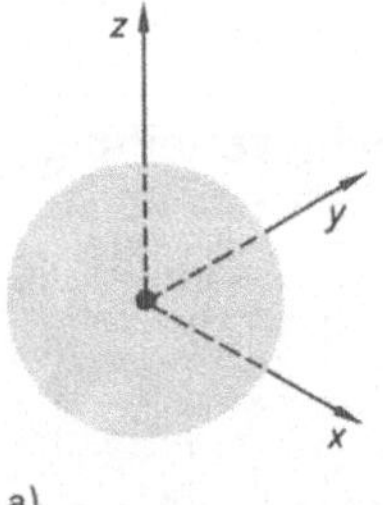

a)

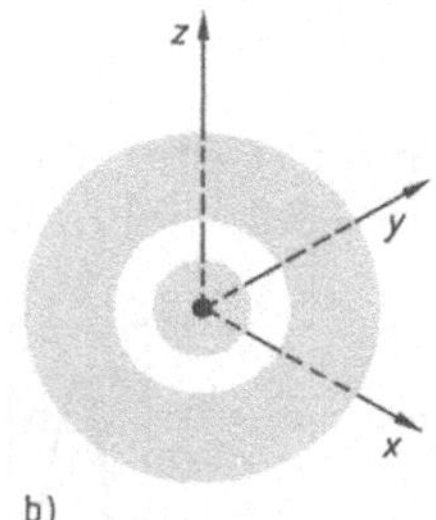

b)

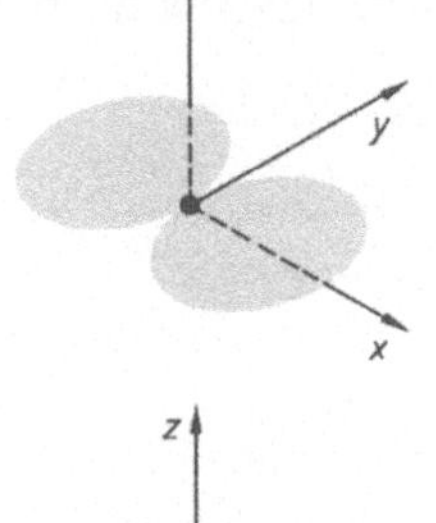

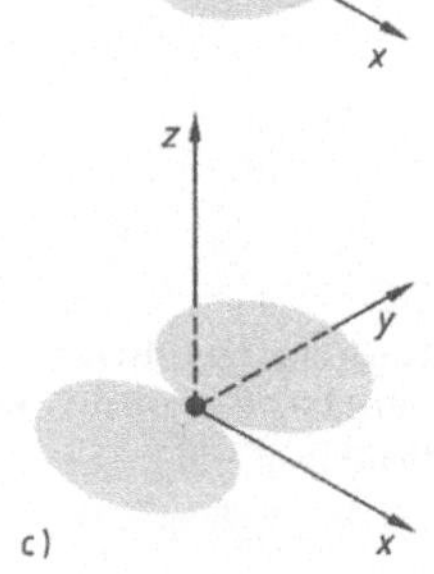

c)

1.9 Elektronenkonfigurationen
  a) 1s-Konfiguration
  b) 2s-Konfiguration
  c) 2p-Konfigurationen
  Die 1s- und 2s-Zustände sind kugelsymmetrisch, die 2p-Zustände rotationssymmetrisch um die z-Achse bzw. um die x- oder y-Achse zu denken

Beim Übergang eines Elektrons im Wasserstoffatom von einem Zustand mit der Hauptquantenzahl n_1 zu einem Zustand mit der Hauptquantenzahl n_2 wird die Energie

$$W_{12} = \frac{m_e e^4}{8\varepsilon_0^2 h^2} \left(\frac{1}{n_2^2} - \frac{1}{n_1^2} \right) \tag{1.25}$$

freigesetzt; hierbei wird ein Photon entsprechender Energie emittiert.

Bei Atomen mit mehreren Elektronen ($Z > 1$) sind Korrekturen infolge der Wechselwirkung der Elektronen untereinander erforderlich. Damit ergeben sich Energiewerte, die gegenüber Gl. (1.24) verändert sind und auch eine Abhängigkeit von den Nebenquantenzahlen aufweisen.

Der Aufbau der Elektronenhülle entsprechend der Kernladungszahl Z genügt dem Prinzip minimaler Gesamtenergie, d. h., die Elektronen besetzen zunächst die Zustände niedrigster Energie; hierbei wird die maximale Besetzungszahl gemäß Tafel **1.5** eingehalten (Pauli-Prinzip). Bild **1.**10 zeigt schematisch die Lage der Energieniveaus in einem Mehrelektronensystem. Wie daraus hervorgeht, sind die Energieniveaus der K-, L- und M-Schale deutlich voneinander getrennt. Dementsprechend wird zunächst die K-Schale besetzt; mit zwei Elektronen (Helium) ist diese Schale gefüllt. In der L-Schale werden zunächst die s-Zustände besetzt (Lithium und Beryllium). Die anschließende schrittweise Auffüllung der

1.10 Energieterme der K-, L-, M- und N-Schale in einem Mehrelektronensystem (schematisch)

L-Schale mit p-Elektronen führt schließlich zu dem Edelgas Neon ($Z = 10$).

Bei den Schalen mit höheren Hauptquantenzahlen ist teilweise eine Überlappung der Energieniveaus mit unterschiedlichen Drehimpulsquantenzahlen festzustellen. So liegt z. B. gemäß Bild **1.**10 das 4 s-Niveau der N-Schale energetisch niedriger als das 3 d-Niveau der M-Schale; dementsprechend werden in der M-Schale zunächst nur die 3 s- und die 3 p-Niveaus besetzt (Elemente Natrium bis Argon). Hieran schließt sich die Besetzung der 4 s-Zustände der N-Schale an (Elemente Kalium und Kalzium). Erst danach wird die M-Schale schrittweise vervollständigt. Da es sich hierbei um eine Auffüllung der 3 d-Zustände handelt, nennt man diese Elemente (Scandium bis Zink) 3 d-Übergangsmetalle. Die Besetzung der 4 p-Zustände der N-Schale liefert die Elemente Gallium ($Z = 31$) bis Krypton ($Z = 36$).

Die Besetzung der einzelnen Zustände für die Elemente Wasserstoff ($Z=1$) bis Rubidium ($Z=37$) ist in Tafel **1.11** wiedergegeben. Entsprechende Überlegungen können für die Elemente mit höherer Ordnungszahl angestellt werden.

Tafel **1.11** Elektronenkonfigurationen der Elemente Wasserstoff ($Z=1$) bis Rubidium ($Z=37$)

Z	Element	K-Schale 1 s	L-Schale 1 s 2 p	M-Schale 3 s 3 p 3 d	N-Schale 4 s 4 p	O-Schale 5 s
1	H	1				
2	He	2 ← K-Schale gefüllt				
3	Li	2	1			
4	Be	2	2			
5	B	2	2 1			
6	C	2	2 2			
7	N	2	2 3			
8	O	2	2 4			
9	F	2	2 5			
10	Ne	2	2 6 ← L-Schale gefüllt			
11	Na	2	2 6	1		
12	Mg	2	2 6	2		
13	Al	2	2 6	2 1		
14	Si	2	2 6	2 2		
15	P	2	2 6	2 3		
16	S	2	2 6	2 4		
17	Cl	2	2 6	2 5		
18	Ar	2	2 6	2 6		
19	K	2	2 6	2 6	1	
20	Ca	2	2 6	2 6	2	
21	Sc	2	2 6	2 6 1	2	
22	Ti	2	2 6	2 6 2	2	
23	V	2	2 6	2 6 3	2	
24	Cr	2	2 6	2 6 5	1	3 d-Über-
25	Mn	2	2 6	2 6 5	2	gangs-
26	Fe	2	2 6	2 6 6	2	metalle
27	Co	2	2 6	2 6 7	2	
28	Ni	2	2 6	2 6 8	2	
29	Cu	2	2 6	2 6 10	1	
30	Zn	2	2 6	2 6 10	2 ← M-Schale gefüllt	
31	Ga	2	2 6	2 6 10	2 1	
32	Ge	2	2 6	2 6 10	2 2	
33	As	2	2 6	2 6 10	2 3	
34	Se	2	2 6	2 6 10	2 4	
35	Br	2	2 6	2 6 10	2 5	
36	Kr	2	2 6	2 6 10	2 6	
37	Rb	2	2 6	2 6 10	2 6	1

Die gesamte Elektronenkonfiguration eines Atoms wird durch die Besetzung der einzelnen Zustände definiert; die Anzahl der in dem betreffenden Zustand befindlichen Elektronen wird durch eine Hochzahl gekennzeichnet. Chemisch abgeschlossene Schalen (Edelgaskonfigurationen) können durch die in eckige Klammern gesetzten Elementsymbole der Edelgase dargestellt werden; hierdurch läßt sich eine verkürzte Schreibweise realisieren, z.B.:

$$\text{Sauerstoff } (Z = 8): \quad 1\,s^2\ 2\,s^2\ 2\,p^4 \quad \text{oder} \quad [\text{He}]\ 2\,s^2\ 2\,p^4,$$

$$\text{Magnesium } (Z = 12): \ 1\,s^2\ 2\,s^2\ 2\,p^6\ 3\,s^2 \quad \text{oder} \quad [\text{Ne}]\ 3\,s^2.$$

Der schalenartige Aufbau der Elektronenhülle hat eine periodische Abhängigkeit verschiedener atomarer Eigenschaften von der Ordnungszahl zur Folge. Bild 1.12 zeigt die Ionisierungsenergie W_i der Atome als Funktion der Ordnungszahl; danach weisen die Edelgase eine besonders stabile Elektronenhülle auf. Die Hauptminima der Ionisierungsenergie sind bei den Alkalimetallen zu finden, d.h., das äußerste, in einer neuen Schale angelagerte Elektron ist relativ leicht vom Atom zu trennen. Für die Herstellung von Photokathoden (z.B. für IR-Bildwandler) ist somit besonders das Metall Cäsium geeignet.

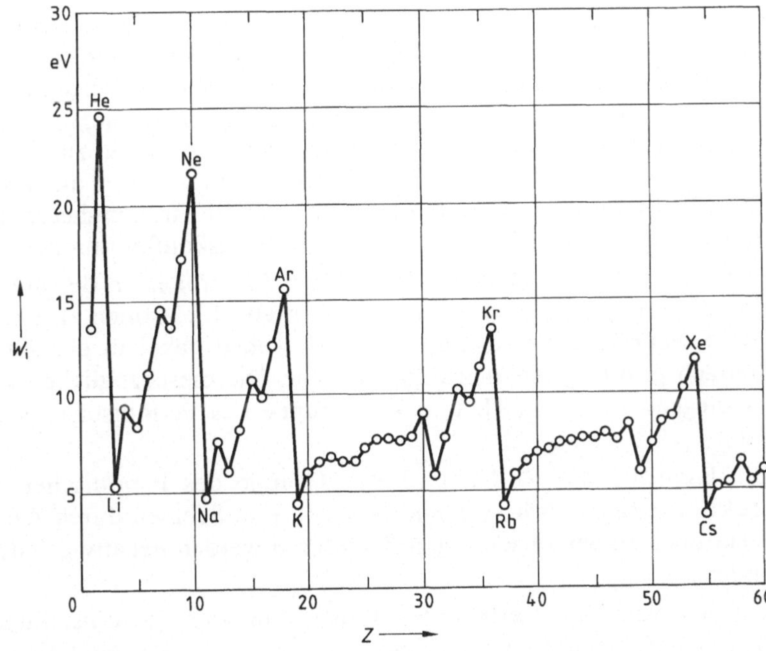

1.12 Ionisierungsenergie W_i der Atome als Funktion der Ordnungszahl $(Z \le 60)$

1.3 Chemische Bindung

Die Bindung der Atome untereinander im Molekül oder im Festkörper wird durch die Wechselwirkung der Elektronen in den äußeren Schalen bewirkt. Die Art und Weise, wie die anziehenden Kräfte im einzelnen zustande kommen, ist jedoch unterschiedlich. Die wichtigsten Arten der chemischen Bindung sind in Bild 1.13 zusammengestellt.

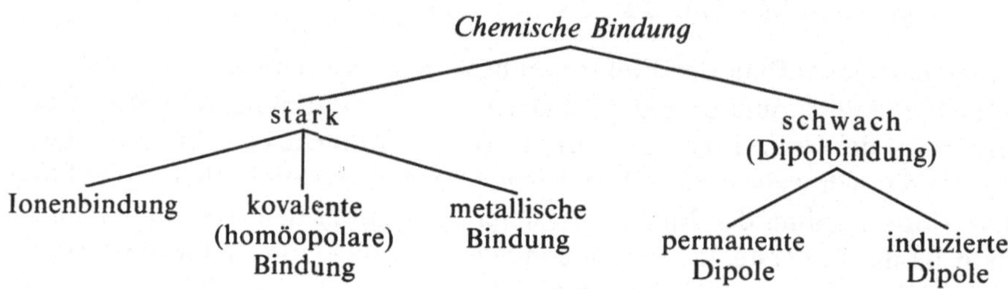

1.13 Arten der chemischen Bindung

Am einfachsten ist die Ionenbindung zu verstehen. Bei dieser Bindungsart erfolgt ein Elektronenaustausch zwischen verschiedenen Atomarten derart, daß Ionen mit unterschiedlichem Ladungsvorzeichen entstehen; diese Ionen ziehen sich auf Grund der Coulomb-Kräfte gegenseitig an. Die Ursache für den Elektronenaustausch ist in dem Bestreben der Atome, ihre Schalen zu vervollständigen bzw. überschüssige Elektronen abzugeben, zu sehen. Im chemischen Sinne sind dabei die K-Schale mit zwei Elektronen, alle übrigen Schalen mit acht Elektronen „vollständig", d.h., der Elektronenübergang bewirkt das Entstehen von – kugelsymmetrischen – Edelgaskonfigurationen.

Elemente mit einer geringen Anzahl von Elektronen in der äußersten Schale sind elektropositiv, d.h., sie sind bestrebt, Elektronen an einen oder mehrere Reaktionspartner abzugeben. Sie gehen dabei in den ein-, zwei- oder dreifach positiv geladenen Zustand über. Die diesbezüglichen Elemente sind vorwiegend in der I., II. und III. Gruppe des Periodischen Systems zu finden.

Die Elemente der V., VI. und VII. Gruppe des Periodischen Systems sind elektronegativ, d.h., sie sind bestrebt, ihre Schalen durch Aufnahme von Elektronen zu vervollständigen. Hierdurch werden negativ geladene Ionen gebildet.

Mit dem vorstehend erläuterten Prinzip läßt sich die Entstehung zahlreicher chemischer Verbindungen erklären; es seien folgende Beispiele genannt:

$$Na^+ \quad + Cl^- \quad \rightarrow NaCl \text{ (Natriumchlorid)},$$

$$Mg^{++} \quad + O^{--} \quad \rightarrow MgO \text{ (Magnesiumoxid)},$$

$$2\,Al^{+++} + 3\,O^{--} \rightarrow Al_2O_3 \text{ (Aluminiumoxid)}.$$

Beim Natriumchlorid wird beispielsweise die M-Schale des Chlors durch Aufnahme eines Elektrons vervollständigt. Das Natriumatom erhält durch Abgabe des 3 s-Elektrons ebenfalls eine edelgasartige Elektronenhülle.

1.14
Ionenbindung am Beispiel des Natriumchlorids

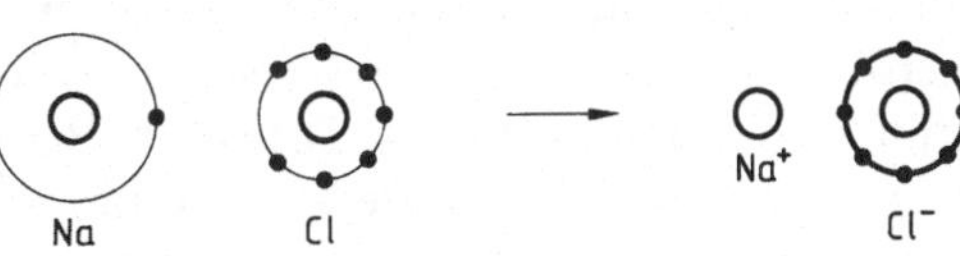

Die Ionenbindung, welche in Bild **1.**14 am Beispiel des Natriumchlorids erläutert ist, weist insbesondere folgende Merkmale auf:

1. Die Elektronen sind sowohl bei den positiven als auch bei den negativen Ionen in Kernnähe lokalisiert und somit stark an die Kerne gebunden. Dementsprechend ist die elektrische Leitfähigkeit derartiger Verbindungen in der Regel gering. Bei erhöhter Temperatur kann es zu einer Bewegung der Ionen unter dem Einfluß eines elektrischen Feldes kommen. In diesem Falle tritt eine Ionenleitung auf.

2. Bei den anziehenden Coulomb-Kräften handelt es sich um Zentralkräfte, d.h., die Anziehung wirkt stets zwischen den Schwerpunkten positiver und negativer Ladung. Somit existiert bei der Ionenbindung keine räumlich bevorzugte Bindungsrichtung.

Die kovalente (homöopolare) Bindung sei an einem vereinfachten (ebenen) Modell des Siliciumkristalls erläutert (Bild **1.**15). Das Siliciumatom besitzt – seiner Stellung im Periodischen System entsprechend – vier Elektronen in seiner äußersten Schale (M-Schale). Innerhalb des Siliciumkristalls ist jedes Siliciumatom von vier weiteren Siliciumatomen umgeben. Durch Bildung von Elektronenbrücken, die jeweils aus zwei Elektronen mit antiparallelem Spin bestehen, erhält jedes Siliciumatom eine vollständige – d.h. aus acht Elektronen bestehende – Schale. Mit anderen Worten: Die kovalente Bindung ist nur bei einer bestimmten räumlichen Anordnung der Atome möglich. Diese räumliche Anordnung wird durch die Anzahl der Außenelektronen des betreffenden Elementes festgelegt.

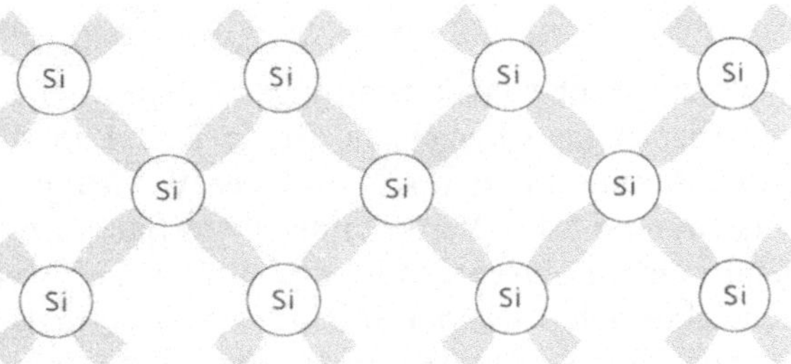

1.15 Kovalente (homöopolare) Bindung, erläutert an einem ebenen Modell des Siliciumkristalls; die tatsächliche räumliche Anordnung der Siliciumatome in einem Siliciumkristall ist in Bild **1.**40 dargestellt

Die zwischen den Atomrümpfen befindlichen Elektronenbrücken können mehr oder weniger stark an die benachbarten Atomkerne gebunden sein. Bei Germanium und Silicium ist diese Bindung beispielsweise so schwach, daß bereits bei Raumtemperatur zahlreiche Elektronen aus den Brücken thermisch losgelöst werden und damit zur elektrischen Leitfähigkeit beitragen können: Germanium und Silicium sind Halbleiter. Bei Diamant ist dagegen die Bindung der Elektronen an die Kohlenstoffkerne sehr stark; Diamant weist daher bei Raumtemperatur nur eine sehr geringe elektrische Leitfähigkeit auf.

Zusammenfassend kann die kovalente Bindung wie folgt charakterisiert werden:

1. Zwischen den Atomrümpfen befindet sich jeweils eine aus zwei Elektronen bestehende Brücke. Je nach Bindungsstärke dieser Brücke können Isolatoren oder Halbleiter gebildet werden.

2. Die Richtungen, in der kovalente Bindungen wirken, sind durch die Anzahl der Außenelektronen festgelegt. Hierauf beruht u. a. die große Härte vieler nichtmetallischer Werkstoffe (z. B. Diamant, Keramik).

Bei der metallischen Bindung geben die Metallatome Elektronen ab und werden zu positiven Ionen. Die quasifreien (d. h. nicht mehr lokalisierten) Elektronen umgeben die Ionen in Form eines Elektronengases, welches die Ionen zusammenhält (Bild 1.16). Die nicht mehr an einen Kern gebundenen Elektronen bewirken eine hohe elektrische und thermische Leitfähigkeit. Bei der metallischen Bindung besteht keine Richtungsabhängigkeit der Bindungskräfte. Metalle sind daher i. allg. duktil, d. h. gut verformbar.

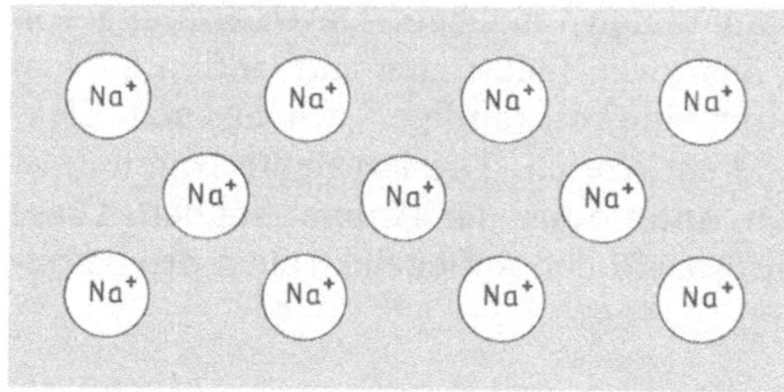

1.16
Metallische Bindung am Beispiel
des Natriums (ebenes Modell)

Die hier beschriebenen Bindungsmechanismen können u. U. kombiniert auftreten. Ersetzt man beispielsweise in Bild 1.15 die Siliciumatome abwechselnd durch Atome aus der III. und der V. Gruppe des Periodischen Systems, so entsteht eine III-V-Verbindung. Derartige Verbindungen weisen einen vorwiegend homöopolaren Bindungscharakter auf, weil die mittlere Anzahl der Außenelektronen – wie bei Silicium – vier beträgt. Die Elemente der III. Gruppe besitzen drei Außenelektronen, die Elemente der V. Gruppe fünf Außenelektronen. Die Elemente der V. Gruppe sind jedoch stärker elektronegativ als die Elemente der III. Gruppe. Daher ist die zwischen den Atomrümpfen befindliche Elektronenbrücke in diesem Falle unsymmetrisch, d. h. etwas in Richtung auf das Element der V. Gruppe verschoben. Somit existiert in der Nähe des Elementes der III. Gruppe ein positiver, in der Nähe des Elementes der V. Gruppe ein negativer Ladungsüberschuß. Zu dem homöopolaren Bindungsanteil ist also bei den genannten Verbindungen ein i o n i s c h e r   A n t e i l hinzuzurechnen. Die Bindung wird somit verstärkt.

Durch D i p o l w e c h s e l w i r k u n g können schwache Bindungen zwischen elektrisch neutralen Atomen oder Molekülen hervorgerufen werden. Derartige Wechselwirkungen werden als v a n   d e r   W a a l s s c h e   K r ä f t e bezeichnet.

Bei Molekülen mit einem permanenten Dipolmoment (z. B. HCl, H_2O, NH_3) überwiegt – bei geeigneter Lage der Dipole – die anziehende Wirkung der Ladungsbereiche entgegengesetzten Vorzeichens gegenüber der abstoßenden Wirkung der Ladungsbereiche mit gleichem Vorzeichen. Infolge des mit dem Quadrat des Abstandes abfallenden Potentials der Dipole ist diese Wechselwirkung relativ schwach.

Die durch permanente Dipole hervorgerufene Bindung spielt z. B. eine wesentliche Rolle bei der Kondensation des Wassers. Ferner treten Dipolkräfte (Nebenvalenzen) bei Kunststoffen auf.

Auch Atome oder Moleküle ohne permanentes Dipolmoment erfahren eine sehr schwache Anziehung, da infolge statistischer Fluktuationen in der Elektronenhülle zeitweise Dipole auftreten, die ihrerseits eine momentane Polarisation benachbarter Atome bzw. Moleküle hervorrufen. Auf diesen Effekt ist z. B. die Kondensation der Edelgase bei tiefen Temperaturen zurückzuführen.

1.4 Aggregatzustände der Materie

Die verschiedenartigen Erscheinungsformen der Materie lassen sich in ein Schema gemäß Bild **1**.17 einordnen. Hierbei sind zunächst die drei Aggregatzustände gasförmig, flüssig und fest zu unterscheiden. Im festen Aggregatzustand kann eine geordnete oder eine ungeordnete räumliche Anordnung der Atome vorliegen (kristalliner oder amorpher Zustand). Die zur Kennzeichnung

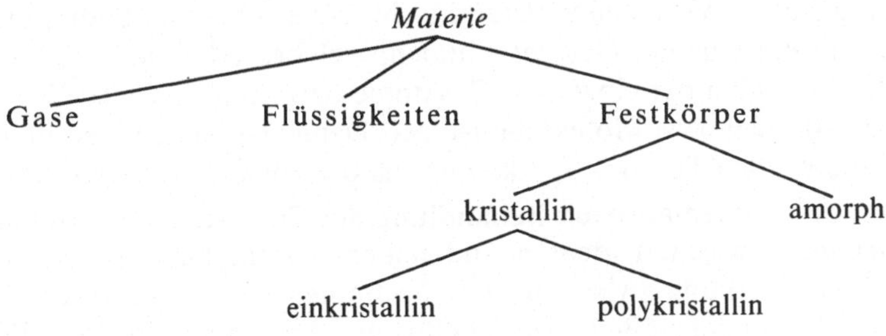

1.17 Erscheinungsformen der Materie

der Aggregatzustände heranzuziehenden mechanischen und thermischen Eigenschaften der Materie sind in Tafel **1.18** zusammengestellt.

Tafel **1.18** Vergleich einiger Eigenschaften von Gasen, Flüssigkeiten und Festkörpern

Gase	Flüssigkeiten	Festkörper
geringe Dichte	mittlere bis hohe Dichte	
hohe Kompressibilität	geringe Kompressibilität	
sehr geringer Formänderungs- widerstand	geringer Formänderungs- widerstand	hoher Formänderungs- widerstand
sehr geringe Wärmeleitfähigkeit	geringe Wärmeleitfähigkeit	geringe bis hohe Wärmeleitfähigkeit

Es ist darauf hinzuweisen, daß unter bestimmten physikalischen Bedingungen auch stetige Übergänge von einem Aggregatzustand in den anderen vorkommen können. Jenseits des kritischen Punktes im Druck-Temperatur-Diagramm erfolgen beispielsweise die Übergänge flüssig → gasförmig und gasförmig → flüssig stetig, d. h. ohne Sieden oder Kondensation. Bekannt ist ferner der stetige Übergang von der festen in die flüssige Phase (und umgekehrt) bei amorphen Substanzen, z. B. bei Kunststoffen und Gläsern.

Es sei ferner erwähnt, daß in der Elektrotechnik häufig Werkstoffe verwendet werden, die sowohl kristalline als auch amorphe Bereiche enthalten (z. B. Polyethylen, Glaskeramik). Bei Flüssigkeiten können Ordnungszustände auftreten, die denen eines Kristalls entsprechen (Flüssigkristalle).

1.4.1 Gase

Im gasförmigen Aggregatzustand besteht die Materie aus einzelnen Atomen (im Falle der Edelgase) oder aus Molekülen (z. B. H_2, O_2, N_2, CO_2), die sich – von Zusammenstößen abgesehen – unabhängig voneinander im Raum bewegen. Gase besitzen keine definierte Oberfläche, d. h., sie nehmen jedes ihnen dargebotene Volumen vollständig ein. Unter üblichen Bedingungen (z. B. 1 bar) erfüllt ein Gas ein Gesamtvolumen, welches erheblich größer als die Summe der Volumina der einzelnen Gasatome bzw. -moleküle ist. Der Raum zwischen den Atomen bzw. Molekülen ist leer. Dementsprechend ist die Dichte der Gase um etwa den Faktor 10^{-3} kleiner als die der Flüssigkeiten und Festkörper.

Bei der mathematischen Behandlung der Eigenschaften von Gasen unterscheidet man zwischen idealen und realen Gasen. Beim idealen Gas wird die Wechselwirkung zwischen den Gasatomen bzw. -molekülen – abgesehen von den Zusammenstößen – vernachlässigt. Mit anderen Worten: Die zwischen den Atomen bzw. Molekülen wirkenden van der Waalsschen Kräfte, die ohnehin eine sehr geringe Reichweite besitzen (s. Abschn. 1.3), werden nicht berücksichtigt. Ferner wird das Eigenvolumen der Gasatome bzw. -moleküle vernachlässigt, d.h., die Atome bzw. Moleküle werden – in Relation zum Gesamtvolumen – als punktförmig angesehen.

Bei der (ungeordneten) thermischen Bewegung der Gasmoleküle entfällt auf jeden Freiheitsgrad im zeitlichen und räumlichen Mittel der Energieanteil

$$\overline{w} = kT/2 \tag{1.26}$$

(k Boltzmann-Konstante, T absolute Temperatur). Da die Gasmoleküle drei translatorische Freiheitsgrade (in x-, y- und z-Richtung) besitzen, beträgt ihre mittlere Translationsenergie

$$m\overline{v^2}/2 = 3kT/2 \tag{1.27}$$

(m Masse des Moleküls, v Betrag der Geschwindigkeit). Die Geschwindigkeitsverteilung folgt dem Maxwellschen Verteilungsgesetz

$$N_v = 4\pi \left(\frac{m}{2\pi kT}\right)^{2/3} Nv^2 e^{-mv^2/(2kT)}, \tag{1.28}$$

d.h., bei einer Gesamtkonzentration N der Moleküle hat ein Bruchteil $N_v\,\mathrm{d}v$ eine Geschwindigkeit, welche in dem Intervall zwischen v und $v+\mathrm{d}v$ liegt. Bild 1.19 zeigt die Geschwindigkeitsverteilung für Wasserstoffmoleküle bei verschiedenen Temperaturen. Die wahrscheinlichste Geschwindigkeit v_0 (Maxima der Kurven in Bild 1.19) ist nach Gl. (1.28) über die Beziehung

$$v_0 = \sqrt{2\overline{v^2}/3} = \sqrt{2kT/m} \tag{1.29a}$$

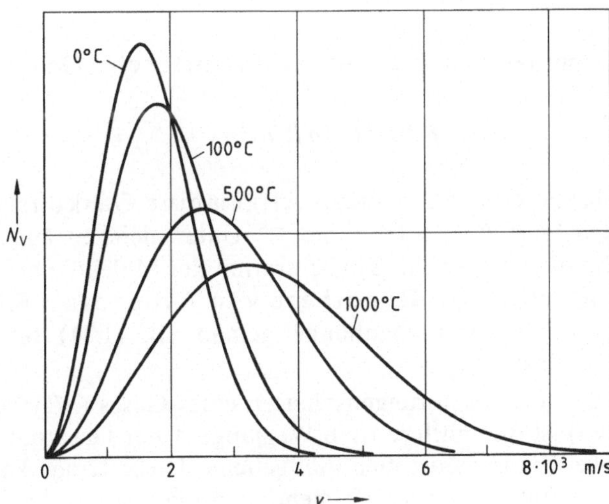

1.19
Geschwindigkeitsverteilung (Maxwell-Verteilung) von Wasserstoffmolekülen bei verschiedenen Temperaturen

mit der absoluten Temperatur T verknüpft. Mit steigender Temperatur nimmt v_0 zu; gleichzeitig wird die Geschwindigkeitsverteilung breiter. Die mittlere Geschwindigkeit ist

$$\bar{v} = 2v_0/\sqrt{\pi}. \tag{1.29b}$$

Tafel 1.20 zeigt einige Beispiele für Molekülmassen und wahrscheinlichste Geschwindigkeiten bei 0 °C.

Tafel 1.20 Massen und wahrscheinlichste Geschwindigkeiten von Gasmolekülen bei 0 °C

Molekülart	H_2	N_2	O_2
Masse m in kg	$3{,}4 \cdot 10^{-27}$	$4{,}7 \cdot 10^{-26}$	$5{,}3 \cdot 10^{-26}$
wahrscheinlichste Geschwindigkeit v_0 in m/s	$1{,}5 \cdot 10^3$	$4{,}2 \cdot 10^2$	$4{,}0 \cdot 10^2$

Durch Impulsübertragung von den Gasmolekülen an die Gefäßwand entsteht der Gasdruck

$$p = Nm\overline{v^2}/3 = NkT. \tag{1.30}$$

Die Konzentration N der Gasmoleküle errechnet sich aus der Molzahl n, der Avogadro-Konstanten (Loschmidt-Zahl) $N_A^* = 6{,}02 \cdot 10^{23}\ \mathrm{mol}^{-1} = 6{,}02 \cdot 10^{26}\ \mathrm{kmol}^{-1}$ und dem Volumen V.

$$N = n\,N_A^*/V$$

Damit resultiert das Boyle-Mariottesche Gesetz

$$p \cdot V = n\,N_A^* kT = n R T. \tag{1.31}$$

Das Produkt $N_A^* k$ wird als Allgemeine Gaskonstante R bezeichnet und hat den Wert $R = 8{,}3\ \mathrm{JK}^{-1}\,\mathrm{mol}^{-1}$. Unter gleichen äußeren Bedingungen (Druck, Temperatur) ist die Konzentration der Moleküle beim idealen Gas unabhängig von der Gasart (Hypothese von Avogadro). Bild 1.21 a, b, c zeigt schematisch die Zusammenhänge gemäß Gl. (1.31) für $V = $ const, $p = $ const und $T = $ const.

Für die Transporteigenschaften eines Gases (Wärmeleitung, Diffusion, Zähigkeit) ist die mittlere freie Weglänge Λ der Gasatome bzw. -moleküle zwischen zwei Zusammenstößen maßgebend. Diese Länge kann experimentell ermittelt bzw. unter der vereinfachenden Annahme von kugelförmigen Molekülen mit

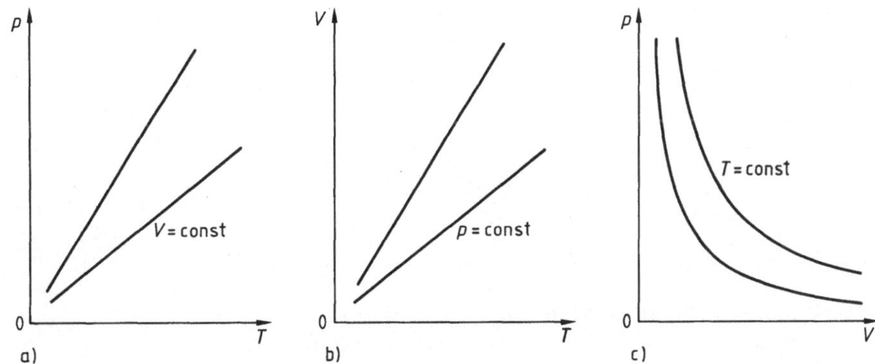

1.21 Zusammenhänge zwischen Druck p, Temperatur T und Volumen V bei einem idealen Gas
a) $V =$ const, b) $p =$ const, c) $T =$ const

dem Durchmesser D berechnet werden; gemäß Bild **1.22** gilt

$$A = \frac{1}{\pi D^2 N}. \qquad (1.32)$$

Die freie Weglänge

$$A \sim \frac{1}{N} \sim \frac{1}{p} \qquad (1.33)$$

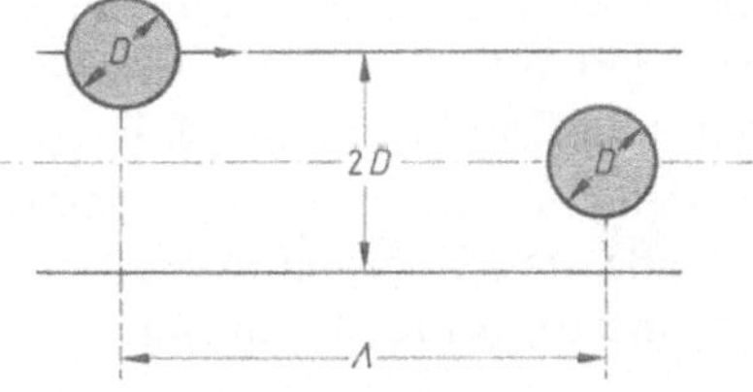

ist umgekehrt proportional zur Konzentration N der Gasatome bzw. -moleküle, also umgekehrt proportional zum Gas-

1.22 Zur Berechnung der mittleren freien Weglänge A eines Gases (D Moleküldurchmesser)

druck p. Für diesen Zusammenhang sind in Tafel **1.23** einige Zahlenbeispiele angegeben.

Tafel **1.23** Mittlere freie Weglänge von Wasserstoff, Sauerstoff und Stickstoff bei verschiedenen Drucken

Gas	Mittlere freie Weglänge in m bei einem Druck $p =$			
	10^5 Pa (1 bar)	10^2 Pa	10^{-1} Pa	10^{-4} Pa
H_2	$1{,}6 \cdot 10^{-7}$	$1{,}6 \cdot 10^{-4}$	$1{,}6 \cdot 10^{-1}$	160
O_2	$9{,}6 \cdot 10^{-8}$	$9{,}6 \cdot 10^{-5}$	$9{,}6 \cdot 10^{-2}$	96
N_2	$8{,}5 \cdot 10^{-8}$	$8{,}5 \cdot 10^{-5}$	$8{,}5 \cdot 10^{-2}$	85

Die Gesamtenergie eines Gasmoleküls setzt sich aus translatorischer, rotatorischer und Schwingungsenergie zusammen, wobei der letztere Anteil in der Regel vernachlässigbar ist. Gemäß Gl. (1.26) entfällt auf jeden Freiheits-

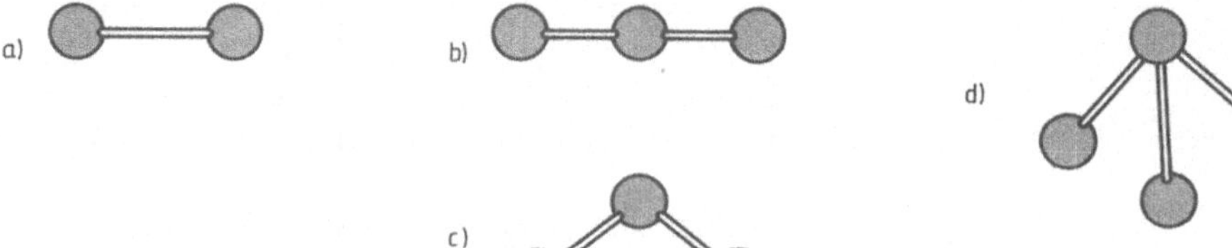

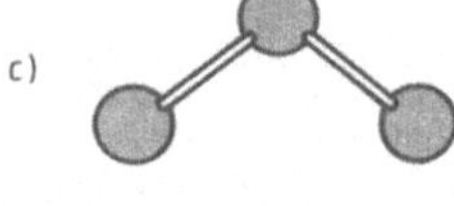

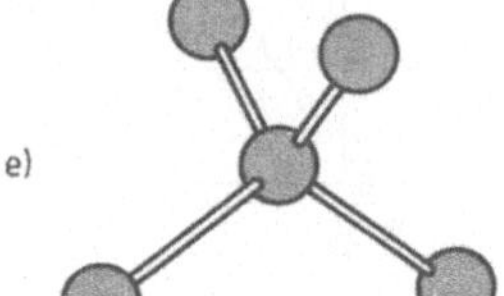

1.24 Gestalt verschiedener Moleküle (schematisch)
a) zweiatomig (z. B. H_2, O_2, N_2), b) dreiatomig (z. B. CO_2),
c) dreiatomig (z. B. H_2O), d) vieratomig (z. B. NH_3),
e) fünfatomig (z. B. CH_4, CCl_4)

grad der Anteil $kT/2$, d. h. auf die drei Freiheitsgrade der Translation $3\,kT/2$. Bei der Berechnung der Rotationsenergie ist die geometrische Gestalt der Moleküle zu berücksichtigen (Bild **1.24**): Bei einatomigen Gasen ist der Beitrag der Rotation gleich Null, bei zweiatomigen bzw. mehratomigen gestreckten Molekülen (z. B. CO_2) beträgt er kT (zwei Rotationsachsen senkrecht zur Verbindungslinie der Atome), bei allen übrigen $3\,kT/2$.

Besteht in einem Gas ein Temperaturgradient dT/dx, so ist damit auch ein Gefälle des Energieinhaltes der Moleküle verbunden. Dies führt zu einem Wärmestrom in x-Richtung

$$\lambda\,\frac{dT}{dx} = \frac{1}{3}\,N\Lambda\,\bar{v}\,\frac{d\bar{w}}{dx}\,. \tag{1.34}$$

Da der mittlere Energiegehalt nach obigen Überlegungen mit

$$\bar{w} = z\,kT/2$$

anzusetzen ist (z Anzahl der Freiheitsgrade), ergibt sich für die Wärmeleitfähigkeit eines Gases

$$\lambda = z\,N\Lambda\,\bar{v}\,k/6\,. \tag{1.35}$$

Gleichung (1.35) kann auch in der Form

$$\lambda = \gamma\,\Lambda\,\bar{v}\,c_V/3$$

geschrieben werden, wobei γ die Dichte und

$$c_V = z\,k/2\,m \tag{1.36}$$

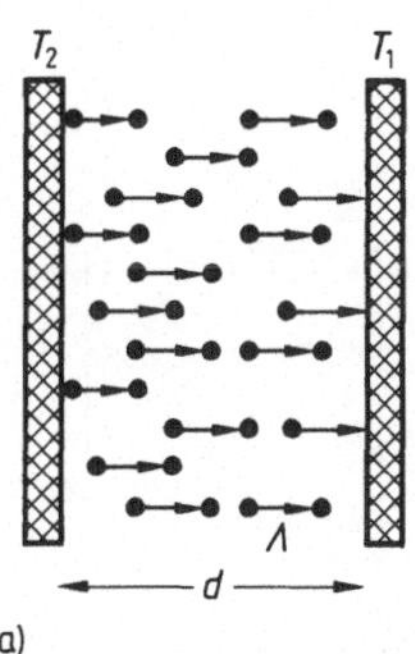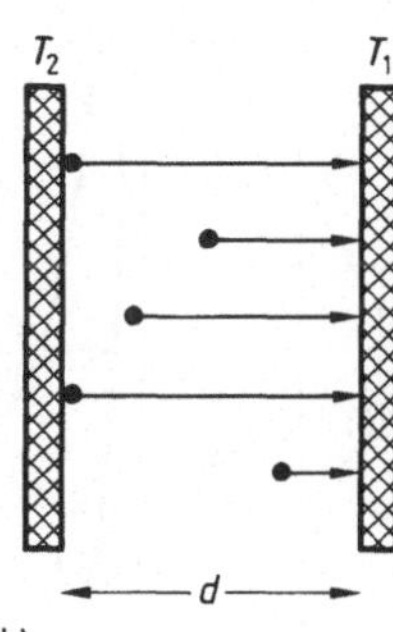

1.25
Zur Wärmeleitung durch Gase
a) Fall $\Lambda \ll d$, b) Fall $\Lambda \gg d$

die spezifische Wärme (bei konstantem Volumen) sind. Aus Gl. (1.35) und (1.27) folgt, daß die Wärmeleitfähigkeit von Gasen geringen Molekulargewichtes (z. B. H_2) besonders hoch ist.

Bei der Diskussion der Wärmeleitung durch Gase sind zwei Fälle zu unterscheiden (Bild **1.25**):

1. Die freie Weglänge Λ ist klein gegenüber dem Abstand d der Begrenzungsflächen ($\Lambda \ll d$). Dieser Fall liegt bei Normaldruck (1 bar) stets vor (Bild 1.25a). Die Wärmeleitfähigkeit λ ist dann **unabhängig vom Gasdruck**, jedoch umgekehrt proportional zur Wurzel aus der Masse der Gasatome bzw. -moleküle.

$$\lambda \sim 1/\sqrt{m}$$

2. Die freie Weglänge Λ ist groß gegenüber dem Abstand d der Begrenzungsflächen (Bild 1.25b). In diesem Falle ist die Wärmeleitfähigkeit λ **proportional zum Gasdruck** und umgekehrt proportional zur Wurzel aus der Masse der Atome bzw. Moleküle.

$$\lambda \sim p/\sqrt{m}$$

Bei niedriger Temperatur bzw. geringem Abstand der Gasmoleküle sind die zwischenmolekularen (**van der Waals**schen) Kräfte und das Eigenvolumen der Moleküle bei der Aufstellung der **Zustandsgleichung** zu berücksichtigen. Gleichung (1.31) ist danach wie folgt zu modifizieren:

$$(p + a/V^2)\,(V - b) = n\,RT. \qquad (1.37)$$

Der Zusatzterm a/V^2 ist auf die Anziehung zwischen den Molekülen zurückzuführen; die Wirkung dieser Anziehung entspricht einer Druckerhöhung. Das Eigenvolumen der Moleküle wird durch einen Korrekturterm b berücksichtigt. Selbstverständlich geht die **van der Waals**sche Gleichung (1.37) bei starker Verdünnung ($V \to \infty$) wieder in Gl. (1.31) über.

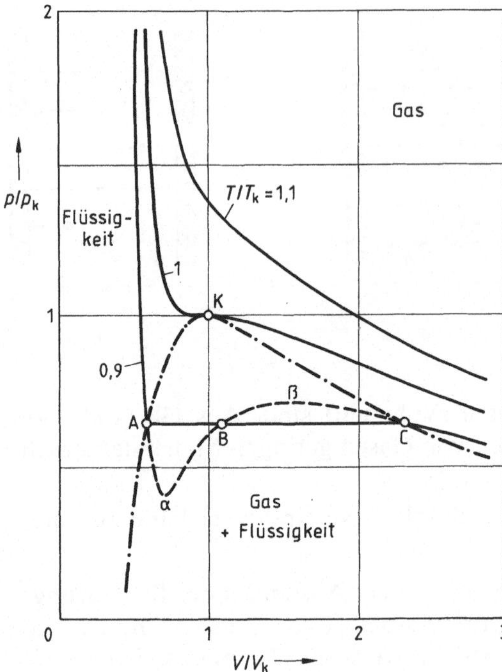

1.26 Zustandsdiagramm $p(V)$ in normierter Darstellung (K kritischer Punkt)

In Bild **1.26** ist das Zustandsdiagramm in einer normierten Darstellung (bezogen auf kritische Größen p_k, V_k, T_k) gezeichnet.

Für $T/T_k \gg 1$ nähern sich die Kurven der Hyperbelgestalt der Isothermen idealer Gase ($pV = $const). Für $T = T_k$ ergibt sich bei K (kritischer Punkt) eine horizontale Wendetangente. Für $T/T_k < 1$ folgen die Isothermen innerhalb eines bestimmten Bereiches (unterhalb der strichpunktierten Kurve AKC) nicht dem durch Gl. (1.37) vorgegebenen Verlauf (z. B. AαBβC für $T/T_k = 0,9$). Vielmehr ist hier der Kurvenzug durch horizontale Geraden (z. B. ABC) zu ersetzen. Diese Abänderung gegenüber Gl. (1.37) resultiert aus der Tatsache, daß in dem genannten Zustandsgebiet die gasförmige und die flüssige Phase nebeneinander existieren. Bei isothermer Verdampfung (z. B. bei $T = 0,9\,T_k$) nimmt das Volumen von A über B nach C stetig zu, bis die gesamte Substanz verdampft ist; dabei bleibt der Druck konstant. Entsprechendes gilt für den umgekehrten Vorgang (isotherme Verflüssigung). Oberhalb des kritischen Punktes ist eine Koexistenz der flüssigen Phase und der Gasphase nicht möglich, d.h., für $T < T_k$ ist die gesamte Substanz flüssig, für $T > T_k$ gasförmig.

Tafel **1.27** gibt die **kritischen Daten** einiger technisch wichtiger Substanzen wieder.

Tafel **1.27** Kritische Daten verschiedener Substanzen

Substanz	Kritische Temperatur T_k in K	Kritischer Druck p_k in 10^5 Pa
He	5	2
H_2	33	13
N_2	126	35
O_2	154	50
CO_2	304	75
NH_3	402	112
H_2O	647	220

Der Dampfdruck über einer flüssigen bzw. festen Phase geht aus dem pT-Diagramm hervor. Als Beispiel hierfür ist in Bild **1.**28 das System Eis/Wasser/Wasserdampf wiedergegeben. Entlang der gestrichelten Linie (vom Tripelpunkt bis zum kritischen Punkt) sind die flüssige Phase (Wasser) und die gasförmige Phase (Wasserdampf) nebeneinander beständig. Unterhalb des Tripelpunktes existieren nur die feste Phase (Eis) und die Gasphase.

Am Tripelpunkt sind alle drei Phasen nebeneinander beständig (koexistent).

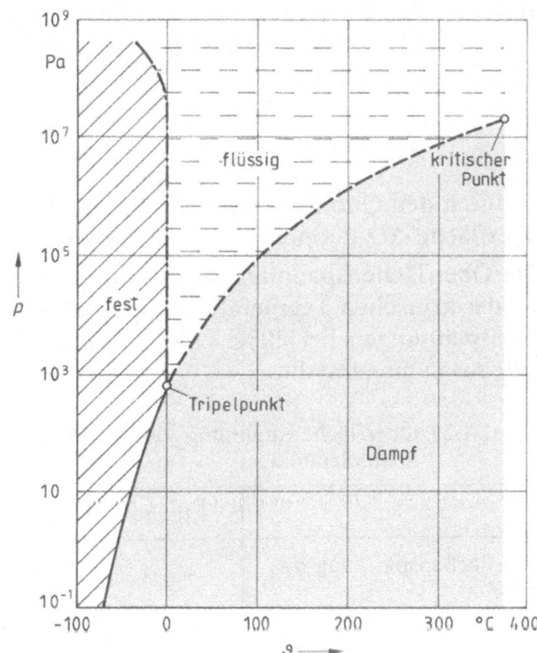

1.28 Phasendiagramm $p(\vartheta)$ des Systems Eis/Wasser/Wasserdampf

Für Wasser gilt

$$p_{\mathrm{tr}} = 6{,}11 \cdot 10^2 \,\mathrm{Pa} \quad \text{und} \quad T_{\mathrm{tr}} = 273{,}16\,\mathrm{K}.$$

Die Grenzkurve Wasser/Wasserdampf endet am **kritischen Punkt**; hier ist die Dichte des Wasserdampfes gleich der des Wassers.

1.4.2 Flüssigkeiten

In einer Flüssigkeit befinden sich die Moleküle – ähnlich wie bei Gasen – in ungeordneter Bewegung. Die kinetische Energie der Moleküle ist temperaturabhängig; die Bewegung der Moleküle wird jedoch stark von den (anziehenden) van der Waalsschen Kräften beeinflußt. Die Zwischenräume zwischen den Molekülen sind i. allg. zu vernachlässigen. Dementsprechend ist die Kompressibilität κ von Flüssigkeiten sehr gering; z. B. gilt für Wasser

$$\kappa = 5 \cdot 10^{-10}/\mathrm{Pa} = 5 \cdot 10^{-5}/\mathrm{bar}.$$

Flüssigkeiten weisen eine definierte Oberfläche auf. Während die Flüssigkeitsmoleküle im Volumeninnern den allseitig wirkenden van der Waalsschen Kräften unterworfen sind, existieren für die an der Oberfläche befindlichen

Moleküle nur die auf das Volumeninnere gerichteten Kräfte. Die Resultierende dieser Kräfte bewirkt die Oberflächenspannung einer Flüssigkeit. Die Oberflächenspannung

$$\sigma_O = \Delta W / \Delta O \tag{1.38}$$

ist durch den Quotienten aus der Energieänderung ΔW und der Änderung der Oberfläche ΔO definiert.

Die Oberflächenspannung nimmt mit steigender Temperatur ab und erreicht bei der kritischen Temperatur T_k den Wert Null. Einige Beispiele für Oberflächenspannungen bei 20°C bzw. oberhalb des Schmelzpunktes sind in Tafel 1.29 zusammengestellt.

Tafel **1.29** Oberflächenspannung einiger Flüssigkeiten (bei 20°C bzw. oberhalb des Schmelzpunktes)

	Ethanol	Wasser	Aluminium	Eisen
Oberflächenspannung σ_O in N/m	0,025	0,07	0,5	1,5

1.4.3 Festkörper

Im festen Zustand der Materie hat jedes Atom (bzw. Ion) eine definierte Ruhelage, deren Position sich im Verlaufe der Zeit nicht ändert (Diffusionsvorgänge, die nur bei höheren Temperaturen auftreten, seien hier ausgeschlossen). Die Atome (bzw. Ionen) schwingen um ihre jeweilige Ruhelage mit einer Amplitude, die mit steigender Temperatur zunimmt. Bei den in den folgenden Abschnitten beschriebenen atomaren Positionen handelt es sich jeweils um die Ruhelage des Atoms (bzw. Ions).

1.4.3.1 Kristalle. Ein Kristall besteht aus einer räumlich periodischen Anordnung von Atomen (bzw. Ionen). Der Kristall ist dabei gemäß Bild 1.30

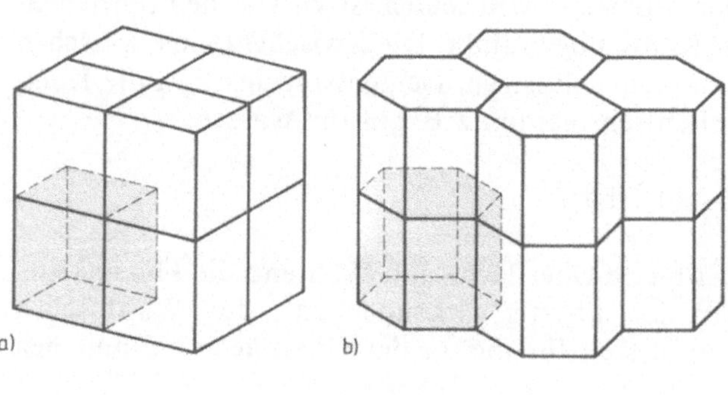

1.30
Aufbau eines Kristalles aus Elementarzellen a) Elementarzelle als Parallelepiped, b) hexagonale Elementarzelle

aus vielen identischen, von ebenen Flächen begrenzten Elementarzellen zusammengesetzt. Innerhalb jeder Elementarzelle sind die Atome (bzw. Ionen) an bestimmte Plätze gebunden. Kennt man die Position eines Atoms innerhalb einer Elementarzelle, so kann man die Lage entsprechender Atome im gesamten Kristall angeben. Es herrscht also im Kristall eine Fernordnung.

Kristallsysteme. Alle Kristalle lassen sich gemäß Tafel **1.31** einem von sieben Kristallsystemen zuordnen. Als Einteilungskriterium dient dabei die Form der Elementarzelle. Diese wird bei sechs Systemen durch jeweils drei Paare paralleler Ebenen begrenzt, d.h., die Elementarzelle hat die allgemeine Form des Parallelepipeds (Bild **1.32**a). Beim hexagonalen System besteht die Elementarzelle aus einem Prisma mit sechseckiger Grundfläche (Bild **1.32**b).

Tafel **1.31** Kristallsysteme

System	Gitterkonstanten	Achsenwinkel
triklin	$a \neq b \neq c$	$\alpha \neq \beta \neq \gamma \neq 90°$
monoklin	$a \neq b \neq c$	$\alpha = \gamma = 90°,\ \beta \neq 90°$
rhomboedrisch	$a = b = c$	$\alpha = \beta = \gamma \neq 90°$
orthorhombisch	$a \neq b \neq c$	$\alpha = \beta = \gamma = 90°$
tetragonal	$a = b \neq c$	$\alpha = \beta = \gamma = 90°$
kubisch	$a = b = c$	$\alpha = \beta = \gamma = 90°$
hexagonal	a, c	$\sphericalangle x_i/x_j = 120°$ $\sphericalangle x_i/z = 90°$

Die Kantenlängen a, b, c der Elementarzelle gemäß Bild **1.32**a nennt man Gitterkonstanten. Im allgemeinen Fall (triklines System) haben die drei Gitterkonstanten unterschiedliche Werte; auch die Achsenwinkel α, β, γ können voneinander abweichen. Beim hexagonalen System (Bild **1.32**b) existieren in der Basisfläche der Elementarzelle drei gleichberechtigte Achsen x_1, x_2, x_3, die sich jeweils unter einem Winkel von 120° schneiden. Die z-Achse, auf der die Gitterkonstante c abzutragen ist, steht senkrecht auf der Basisfläche. Eine Elementarzelle des hexagonalen Systems ist somit durch die beiden Gitterkonstanten a und c eindeutig bestimmt.

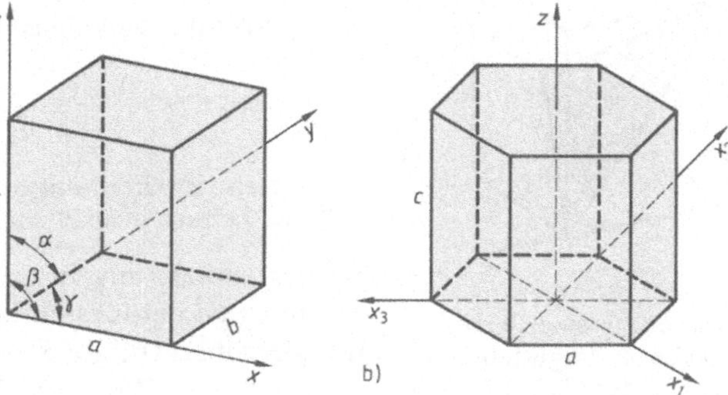

1.32
Formen der Elementarzelle
a) Parallelepiped,
b) hexagonale Form

Die vorstehend geschilderte Einteilung in sieben Kristallsysteme aufgrund der Form der Elementarzelle kann nur als eine recht grobe Klassifizierung angesehen werden, da hierbei keine genauere Aussage über die Lage der Atome bzw. Moleküle in der Elementarzelle gemacht wird. Daher ist in der Kristallographie eine weitere Einteilung innerhalb der Kristallsysteme erforderlich. Mit einer derartigen verfeinerten Einteilung ist es auch möglich, die Symmetrieeigenschaften eines Kristalls vollständig zu beschreiben.

Kristallebenen und Kristallrichtungen. Zahlreiche mechanische, elektrische, magnetische und optische Werkstoffeigenschaften sind von der Orientierung des Kristalls abhängig. Es ist somit notwendig, Kristallebenen und -richtungen zu definieren. Diese Definitionen erfolgen mit Hilfe der durch die Elementarzelle festgelegten Koordinatenachsen.

Bei der Indizierung von Kristallebenen interessiert in der Regel nicht deren absolute Lage, sondern nur die Orientierung in bezug auf das gewählte Koordinatensystem. Nach dieser Definition sind p a r a l l e l e   E b e n e n   g l e i c h w e r - t i g. Da eine Ebene durch die Angabe dreier Punkte, die nicht auf einer Geraden liegen dürfen, eindeutig festgelegt wird, kann man die Schnittpunkte der Ebene mit den Koordinatenachsen zur Kennzeichnung der Ebenenorientierung wählen.

In der Kristallographie bestimmt man die Achsenabschnitte in Einheiten der jeweiligen Gitterkonstanten und bildet davon die Kehrwerte. Außerdem wird ggf. noch mit einem Faktor erweitert, so daß ganze (teilerfremde) Zahlen (sogenannte M i l l e r - I n d i z e s) entstehen. Die M i l l e r - Indizes werden allgemein mit h, k, l bezeichnet; man nennt die entsprechende Ebene eine $(h\,k\,l)$-Ebene. Liegt eine Ebene parallel zu einer Koordinatenachse, so hat der zugehörige Achsenabschnitt den Wert Unendlich und der entsprechende M i l l e r - Index den Wert Null. Ist ein Achsenabschnitt negativ, so schreibt man den zugehörigen M i l - l e r - Index mit einem darübergesetzten Strich.

Beispiel 1.2. Die Indizierung einer Ebene soll an Hand des in Bild **1.33** dargestellten Beispiels erläutert werden.

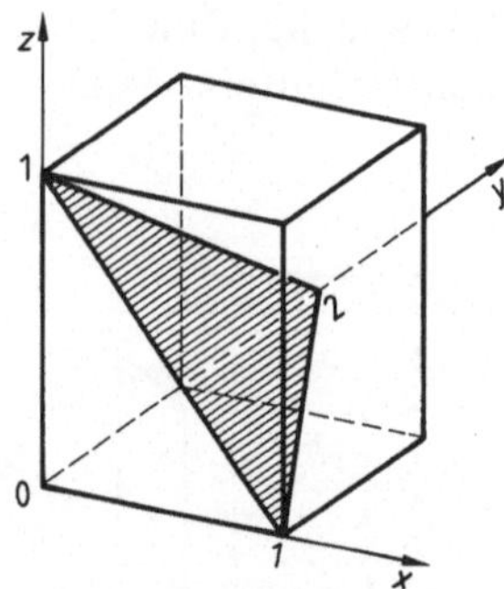
1.33
Indizierung einer Kristallebene, dargestellt am Beispiel der (212)-Ebene

Für die schraffierte Ebene gelten die in Einheiten der Gitterkonstanten gemessenen Achsenabschnitte

$$x = 1 \qquad y = 2 \qquad z = 1.$$

Daraus folgt das Verhältnis der Kehrwerte

$$1 : \frac{1}{2} : 1$$

und – nach Erweitern mit dem Faktor 2 – die Benennung (212) der betrachteten Ebene.

Bei der Indizierung in einem hexagonalen Kristallsystem ist zu berücksichtigen, daß in der Basisebene drei gleichberechtigte Koordinatenachsen x_1, x_2 und x_3 existieren. Zur Indizierung werden in dieser

Ebene jedoch nur zwei Achsenabschnitte benötigt. Der dritte Achsenabschnitt in der Basisebene ist redundant, d. h., er läßt sich aus den zwei anderen berechnen. Sind h und k die Reziprokwerte der Abschnitte auf den x_1- und x_2-Achsen, so resultiert der Miller-Index $\overline{h+k}$ für die x_3-Achse. Man kann also in der Basisebene zwei Achsen zur Indizierung willkürlich herausgreifen. Einen dritten – hiervon unabhängigen – Index erhält man aus dem Abschnitt auf der z-Achse.

Häufig wird bei hexagonalen Systemen auch die Indizierung nach der Methode von Miller-Bravais verwendet. Hierbei werden die Reziprokwerte aller vier Achsenabschnitte angegeben, so daß die Indizierung einer Ebene in allgemeiner Form wie folgt lautet:

$$(h\,k\,\overline{h+k}\,l).$$

Eine Richtung im Kristall kennzeichnet man durch Vektorkomponenten, welche wiederum in Einheiten der Gitterkonstanten gemessen und ggf. durch Erweitern mit einem gemeinsamen Faktor in ganze teilerfremde Zahlen umgerechnet werden. Die allgemeine Indizierung einer Richtung lautet $[h\,k\,l]$.

Im kubischen System bildet die Richtung $[h\,k\,l]$ die Flächennormale der Ebene $(h\,k\,l)$, d. h., die Flächennormale hat die gleichen Indizes wie die zugehörige Ebene. In Bild 1.34 sind die wichtigsten (niedrig indizierten) Ebenen des kubischen Systems und die zugehörigen Flächennormalen eingezeichnet.

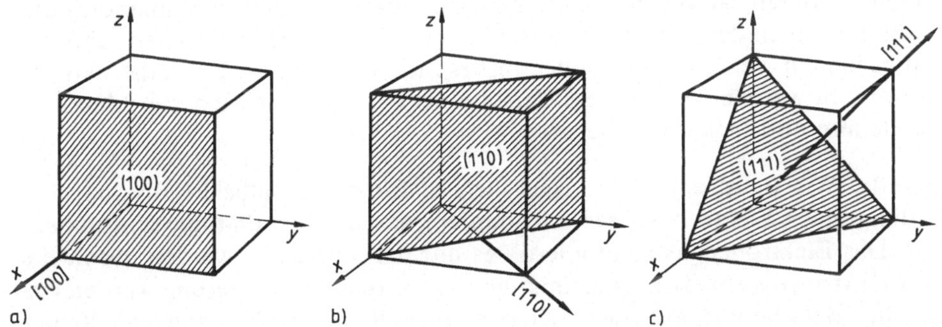

1.34 Niedrig indizierte Ebenen im kubischen System mit zugehörigen Flächennormalen
  a) (100)-Ebene, b) (110)-Ebene, c) (111)-Ebene

In einem Kristall kommt es häufig vor, daß Ebenen mit unterschiedlicher Indizierung gleiche Eigenschaften aufweisen. So ist beispielsweise evident, daß die sechs Begrenzungsflächen der kubischen Elementarzelle gleichwertig sind. Man kann diese Ebenen daher zu einem Ebenentyp zusammenfassen, den man mit {100} symbolisiert. Entsprechendes gilt für die Ebenen, die senkrecht auf den Flächen- bzw. Raumdiagonalen stehen. Allgemein bezeichnet die Indizierung {$h\,k\,l$} die Gesamtheit aller aus Symmetriegründen gleichwertigen **Ebenen** eines Kristallsystems. In Tafel **1.35** ist die Gesamtheit der den Ebenentypen {100}, {110} und {111} zugeordneten Ebenen aufgelistet.

Tafel 1.35 Zusammenfassung niedrig indizierter Ebenen im kubischen System zu Ebenentypen

Ebenentyp	{100}	{110}	{111}
Ebenen	(100) (010) (001)	(110) $(1\bar{1}0)$ (011) $(01\bar{1})$ (101) $(10\bar{1})$	(111) $(\bar{1}11)$ $(1\bar{1}1)$ $(11\bar{1})$

Auch bei den Kristallrichtungen kann man diejenigen, welche aus Symmetriegründen gleichwertig sind, zu einem **Richtungstyp** mit der allgemeinen Bezeichnung $\langle h\,k\,l \rangle$ zusammenfassen.

Bei Kristallen, in denen ein ionischer Bindungsanteil vorhanden ist, muß u. U. auch das Vorzeichen der Flächennormalen beachtet werden. Bei den III-V-Verbindungen unterscheidet man beispielsweise zwischen (111)- und $(\bar{1}\bar{1}\bar{1})$-Ebenen, je nachdem ob die betreffende Begrenzungsebene des Kristalls mit Elementen der III. Gruppe oder mit Elementen der V. Gruppe besetzt ist.

Gittertypen. Bei den natürlich vorkommenden oder künstlich hergestellten Kristallen existieren zahlreiche Gittertypen mit unterschiedlichen Atomanordnungen. Im Rahmen des vorliegenden Buches können nur die wichtigsten Gittertypen behandelt werden; dabei sollen insbesondere diejenigen Kristallstrukturen besprochen werden, welche dem Verständnis der Eigenschaften von Metallen, Halbleitern und Isolatoren dienen.

Metalle. Wie in Abschn. 1.3 ausgeführt, ist für die metallische Bindung die Bildung eines Elektronengases erforderlich, das die Metallatome zusammenhält. Das Elektronengas kann allerdings nur dann wirksam werden, wenn die **Metallatome sehr dicht** beieinander liegen. In erster Näherung werden dabei die Metallatome als starre Kugeln angesehen, die in unterschiedlicher Weise räumlich angeordnet sein können.

Kubisch-flächenzentriertes Gitter (kfz). Das kubisch-flächenzentrierte Gitter (Bild **1.36**) besitzt eine würfelförmige Elementarzelle. Die acht Eckpunkte der Elementarzelle sind mit Atomen besetzt; außerdem befindet sich je ein Atom im Zentrum jeder Würfeloberfläche. Die acht Eckatome gehören jeweils zu einem Achtel der betrachteten Elementarzelle an, da an jeder Ecke acht Elementarzellen aneinanderstoßen. Die sechs in den Flächenzentren befindlichen Atome sind jeweils zur Hälfte der Elementarzelle zuzurechnen. Die Elementarzelle des kubisch-flächenzentrierten Gitters enthält somit vier Atome $(8/8 + 6/2 = 4)$.

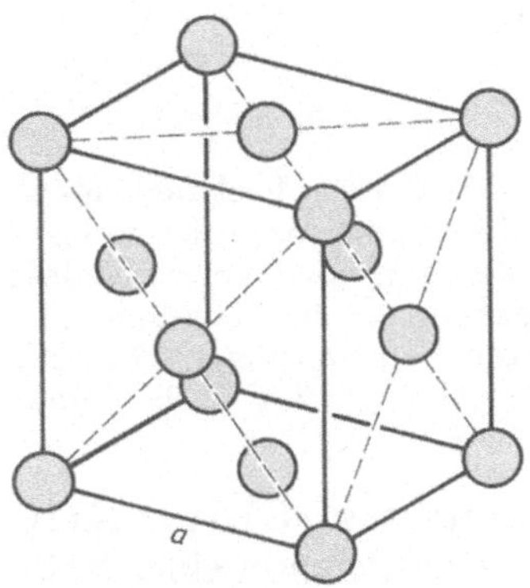

1.36 Elementarzelle des kubisch-
flächenzentrierten Gitters (kfz)

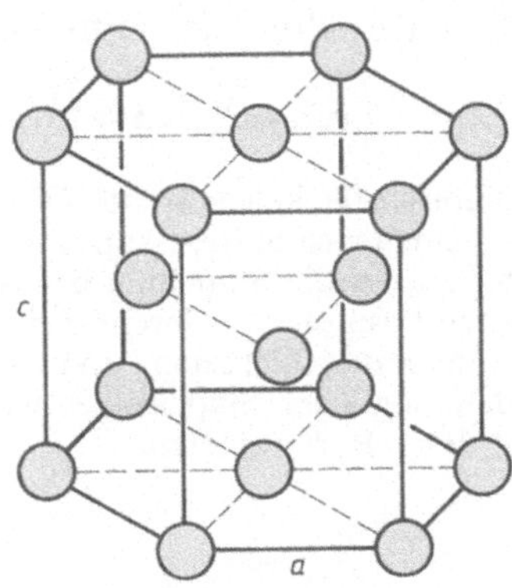

1.37 Elementarzelle der hexagonal
dichtesten Packung (hdP)

Beim kubisch-flächenzentrierten Gitter handelt es sich um eine dichteste Kugelpackung. Jedes Atom in diesem Gitter besitzt zwölf nächste Nachbaratome. Die Koordinationszahl ist also 12.

In Bild 1.36 (und in den folgenden Bildern) sind die Atomdurchmesser – im Vergleich zur Gitterkonstanten a – kleiner als beim realen Gitter gezeichnet. Diese Darstellungsweise soll dazu dienen, die relative Lage der Atome zueinander besser zu veranschaulichen. Die dicken ausgezogenen Linien stellen die Begrenzung der Elementarzelle dar; mit den dünnen gestrichelten Linien wird die Position der Atome innerhalb der Elementarzelle verdeutlicht. Im realen kfz-Gitter berühren sich die Atome entlang einer jeden Flächendiagonalen.

Im kfz-Gitter besteht der Zusammenhang

$$4r = a\sqrt{2}$$

zwischen dem Atomradius r und der Gitterkonstanten a. Das von den vier Atomen der Elementarzelle ausgefüllte Volumen beträgt also

$$4(4\pi/3)\,r^3 = 4(4\pi/3)\,(a\sqrt{2})^3/4^3 = a^3\,\pi\sqrt{2}/6\,.$$

Dividiert man dieses Volumen durch den Rauminhalt der Elementarzelle a^3, so erhält man die Packungsdichte

$$\pi\sqrt{2}/6 = 0{,}74\,(=74\%)\,.$$

Hexagonal dichteste Packung (hdP). Die Elementarzelle der zweiten Version eines Gitters mit möglichst dichter Atomanordnung ist in Bild 1.37 dargestellt. In der Elementarzelle eines Gitters mit hexagonal dichtester Packung befinden sich sechs Atome. Die Koordinationszahl 12 und die Packungsdichte 74% entsprechen denen des kubisch-flächenzentrierten Gitters.

Das Verhältnis der Gitterkonstanten c und a beträgt

$$c/a = 2\sqrt{2/3} \approx 1{,}6 \,.$$

Kubisch-flächenzentrierte Gitter und Gitter mit hexagonal dichtester Packung unterscheiden sich in der **Stapelfolge** der Atomlagen. Beim kubisch-flächenzentrierten Gitter erfolgt die Stapelung der Atome entlang der [111]-Richtung mit drei unterschiedlichen Positionen, während bei der hexagonal dichtesten Packung die in z-Richtung aufeinandergeschichteten Atome nur zwei unterschiedliche Positionen einnehmen. Die beiden möglichen Stapelfolgen werden durch die Buchstabensymbole A–B–C–A–B–C und A–B–A–B charakterisiert.

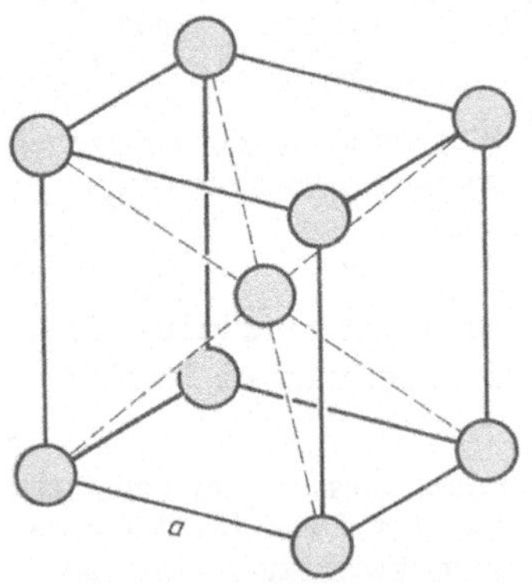

1.38 Elementarzelle des kubisch-raumzentrierten Gitters (krz)

Kubisch-raumzentriertes Gitter (krz). Nicht alle Metalle kristallisieren in einer dichtesten Kugelpackung (kfz oder hdP). Beispielsweise findet man bei Chrom, Molybdän und Wolfram ein kubisch-raumzentriertes Gitter mit einer Elementarzelle gemäß Bild **1.38**.

Der Elementarzelle des kubisch-raumzentrierten Gitters gehören zwei Atome an (8/8 + 1). Die **Koordinationszahl** beträgt 8. Die Atome, die in Bild **1.38** wiederum verkleinert gezeichnet sind, berühren sich entlang der Raumdiagonalen. Damit besteht der Zusammenhang

$$4r = a\sqrt{3}$$

zwischen dem Atomradius r und der Gitterkonstanten a. Das von den zwei Atomen der Elementarzelle ausgefüllte Volumen beträgt also

$$2(4\pi/3)\,r^3 = 2(4\pi/3)\,(a\sqrt{3})^3/4^3 = a^3\,\pi\sqrt{3}/8\,.$$

Somit ist die **Packungsdichte**

$$\pi\sqrt{3}/8 = 0{,}68 \; (=68\%)\,;$$

sie ist also nur wenig geringer als diejenige der Gitterstrukturen mit dichtester Packung.

Die Metalle kristallisieren – von ganz wenigen Ausnahmen abgesehen – in einer der drei vorstehend behandelten Gitterstrukturen. Die wichtigsten Eigenschaften dieser Strukturen sind in Tafel **1.39** zusammengestellt. Außerdem sind in Tafel **1.39** einige Beispiele für technisch wichtige Metalle zu finden.

Wie in Tafel **1.39** durch Pfeile und Temperaturangaben angedeutet, tritt bei manchen Metallen eine **allotrope Umwandlung** – d.h. ein Übergang von einer Kristallstruktur in eine andere – auf. So wandelt sich beispielsweise das bei Zimmertemperatur in kubisch-raumzentrierter Form vorliegende Eisen

Tafel **1.**39 Eigenschaften der Gitterstrukturen metallischer Werkstoffe

	kubisch-flächen-zentriert (kfz)	hexagonal dichteste Packung (hdP)	kubisch-raum-zentriert (krz)
Atome pro Elementarzelle	4	6	2
Koordinationszahl	12	12	8
Packungsdichte	74%	74%	68%
Beispiele	Cu, Ag, Au, Al, Ni, Pb, Pt	Be, Mg, Zn, Cd	Cr, Mo, Ta, W, Li, Na, K

$$\gamma\text{-Fe} \xleftarrow{\quad 910\,°C \quad} \alpha\text{-Fe}$$

$$\beta\text{-Co} \xleftarrow{\quad 1120\,°C \quad} \alpha\text{-Co}$$

$$\alpha\text{-Ti} \xrightarrow{\quad 882\,°C \quad} \beta\text{-Ti}$$

$$\alpha\text{-Zr} \xrightarrow{\quad 885\,°C \quad} \beta\text{-Zr}$$

(α-Fe) bei 910°C in die kubisch-flächenzentrierte Modifikation (γ-Fe) um. Eine weitere Umwandlung (kfz→krz) findet bei 1390°C statt; diese Umwandlung ist jedoch technisch ohne Bedeutung.

Halbleiter. Elektronische Halbleiter sind – wie in Abschn. 1.3 erläutert – durch eine kovalente (bzw. überwiegend kovalente) Bindung gekennzeichnet. Die kovalente Bindung ist nur bei einer b e s t i m m t e n r ä u m l i c h e n A n o r d n u n g der Atome möglich; diese Anordnung ist von der Zahl der Elektronen in der äußersten Schale der Atome abhängig.

Die elementaren Halbleiter Silicium und Germanium gehören der IV. Gruppe des Periodischen Systems an. Dementsprechend weisen die Atome dieser Elemente vier Elektronen in der äußersten Schale auf. Die kovalente Bindung dieser Substanzen erfordert daher eine räumliche Konfiguration, bei der jedes Silicium- bzw. Germaniumatom von vier anderen Silicium- bzw. Germaniumatomen umgeben ist. Eine derartige t e t r a e d r i s c h e K o o r d i n a t i o n erhält man beispielsweise dadurch, daß man zwei kubisch-flächenzentrierte Gitter gemäß Bild **1.**40 ineinanderfügt. Zur Verdeutlichung ist in Bild **1.**40 die eine kubisch-flächenzentrierte Elementarzelle mit ausgezogenen Linien, die andere kubisch-flächenzentrierte Elementarzelle mit gestrichelten Linien umrandet. Ferner sind in Bild **1.**40 jeweils benachbarte Atome mit Stegen, welche die kovalente Bindung (d. h. die Elektronenbrücken) symbolisieren sollen, verbunden.

Nach der in Bild **1.**40 dargestellten Art kristallisieren die Elemente Silicium und Germanium sowie Kohlenstoff, sofern dieser in der Diamantmodifikation vorliegt. Das in Bild **1.**40 gezeigte Gitter wird dementsprechend D i a m a n t g i t t e r genannt. Zur Elementarzelle des Diamantgitters gehören diejenigen Atome,

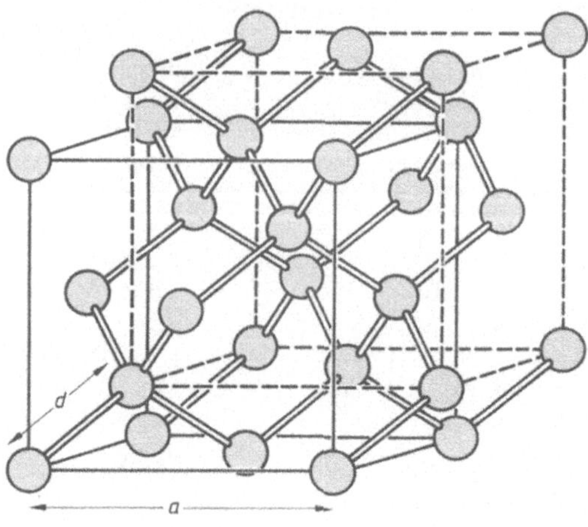

1.40 Diamantgitter

welche sich in dem durch ausgezogene Linien umrandeten Würfel befinden. Zwischen der Gitterkonstanten a und dem Atomabstand d besteht die Beziehung

$$a = 4d/\sqrt{3}.$$

Kristalliner Kohlenstoff kann in zwei Modifikationen vorliegen, nämlich als Diamant gemäß Bild **1.40** und als Graphit mit einem Gitter, das hexagonale Symmetrie aufweist. Unter Normalbedingungen ($20\,°C$, 10^5 Pa) ist Graphit die stabile Modifikation. Im Diamantgitter kristallisiert ferner das (halbleitende) graue Zinn; diese Zinnmodifikation ist bei Temperaturen unter $13\,°C$ stabil.

Wie in Abschn. 1.3 erwähnt, erhält man Halbleiter – mit überwiegend kovalenter Bindung – auch dadurch, daß man Elemente der III. Gruppe des Periodischen Systems mit Elementen der V. Gruppe kombiniert. Die meisten III-V-Verbindungen kristallisieren im Zinkblendegitter. Dieser Gittertyp entsteht dadurch, daß man – in Analogie zum Diamantgitter – ein kubisch-flächenzentriertes Gitter, welches Atome der III. Gruppe enthält, und ein kubisch-flächenzentriertes Gitter, welches Atome der V. Gruppe aufweist, gemäß Bild **1.41** vereinigt. Die Elektronenbrücken sind in diesem Falle asymmetrisch zu denken, d. h., die Schwerpunkte der Elektronenbrücken sind jeweils etwas in Richtung auf die Atome der V. Gruppe verschoben.

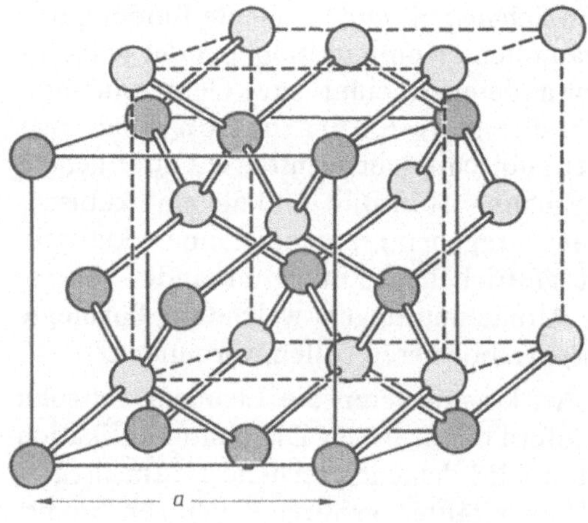

1.41 Zinkblendegitter

Eine weitere Gitterstruktur mit tetraedrischer Koordination der Atome entsteht dadurch, daß zwei hexagonale Teilgitter in geeigneter Weise ineinandergefügt werden. Das so erzeugte Gitter (Bild **1.42**) nennt man Wurtzit-Gitter. In dieser Gitterstruktur kristallisieren u. a. einige II-VI-Verbindungen (z. B. Cadmiumsulfid).

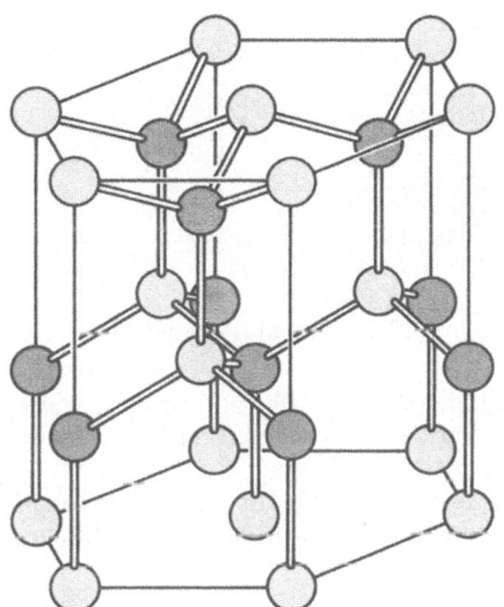

1.42 Wurtzitgitter

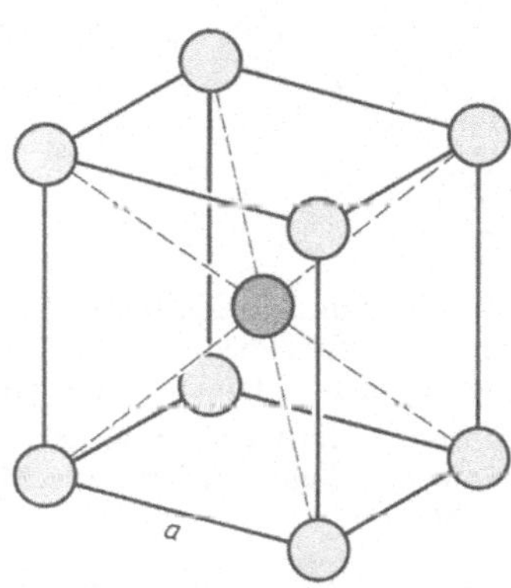

1.43 Cäsiumchloridgitter

Ionenkristalle. Bei den Ionenkristallen basiert die Bindung auf Coulombschen Anziehungskräften. Wie in Abschn. 1.3 bereits hervorgehoben, existieren bei der Ionenbindung keine räumlich bevorzugten Bindungsrichtungen. Ferner ist keine besonders dichte Packung der Ionen erforderlich. Ionenkristalle können somit in zahlreichen Varianten vorkommen; ihre Einordnung in Kristallsysteme erfolgt gemäß Tafel 1.31. Im Rahmen des vorliegenden Buches sollen lediglich drei kubische Gitterstrukturen mit Ionenbindung besprochen werden.

Kubische Gitterstrukturen findet man insbesondere bei den Alkalihalogenidkristallen, wie z. B. bei Natriumchlorid (NaCl), Kaliumchlorid (KCl) und Cäsiumchlorid (CsCl). Die Art der Gitterstruktur hängt u. a. von dem Verhältnis der Radien der beteiligten Ionen ab. Als Faustregel gilt: Sind die Ionenradien r_A und r_B nur wenig voneinander verschieden ($0{,}5 < r_A/r_B \leq 1$), so entsteht ein Cäsiumchloridgitter (Bild 1.43). Bei Alkalihalogeniden mit stark unterschiedlichen Ionenradien ($r_A/r_B < 0{,}5$) findet man hingegen überwiegend das Natriumchloridgitter (Bild 1.44).

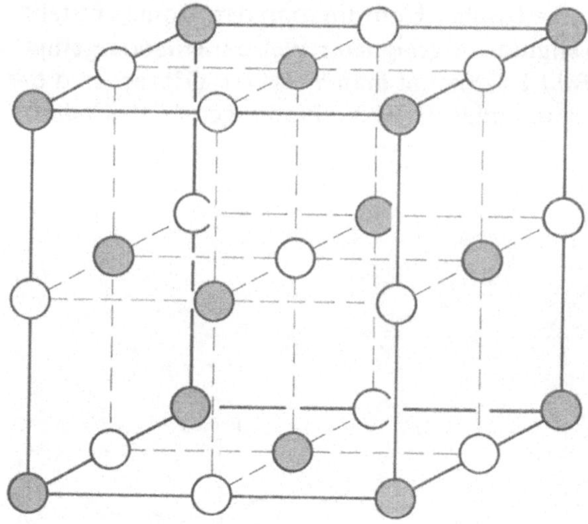

1.44
Natriumchloridgitter

Das Natriumchloridgitter tritt auch bei einigen Halbleiterwerkstoffen auf, beispielsweise bei Bleisulfid (PbS), Bleiselenid (PbSe) und Bleitellurid (PbTe). Diese Bleichalkogenide werden in Bauelementen der Infrarottechnik eingesetzt.

In den Bildern **1.43**, **1.44** und **1.45** sollen lediglich die relativen Positionen der Ionen veranschaulicht werden; eine Maßstäblichkeit der Ionenradien wird hierbei nicht angestrebt.

Eine weitere wichtige Gitterstruktur mit kubischer Elementarzelle ist in Bild **1.45** wiedergegeben. Es handelt sich um die Perowskit-Struktur, bei der sich ein vierfach positiv geladenes Metallion im Zentrum der Elementarzelle befindet. Die acht Eckpunkte der Elementarzelle sind mit zweifach positiv geladenen Metallionen besetzt. Bei den sechs in den Flächenmitten befindlichen (zweifach negativen) Ionen handelt es sich um Sauerstoffionen. Das positiv geladene Zentralion befindet sich somit im Kräftefeld von positiven und negativen Ionen.

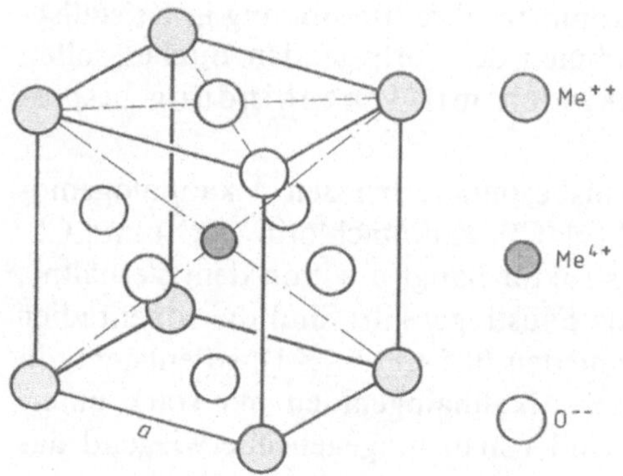

In der Perowskit-Struktur kristallisieren insbesondere die Werkstoffe Bariumtitanat (BaTiO$_3$) und Strontiumtitanat (SrTiO$_3$), die in der Elektrotechnik u.a. als Kondensatordielektrika verwendet werden.

1.45
Perowskitgitter

Einkristalline und polykristalline Werkstoffe. Bei einem Einkristall ist die Orientierung der Kristallebenen über den gesamten Werkstoff konstant (Bild 1.46a). Polykristalline Werkstoffe bestehen aus vielen Kristalliten (Körnern) mit statistisch verteilter Orientierung der Kristallebenen (Bild 1.46b). Die Korngröße variiert i. allg. zwischen etwa 1 μm und einigen mm.

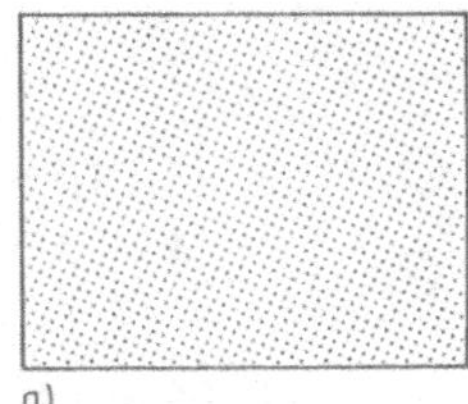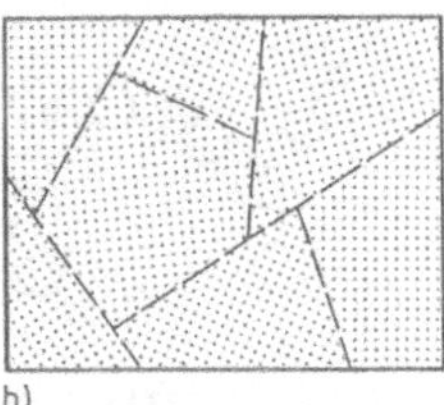

1.46
Atomanordnung bei kristallinen
Stoffen (schematisch)
a) Einkristall, b) polykristallines
Material (--- Korngrenzen)

Die Korngrenzen sind in der Regel inkohärent, d. h., in der Umgebung der Korngrenzen ist der Gitteraufbau sehr stark gestört. Im Korngrenzenbereich findet man daher häufig Werkstoffeigenschaften, die von denen des Korninnern abweichen (z. B. hinsichtlich der Löslichkeit und Diffusion von Fremdatomen).

1.4.3.2 Amorphe Festkörper. Amorphe Werkstoffe sind durch eine regellose (statistisch verteilte) Atomanordnung gekennzeichnet. In den meisten Fällen besteht allerdings – wie auch bei Flüssigkeiten – eine gewisse Nahordnung. Von den Elementen neigen u. a. Arsen, Antimon und Selen bei raschem Abkühlen ihrer Schmelzen zur Bildung amorpher Phasen. Auch Silicium kann unter geeigneten Herstellungsbedingungen als amorpher Werkstoff erhalten werden.

Bei Metallen besteht eine sehr starke Tendenz zur Kristallisation. Nur bei extrem hohen Abkühlraten gelingt es, Metalle mit amorpher Struktur zu erzeugen. Derartige metallische Gläser werden seit einiger Zeit als Magnetwerkstoffe für spezielle Anwendungen eingesetzt.

Von den chemischen Verbindungen neigen insbesondere diejenigen zur Bildung amorpher Werkstoffe, bei denen ein verhältnismäßig kleines positives (drei-, vier- oder fünfwertiges) Ion von (zweifach negativ geladenen) Sauerstoffionen umgeben ist. Zu dieser Gruppe von Verbindungen gehören u. a. Bortrioxid (B_2O_3), Siliciumdioxid (SiO_2) und Phosphorpentoxid (P_2O_5). Technisch besonders wichtig sind Werkstoffe, bei denen Siliciumdioxid der Hauptbestandteil ist. Liegt reines, amorphes Siliciumdioxid vor, so spricht man von Quarzglas. Silikatgläser enthalten neben Siliciumdioxid noch andere Oxide.

Elementarbaustein des Quarzglases bzw. der Silikatgläser ist ein Tetraeder, dessen Eckpunkte mit Sauerstoffionen besetzt sind, während sich im Zentrum ein Siliciumion befindet (Bild 1.47). Diese Tetraeder können in unterschiedlicher Weise aneinandergesetzt sein: Bei einer be-

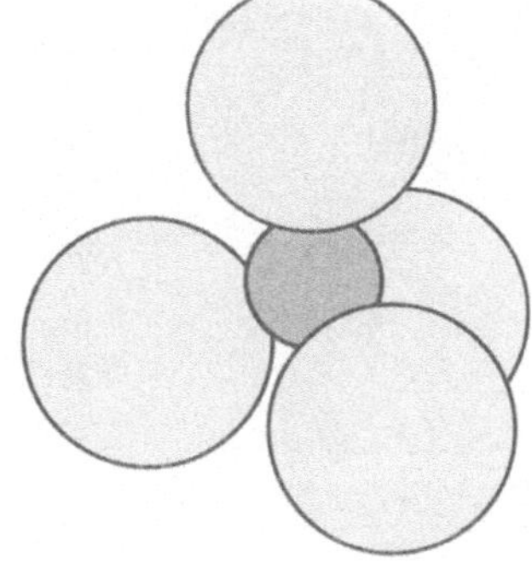

1.47 Tetraedrischer Baustein
des Siliciumdioxids

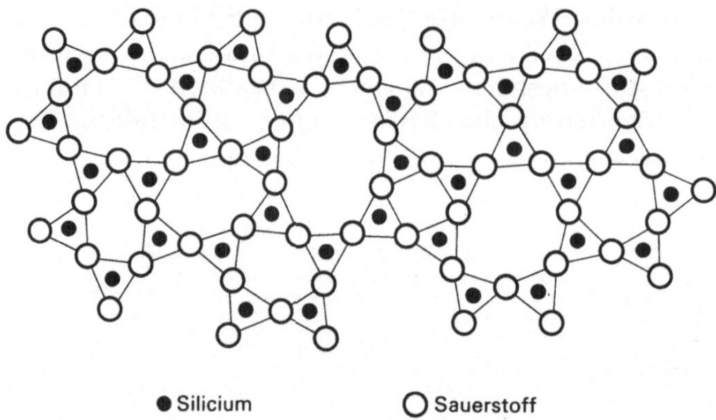

1.48 Struktur des Quarzglases (schematisch)

stimmten **regelmäßigen Anordnung** der Tetraeder entsteht ein **Quarzkristall**, während bei **regelloser Anordnung** gemäß Bild **1.48 Quarzglas** (d. h. ein amorpher Werkstoff) gebildet wird. In dem Netzwerk gemäß Bild **1.48** gehört jedes Sauerstoffatom zwei benachbarten Tetraedern an; weitere Sauerstoffionen sind oberhalb oder unterhalb der Zeichenebene zu denken.

Reines Quarzglas hat einen Schmelzpunkt von etwa 1700°C. Dementsprechend ist der Verarbeitungsaufwand für diesen Werkstoff sehr hoch. Für die meisten technischen Anwendungen wird daher ein Silikatglas bevorzugt, das neben Siliciumdioxid noch andere Oxide (wie Na_2O, K_2O, CaO usw.) enthält und daher bei erheblich niedrigeren Temperaturen verarbeitet werden kann.

Zu den amorphen Werkstoffen gehören auch die meisten Kunststoffe. Es handelt sich hierbei um hochpolymere Verbindungen, d. h. um Kettenmoleküle mit sehr hohem Molekulargewicht. Die Kettenmoleküle sind regellos im Werkstoff verteilt.

2 Elektrische Leitungsmechanismen

In der Elektrotechnik unterscheidet man zwischen dem Konvektionsstrom, der auf der Bewegung geladener Teilchen beruht, und dem Verschiebungsstrom, der durch ein zeitlich veränderliches elektrisches Feld bewirkt wird. In diesem Abschnitt soll ausschließlich der mit der Ladungsträgerbewegung verknüpfte Strom behandelt werden. Hierbei wird einleitend die Bewegung von Elektronen im Vakuum betrachtet.

2.1 Elektronenbewegung im Vakuum

Die Bewegung von Elektronen im Vakuum unter dem Einfluß eines elektrischen und eines magnetischen Feldes wird durch die Kraft

$$\vec{F} = \vec{F}_E + \vec{F}_L = -e(\vec{E} + \vec{v} \times \vec{B}), \qquad (2.1)$$

welche aus der elektrischen Feldkraft $\vec{F}_E$ und der Lorentz-Kraft $\vec{F}_L$ resultiert, verursacht. Hierbei ist e die Elementarladung, $\vec{E}$ die elektrische Feldstärke, $\vec{v}$ die Geschwindigkeit und $\vec{B}$ die magnetische Induktion. Im nichtrelativistischen Fall ($v \ll c$) ergibt sich die Newtonsche Bewegungsgleichung

$$m_e \frac{d\vec{v}}{dt} = -e(\vec{E} + \vec{v} \times \vec{B}) \qquad (2.2)$$

mit der Ruhemasse m_e des Elektrons.

Es sei zunächst angenommen, ein Elektron bewege sich in einer Anordnung gemäß Bild **2.1** unter dem Einfluß eines homogenen, zeitlich konstanten elek-

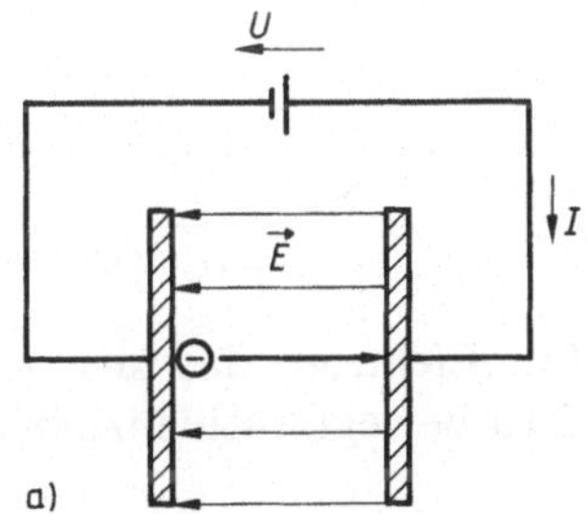

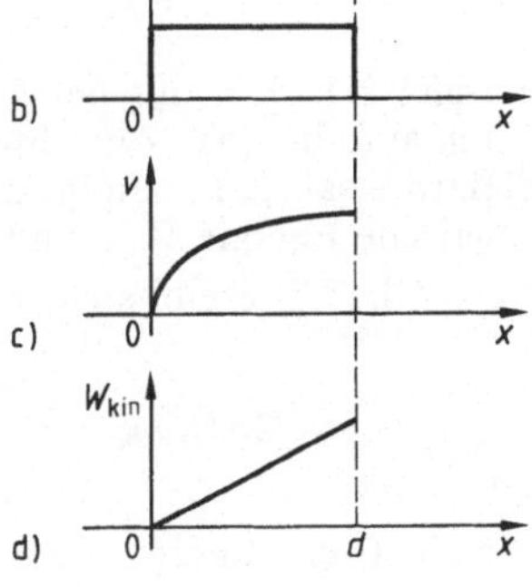

2.1
Bewegung eines Elektrons im homogenen elektrischen Feld (mit $\vec{v} \parallel \vec{E}$)
a) Elektrodenanordnung, b) Feldverlauf $E(x)$, c) Geschwindigkeitsverlauf $v(x)$, d) Verlauf der kinetischen Energie $W_{kin}(x)$

trischen Feldes. In diesem Falle kann die Bewegungsgleichung in der Form

$$m_e \frac{dv}{dt} = -eE = e\frac{U}{d} \tag{2.3}$$

angesetzt werden. Mit der Anfangsbedingung $v=0$ für $x=0$ und $t=0$ ergibt sich

$$v(t) = \frac{dx}{dt} = -\frac{e}{m_e}Et = \frac{e}{m_e} \cdot \frac{U}{d}t \tag{2.4a}$$

und damit

$$x(t) = \frac{e}{2m_e} \cdot \frac{U}{d}t^2 \tag{2.4b}$$

bzw.

$$v(x) = \sqrt{\frac{2e}{m_e} \cdot \frac{U}{d}x}\,.$$

Beim Auftreffen auf die Anode ($x=d$) weist das Elektron die Geschwindigkeit

$$v = \sqrt{2eU/m_e} \tag{2.5}$$

auf. Nach Durchlaufen der Potentialdifferenz U ist also die kinetische Energie des Elektrons

$$W_{kin} = \frac{1}{2}m_e v^2 = eU. \tag{2.6}$$

Die Flugzeit τ_f ergibt sich nach Gl. (2.4b) für $x(\tau_f) = d$

$$\tau_f = d\sqrt{2m_e/eU} = 2d/v. \tag{2.7}$$

Ein Elektron, das sich in einer kondensatorartigen Anordnung gemäß Bild 2.1a bewegt, influenziert im Außenkreis einen Strom

$$I(t) = \frac{ev(t)}{d}. \tag{2.8}$$

Beispiel 2.1. Ein mit der Geschwindigkeit $v=0$ an der Kathode startendes Elektron durchlaufe in einer Anordnung gemäß Bild 2.1a die Potentialdifferenz $U = 100$ V. Der Elektrodenabstand betrage $d = 10$ cm. Es sind die dabei erreichte Geschwindigkeit v, die kinetische Energie W_{kin} und die Flugzeit τ_f zu berechnen.
Nach Gl. (2.5) ergibt sich die Geschwindigkeit

$$v = \sqrt{2eU/m_e} = \sqrt{\frac{2 \cdot 1{,}6 \cdot 10^{-19}\ \text{As} \cdot 100\ \text{V}}{0{,}91 \cdot 10^{-30}\ \text{kg}}} = 5{,}93 \cdot 10^6\ \text{m/s}.$$

Die kinetische Energie beträgt $W_{kin} = 100$ eV $= 1{,}6 \cdot 10^{17}$ J.

Als Flugzeit erhält man nach Gl. (2.7)

$$\tau_f = d\sqrt{2m_e/eU} = \sqrt{\frac{2 \cdot 0{,}91 \cdot 10^{-30}\ \text{kg}}{1{,}6 \cdot 10^{-19}\ \text{As} \cdot 100\ \text{V}}} = 3{,}4 \cdot 10^{-8}\ \text{s}.$$

Die vorstehenden Beziehungen gelten – soweit sie die Elektronenmasse enthalten – nur für Elektronen, deren Geschwindigkeit klein gegen die Lichtgeschwindigkeit c ist. Bei relativistischen Geschwindigkeiten ist die Bewegungsgleichung in der Form

$$\frac{\mathrm{d}}{\mathrm{d}t}(mv) = -eE = \frac{\mathrm{d}W}{\mathrm{d}x} \tag{2.9}$$

anzusetzen. Unter Verwendung der Einstein-Beziehung Gl. (1.3) erhält man eine Elektronenmasse

$$m(v) = \frac{m_e}{\sqrt{1 - v^2/c^2}}, \tag{2.10}$$

die von der Geschwindigkeit v abhängig ist und mit $v \to c$ gegen Unendlich strebt. Mit Hilfe des Prinzips von der Erhaltung der Energie ergibt sich die Geschwindigkeit des Elektrons als Funktion der durchlaufenen Potentialdifferenz

$$v(U) = c\sqrt{1 - \left(1 + \frac{eU}{m_e c^2}\right)^{-2}}. \tag{2.11}$$

Für die Masse folgt die Beziehung

$$m(U) = m_e\left(1 + \frac{eU}{m_e c^2}\right). \tag{2.12}$$

Die funktionalen Zusammenhänge nach Gl. (2.11) und Gl. (2.12) sind in Bild 2.2 wiedergegeben.

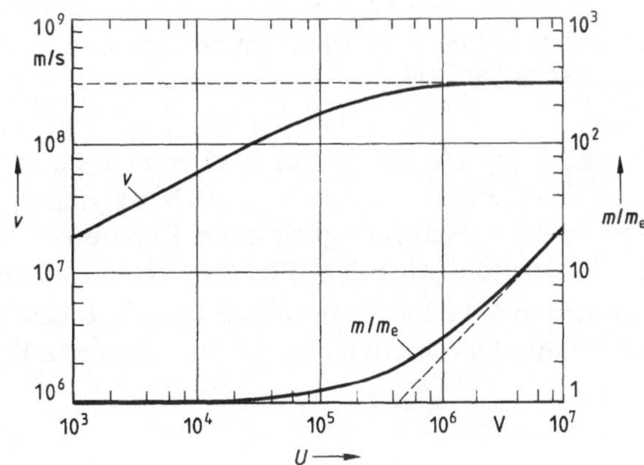

2.2
Elektronengeschwindigkeit v
und relative Elektronenmasse
m/m_e als Funktion der durchlaufenen Potentialdifferenz U

Beispiel 2.2. Ein Elektron, das mit der Spannung $U = 100\,\text{kV}$ beschleunigt wird, erreicht eine Geschwindigkeit $v = 1{,}66 \cdot 10^8\,\text{m/s}$ (55% der Lichtgeschwindigkeit). Die Masse erhöht sich um 20% gegenüber der Ruhemasse m_e.

Es sei nun der Fall der Ablenkung eines Elektrons in einer kondensatorartigen Anordnung gemäß Bild **2.3** untersucht. Das Elektron trete mit der Geschwindigkeit v_x in den Feldraum ein; für den gesamten Ablenkvorgang sei $|\vec{v}| \ll c$ vorausgesetzt.

Für die Bewegung in x- und y-Richtung gelten die Gleichungen

$$x = v_\text{x} t$$

und

$$y = -\frac{1}{2} \cdot \frac{e}{m_\text{e}} \cdot E t^2 = \frac{1}{2} \cdot \frac{e\,U}{m_\text{e}\,d} \cdot t^2.$$

Durch Elimination der Zeit resultiert die Bahngleichung

$$y = \frac{1}{2} \cdot \frac{e\,U}{m_\text{e}\,d} \left(\frac{x}{v_\text{x}}\right)^2. \tag{2.13}$$

Für den Ablenkwinkel α gilt

$$\mathrm{tg}\,\alpha = \frac{\mathrm{d}y}{\mathrm{d}x}\bigg|_{x=l} = \frac{e\,U}{m_\text{e} v_\text{x}^2} \cdot \frac{l}{d}. \tag{2.14}$$

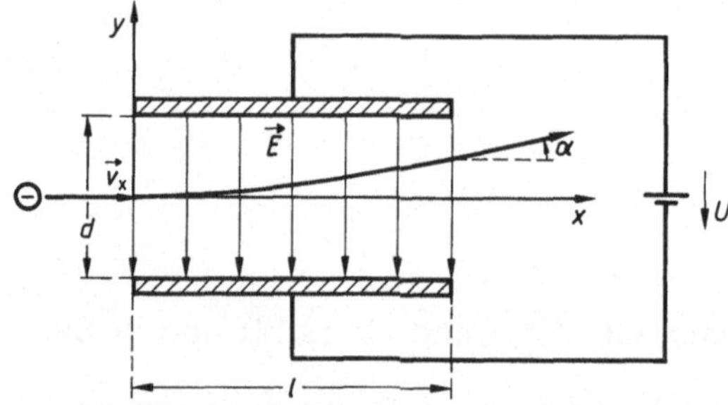
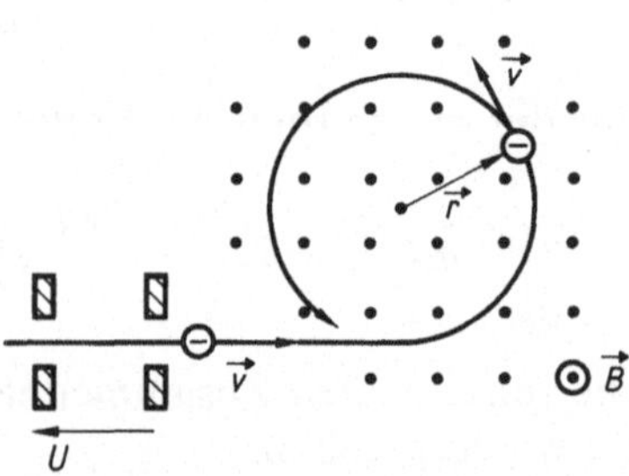

2.3 Ablenkung eines Elektrons im homogenen elektrischen Feld $\vec{E}$

2.4 Bewegung eines Elektrons im homogenen Magnetfeld $(\vec{v} \perp \vec{B})$

Da die Lorentz-Kraft keine Komponente in Richtung der Bewegung aufweist, kann ein Magnetfeld nur die Bewegungsrichtung, nicht aber den Absolutwert der Geschwindigkeit eines Elektrons beeinflussen ($|\vec{v}| = $ const). Durch das Magnetfeld wird dem Elektron keine Energie zugeführt.

Bei dem in Bild **2.4** dargestellten Fall $\vec{v} \perp \vec{B}$ bewegt sich das Elektron auf einer Kreisbahn. Durch Gleichsetzen von Lorentz-Kraft und Zentrifugalkraft

$$e v B = \frac{m v^2}{r} \tag{2.15}$$

ergibt sich der Radius der Kreisbahn

$$r = \frac{m v}{e B}.$$

(2.16)

Sofern das Elektron seine Geschwindigkeit v beim Durchlaufen einer Potentialdifferenz U erhält, ergibt sich

$$r = \frac{1}{B} \sqrt{\frac{2 m U}{e}}.$$

(2.17)

Die Beziehungen (2.15) bis (2.17) gelten auch für relativistische Geschwindigkeiten, wenn die Veränderlichkeit der Elektronenmasse gemäß Gl. (2.10) bzw. Gl. (2.12) berücksichtigt wird. Für $v \ll c$ kann $m = m_e$ gesetzt werden.

Im nichtrelativistischen Fall ist die Winkelgeschwindigkeit der Kreisbewegung

$$\omega = \frac{2 \pi}{T} = \frac{e B}{m_e}$$

(2.18)

unabhängig von der Geschwindigkeit (T Umlaufzeit).

Beispiel 2.3. Ein mit der Spannung $U = 1000$ V beschleunigtes Elektron werde in einem homogenen Magnetfeld mit der Induktion $B = 0,01\,T$, welches senkrecht zur Bewegungsrichtung verläuft, abgelenkt. Man berechne den Radius r der Kreisbahn sowie die Umlaufzeit T.

Aus den Gleichungen (2.17) und (2.18) folgt der Bahnradius

$$r = \frac{1}{B} \sqrt{\frac{2 m_e U}{e}} = \frac{1}{10^{-2}\ \text{Vs/m}^2} \sqrt{\frac{2 \cdot 0,91 \cdot 10^{-30}\ \text{kg} \cdot 1000\ \text{V}}{1,6 \cdot 10^{-19}\ \text{As}}} = 1,06 \cdot 10^{-2}\ \text{m}$$

und die Umlaufzeit

$$T = \frac{2 \pi m_e}{e B} = \frac{2 \pi \cdot 0,91 \cdot 10^{-30}\ \text{kg}}{1,6 \cdot 10^{-19}\ \text{As} \cdot 0,01\ \text{Vs/m}^2} = 3,6 \cdot 10^{-9}\ \text{s}.$$

Im allgemeinen Fall der Bewegung eines Elektrons im Magnetfeld ist die Elektronengeschwindigkeit $\vec{v}$ in je eine Komponente parallel und senkrecht zur Richtung der magnetischen Induktion $\vec{B}$ zu zerlegen.

$$\vec{v} = \vec{v}_{\parallel} + \vec{v}_{\perp}$$

Die Bewegung des Elektrons erfolgt dann entlang einer Schraubenlinie mit dem Radius

$$r = \frac{m_e v_{\perp}}{e B}$$

(2.19 a)

und der Ganghöhe

$$h = T v_{\parallel} = \frac{2 \pi m_e v_{\parallel}}{e B}.$$

(2.19 b)

2.2 Gasentladungen

Gasatome und -moleküle sind im Prinzip elektrisch neutral. In einem Gas kann daher eine elektrische Leitung nur dann auftreten, wenn dem Gas Ladungsträger (Elektronen oder Ionen) zugeführt werden oder wenn im Gas selbst eine Ladungsträgererzeugung stattfindet. Die wichtigsten Mechanismen der Ladungsträgerzufuhr und -erzeugung sind in Bild **2.5** aufgeführt.

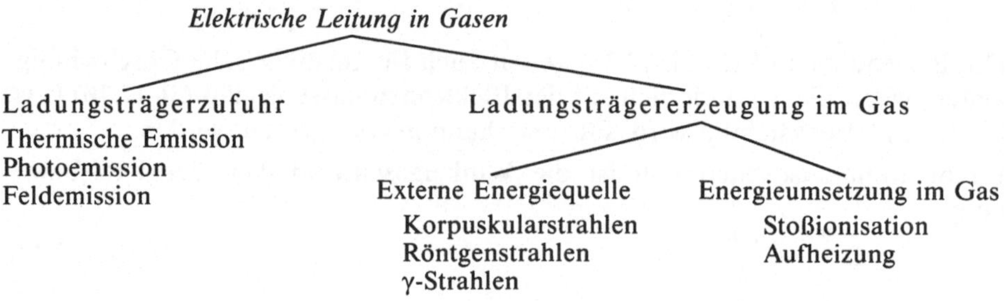

2.5 Mechanismen der Ladungsträgerzufuhr und -erzeugung bei Gasen

Die verschiedenartigen Mechanismen der Elektronenzufuhr (z. B. durch eine Glühkathode) sollen an dieser Stelle nicht erörtert werden, da hieran keine gasspezifischen Eigenschaften beteiligt sind. In dem folgenden Abschnitt wird zunächst die unselbständige Entladung behandelt, d. h., es wird das elektrische Verhalten eines Gases untersucht, in dem sich positive und negative Ionen befinden, welche durch korpuskulare oder elektromagnetische Strahlung erzeugt werden.

In den weiteren Ausführungen wird aus Platzersparnisgründen nur von Gasatomen gesprochen. Gemeint sind dabei natürlich Gasatome und/oder -moleküle.

2.2.1 Unselbständige Entladung

Gasatome werden durch Korpuskularstrahlung oder energiereiche elektromagnetische Strahlung ionisiert; dieser Vorgang läßt sich durch die Reaktionsgleichung

$$A \rightarrow A^+ + e^-$$

beschreiben. Das aus der Atomhülle losgelöste Elektron kann sich an ein neutrales Atom anlagern; hierdurch wird ein negatives Ion gebildet.

$$A + e^- \rightarrow A^-$$

Die atmosphärische Luft enthält in Bodennähe im stationären Zustand ange-
nähert je 10^9 positive und negative Ionen pro Kubikmeter, d. h.

$$N_0 = N_0^- = N_0^+ \approx 10^9 \text{ m}^{-3}.$$

Die Hauptursachen für die Ionenerzeugung in Luft sind

1. Höhenstrahlung (vorwiegend Mesonen),

2. radioaktive Bestandteile des Bodens bzw. von Gebäuden (insbesondere das
   Kaliumisotop ^{40}K) und

3. radioaktive Bestandteile der Luft (insbesondere Radon).

Das Kaliumisotop ^{40}K ist ein β- und K-Strahler mit einer Halbwertszeit von 10^9 a. Es
existiert mit einer Häufigkeit von etwa 0,01% im Gemisch der natürlich vorkommenden
Kaliumisotope (^{39}K, ^{40}K, ^{41}K). Das Edelgas Radon (früher Radiumemanation genannt)
ist ein α-Strahler mit einer Halbwertszeit von 3,8 d. Es wird innerhalb der Uran-Radium-
Zerfallsreihe laufend neu gebildet und der Erdatmosphäre zugeführt.

Der Ionenerzeugung steht die Rekombination positiver und negativer Ionen
gegenüber; im Gleichgewichtszustand gilt

$$G - r \cdot N_0^2 = 0 \tag{2.20}$$

mit der Generationsrate G und dem Rekombinationskoeffizienten r. Die mittlere Lebensdauer der Ionen ist

$$\tau_l = \frac{N_0}{G} = \frac{1}{r N_0}. \tag{2.21}$$

Beispiel 2.4. Bei einer Generationsrate $G = 2 \cdot 10^6 \text{ m}^{-3} \text{ s}^{-1}$ und einer stationären
Ionenkonzentration $N_0 = 10^9 \text{ m}^{-3}$ ergibt sich der Rekombinationskoeffizient
$r = 2 \cdot 10^{-12} \text{ m}^3 \text{ s}^{-1}$. Die mittlere Lebensdauer der Ionen ist somit 500 s.
Auf welchen Wert steigt die Ionenkonzentration, wenn man die Generationsrate (z. B.
durch Röntgenstrahlen) auf $2 \cdot 10^9 \text{ m}^{-3} \text{ s}^{-1}$ erhöht?
Aus Gl. (2.20) folgt

$$N_0 = \sqrt{\frac{G}{r}} = \sqrt{\frac{2 \cdot 10^9 \text{ m}^{-3} \text{ s}^{-1}}{2 \cdot 10^{-12} \text{ m}^3 \text{ s}^{-1}}} = 3,2 \cdot 10^{10} \text{ m}^{-3}.$$

Wie in Abschn. 1.4.1 ausgeführt, befinden sich die Gasatome in ungeordneter
(thermisch aktivierter) Bewegung; dieser Bewegung sind selbstverständlich
auch die Ionen unterworfen. In einer Anordnung gemäß Bild **2.6** überlagert
sich der statistisch verteilten thermischen Bewegung eine gerichtete
Driftbewegung der Ionen, welche durch das elektrische Feld hervorgerufen
wird, d. h., nach jedem Zusammenstoß beginnt eine Beschleunigung der Ionen
durch das elektrische Feld. Beim nachfolgenden Stoß wird die im Feld aufgenommene Energie wieder in (ungeordnete) thermische Bewegung überführt, so
daß die gerichtete Bewegung wieder mit der Geschwindigkeit Null beginnt.

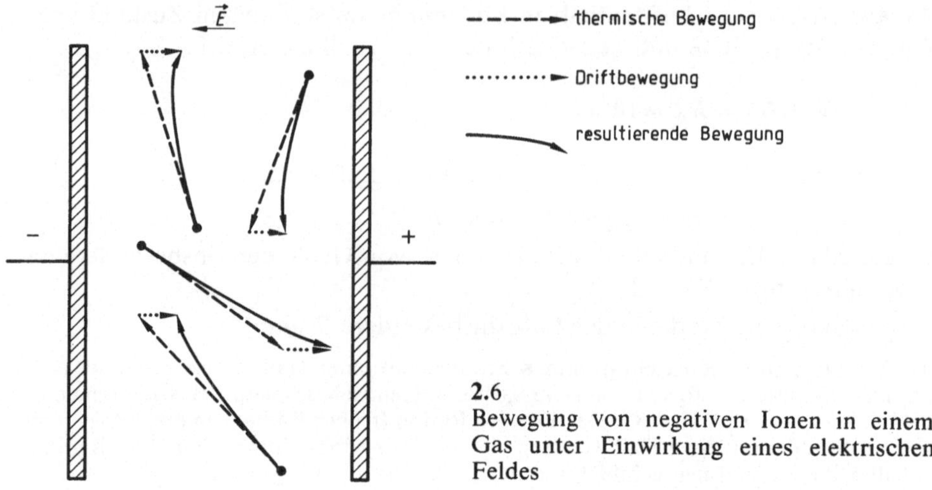

2.6
Bewegung von negativen Ionen in einem Gas unter Einwirkung eines elektrischen Feldes

Für die Beschleunigung der Ionen steht die Zeitdauer zwischen zwei Stößen, d.h. die mittlere Stoßzeit

$$\tau_s = \Lambda/\bar{v} \tag{2.22}$$

zur Verfügung; die Bedeutung der mittleren freien Weglänge Λ und des Mittelwertes $\bar{v}$ der Geschwindigkeit der Gasatome ist in Abschn. 1.4.1 erläutert. Ersetzt man in Gl. (2.4a) die Elektronenmasse m_e durch die Masse m^- eines einfach negativ geladenen Ions, so ergibt sich bei dem Elektrodenabstand d die Driftgeschwindigkeit (mittlere gerichtete Geschwindigkeit)

$$v^- = \frac{1}{\tau_s} \int_0^{\tau_s} v(t)\,dt = \frac{x(\tau_s)}{\tau_s} = \frac{1}{2} \cdot \frac{e}{m^-} |E| \tau_s = \frac{1}{2} \cdot \frac{e}{m^-} \cdot \frac{U}{d} \tau_s \tag{2.23a}$$

(d Elektrodenabstand). Dementsprechend gilt für ein einfach positiv geladenes Ion mit der Masse m^+ die Driftgeschwindigkeit

$$v^+ = \frac{1}{2} \cdot \frac{e}{m^+} |E| \tau_s = \frac{1}{2} \cdot \frac{e}{m^+} \cdot \frac{U}{d} \tau_s. \tag{2.23b}$$

Es ist hierbei angenommen, daß die mittlere Stoßdauer τ_s unabhängig vom Vorzeichen der Ionenladung ist. Für die weiteren Rechnungen führt man die Beweglichkeiten

$$\mu^- = \frac{1}{2} \cdot \frac{e}{m^-} \tau_s \tag{2.24a}$$

und

$$\mu^+ = \frac{1}{2} \cdot \frac{e}{m^+} \tau_s \tag{2.24b}$$

der negativen und positiven Ionen ein.

Nach Gl. (2.23 a, b) und Gl. (2.24 a, b) sind die Driftgeschwindigkeiten und die Beweglichkeiten positiv definierte Größen; die unterschiedlichen Bewegungsrichtungen der positiven und negativen Teilchen kommen hierbei nicht zum Ausdruck. Bei der Aufstellung der Gleichungen für den Stromtransport muß diese Vorzeichenregelung beachtet werden.

Es ist darauf hinzuweisen, daß in manchen Lehrbüchern die Beweglichkeit negativer Teilchen eine Größe mit negativem Vorzeichen ist. Häufig wird auch anstelle der mittleren Geschwindigkeit $\bar{v}$ die Größe

$$\sqrt{\overline{v^2}} = \sqrt{3\,kT/m}$$

für die Berechnung der Beweglichkeiten verwendet. Diese Vereinfachung ist unbedenklich, da es sich bei den vorstehenden Herleitungen ohnehin nur um Näherungslösungen handelt.

Beispiel 2.5. Aus Tafel 1.20 ist für Stickstoff die wahrscheinlichste Geschwindigkeit der thermischen Bewegung $v_0 = 4{,}2 \cdot 10^2$ m/s zu entnehmen; hieraus folgt

$$\bar{v} = 2\,v_0/\sqrt{\pi} = 4{,}7 \cdot 10^2 \text{ m/s}.$$

Unter Verwendung von $\Lambda = 8{,}5 \cdot 10^{-8}$ m (Tafel 1.23) ergibt sich die mittlere Stoßzeit

$$\tau_s = \frac{\Lambda}{\bar{v}} = \frac{8{,}5 \cdot 10^{-8} \text{ m}}{4{,}7 \cdot 10^2 \text{ m/s}} = 1{,}8 \cdot 10^{-10} \text{ s}.$$

Mit Gl. (2.24 a, b) resultiert für negativ bzw. positiv geladene Stickstoffionen der theoretische Wert

$$\mu^- = \mu^+ = \frac{1}{2} \cdot \frac{1{,}6 \cdot 10^{-19} \text{ As}}{4{,}7 \cdot 10^{-26} \text{ kg}} \cdot 1{,}8 \cdot 10^{-10} \text{ s} = 3 \cdot 10^{-4} \text{ m}^2/\text{Vs}.$$

(Der Wert für die Masse des Stickstoffions ist ebenfalls aus Tafel 1.20 entnommen.)

Die experimentell ermittelten Beweglichkeiten für negative und positive Ionen in Luft sind

$$\mu^- = 1{,}9 \cdot 10^{-4} \text{ m}^2/\text{Vs} \qquad \mu^+ = 1{,}4 \cdot 10^{-4} \text{ m}^2/\text{Vs}.$$

Bei den vorstehenden Überlegungen ist vorausgesetzt, daß die Driftgeschwindigkeit betragsmäßig klein gegenüber der mittleren Geschwindigkeit der thermischen Bewegung ist. Mit $|E| = 10^4$ V/m ergibt sich beispielsweise in Luft die Driftgeschwindigkeit der negativen Ionen zu $v^- = 1{,}9$ m/s. Die mittlere thermische Geschwindigkeit der Stickstoffionen ist demgegenüber $\bar{v} = 4{,}7 \cdot 10^2$ m/s. Mit anderen Worten: Die kinetische Energie der Teilchen wird durch eine elektrische Feldstärke in der genannten Größenordnung nicht nennenswert beeinflußt.

Bei sehr geringer elektrischer Feldstärke – und dementsprechend geringer Ladungsträgergeschwindigkeit – kann angenommen werden, daß die Ladungsträgerkonzentration in dem Raum zwischen Kathode und Anode nur von den vorstehend behandelten Generations- und Rekombinationsprozessen bestimmt wird. Der Ladungsträgerverlust durch Entladung der Ionen an den Elektroden kann demgegenüber vernachlässigt werden. Unter diesen Voraussetzungen ergibt sich in einer Anordnung nach Bild **2.**6 die Strom-Spannungs-Beziehung

$$I = e N_0 A (\mu^- + \mu^+) |E| = \frac{e N_0 A}{d} (\mu^- + \mu^+) U \qquad (2.25)$$

(A Elektrodenfläche). Gase weisen also bei kleiner elektrischer Feldstärke **ohmsches Verhalten** mit einer Leitfähigkeit

$$\sigma = e N_0 (\mu^- + \mu^+) \qquad (2.26)$$

auf.

Mit den obengenannten Daten für N_0, μ^- und μ^+ ergibt sich beispielsweise für Luft die Leitfähigkeit $\sigma = 5 \cdot 10^{-14}$ S/m ($= 5 \cdot 10^{-16}$ S/cm). Dieser Zahlenwert entspricht etwa demjenigen eines festen Isolierstoffes mittlerer bis guter Qualität.

Bei steigender elektrischer Feldstärke muß in zunehmendem Maße mit einer Entladung von Ionen an den Elektroden gerechnet werden; hierdurch ergibt sich ein **unterproportionaler** Anstieg des Stromes mit der angelegten Spannung. Eine Sättigung des Stromes tritt ein, wenn **alle** erzeugten Ionen an den Elektroden entladen werden. Der Sättigungsstrom

$$I_S = e G A d \qquad (2.27)$$

ist proportional zur Generationsrate G und zum Gasvolumen Ad, welches sich zwischen den Elektroden befindet.

Die Feldstärke E_S, bei der die Stromsättigung eintritt, kann aus der Beziehung $E_S = d/\mu \tau_1$ ermittelt werden; hierin ist die Beweglichkeit der **langsameren** Ionensorte einzusetzen.

Beispiel 2.6.   Bei der Elektrodenfläche $A = 10^{-2}$ m^2 und dem Elektrodenabstand $d = 10^{-2}$ m ergibt sich in atmosphärischer Luft in Bodennähe nach Gl. (2.27) der Sättigungsstrom

$$I_S = e G A d = 1{,}6 \cdot 10^{-19} \, \text{As} \cdot 2 \cdot 10^6 \, \text{m}^{-3} \, \text{s}^{-1} \cdot 10^{-4} \, \text{m}^3 = 3 \cdot 10^{-17} \, \text{A}.$$

Der Sättigungsstrom wird bei der Feldstärke

$$E_S = \frac{d}{\mu^+ \tau_1} = \frac{10^{-2} \, \text{m}}{1{,}4 \cdot 10^{-4} \, \text{m}^2 \, \text{V}^{-1} \, \text{s}^{-1} \cdot 500 \, \text{s}} = 0{,}14 \, \text{V/m},$$

d.h. bei der Spannung $U = E_S d \approx 1$ mV erreicht.

2.2.2 Selbständige Entladung

Bei hinreichender elektrischer Feldstärke erlangen die in einem Gas befindlichen Ladungsträger zwischen zwei aufeinander folgenden Stößen eine kinetische Energie, die ausreicht, um weitere Ionisierungsprozesse einzuleiten. Es sei zunächst vereinfachend angenommen, daß nur die freien Elektronen zur Ionisation beitragen. Ferner sei vorausgesetzt, daß keine Anlagerung von Elektronen an neutrale Atome stattfindet. Dementsprechend können die weiteren Überlegungen auf das Verhalten von Elektronen und positiven Ionen beschränkt werden [62].

Die auf der Wegstrecke dx erzeugte Anzahl von Elektronen dn läßt sich durch die Beziehung

$$dn = \alpha\, n\, dx \qquad (2.28)$$

beschreiben; hierin ist α der **Ionisationskoeffizient** (Dimension: Länge^{-1}). Treten an der Kathode n_{K0} Elektronen pro Flächen- und Zeiteinheit aus, so resultiert die entsprechende Zahl der Elektronen an der Anode

$$n_{A0} = n_{K0}\, e^{\alpha d}. \qquad (2.29)$$

In der Gasentladung entstehen positive Ionen, die zur Kathode wandern und dort Sekundärelektronen auslösen. Wenn γ die Zahl der Sekundärelektronen pro auftreffendes Ion ist, so ergibt sich die Gesamtzahl der die Kathode verlassenden Elektronen

$$n_K = n_{K0}\, \frac{e^{\alpha d}}{1 - \gamma(e^{\alpha d} - 1)}. \qquad (2.30)$$

Der durch die Elektronenlawine hervorgerufene Strom ist

$$I = A\, e\, n_{K0}\, \frac{e^{\alpha d}}{1 - \gamma(e^{\alpha d} - 1)}. \qquad (2.31)$$

Es ist evident, daß für

$$\gamma(e^{\alpha d} - 1) = 1 \qquad (2.32)$$

eine beliebig kleine Anzahl von Primärelektronen ausreicht, um die Gasentladung einzuleiten. Gleichung (2.32) stellt also die Zündbedingung für das Auftreten einer **selbständigen Entladung** dar.

Der Ionisationskoeffizient α ist proportional zur Konzentration der zu ionisierenden Gasatome, d. h. proportional zum Gasdruck p. Für die Ionisation ist die Energie maßgebend, die ein Elektron zwischen zwei Stößen im elektrischen Feld aufnehmen kann; diese Energie ist proportional zu $|E|\Lambda$ bzw. zu $|E|/p$.

Bei einer Darstellung der Feldstärkeabhängigkeit des Ionisationskoeffizienten ist es daher zweckmäßig, sowohl für α als auch für $|E|$ eine Normierung mit dem Gasdruck p durchzuführen. Es gilt

$$\frac{\alpha}{p} = \mathrm{f}\left(\frac{|E|}{p}\right) = a\,\mathrm{e}^{-bp/|E|}, \tag{2.33}$$

wobei a und b von der **Gasart abhängige** Konstanten sind, welche experimentell zu ermitteln sind. Bild **2.**7 zeigt die gemessene Feldstärkeabhängigkeit des Ionisationskoeffizienten in Luft.

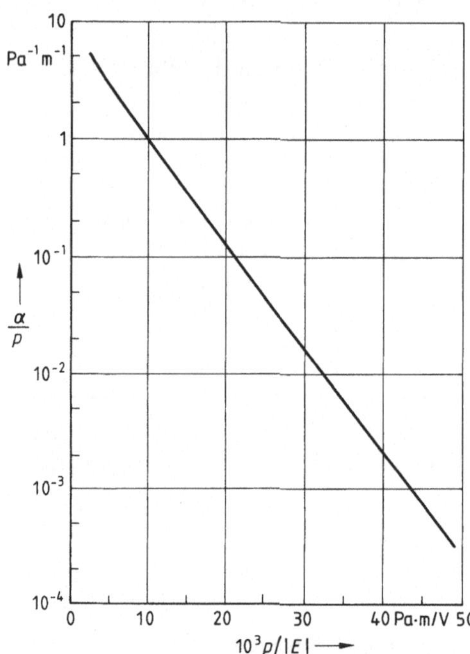

2.7 Feldstärkeabhängigkeit des normierten Ionisationskoeffizienten α/p in Luft

Es ist zu bemerken, daß in der älteren Literatur die Druckeinheit Torr und die Längeneinheit cm verwendet wurde. Zur Umrechnung dient die Beziehung

$$1\ \mathrm{Torr\cdot cm} = 1{,}33\ \mathrm{Pa\cdot m}.$$

Es sei ferner erwähnt, daß die freie Weglänge der (schnellen) Elektronen infolge andersartiger geometrischer Verhältnisse um den Faktor $4\sqrt{2} = 5{,}7$ von der freien Weglänge der umgebenden Gasatome abweicht.

Der Sekundäremissionsfaktor γ ist von der Energie der auftreffenden Ionen, d.h. ebenfalls von dem Quotienten $|E|/p$ abhängig. Es ist jedoch auch ein Einfluß des Elektrodenmaterials festzustellen; Literaturdaten für γ beziehen sich meist auf Kupfer- oder Messingelektroden.

Aus den vorstehenden Überlegungen geht hervor, daß die Spannung, bei der eine selbständige Entladung einsetzt (Zündspannung U_Z), von dem Produkt aus dem Elektrodenabstand und dem Gasdruck abhängig ist (Ähnlichkeitsrelation von Paschen). Für jede Gasart existiert eine typische Paschen-Kurve (Bild **2.**8) mit einem Minimum bei (größenordnungsmäßig) 1 Pa·m. Für Luft bei Atmosphärendruck (10^5 Pa) ergibt sich bei einem Elektrodenabstand von 1 cm eine Zündspannung von etwa 30 kV (Durchbruchfeldstärke 30 kV/cm).

Nach Bild **2.**8 lassen sich hochspannungsfeste Einrichtungen sowohl bei niedrigen Drucken (z. B. in Vakuumschaltern) als auch mit Hochdruckanordnungen realisieren. Es sei allerdings darauf hingewiesen, daß die Paschen-Beziehung $U_\mathrm{Z} = \mathrm{f}(p\,d)$ ihre Gültigkeit bei kleinen Elektrodenabständen ($\lesssim 1$ cm) infolge des dominierenden Elektrodeneinflusses u. U. verliert.

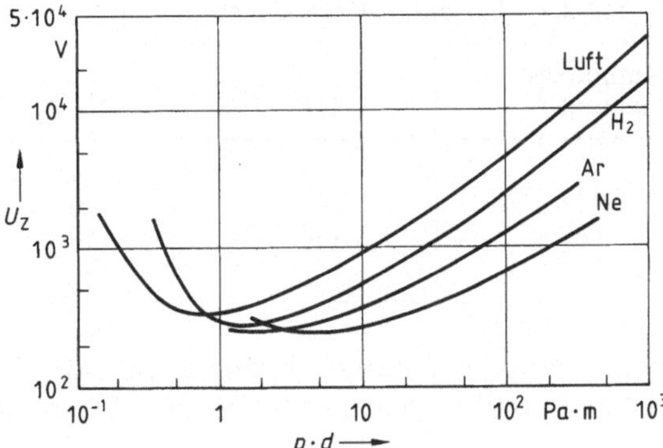

2.8
Paschen-Kurven (Durch-
bruchspannung U_Z in Abhängigkeit vom Produkt $p\,d$) für
verschiedene Gase

Nach Erreichen der Zündspannung setzt zunächst der Dunkelstrom
(Townsend-Entladung) ein, der – bei nahezu konstanter Spannung – über
mehrere Größenordnungen anwachsen kann (Bild **2.9**). Nach einem Bereich
mit fallender Charakteristik (d.h. mit zunehmendem Strom abnehmende
Spannung) folgt der Bereich der normalen Glimmentladung; dieser ist wiederum durch eine nahezu konstante Spannung, die Brennspannung U_B, gekennzeichnet.

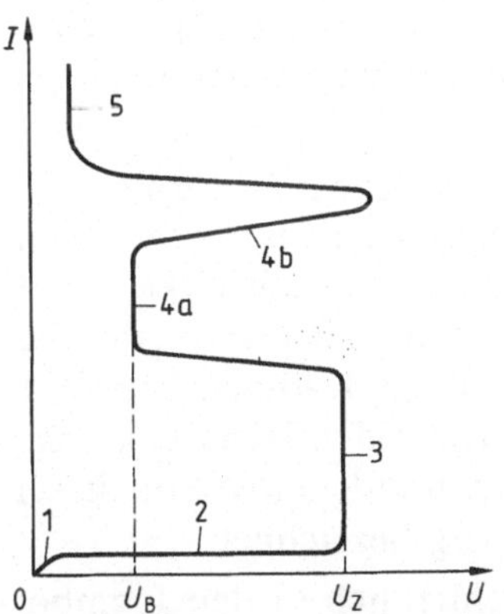

2.9 Kennlinie $I(U)$ einer Gasentladung
(schematisch). 1 ohmscher Bereich, 2
Sättigungsbereich, 3 Dunkelstrom
(Townsend-Entladung), 4a nor-
male Glimmentladung, 4b anomale
Glimmentladung, 5 Bogenentladung

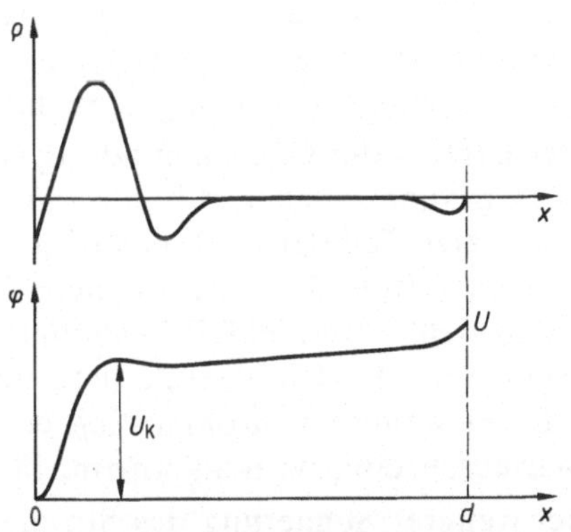

2.10 Selbständige Gasentladung: Verlauf der Raumladungsdichte $\rho(x)$,
Potentialverlauf $\varphi(x)$

Im Bereich der Glimmentladung existiert in Kathodennähe eine positive
Raumladung, welche durch die unterschiedlichen Beweglichkeiten von Elektronen und Ionen verursacht wird. Diese Raumladung erzeugt eine inhomogene Feldverteilung im Entladungsraum, d.h., vor der Kathode entsteht ein
starkes Potentialgefälle; die dazugehörige Potentialdifferenz wird Kathodenfall genannt (Bild **2.10**). Die Höhe des Kathodenfalls ist von der Gasart und

Tafel **2.11** Normaler Kathodenfall U_K in V

Kathoden-material	Gasart			
	He	Ar	H_2	Luft
K	59	64	94	180
Al	140	140	170	300
Fe	150	130	200	360
Cu	177	130	214	375

vom Kathodenmaterial abhängig. In Tafel **2.11** sind Werte für den normalen Kathodenfall für einige Gas-Metall-Kombinationen aufgelistet.

Aus Tafel **2.11** geht hervor, daß man bei Glimmlampen zweckmäßigerweise Elektroden verwendet, die mit einem Alkalimetall beschichtet sind. Beim Einsatz von Kalium nutzt man zusätzlich die natürliche Radioaktivität des Isotops ^{40}K aus, um eine Vorionisation des Gases zu erzielen.

Im Abschn. 2.2.1 ist vorausgesetzt, daß sich alle Ladungsträger im thermischen Gleichgewicht befinden, d.h., die im elektrischen Feld aufgenommene Energie wird gegenüber der thermischen Energie der Teilchen vernachlässigt. Im Bereich der Glimmentladung führt jedoch die Driftbewegung zu einer erheblichen Erhöhung der Elektronenenergie. Des weiteren ist zu berücksichtigen, daß die Elektronen bei einem Stoß mit den (wesentlich schwereren) Gasatomen nur einen Teil ihrer Energie verlieren. Unter diesen Voraussetzungen ergibt sich eine Elektronengeschwindigkeit, die proportional zu $\sqrt{|E|}$ ansteigt.

Der Bereich der Glimmentladung ist durch eine inhomogene Stromverteilung gekennzeichnet, d.h., der Stromtransport findet zunächst nur über einen begrenzten Teil der Kathodenfläche statt. Mit zunehmender Stromstärke weitet sich der stromführende Bereich der Kathodenfläche aus; dabei bleibt die durch den Kathodenfall bestimmte Stromdichte vor der Kathode konstant. Wenn sich die Glimmentladung über die gesamte Kathodenfläche erstreckt, tritt bei weiterem Stromanstieg eine Zunahme des Kathodenfalls ein; dieser Betriebszustand wird als anomale Glimmentladung bezeichnet.

Bei weiterer Steigerung des Stromes gelangt man schließlich in den Lichtbogenbereich. In diesem Betriebsbereich zieht sich die Entladung kathodenseitig auf einen kleinen Fleck, den sog. Brennfleck, zusammen. Hierdurch wird die Kathode örtlich stark erhitzt, so daß dort eine thermische Emission von Elektronen stattfinden kann.

2.3 Elektrische Leitung in Flüssigkeiten

Der elektrische Strom in Flüssigkeiten beruht vorwiegend auf der Bewegung positiv oder negativ geladener Ionen. Eventuell vorhandene elektronische Anteile werden bei den Überlegungen dieses Abschnittes vernachlässigt.

2.3.1 Ströme in Elektrolytlösungen

Elektrolytlösungen bestehen aus einem Lösungsmittel und darin gelösten positiven und negativen Ionen. In derartigen Lösungen treten elektrische Ströme durch die Bewegung von Ionen unter dem Einfluß eines elektrischen Feldes oder eines Konzentrationsgradienten der Ionen auf. Im Hinblick auf die überragende Bedeutung des Wassers in Natur und Technik soll hier in erster Linie der Leitungsmechanismus in wäßrigen Lösungen besprochen werden. Mit der Ionenbewegung ist stets auch ein Materietransport verbunden (Elektrolyse) [10].

Das Wassermolekül (Bild **2.**12) besitzt aufgrund der abgewinkelten Stellung der Wasserstoffionen ein elektrisches Dipolmoment von $6 \cdot 10^{-30}$ Asm. Hieraus resultiert für Wasser die Dielektrizitätszahl $\varepsilon_r = 80$. Diese – relativ hohe – Dielektrizitätszahl bewirkt eine Schwächung der Coulombschen Anziehungskräfte zwischen positiv und negativ geladenen Ionen. Wasser ist dementsprechend ein ideales Lösungsmittel für viele Ionenkristalle.

Bei der Behandlung einiger Eigenschaften des Wassers darf das Wassermolekül nicht isoliert betrachtet werden. Wie in Bild 2.12 angedeutet, können sich mehrere Wassermoleküle zu locker aneinandergebundenen Agglomeraten zusammenlagern. Hierauf ist u. a. der im Vergleich zu anderen Molekülen mit ähnlichem Molekulargewicht (z. B. NH_3, HF) hohe Siedepunkt des Wassers zurückzuführen.

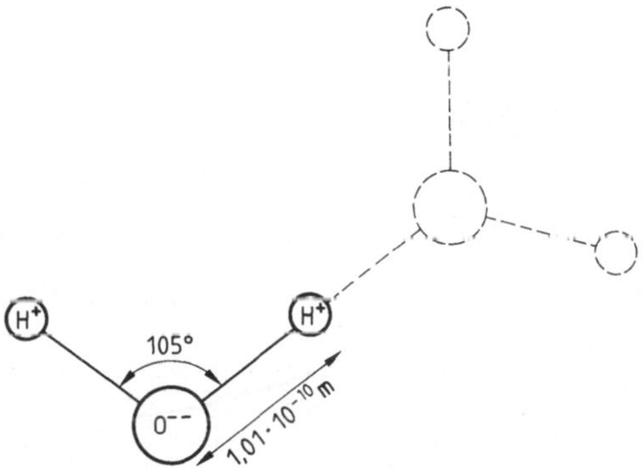

2.12 Modell des Wassermoleküls (gestrichelt: Anlagerungsmöglichkeit für ein weiteres Wassermolekül)

Reinstes Wasser weist bei 25 °C eine Leitfähigkeit $\sigma = 6 \cdot 10^{-8}$ S/cm ($= 6 \cdot 10^{-6}$ S/m) auf. Diese elektrische Leitfähigkeit resultiert aus der Dissoziation des Wassers gemäß

$$H_2O \rightarrow H^+ + OH^- . \tag{2.34}$$

Die Konzentrationen c_{H^+} und c_{OH^-} der Wasserstoff- und Hydroxylionen sind mit Hilfe des Massenwirkungsgesetzes in der Form

$$\frac{c_{H^+} \cdot c_{OH^-}}{c_{H_2O}} = K_{H_2O} \tag{2.35a}$$

zu ermitteln. Die Dissoziationskonstante des Wassers beträgt $K_{H_2O} = 1,8 \cdot 10^{-16}$ mol/l bei 25 °C. Anstelle von Gl. (2.35a) kann auch die Beziehung

$$c_{H^+} \cdot c_{OH^-} = k_{H_2O} \tag{2.35b}$$

verwendet werden. Hierin ist $k_{H_2O} = 1{,}0 \cdot 10^{-14}\,\mathrm{mol^2/l^2}$ das **Ionenprodukt des Wassers** bei 25 °C. Für reines Wasser gilt dementsprechend

$$c_{H^+} = c_{OH^-} = 10^{-7}\,\mathrm{mol/l}.$$

In den vorstehenden Beziehungen sind die in der Chemie üblichen Bezeichnungen und Einheiten verwendet. Mit Hilfe der **Avogadro-Konstanten** $N_A^* = 6{,}02 \cdot 10^{23}\,\mathrm{mol^{-1}}$ lassen sich die Teilchenzahlen pro Volumeneinheit

$$N_{H^+} = N_{OH^-} = 6{,}02 \cdot 10^{16}\,\mathrm{l^{-3}} = 6{,}02 \cdot 10^{19}\,\mathrm{m^{-3}}$$

berechnen. Mit zunehmender Temperatur steigt das Ionenprodukt des Wassers an; damit nimmt auch die Leitfähigkeit des Wassers zu (Bild **2.**13).

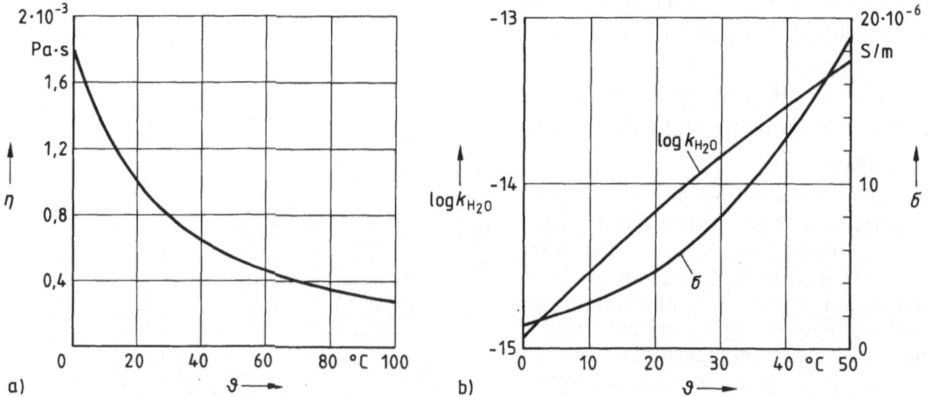

2.13 Temperaturabhängigkeit einiger Eigenschaften des Wassers
   a) Zähigkeit $\eta(\vartheta)$, b) Ionenprodukt $k_{H_2O}(\vartheta)$ und Leitfähigkeit $\sigma(\vartheta)$

Das bei der Dissoziation des Wassermoleküls abgespaltene H^+-Ion (Proton) lagert sich sofort an ein anderes Wassermolekül an. Das dabei entstehende Hydroniumion (H_3O^+) wirkt als Träger positiver Ladung. Es ist jedoch weitgehend üblich, nur von H^+-Ionen zu sprechen und bei den Reaktionsgleichungen nur das Symbol H^+ zu verwenden.

Durch Lösung eines **Elektrolyten** (Säure, Base oder Salz) in Wasser läßt sich die Ionenkonzentration drastisch erhöhen. Eine 1-normale Salzsäurelösung (d.h. 36,5 g HCl in 1 l Wasser) weist beispielsweise die Ionenkonzentrationen

$$N_{H^+} = N_{Cl^-} = 6 \cdot 10^{23}\,\mathrm{l^{-3}} = 6 \cdot 10^{26}\,\mathrm{m^{-3}}$$

auf. Chlorwasserstoff gehört zu den starken Elektrolyten; daher kann eine vollständige Dissoziation angenommen werden. Bei schwachen und mittelstarken Elektrolyten müssen die Ionenkonzentrationen mit Hilfe des Massenwirkungsgesetzes der betreffenden Dissoziationsreaktion berechnet werden.

Beispiel 2.7. Essigsäure dissoziiert nach der Reaktion

$$CH_3COOH \rightarrow H^+ + CH_3COO^-;$$

das Massenwirkungsgesetz dieser Reaktion lautet

$$\frac{c_{H^+} \cdot c_{Ac^-}}{c_{HAc}} = K_{HAc}$$

(Ac wird als Abkürzung für den Essigsäurerest CH_3COO^- verwendet). Mit $K_{HAc} = 10^{-5}$ mol/l ergibt sich für eine 0,1-molare Essigsäure

$$c_{H^+} = c_{Ac^-} = \sqrt{10^{-6}} \text{ mol/l} = 10^{-3} \text{ mol/l}.$$

Die Ionenkonzentrationen sind demnach

$$N_{H^+} = N_{Ac} = 6 \cdot 10^{20} \text{ l}^{-3} = 6 \cdot 10^{23} \text{ m}^{-3}.$$

Der Beitrag der Dissoziation des Wassers ist hierbei zu vernachlässigen.

Die quantitative Beschreibung des Dissoziationsvorganges kann auch durch Angabe des Dissoziationsgrades α (Anzahl der dissoziierten Moleküle/Gesamtzahl der Moleküle) erfolgen. Für einen binären Elektrolyten AB, welcher in die Ionen A^+ und B^- zerfällt, gilt der Zusammenhang

$$\frac{\alpha^2}{1-\alpha} = \frac{K_{AB}}{c_{AB} + c_{A^+}}. \tag{2.36}$$

Für $\alpha \ll 1$ kann die vereinfachte Beziehung

$$\alpha = \sqrt{K_{AB}/c_{AB}} \tag{2.36a}$$

verwendet werden. Mit abnehmender Konzentration c_{AB} steigt der Dissoziationsgrad α an (Ostwaldsches Verdünnungsgesetz).
In Analogie zu Gl. (2.25) ergibt sich in einem einwertigen binären Elektrolyten AB die Stromdichte

$$\frac{I}{A} = e\, N_{A^+} (\mu_{A^+} + \mu_{B^-}) \frac{U}{d} = e\, N_{B^-} (\mu_{A^+} + \mu_{B^-}) \frac{U}{d}; \tag{2.37}$$

hierin sind N_{A^+} bzw. N_{B^-} die Ionenkonzentrationen und μ_{A^+} bzw. μ_{B^-} die entsprechenden Beweglichkeiten. Allgemein gilt

$$\sigma = e \sum_i z_i N_i \mu_i, \tag{2.38}$$

wobei N_i und μ_i die Konzentrationen und Beweglichkeiten aller beteiligten

Ionensorten sind; mit z_i wird die Ladungszahl (Wertigkeit) der i-ten Ionensorte bezeichnet. Die Beweglichkeiten der wichtigsten Ionen in Wasser sind in Tafel 2.14 aufgelistet.

Tafel **2.14** Beweglichkeiten von Ionen in wäßriger Lösung bei 18°C

Kationen	Beweglichkeit μ in 10^{-8} m²/Vs	Anionen	Beweglichkeit μ in 10^{-8} m²/Vs
H^+	33	OH^-	18
Li^+	3,5	Cl^-	6,9
Na^+	4,6	Br^-	7,0
K^+	6,7	NO_3^-	6,5
NH_4^+	6,7	MnO_4^-	5,6
Zn^{++}	4,8	SO_4^{--}	7,1
Ag^+	5,7	CO_3^{--}	6,2

Bei den Leitfähigkeitsmessungen sind Wechselstrommethoden (Meßfrequenz einige kHz) zu verwenden. Beim Anlegen einer Gleichspannung tritt ein nichtlinearer Zusatzwiderstand auf, welcher auf den Ladungsübergang vom Elektrolyten zur Metallelektrode zurückzuführen ist.

Eine grob-quantitative Abschätzung der Beweglichkeit eines Ions in wäßriger Lösung ist wie folgt möglich. Ein einfach positiv geladenes Ion sei durch eine Kugel mit der Masse m und dem Durchmesser D repräsentiert. Für die stationäre Bewegung einer derartigen Kugel in einer Flüssigkeit mit der dynamischen Zähigkeit η gilt die Bewegungsgleichung

$$m \frac{dv}{dt} = eE - 3\pi D \eta v = 0 \, ;$$

hierin ist $F_r = 3\pi D \eta v$ die Reibungskraft (**Stokes**sches Gesetz). Die Beweglichkeit des Ions ist somit

$$\mu = \frac{v}{E} = \frac{e}{3\pi D \eta} \, . \tag{2.39}$$

Bei der Abschätzung des wirksamen Durchmessers D ist zu berücksichtigen, daß die Ionen hydratisiert sind, d. h., die Ionen – insbesondere die Kationen – haben das Bestreben, Wassermoleküle anzulagern. Die Hydratationszahl (Anzahl der Wassermoleküle pro Ion) hängt u. a. vom Ionenradius und vom Ladungszustand des Ions ab.

Beispiel 2.8. Wasser besitzt bei 20°C die dynamische Zähigkeit $\eta = 10^{-2}$ Poise $= 10^{-3}$ Pa·s. Bei einem angenommenen Durchmesser $D = 2 \cdot 10^{-10}$ m ergibt sich eine Beweglichkeit

$$\mu = \frac{e}{3\pi D \eta} = \frac{1,6 \cdot 10^{-19} \, \text{As}}{3\pi \cdot 2 \cdot 10^{-10} \, \text{m} \cdot 10^{-3} \, \text{kgm}^{-1} \text{s}^{-1}} = 8 \cdot 10^{-8} \, \text{m}^2/\text{Vs} \, .$$

Wie aus Gl. (2.39) hervorgeht, ist die Ionenbeweglichkeit umgekehrt proportional zur Zähigkeit des Lösungsmittels. Da die Zähigkeit des Wassers die in Bild 2.13 dargestellte Temperaturabhängigkeit aufweist, nimmt die Ionenbeweglichkeit in Wasser zwischen 20°C und 100°C um den Faktor 3,5 zu.

Durch Zugabe eines viskositätserhöhenden Stoffes (z. B. Glyzerin mit $\eta = 1{,}5$ Pa·s) kann die Ionenbeweglichkeit drastisch reduziert werden.

Die in Tafel 2.14 angegebenen Beweglichkeitswerte gelten nur bei vollständiger Unabhängigkeit der Bewegung positiver und negativer Ionen. Diese Bedingung ist bei starken Elektrolyten nur bei einem hohen Verdünnungsgrad erfüllt. Bei hohen Ionenkonzentrationen tritt eine Nahordnung der positiven und negativen Ionen auf. Jedes Ion hat dabei das Bestreben, eine Wolke aus Ionen entgegengesetzter Ladung aufzubauen. Im elektrischen Feld werden die positiven und negativen Ionen getrennt, d. h., bei der Ionenbewegung müssen sich die Ionenwolken ständig erneuern. Dieser Relaxationseffekt hat eine Bremswirkung für die Ionenbewegung zur Folge; die Ionenbeweglichkeit wird dementsprechend herabgesetzt.

Die Beweglichkeitsreduktion bei hoher Ionenkonzentration kann mit Hilfe der Äquivalentleitfähigkeit σ/zc quantitativ beschrieben werden; z ist hierbei die elektrochemische Wertigkeit des Elektrolyten (für $CaCl_2$ gilt z. B. $z = 2$). In Tafel 2.15 sind Werte der Äquivalentleitfähigkeit für einige einwertige Elektrolyte in Abhängigkeit von der Elektrolytkonzentration c zusammengestellt.

Bei der Berechnung der Äquivalentleitfähigkeit ist es zweckmäßig, Konzentrationsangaben in mol/m^3 zu verwenden; die Einheit der Äquivalentfähigkeit ist dann Sm^2/mol.

Tafel 2.15 Äquivalentleitfähigkeit σ/c in $10^{-2}\ Sm^2/mol$ verschiedener wäßriger Elektrolytlösungen bei 25°C in Abhängigkeit von der Elektrolytkonzentration ($z = 1$)

Elektrolyt	Konzentration c in mol/l			
	0	0,001	0,01	0,1
HCl	4,26	4,21	4,12	3,91
NaCl	1,26	1,24	1,19	1,07
KCl	1,50	1,47	1,41	1,29

Die schwachen Elektrolyte weisen eine starke Abhängigkeit der Äquivalentleitfähigkeit von der Elektrolytkonzentration auf. Diese Abhängigkeit ist auf die Dissoziationseigenschaften dieser Elektrolyte gemäß Gl. (2.36) bzw. (2.36a) zurückzuführen.

Bei sehr hohen Konzentrationen starker Elektrolyte (z. B. > 5 mol/l HCl) findet man eine Abnahme der Leitfähigkeit σ mit der Konzentration. Diese Erscheinung wird durch die Bildung von Assoziaten entgegengesetzt geladener Ionen infolge der Coulomb-Wechselwirkung erklärt; die Assoziate wirken nach außen als Neutralteilchen und leisten keinen Beitrag zur Leitfähigkeit.

Beim Durchgang von Gleichstrom durch einen Elektrolyten findet ein Materialtransport statt. Die Kationen wandern zur Kathode und werden dort entladen; an der Anode erfolgt die Entladung der Anionen. Enthält der Elektrolyt Metallionen, so wird an der Kathode das betreffende Metall abgeschieden, sofern das Normalpotential des Metalles in der elektrochemischen Spannungsreihe (Tafel 2.16) größer als $-0{,}8$ V ist; andernfalls erfolgt die Abscheidung von Wasserstoff. (Der genaue Wert für den Übergang Metallabscheidung $\leftrightarrow$ Wasserstoffabscheidung hängt vom pH-Wert der Lösung ab.) An der Anode gehen Metalle in Lösung, oder es werden nichtmetallische Elemente, wie Chlor- oder Sauerstoff, abgeschieden.

Tafel **2.16** Elektrochemische Spannungsreihe der Metalle

Metall	Li	Na	Mg	Al	Zn	Fe	Ni	Sn	Pb	Cu	Ag	Au
Normalpotential in V	$-3{,}02$	$-2{,}71$	$-2{,}38$	$-1{,}71$	$-0{,}76$	$-0{,}41$	$-0{,}23$	$-0{,}14$	$-0{,}13$	$+0{,}34$	$+0{,}80$	$+1{,}42$

Die abgeschiedenen Stoffmengen sind der Stromstärke und der Zeit proportional (1. Faradaysches Gesetz). Zur Abscheidung eines Grammäquivalentes eines Stoffes benötigt man die Ladung 96 500 As (2. Faradaysches Gesetz). Unter dem Grammäquivalent versteht man die relative Atommasse (Atomgewicht) eines Stoffes (in g), dividiert durch die Ladungszahl (Wertigkeit) des für die Überführung maßgebenden Ions. Die Faraday-Konstante F^* ist mit der Elementarladung e und der Avogadro-Konstanten N_A^* über die Beziehung

$$F^* = e\,N_A^* = 96\,500 \text{ As/mol}$$

verknüpft.

Beispiel 2.9. Zur Abscheidung von 1 kg Kupfer (Atomgewicht 63,5) aus einer $CuSO_4$-Lösung wird die Ladung

$$Q = I \cdot t = \frac{96\,500 \text{ As} \cdot \text{mol}^{-1} \cdot 1000 \text{ g} \cdot 2}{63{,}5 \text{ g} \cdot \text{mol}^{-1}} = 3{,}04 \cdot 10^6 \text{ As}$$

benötigt. Bei einer Stromstärke von 100 A dauert die Elektrolyse 8,4 h.

In speziellen Fällen ist eine Elektrolyse in nichtwäßrigen Lösungsmitteln notwendig bzw. vorteilhaft. Nichtwäßrige Lösungsmittel sind u. a. Ammoniak (NH_3), Methanol (CH_3OH), Ethanol (C_2H_5OH), Ameisensäure (HCOOH), Essigsäure (CH_3COOH) und Aceton (CH_3COCH_3).

2.3.2 Ströme in Salzschmelzen

Der durch Ionenbewegung in einer Salzschmelze hervorgerufene Strom kann durch Formeln entsprechend Gl. (2.37) bzw. Gl. (2.38) beschrieben werden. Die Ionenkonzentrationen sind mit Hilfe der chemischen Formel, der Dichte und der Avogadro-Konstanten zu berechnen. Grobe Abschätzungen der Ionenbeweglichkeiten sind wiederum mit Hilfe von Gl. (2.39) möglich; die Ionenbeweglichkeiten sind danach – bei gegebenem Ionenradius – umgekehrt proportional zur Zähigkeit η der Schmelze. Die Ionenbewegung wird erleichtert, wenn beim Schmelzen des Salzes eine große (positive) Volumenänderung auftritt. In Tafel 2.17 sind einige für den Ionentransport in Salzen wichtige Meßdaten zusammengestellt [7].

Tafel 2.17 Schmelzpunkt ϑ_s, relative Volumenänderung beim Schmelzen $\Delta V/V$, Zähigkeit η und Leitfähigkeit σ bei einigen Salzen (Meßtemperatur in Klammern)

Salz	ϑ_s in °C	$\Delta V/V$ in %	η in 10^{-3} Pa·s	σ in 10^2 S/m
LiCl	610	26,2	0,81 (800 °C)	6,6 (800 °C)
NaCl	801	25,6	1,28 (850 °C)	3,8 (850 °C)
KCl	772	20,2	1,13 (800 °C)	2,2 (800 °C)
LiNO$_3$	254	21,4	3,59 (350 °C)	1,3 (350 °C)
NaNO$_3$	310	10,7	2,40 (350 °C)	1,2 (350 °C)
KNO$_3$	337	3,3	2,73 (350 °C)	0,7 (350 °C)

Der Stromdurchgang durch geschmolzene Salze (meist Chloride) wird bei der Schmelzflußelektrolyse der Alkali- und Erdalkalimetalle ausgenutzt. Technisch besonders wichtig ist die elektrolytische Gewinnung von Aluminium; diese erfolgt bei ca. 950 °C in einer Schmelze, die etwa 80% Kryolith (Na_3AlF_6) und etwa 20% Aluminiumoxid (Al_2O_3) enthält.

2.4 Elektrische Leitung in Festkörpern

Der elektrische Strom in Festkörpern wird durch die Bewegung von Elektronen und/oder Ionen bewirkt. Bei den Metallen und bei den meisten Halbleitern dominiert die Elektronenleitung; der ionische Anteil ist hier zu vernachlässigen. Bei Isolatoren muß hingegen auch die durch Ionenbewegung verursachte Leitfähigkeit berücksichtigt werden.

2.4.1 Bändermodell

Festkörper sind durch eine feste Gleichgewichtslage (Ruhelage) der Atome und durch eine enge räumliche Nachbarschaft der Atome gekennzeichnet. Bei einer derartigen Atomanordnung existiert eine gegenseitige Wechselwirkung der Elektronenhüllen benachbarter Atome [19].

Beim Einzelatom können die Hüllenelektronen nur bestimmte diskrete Energiewerte einnehmen (Bild 2.18 a). Treten die Elektronen zweier gleichartiger Atome miteinander in Wechselwirkung, so entstehen jeweils zwei Energieniveaus, die sich von denen der Einzelatome etwas unterscheiden (Bild 2.18 b). Dabei ist evident, daß die Wechselwirkung der äußeren Elektronen stärker als diejenige der kernnahen Elektronen ausgeprägt ist. Bei einem Festkörper (mit etwa 10^{23} Atomen/cm^3) existieren bestimmte Energiebereiche (Bänder), die mit Elektronen besetzt sein können; die dazwischenliegenden Energiebereiche sind für Elektronen „verboten" (Bild 2.18 c).

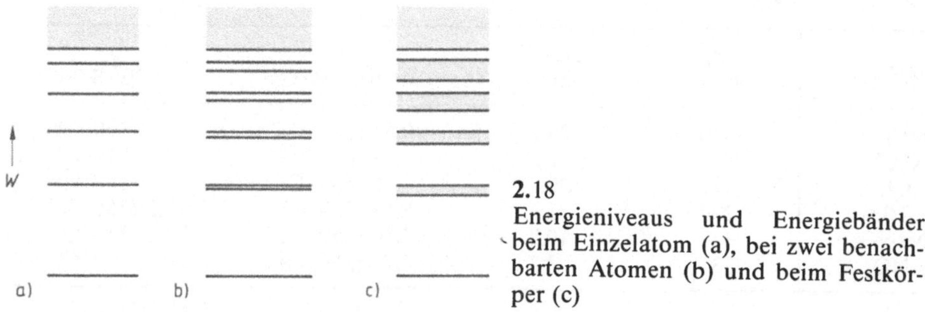

2.18

Energieniveaus und Energiebänder beim Einzelatom (a), bei zwei benachbarten Atomen (b) und beim Festkörper (c)

Das im Bild 2.18 oberhalb der diskreten Energieniveaus bzw. oberhalb der Bänder eingezeichnete Energiekontinuum soll den Energiebereich der freien Elektronen symbolisieren; derartige Elektronen sind nicht an ein Atom gebunden bzw. wurden vom Festkörper emittiert.

Durch Störstellen (Fremdatome) können auch in den „verbotenen" Bereichen einzelne Energieniveaus entstehen; die Auswirkungen derartiger Energieniveaus werden in Abschn. 2.4.3 erläutert.

Mit den in einem Festkörper zur Verfügung stehenden Elektronen werden die Energiebänder – beginnend mit der niedrigsten Energie – aufgefüllt. Für die elektrischen Eigenschaften sind nur das oberste vollständig mit Elektronen gefüllte Band (Valenzband) und das darüberliegende leere bzw. teilweise gefüllte Band (Leitungsband) relevant. Ein volles Band trägt auf Grund des Pauli-Prinzips nicht zur elektrischen Leitfähigkeit bei; aus Symmetriegründen ist jeder Bewegung eines Elektrons in positiver Richtung eine entsprechende Bewegung in negativer Richtung zugeordnet. Mit anderen Worten: Es ist unmöglich, den in einem vollen Band befindlichen Elektronen Energie durch ein elektrisches Feld zuzuführen.

Metallische Leitfähigkeit tritt dann auf, wenn das Leitungsband zur Hälfte gefüllt ist (Bild **2.**19 a) oder wenn ein volles und ein leeres Band überlappen; in diesem Falle können die energetisch höchstgelegenen Elektronen weitere Energie aus dem elektrischen Feld aufnehmen (d. h. beschleunigt werden). Beim (idealen) Isolator ist das Valenzband gefüllt, das Leitungsband leer (Bild **2.**19 c); dementsprechend ist die Leitfähigkeit Null. Halbleiter sind dadurch gekennzeichnet, daß das Leitungsband bei tiefen Temperaturen leer ist. Bei Zimmertemperatur ist jedoch die thermische Energie ausreichend, um so viele Elektronen aus dem Valenzband in das Leitungsband zu überführen, daß eine für technische Anwendungen hinreichende Leitfähigkeit entsteht (Bild **2.**19 b).

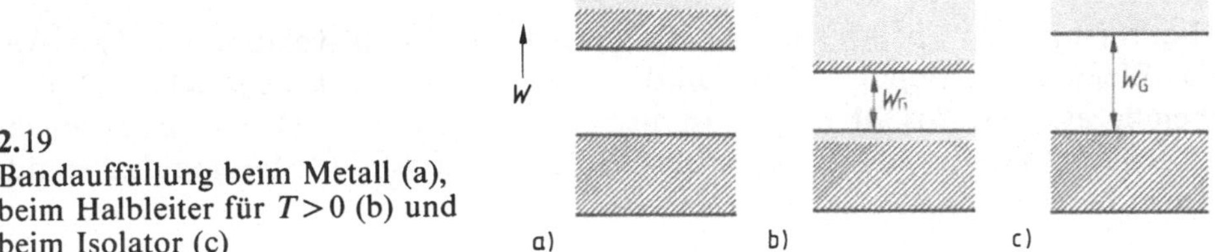

2.19
Bandauffüllung beim Metall (a),
beim Halbleiter für $T > 0$ (b) und
beim Isolator (c)

Eine exakte Abgrenzung zwischen Halbleitern und Isolatoren – beispielsweise mittels des Bandabstandes W_{G} – ist nicht möglich. In der Praxis werden häufig diejenigen Werkstoffe zu den Isolatoren gezählt, die einen spezifischen Widerstand von mehr als $10^{10}\ \Omega\mathrm{cm}$ aufweisen. Bei der Eingruppierung der Werkstoffe spielt auch die Frage eine Rolle, ob sich durch gezielten Einbau von Fremdatomen die spezifische Leitfähigkeit beeinflussen läßt.

2.4.2 Metallische Leitung

2.4.2.1 Elektrische Leitfähigkeit. Bei einer Beschreibung der elektrischen Eigenschaften eines Metalles ist von der energetischen Verteilung der Elektronen im Leitungsband und der damit verbundenen Impulsverteilung der Elektronen auszugehen. In erster Näherung kann hierfür das Modell eines Elektronengases verwendet werden; es müssen lediglich die Quantelung der Energiezustände und die Besetzung dieser Zustände nach dem Pauli-Prinzip berücksichtigt werden [1].

Für das Energiespektrum der Elektronendichte gilt

$$n(W) = z_{\mathrm{L}}(W)\,\mathrm{f}(W). \tag{2.40}$$

Hierin ist z_{L} die Zustandsdichte im Leitungsband; die Fermi-Funktion $\mathrm{f}(W)$ gibt die Wahrscheinlichkeit an, mit der die – energetisch erlaubten – Zustände mit Elektronen besetzt sind.

Die Zustandsdichtefunktion $z_L(W)$ kann leicht berechnet werden, wenn man annimmt, daß die einzelnen Energieniveaus so weit auseinanderliegen, daß sie – unter Berücksichtigung der Heisenbergschen Unschärferelation – gerade noch unterscheidbar sind.

Für die eindimensionale Bewegung eines Teilchens gilt die Heisenbergsche Unschärferelation in der Form

$$\Delta p \cdot \Delta x = h \qquad (2.41\,a)$$

mit der Impulsunschärfe Δp und der Unschärfe Δx der Ortskoordinate. Dementsprechend ergibt sich für die dreidimensionale Bewegung eines Elektrons

$$4\pi p^2 \Delta p \Delta V = h^3. \qquad (2.41\,b)$$

Hierin ist $p^2 = p_x^2 + p_y^2 + p_z^2$ das Betragsquadrat des Impulsvektors und $4\pi p^2 \Delta p$ das Element des Impulsraumes (Bild **2.20**a); mit ΔV ist das betrachtete Volumen bezeichnet. Aus Gl. (2.41 b) ist also der auf Grund der Heisenbergschen Unschärferelation – bei vorgegebenem Volumen – erforderliche Impulsabstand Δp zu berechnen.

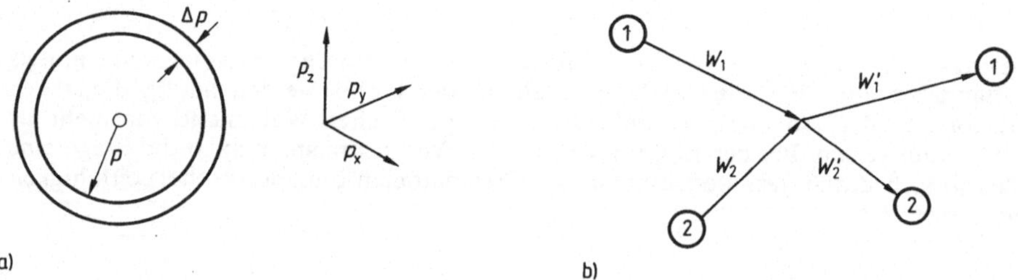

2.20 Zur Berechnung des Energiespektrums der Elektronen
  a) Element des Impulsraumes, b) Wechselwirkung zweier Elektronen mit Energieerhaltung ($W_1 + W_2 = W'_1 + W'_2$)

Zur Umrechnung des Impulsabstandes Δp in den Abstand ΔW der Energieterme dient die Beziehung

$$p^2/2m_e = W. \qquad (2.42)$$

Der Energienullpunkt wird (bei Metallen) so gewählt, daß an der Unterkante des Leitungsbandes $W = 0$ ist. Dementsprechend ist auch der Elektronenimpuls an der Unterkante des Leitungsbandes gleich Null.
Aus Gl. (2.42) folgt

$$2p \Delta p = 2 m_e \Delta W$$

und

$$4\pi p^2 \Delta p = 2\pi \cdot (2 m_e)^{3/2} \sqrt{W} \Delta W.$$

Einsetzen in Gl. (2.41 b) ergibt die auf die Volumeneinheit bezogene Zustandsdichte im Leitungsband

$$z_{\mathrm{L}}(W) = \frac{2}{\Delta W \cdot \Delta V} = \frac{4\pi}{h^3}(2m_{\mathrm{e}})^{3/2}\sqrt{W}. \tag{2.43}$$

Dabei wird durch den Faktor Zwei berücksichtigt, daß nach dem Pauli-Prinzip jeder Energiezustand mit zwei Elektronen unterschiedlichen Spins besetzt
werden kann.

Die Wahrscheinlichkeit für die Besetzung von Energiezuständen in einem Festkörper kann in allgemeiner Form durch Betrachtung der Energieerhaltung und
des Pauli-Prinzips berechnet werden. Beim elastischen Zusammenstoß zweier
Elektronen ändert sich die Gesamtenergie nicht, d.h., es gilt

$$W_1 + W_2 = W_1' + W_2', \tag{2.44}$$

wobei sich die ungestrichenen Energiewerte auf die Energieverteilung vor dem
Zusammenstoß, die gestrichenen Werte auf die Energieverteilung nach dem
Zusammenstoß beziehen (Bild 2.20 b).

Die Gesamtzahl der Stöße, die von der Energieverteilung W_1, W_2 zur Energieverteilung W_1', W_2' führen, muß proportional sein zu den Wahrscheinlichkeiten
$f(W_1)$ und $f(W_2)$ dafür, daß die beiden Ausgangszustände W_1 und W_2 mit
Elektronen besetzt sind, und proportional zu den Wahrscheinlichkeiten
$1-f(W_1')$ und $1-f(W_2')$ dafür, daß die Endzustände W_1' und W_2' nicht mit
Elektronen besetzt sind. Entsprechendes gilt für den umgekehrten Fall eines Überganges von der Verteilung mit den Energiewerten W_1', W_2' zu der Verteilung mit den Energiewerten W_1, W_2. Es existiert also die Gleichgewichtsbedingung

$$f(W_1)\,f(W_2)\,[1-f(W_1')]\,[1-f(W_2')] = f(W_1')\,f(W_2')\,[1-f(W_1)]\,[1-f(W_2)] \tag{2.45a}$$

oder

$$\left[\frac{1}{f(W_1)} - 1\right]\left[\frac{1}{f(W_2)} - 1\right] = \left[\frac{1}{f(W_1')} - 1\right]\left[\frac{1}{f(W_2')} - 1\right]. \tag{2.45b}$$

Gleichung (2.45 b) muß für alle Wertekombinationen der Energien W_1, $W_2, \ldots$
gelten, die mit dem Energieerhaltungssatz Gl. (2.44) verträglich sind. Das ist
nur möglich, wenn die in eckigen Klammern stehenden Ausdrücke $F(W)$ der
Funktionalgleichung

$$F(W_1)\,F(W_2) = F(W_1 + W_2)$$

genügen, d. h., wenn die Funktion $F(W)$ eine Exponentialfunktion der Energie ist:

$$F(W) = \left[\frac{1}{f(W)} - 1\right] = e^{\beta(W - W_F)}.$$

Die Konstante β muß die Dimension Energie^{-1} besitzen und muß so gewählt werden, daß sich für $W \to \infty$ die **Boltzmann**-Verteilung

$$f_B(W) = A\, e^{-W/(kT)}$$

ergibt. Somit ist $\beta = 1/(kT)$ zu setzen, und es resultiert die **Fermi**sche **Verteilungsfunktion**

$$f(W) = \frac{1}{1 + e^{(W - W_F)/(kT)}}, \tag{2.46}$$

wobei die **Fermi-Energie** W_F ein für das betreffende System charakteristischer Energiewert ist (Bild **2.21**).

Die **Boltzmann**-Verteilung kann als Verallgemeinerung der barometrischen Höhenformel gedeutet werden. Für den Luftdruck in der Höhe h über dem Erdboden gilt

$$p(h) = p_0\, e^{-mgh/(kT)}$$

(p_0 Luftdruck am Erdboden, m Masse der Stickstoff- bzw. Sauerstoffmoleküle, g Erdbeschleunigung); die Temperaturabnahme mit zunehmender Höhe ist dabei vernachlässigt. Anstelle des höhenabhängigen Druckes $p(h)$ kann auch die Teilchenzahldichte

$$n(h) = n_0\, e^{-mgh/(kT)}$$

angegeben werden. Ersetzt man in vorstehender Formel die potentielle Energie der Teilchen im Schwerefeld der Erde mgh durch die Energie W (allgemein), so resultiert die Gleichung

$$n(h) = n_0\, e^{-W/(kT)}.$$

Die rechte Seite entspricht also der o. a. **Boltzmann**-Verteilung $f_B(W)$.

Die Teilchendichte der Erdatmosphäre folgt einer **Boltzmann**-Verteilung, da es sich hierbei um relativ geringe Konzentrationen (Größenordnung $10^{19}\ \mathrm{cm}^{-3}$) handelt. Bei einem „Elektronengas" im Metall ist hingegen die Teilchendichte rd. $10^{23}\ \mathrm{cm}^{-3}$; in diesem Fall ist mit der **Fermi**-Funktion Gl. (2.46) zu rechnen.

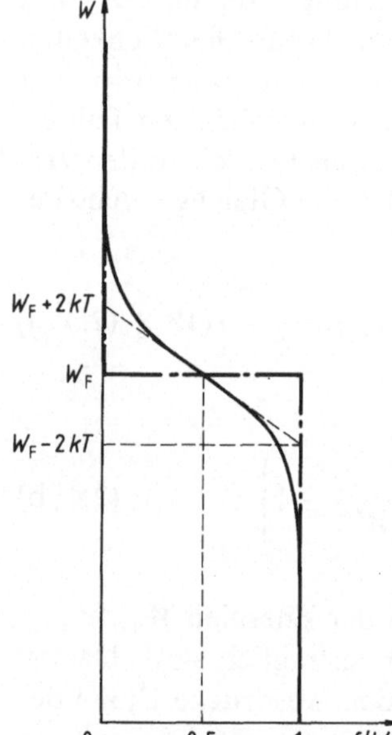

2.21 **Fermi**sche Verteilungsfunktion $f(W)$

Die Fermi-Funktion nimmt die Werte zwischen Eins (bei niedriger Energie) und Null (bei hoher Energie) an. Sie enthält (neben der Temperatur) die Fermi-Energie W_F als Parameter; W_F ist diejenige Energie, bei der die Besetzungswahrscheinlichkeit gerade 0,5 ist. Die unterhalb der Fermi-Energie liegenden Zustände sind überwiegend mit Elektronen besetzt; von den oberhalb der Fermi-Energie befindlichen Zuständen sind die meisten unbesetzt. Für $T=0$ geht die Fermi-Verteilung in eine Sprungfunktion über, d. h., am absoluten Nullpunkt der Temperatur sind alle Zustände unterhalb W_F besetzt. Für $T>0$ besitzt die Fermi-Funktion einen Übergangsbereich, der sich etwa von W_F-2kT bis W_F+2kT erstreckt.

Das sich aus den Gleichungen (2.40), (2.43) und (2.46) ergebende Energiespektrum der Elektronendichte ist in Bild **2.**22 für $T=0$ und für eine Temperatur $T>0$ dargestellt. Bei bekannter Konzentration n der Leitungselektronen läßt sich mit Hilfe der vorstehend genannten Gleichungen die Fermi-Energie W_F des Systems berechnen. Für $T=0$ gilt

$$n = \int_0^\infty n(W)\,\mathrm{d}W = \frac{4\pi}{h^3}(2m_e)^{3/2} \int_0^{W_{F,0}} \sqrt{W}\,\mathrm{d}W = \frac{8\pi}{3h^3}(2m_e)^{3/2}\cdot W_{F,0}^{3/2}\,;$$

damit ergibt sich

$$W_{F,0} = \frac{h^2}{8m_e}\left(\frac{3n}{\pi}\right)^{2/3}. \tag{2.47}$$

Die Position des Fermi-Niveaus ist bei Metallen nur geringfügig von der Temperatur abhängig. Durch Reihenentwicklung findet man näherungsweise

$$W_{F,T} = W_{F,0}\left[1 - \frac{\pi^2}{12}\left(\frac{kT}{W_{F,0}}\right)^2\right].$$

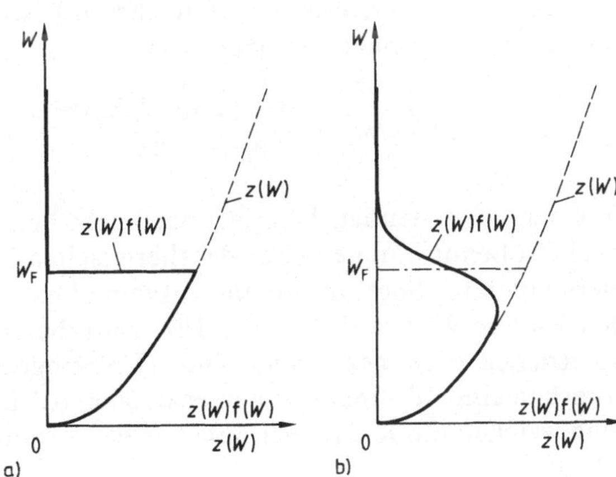

2.22
Zustandsdichte $z(W)$ und Energiespektrum der Elektronen $z(W)\,f(W)$
a) $T=0$, b) $T\neq 0$

In den weiteren Ausführungen wird daher auf eine Temperaturangabe im Zusammenhang mit der Fermi-Energie verzichtet, d. h., es wird $W_F = W_{F,T} = W_{F,0}$ gesetzt.

Aus der Definition

$$W_F = m_e v_F^2/2$$

ergibt sich die Fermi-Geschwindigkeit

$$v_F = \sqrt{2\,W_F/m_e}\,. \tag{2.48}$$

Beispiel 2.10. Kupfer weist eine Dichte von 8,92 g/cm³ auf; die relative Atommasse beträgt 63,5 g/mol. Es kann angenommen werden, daß pro Atom ein Elektron dem Leitungsband zugeführt wird. Man berechne die Elektronenkonzentration n, die Fermi-Energie W_F und die Fermi-Geschwindigkeit v_F.

Für die Elektronenkonzentration ergibt sich

$$n = \frac{8{,}92 \text{ gcm}^{-3} \cdot 6{,}02 \cdot 10^{23} \text{ mol}^{-1}}{63{,}5 \text{ gmol}^{-1}} = 8{,}5 \cdot 10^{22} \text{ cm}^{-3} = 8{,}5 \cdot 10^{28} \text{ m}^{-3}.$$

Hieraus berechnet sich die Fermi-Energie (bei 0 K)

$$W_F = \frac{h^2}{8\,m_e} \left(\frac{3n}{\pi}\right)^{2/3} = \frac{(6{,}6 \cdot 10^{-34} \text{ kgm}^2 \text{ s}^{-1})^2}{8 \cdot 0{,}9 \cdot 10^{-30} \text{ kg}} \cdot \left(\frac{3 \cdot 8{,}5 \cdot 10^{28} \text{ m}^{-3}}{\pi}\right)^{2/3}$$

$$= 1{,}13 \cdot 10^{-18} \text{ Ws} = 7{,}06 \text{ eV}.$$

Die für Raumtemperatur notwendige Korrektur wäre

$$-\frac{\pi^2}{12} \left(\frac{0{,}025 \text{ eV}}{7{,}06 \text{ eV}}\right)^2 \cdot 7{,}06 \text{ eV} = -7 \cdot 10^{-5} \text{ eV};$$

sie liegt also weit unterhalb der erforderlichen Rechengenauigkeit.
Als Fermi-Geschwindigkeit findet man

$$v_F = \sqrt{2\,W_F/m_e} = \left(\frac{2 \cdot 1{,}13 \cdot 10^{-18} \text{ Ws}}{0{,}9 \cdot 10^{-30} \text{ kg}}\right)^{1/2} = 1{,}6 \cdot 10^6 \text{ m/s}.$$

Aus den vorstehenden Überlegungen geht hervor, daß die Fermi-Energie rd. zwei Größenordnungen über der thermischen Energie der Elektronen bei Zimmertemperatur liegt. In diesem Zusammenhang ist darauf hinzuweisen, daß in den Bildern **2.**21 und **2.**22 die Übergangsbereiche in der Umgebung von W_F übertrieben breit gezeichnet sind. (Die eingezeichneten Kurvenverläufe entsprechen einer Temperatur von etwa 5000 K.) Bei maßstäblich exakter Darstellung weichen die Kurvenverläufe bei 300 K kaum merklich von den Werten bei 0 K ab.

Wie aus Bild **2.**22 hervorgeht, ist eine Energiezufuhr grundsätzlich nur bei denjenigen Elektronen möglich, die sich in der unmittelbaren Umgebung der Fermi-Energie befinden; hieraus folgt u. a., daß der Beitrag der Leitungselektronen zur spezifischen Wärme vernachlässigbar ist.

Trägt man im Impulsraum alle Impulsvektoren ab, die gemäß Gl. (2.42) mit dem Energiewert W_F korrespondieren, so ergibt sich eine Kugelfläche (Fermi-Kugel); in Bild **2.**23a ist ein Schnitt in der p_x-p_y-Ebene gezeichnet. Beim Anlegen eines elektrischen Feldes wird die Impulsverteilung gemäß Bild **2.**23b geändert. Hierdurch ergibt sich eine Verschiebung der gesamten Fermi-Kugel, d. h., die resultierende Impulsänderung betrifft alle Leitungselektronen. Die Änderung der Gesamtenergie der Leitungselektronen ist hingegen vernachlässigbar gering.

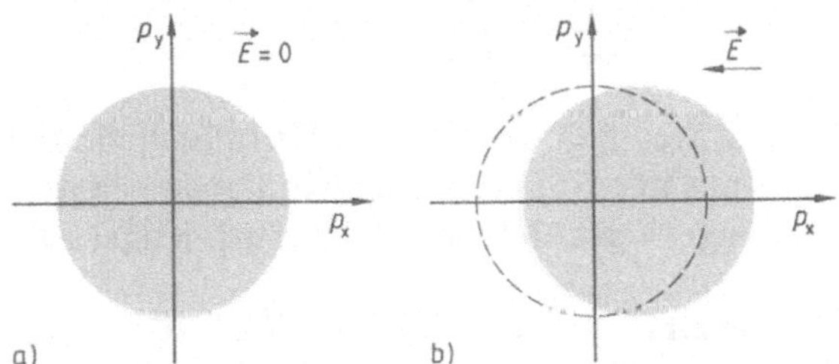

2.23
Elektronenverteilung im Impulsraum (Fermi-Kugel)
a) $E = 0$, b) $E \neq 0$

Die zeitliche Änderung des Elektronenimpulses ist aus der Bewegungsgleichung

$$m_e \frac{\mathrm{d}v}{\mathrm{d}t} + \frac{v}{\tau} = -eE \tag{2.49}$$

zu entnehmen. Hierin ist die Relaxationszeit τ – in Analogie zu den Überlegungen in Abschn. 2.2.1 – als mittlere Stoßzeit der Wechselwirkung der Elektronen mit dem Gitter zu deuten.

Für den Geschwindigkeitsverlauf ergibt sich

$$v = v_d (1 - e^{-t/\tau}),$$

wenn die Einwirkung des elektrischen Feldes zur Zeit $t = 0$ einsetzt. Nach einer Beschleunigungsphase mit der Zeitkonstanten τ erreichen die Elektronen die konstante Driftgeschwindigkeit

$$v_d = -\frac{e\tau}{m_e} E = -\mu_n E \tag{2.50}$$

(μ_n Elektronenbeweglichkeit). Nach Abschalten des elektrischen Feldes stellt sich wieder die ursprüngliche Impulsverteilung gemäß Bild **2.**23a ein; wiederum ist τ die für diesen Vorgang maßgebende Zeitkonstante. Die resultierende feldabhängige Elektronengeschwindigkeit geht dementsprechend auf Null zurück. Da die Zeitdauer für die Beschleunigungsphase extrem gering ist (Größenordnung 10^{-14} s), kann die Stromdichte S in einem Metall mit Hilfe der durch Gl. (2.50) definierten Driftgeschwindigkeit berechnet werden.

$$S = -en v_\mathrm{d} = en\mu_\mathrm{n} E \tag{2.51}$$

Gleichung (2.51) entspricht dem ohmschen Gesetz in differentieller Form $(S = \sigma E)$, wobei

$$\sigma = en\mu_\mathrm{n} \tag{2.52a}$$

die Leitfähigkeit bedeutet. Für den spezifischen Widerstand gilt dementsprechend

$$\rho = \frac{1}{\sigma} = \frac{1}{en\mu_\mathrm{n}}. \tag{2.52b}$$

Die in Metallen erreichbare Driftgeschwindigkeit der Elektronen ist – verglichen mit der Fermi-Geschwindigkeit – extrem klein. Die in Bild **2.**23 eingezeichnete Verschiebung der Fermi-Kugel ist also stark übertrieben.

Beispiel 2.11. Kupfer besitzt bei Raumtemperatur die Leitfähigkeit $\sigma = 6 \cdot 10^5$ S/cm. Man berechne unter Verwendung der Ergebnisse von Beispiel 2.10 die Elektronenbeweglichkeit μ_n und die Relaxationszeit τ. Wie groß ist die Driftgeschwindigkeit v_d bei einer Stromdichte von 10^3 A/cm^2?
Aus Gl. (2.52 a) folgt

$$\mu_\mathrm{n} = \frac{\sigma}{en} = \frac{6 \cdot 10^5 \, \mathrm{AV}^{-1} \, \mathrm{cm}^{-1}}{1{,}6 \cdot 10^{-19} \, \mathrm{As} \cdot 8{,}5 \cdot 10^{22} \, \mathrm{cm}^{-3}} = 44 \, \mathrm{cm}^2/\mathrm{Vs}.$$

Nach Gl. (2.50) berechnet man die Relaxationszeit

$$\tau = \frac{m_\mathrm{e}\mu_\mathrm{n}}{e} = \frac{0{,}9 \cdot 10^{-30} \, \mathrm{kg} \cdot 44 \cdot 10^{-4} \, \mathrm{m}^2 \, \mathrm{V}^{-1} \, \mathrm{s}^{-1}}{1{,}6 \cdot 10^{-19} \, \mathrm{As}} = 2{,}5 \cdot 10^{-14} \, \mathrm{s}.$$

Für die Driftgeschwindigkeit ergibt sich mit Gl. (2.51)

$$|v_\mathrm{d}| = \frac{S}{en} = \frac{10^3 \, \mathrm{Acm}^{-2}}{1{,}6 \cdot 10^{-19} \, \mathrm{As} \cdot 8{,}5 \cdot 10^{22} \, \mathrm{cm}^{-3}} = 7{,}4 \cdot 10^{-2} \, \mathrm{cm/s}.$$

Aus der Relaxationszeit τ und der Fermi-Geschwindigkeit v_F resultiert die mittlere freie Weglänge der Elektronen in einem Metallgitter $\Lambda = v_\mathrm{F}\tau$. Für Kupfer findet man beispielsweise $\Lambda = 4 \cdot 10^{-8}$ m. Diese Länge ist um rund zwei Zehnerpotenzen größer als der Atomabstand im Metallgitter. Das bedeutet: Auf Grund der Wellennatur der Elektronen können sich diese ungestört durch einen Festkörper mit periodischer Atomanordnung bewegen. Eine Wechselwirkung findet nur dann statt, wenn die Gitterperiodizität durch thermische Gitterschwingungen oder durch Gitterbaufehler gestört ist.

Aus der Gitterdynamik und der Wechselwirkung der Elektronen mit den quantisierten Gitterschwingungen (Phononen) folgt bei tiefen Temperaturen ($T < 20$ K) eine Temperaturabhängigkeit des spezifischen Widerstandes reiner Metalle gemäß

$$\rho(T) = A \left(\frac{T}{T_\mathrm{D}} \right)^5 ; \qquad (2.53\,\mathrm{a})$$

hierin ist T_D die Debye-Temperatur des betreffenden Metalls und A eine materialspezifische Konstante.

Für $T > 100$ K läßt sich die Temperaturabhängigkeit des spezifischen Widerstandes durch die Formel

$$\rho(T) = B(T - T_0) \qquad (2.53\,\mathrm{b})$$

approximieren. B und T_0 sind materialspezifische Werte.

Der durch Gl. (2.53 b) ausgedrückte lineare Zusammenhang zwischen der Temperatur und dem spezifischen Widerstand kann anschaulich wie folgt gedeutet werden: Für die Streuung der Elektronen ist das Quadrat der Amplitude der Gitterschwingungen maßgebend. Da das Amplitudenquadrat mit der mittleren Energie der Gitterschwingungen verknüpft ist, gilt $\rho \sim kT$.

Unter Verwendung der Debye-Temperatur T_D lassen sich Berechnungen des spezifischen Widerstandes im gesamten Temperaturbereich zwischen dem absoluten Nullpunkt und dem Schmelzpunkt des Metalls durchführen. Es zeigt sich jedoch, daß derartige Rechnungen im allgemeinen nicht ausreichend sind, um den spezifischen Widerstand eines Metalls mit hinreichender Genauigkeit theoretisch vorherzusagen. Besonders starke Abweichungen von der Theorie treten bei den Übergangs- und Seltenerdmetallen auf.

Die Debye-Temperatur ist eine charakteristische Größe der Gitterdynamik; sie hängt mit der in einem Festkörper vorkommenden maximalen Oszillationsfrequenz v_gr über die Beziehung

$$T_\mathrm{D} = h\, v_\mathrm{gr} / k$$

zusammen. Die Debye-Temperatur spielt eine wichtige Rolle bei der Berechnung der spezifischen Wärme von Festkörpern; bei Metallen existiert ein (empirisch ermittelter) Zusammenhang zwischen dem Schmelzpunkt und der Debye-Temperatur (Lindemannsche Schmelzpunktformel).

Tafel 2.24 Debye-Temperatur T_D einiger Metalle

Metall	Pb	Au	Na	Ag	Cu	Al	Ni
T_D in K	88	175	202	215	333	395	472

In Tafel **2.25** ist u. a. der spezifische Widerstand ρ für die wichtigsten Metalle aufgelistet. Danach weisen die Metalle Silber, Kupfer, Gold und Aluminium die geringsten spezifischen Widerstände auf. Ein verhältnismäßig hoher spezifischer Widerstand ist bei den Metallen Zinn, Blei, Tantal und Chrom anzutreffen.

Der sehr hohe Widerstand des Quecksilbers ist auf die Tatsache zurückzuführen, daß Quecksilber bei Zimmertemperatur flüssig ist. Sehr hohe spezifische Widerstände weisen auch die Seltenerdmetalle auf (z. B. Lanthan mit $\rho = 79$ μΩcm und Gadolinium mit $\rho = 134$ μΩcm).

Tafel **2.25** Spezifischer Widerstand ρ, relative Dichte d, Produkt ρd, Temperaturkoeffizient des spezifischen Widerstandes $\dfrac{1}{\rho} \cdot \dfrac{\mathrm{d}\rho}{\mathrm{d}T}$, Druckkoeffizient des spezifischen Widerstandes $\dfrac{1}{\rho} \cdot \dfrac{\mathrm{d}\rho}{\mathrm{d}p}$ und Wärmeleitfähigkeit λ der wichtigsten Metalle bei Zimmertemperatur

Gruppe	Metall	ρ in μΩcm	d	ρd in μΩcm	$\dfrac{1}{\rho} \cdot \dfrac{\mathrm{d}\rho}{\mathrm{d}T}$ in %/K	$\dfrac{1}{\rho} \cdot \dfrac{\mathrm{d}\rho}{\mathrm{d}p}$ in 10^{-6}/bar	λ in W/cmK
I a	Na	4,2	0,97	4,1		−38	1,4
	K	6,2	0,86	5,3		−70	0,9
I b	Cu	1,7	8,9	15	0,43	− 1,9	4,0
	Ag	1,6	10,5	17	0,41	− 3,4	4,1
	Au	2,2	19,3	45	0,40	− 2,9	3,1
II a	Mg	4,5	1,7	7,7	0,41	− 4,7	1,4
	Ca	3,9	1,5	5,9	0,42	+15	
II b	Zn	5,9	7,2	43	0,42	− 6,3	1,1
	Cd	6,8	8,6	59	0,42	− 7,3	1,0
	Hg	97	13,5	1310	0,08	−21	0,08
III a	Al	2,7	2,7	7,3	0,43	− 4,1	2,3
IV a	Sn	12	7,3	88	0,43	− 9,2	0,7
	Pb	21	11,3	237	0,35	−12	0,4
VIII b	Fe	9,7	7,9	77	0,65	− 2,3	0,7
	Co	6,2	8,9	55	0,60	− 0,9	0,7
	Ni	6,8	8,9	61	0,69	+ 1,8	0,9
Vb/VIb	Ta	13	16,6	216	0,38	− 1,6	0,5
	Cr	14	7,2	101	0,30	−17	0,7
	Mo	5,2	10,2	53	0,40	− 1,3	1,4
	W	5,5	19,3	106	0,40	− 1,3	1,6
VIII b	Rh	4,5	12,5	57	0,42	− 1,6	0,9
	Pd	9,8	12,0	118	0,38	− 2,1	0,7
	Pt	9,8	21,4	210	0,39	− 1,9	0,7

Da für einige Anwendungen in der Elektrotechnik (z. B. Freileitungen) nicht der spezifische Widerstand, sondern das Produkt ρd (d relative Dichte) maßgebend ist, enthält Tafel **2.25** auch die Werte für d und ρd. Man erkennt, daß für derartige Anwendungen der Leiterwerkstoff Aluminium ($\rho d = 7{,}3\ \mu\Omega\text{cm}$) dem Kupfer ($\rho d = 15\ \mu\Omega\text{cm}$) deutlich überlegen ist. Das höchste gewichtsbezogene Leitvermögen ist bei Natrium zu finden ($\rho d = 4{,}1\ \mu\Omega\text{cm}$).

Aus Gl. (2.53 b) folgt der Temperaturkoeffizient des spezifischen Widerstandes

$$\alpha_\rho = \frac{1}{\rho} \cdot \frac{\mathrm{d}\rho}{\mathrm{d}T} = \frac{1}{T - T_0} \tag{2.54}$$

für den Temperaturbereich $T > 100$ K. Wie aus Tafel **2.25** hervorgeht, gilt für die meisten Metalle bei Raumtemperatur (300 K) $\alpha_\rho \approx 0{,}4\,\%/\text{K}$. Dementsprechend kann in den Gleichungen (2.53 b) und (2.54) mit $T_0 \approx 50$ K gerechnet werden. Einen deutlich höheren Temperaturkoeffizienten des spezifischen Widerstandes weisen die Metalle Eisen, Kobalt und Nickel auf.

Der sehr niedrige Temperaturkoeffizient des spezifischen Widerstandes von flüssigem Quecksilber ($0{,}08\,\%/\text{K}$) wurde früher bei der Realisierung von Widerstandsnormalen genutzt. Ein verhältnismäßig geringer Temperaturkoeffizient des spezifischen Widerstandes ist auch bei den Seltenen Erden zu finden (Lanthan mit $\alpha_\rho = 0{,}22\,\%/\text{K}$ oder Gadolinium mit $\alpha_\rho = 0{,}18\,\%/\text{K}$).

In Bild **2.26** ist die Temperaturabhängigkeit des spezifischen Widerstandes für einige Metalle im Bereich $-250\,°\text{C} \le \vartheta \le +250\,°\text{C}$ dargestellt. Im Bereich hoher Temperaturen ($\vartheta > 500\,°\text{C}$) muß mit Abweichungen vom linearen Verlauf von $\rho(T)$ gerechnet werden; einige Beispiele hierfür sind aus Bild **2.27** zu entnehmen. Bei den ferromagnetischen Metallen (Fe, Co, Ni) treten Anomalien der Temperaturabhängigkeit des spezifischen Widerstandes in der Nähe des Curie-Punktes (Übergang vom ferromagnetischen zum paramagnetischen Verhalten) auf.

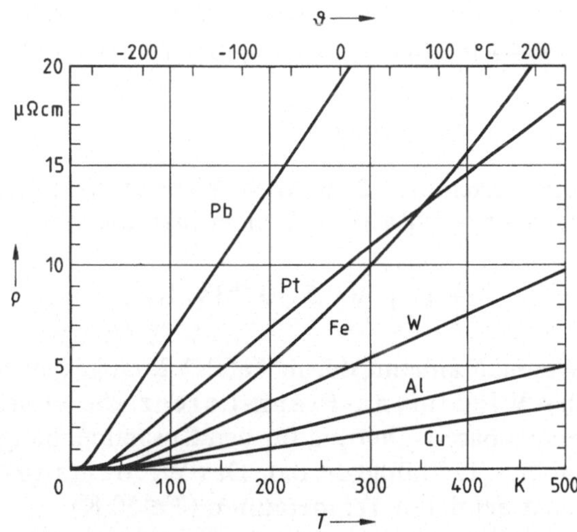

2.26 Spezifischer Widerstand ρ einiger Metalle im Bereich $0 \le T \le 500$ K

Der Druckkoeffizient des spezifischen Widerstandes $\rho^{-1}\,\mathrm{d}\rho/\mathrm{d}p$ ist bei fast allen Metallen negativ. Dieser Effekt wird auf eine Reduktion der Amplitude der Gitterschwingungen zurückgeführt.

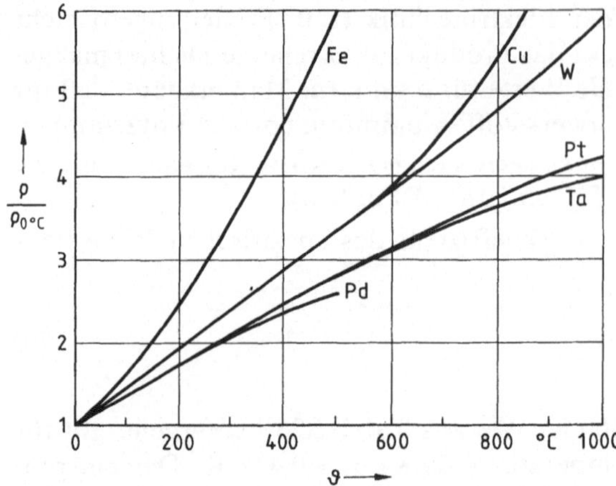

2.27
Normierter spezifischer Widerstand einiger Metalle im Bereich $0 \leq \vartheta \leq 1000\,°C$

Mit den zu Beginn dieses Abschnittes dargelegten Voraussetzungen über die energetische Verteilung des Elektronengases ergibt sich die **Wärmeleitfähigkeit** eines Metalls

$$\lambda = \frac{\pi^2}{3} \cdot \frac{n k^2 \tau T}{m_e} \, ; \tag{2.55}$$

hierbei wird vorausgesetzt, daß der Gitteranteil der Wärmeleitung vernachlässigbar ist. Unter Verwendung der Gleichungen (2.50), (2.51) und (2.52) folgt

$$\lambda = \frac{\pi^2}{3} \left(\frac{k}{e}\right)^2 \sigma T. \tag{2.56}$$

Die Beziehung (2.56) wird **Wiedemann-Franz-Lorenz-Gesetz** genannt. Als **Lorenz-Zahl** bezeichnet man die Größe

$$\frac{\pi^2}{3} \left(\frac{k}{e}\right)^2 = 2,5 \cdot 10^{-8} \, (\text{V/K})^2 .$$

Wie man anhand der in Tafel **2.25** angegebenen Daten bestätigen kann, stellt das **Wiedemann-Franz-Lorenzsche Gesetz** für die meisten Metalle eine brauchbare Näherung für den Zusammenhang zwischen elektrischer und thermischer Leitfähigkeit dar. Das **Wiedemann-Franz-Lorenzsche Gesetz** gilt nicht bei tiefen Temperaturen ($T \lesssim 50$ K).

Mit der klassischen Elektronentheorie von **Drude** erhält man die **Lorenz-Zahl** $3(k/e)^2$, d.h., die Abweichung von dem mit Hilfe der Quantenmechanik berechneten Wert gemäß Gl. (2.56) ist vernachlässigbar. Die vereinfachte Form von Gl. (2.56)

$$\lambda \sim \sigma \quad (\text{für } T = \text{const})$$

heißt **Wiedemann-Franzsches Gesetz**.

Durch Einbau von Fremdatomen in ein Metallgitter wird eine zusätzliche Störung der Gitterperiodizität hervorgerufen; dementsprechend wird die Relaxationszeit (bzw. die mittlere freie Weglänge) reduziert. Es gilt dann

$$\frac{1}{\tau} = \frac{1}{\tau_G} + \frac{1}{\tau_F},$$

wobei τ_G die auf Gitterschwingungen zurückzuführende Relaxationszeit bedeutet, während mit τ_F die durch Fremdatome bedingte Relaxationszeit bezeichnet wird. Mit den Gleichungen (2.50) und (2.52b) folgt

$$\rho = \rho_G(T) + \rho_F(N_F). \tag{2.57}$$

Der spezifische Widerstand ist also additiv zusammengesetzt aus einem von den Gitterschwingungen herrührenden und daher temperaturabhängigen Anteil $\rho_G(T)$ und einem Anteil $\rho_F(N_F)$, welcher durch die Fremdatome der Konzentration N_F bedingt ist. Gleichung (2.57) ist als **Mathiessensche Regel** bekannt.

Bild **2.28** zeigt den Verlauf des spezifischen Widerstandes einiger Natriumproben mit unterschiedlichem Fremdstoffgehalt im Temperaturbereich $0 \leq T \leq 20$ K. Der für ideal reines Natrium zu erwartende Verlauf ist gestrichelt eingezeichnet. Wie aus Bild **2.28** hervorgeht, kann der auf $T = 0$ extrapolierte Widerstand (**Restwiderstand**) als Maß für die Reinheit eines Metalles dienen. (In der Praxis wird der Restwiderstand bei 4,2 K, dem Siedepunkt des flüssigen Heliums bei Atmosphärendruck, ermittelt.)

Bei geringem Fremdstoffgehalt (unter 1%) besteht ein linearer Zusammenhang zwischen dem Widerstand und der Fremdstoffkonzentration, d.h., der zweite Term der rechten Seite von Gl. (2.57) kann wie folgt angesetzt werden:

$$\rho_F = a_{WF} N_F / N_W$$

(N_W Wirtsgitteratome pro Volumeneinheit). Der Koeffizient a_{WF} ist von der Art

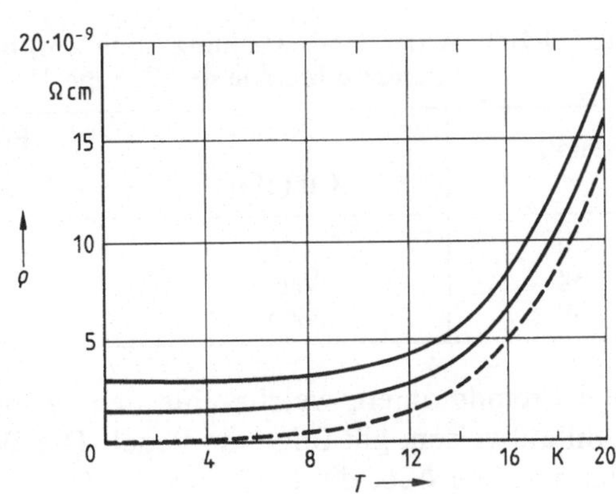

2.28
Spezifischer Widerstand ρ von Natriumproben mit unterschiedlichem Fremdstoffgehalt im Bereich von $0 \leq T \leq 20$ K (extrapolierter Verlauf für reines Natrium gestrichelt)

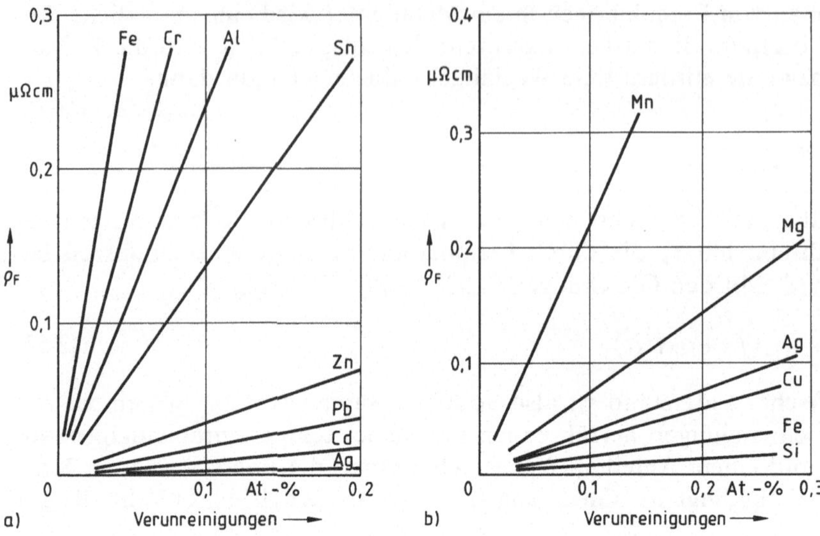

2.29 Widerstandserhöhung ρ_F durch Einbau von Fremdatomen
a) Wirtsgitter: Kupfer, b) Wirtsgitter: Aluminium

der Wirtsgitteratome und der Art der Fremdatome abhängig. Ein geringer Einfluß der Fremdatome auf das Widerstandsverhalten eines Metalles ist dann festzustellen, wenn eine enge chemische Verwandtschaft zwischen den Fremdatomen und den Wirtsgitteratomen besteht, d. h., wenn die Fremdatome und die Wirtsgitteratome derselben Gruppe des Periodensystems entstammen. Als Beispiel hierfür sei der Einbau von Silber in Kupfer genannt (Bild **2.29** a).

In Tafel **2.30** ist die Widerstandserhöhung bei Verunreinigungen der Metalle der Gruppe I b durch andere Elemente der Gruppe I b aufgelistet. Danach bewirkt z. B. der Einbau von Silber in Gold die gleiche Widerstandserhöhung wie der Einbau von Gold in Silber. Näherungsweise gilt dieses Verhalten auch für die anderen Kombinationen der Elemente der Gruppe I b untereinander.

Tafel **2.30** Widerstandserhöhung (in µΩcm) beim Einbau von Atomen der Gruppe I b in andere Metalle der Gruppe I b

Metall	Fremdstoff		
	Cu (1 %)	Ag (1 %)	Au (1 %)
Cu	—	0,14	0,55
Ag	0,068	—	0,38
Au	0,485	0,38	—

Bei Fremdatomen, welche eine dem Wirtsgitteratom angenäherte Ordnungszahl aufweisen, gilt folgende Regel: Die Widerstandserhöhung fällt um so höher aus, je größer die Differenz der Ordnungszahlen der Fremdatome und der

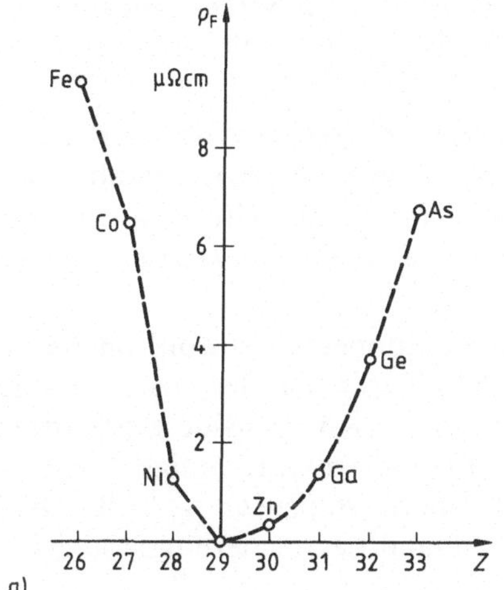
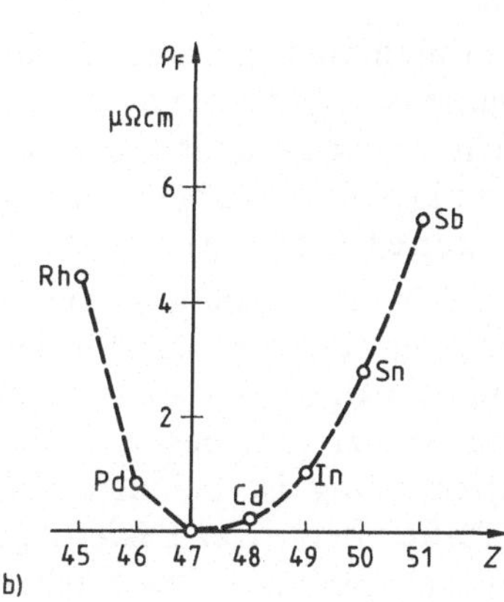

2.31 Widerstandserhöhung ρ_F durch Einbau von Fremdatomen (1%) in Abhängigkeit von der Ordnungszahl Z
a) Wirtsgitter: Kupfer ($Z = 29$), b) Wirtsgitter: Silber ($Z = 47$)

Wirtsgitteratome ist. Als Beispiel für diese Regel sei die Reihe Fe ($Z = 26$) bis As ($Z = 33$) betrachtet; als Wirtsgitter sei Kupfer ($Z = 29$) vorgegeben (Bild 2.31a). Wie aus Bild 2.29a bzw. Bild 2.31a hervorgeht, bewirkt eine Verunreinigung von Kupfer mit Zink ($Z = 30$) nur eine verhältnismäßig geringe Widerstandserhöhung. Beim Einbau von Eisen ($Z = 26$) entsteht hingegen eine beträchtliche Widerstandserhöhung. Eine ähnliche Situation existiert beim Einbau der Elemente Rh ($Z = 45$) ... Sb ($Z = 51$) in Silber ($Z = 47$), s. Bild 2.31b.

Der Einfluß von Verunreinigungen auf den spezifischen Widerstand von Aluminium ist aus Bild 2.29b zu entnehmen. In diesem Fall bewirkt der Einbau von Silizium nur eine geringe Widerstandserhöhung, da dieses Element im Periodensystem unmittelbar rechts neben dem Aluminium zu finden ist.

Gitterdefekte (z.B. Gitterleerstellen, Atome auf Zwischengitterplätzen) haben ebenfalls eine Widerstandserhöhung in Metallen zur Folge. So weist z.B. kaltverformtes Kupfer eine hohe Anzahl von Gitterdefekten auf; der spezifische Widerstand ist in diesem Falle höher als bei weichgeglühtem Kupfer mit geringer Konzentration von Gitterdefekten.

Da der durch Fremdatome bedingte Widerstandsanteil im allgemeinen temperaturunabhängig ist, nimmt der Temperaturkoeffizient des spezifischen Widerstandes in der Regel mit steigendem Fremdstoffanteil ab.

Der Einbau von Atomen mit einem starken magnetischen Moment (z.B. Eisen, Mangan, Chrom) kann – auch bei sehr geringer Fremdstoffkonzentration – bei tiefen Temperaturen zu einem **negativen** Temperaturkoeffizienten des spezifischen Widerstandes führen (**Kondo**-Effekt). So weist z.B. die Gold/Chrom-

Legierung mit einem Chromgehalt von 0,03 % ein Widerstandsminimum bei 12 K auf; unterhalb von 12 K nimmt der Widerstand mit fallender Temperatur zu.

Bei binären Legierungen mit einem hohen Prozentsatz beider Komponenten hängt das Widerstandsverhalten u. a. von dem Gefügezustand ab. Man unterscheidet Legierungen, die aus einer Phase bestehen (homogenes Gefüge) und Legierungen, bei denen mehrere Phasen nebeneinander existieren (heterogenes Gefüge).

Eine binäre Legierung, bei der beide Komponenten sowohl im flüssigen als auch im festen Zustand in jedem Verhältnis miteinander mischbar sind, weist ein homogenes Gefüge auf. Die Kristallite (Körner) sind gleichartig zusammengesetzt und besitzen die gleiche Kristallstruktur; lediglich die Kristallorientierung ist bei den einzelnen Körnern statistisch verteilt. Die Eigenschaften derartiger Legierungen seien anhand des Legierungssystems Kupfer/Nickel (Bild 2.32) beschrieben.

Bild 2.32a zeigt das Legierungsdiagramm des Systems Kupfer/Nickel. Oberhalb der Liquiduslinie liegt das gesamte Material im flüssigen Zustand (l) vor. Beim Abkühlen der Schmelze kann mit Hilfe der Liquiduslinie die Temperatur des Erstarrungsbeginns ermittelt werden. Zwischen der Liquiduslinie und der Soliduslinie sind Schmelze und Mischkristalle koexistent. Die Temperatur der Beendigung des Erstarrungsvorganges wird durch die Soliduslinie bestimmt. Unterhalb der Soliduslinie liegt das gesamte Material im festen Zustand (s) vor.

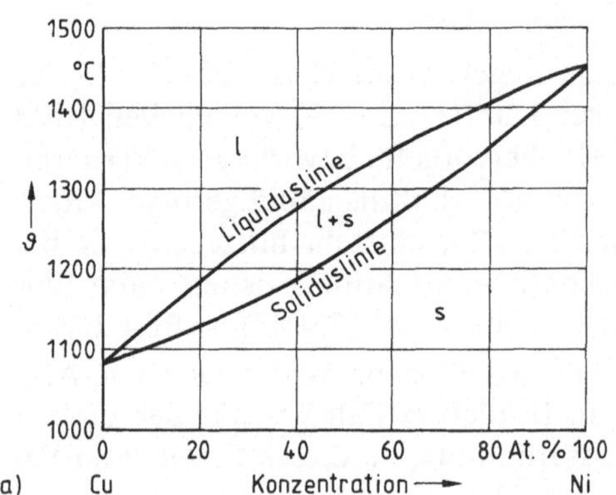

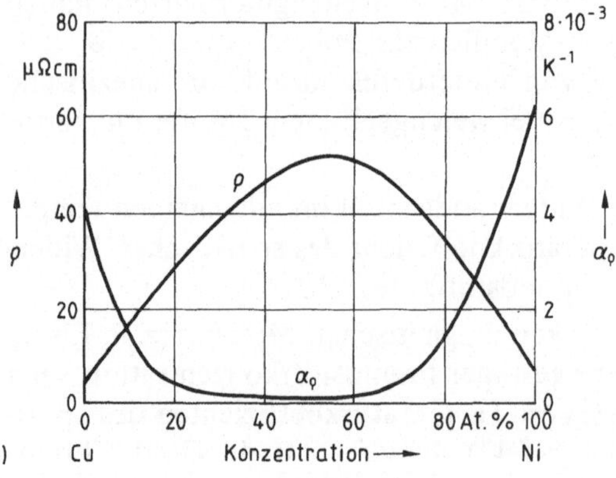

2.32
Legierungssystem Kupfer/Nickel
a) Legierungsdiagramm, b) Abhängigkeit des spezifischen Widerstandes ρ und des Temperaturkoeffizienten α_ρ von der Zusammensetzung der Legierung

Trägt man den spezifischen Widerstand ρ der Kupfer/Nickel-Legierungen über der Zusammensetzung auf, so ergibt sich ein parabelähnlicher Verlauf gemäß Bild **2.32b** mit einem Maximum bei ca. 50% Nickel. Eine Legierung mit gleichem Prozentsatz der beiden Komponenten weist offensichtlich eine maximale Störung der Gitterperiodizität auf. Besonders geringe Werte des Temperaturkoeffizienten des spezifischen Widerstandes sind im Bereich von etwa 40% Nickel bis etwa 60% Nickel zu finden.

Neben dem System Kupfer/Nickel weisen u. a. die Systeme Silber/Gold, Gold/Platin, Kupfer/Platin und Silber/Palladium eine vollständige Löslichkeit im flüssigen und festen Zustand auf.

In dem System Nickel/Chrom besteht eine Löslichkeit des Chroms in Nickel bis zu einem Chromgehalt von etwa 30%. In diesem Bereich weist der spezifische Widerstand – wie bei dem System Kupfer/Nickel – einen parabelförmigen Verlauf in Abhängigkeit vom Chromgehalt auf. Wie aus Bild **2.33** hervorgeht, kann mit einem Cr-Zusatz von 20% ein spezifischer Widerstand von 100 μΩcm erzielt werden; der Temperaturkoeffizient des spezifischen Widerstandes geht auf 10^{-4}/K zurück.

Beim Überschreiten der Grenzen der Löslichkeit der Legierungskomponenten ineinander resultiert ein heterogenes Gefüge, d. h., man findet nebeneinander Körner mit unterschiedlicher Zusammensetzung und u. U. auch mit unterschiedlicher Gitterstruktur. Die eingeschränkte Aufnahme von Fremdgitteratomen führt zu einer Begrenzung der Widerstandserhöhung.

Bild **2.34a** zeigt das Legierungsdiagramm des Systems Silber/Kupfer. Danach vermag Silber

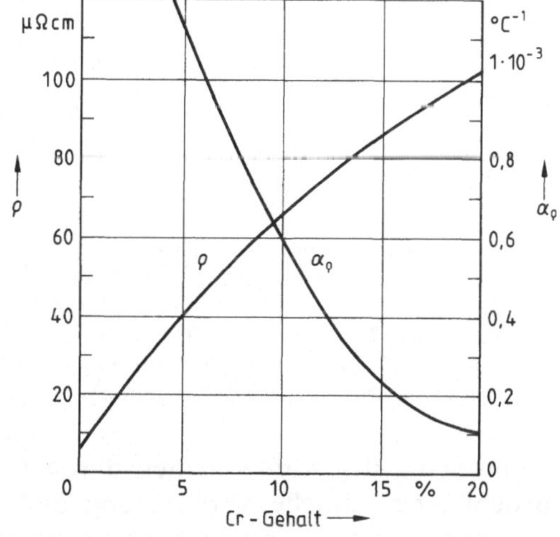

2.33 Spezifischer Widerstand ρ und Temperaturkoeffizient α_ρ im Legierungssystem Nickel/Chrom (0 bis 20% Cr)

bei ca. 800°C bis zu 14% Kupfer in einem homogenen Mischkristall aufzunehmen (α-Phase). In diesem Konzentrationsbereich findet man gemäß Bild **2.34b** einen Anstieg des spezifischen Widerstandes mit zunehmendem Kupfergehalt. Die Löslichkeit des Silbers in Kupfer beträgt nur etwa 5%. Dementsprechend wird beim Zulegieren von Silber zum Kupfer nur eine geringe Widerstandserhöhung erzielt. Die kupferreichen Mischkristalle (95% Cu bis 100% Cu) werden als β-Phase bezeichnet.

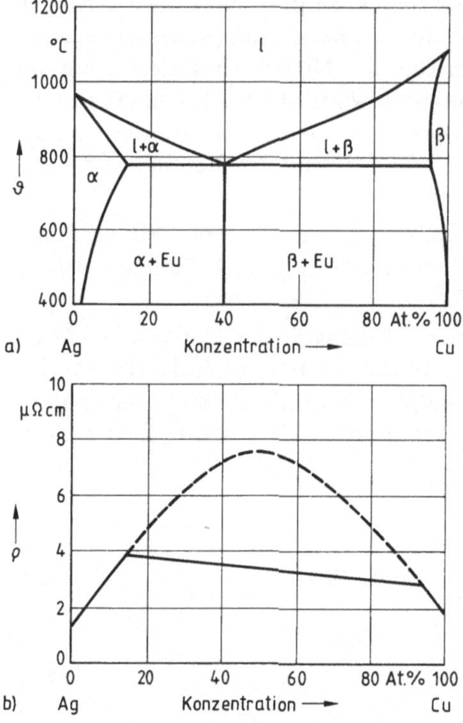

2.34 Legierungssystem Silber/Kupfer
a) Legierungsdiagramm, b) Abhängigkeit des spezifischen Widerstandes ρ und des Temperaturkoeffizienten α_ρ von der Zusammensetzung der Legierung (instabiles System gestrichelt)

In dem Bereich von 14% Cu bis 40% Cu tritt ein heterogenes Gefüge auf, welches aus Körnern der α-Phase und aus Körnern mit der eutektischen Zusammensetzung (40% Cu) besteht. Der Bereich von 40% Cu bis 95% Cu ist ebenfalls durch ein heterogenes Gefüge gekennzeichnet; in diesem Gefüge sind Körner der β-Phase und Körner mit eutektischer Zusammensetzung enthalten. Die Zunahme des Anteils der Körner der β-Phase (mit verhältnismäßig geringem spezifischen Widerstand) bewirkt in dem Bereich von 14% Cu bis 95% Cu eine Abnahme des spezifischen Widerstandes mit zunehmendem Kupfergehalt.

Kühlt man eine Silber/Kupfer-Schmelze sehr rasch ab, so kann man auch im Bereich von 14% Cu bis 95% Cu eine Legierung mit homogenem Gefüge erhalten. In diesem Falle resultiert ein spezifischer Widerstand gemäß der gestrichelten Kurve in Bild **2.34**b. Eine derartige Legierung befindet sich jedoch nicht im thermodynamischen Gleichgewicht. Dementsprechend muß – insbesondere bei höherer Arbeitstemperatur – mit einer Diffusion gerechnet werden. Hieraus entsteht eine zeitliche Veränderung des spezifischen Widerstandes, welcher dem durch die ausgezogene Linie in Bild **2.34**b definierten Wert zustrebt.

Legierungssysteme mit einem Eutektikum und begrenzter gegenseitiger Mischbarkeit der Komponenten treten verhältnismäßig häufig auf. Als Beispiele seien Aluminium/Silizium, Cadmium/Zink, Blei/Zinn und Silber/Platin genannt.

In einigen Fällen ist die Löslichkeit zweier Metalle ineinander verschwindend gering. In einem derartigen Fall besteht das heterogene Gefüge aus Kristalliten der reinen Komponente A und aus Kristalliten der reinen Komponente B. Elektrisch gesehen handelt es sich um eine Parallel- bzw. Hintereinanderschaltung von Bereichen der Metalle A und B. Dementsprechend ist in einem derartigen System ein spezifischer Widerstand zu erwarten, der zwischen denjenigen der reinen Metalle liegt und der einen linearen Verlauf in Abhängigkeit von der Zusammensetzung der Legierung aufweist. Der Temperaturkoeffizient entspricht demjenigen reiner Metalle (etwa 0,4%/K). Eine verschwindend geringe Löslichkeit ist u. a. bei der Kombination der Metalle Kupfer oder Silber mit den hochschmelzenden Metallen Molybdän oder Wolfram gegeben.

Bei den vorstehend behandelten Legierungen handelt es sich um Systeme mit besonders einfachen Legierungsdiagrammen. In zahlreichen Fällen muß mit erheblich komplizierter aufgebauten Legierungsdiagrammen gearbeitet werden. Es ist insbesondere hervorzuheben, daß zahlreiche intermetallische Verbindungen (z. B. Mg_2Sn) mit speziellen metallurgischen und elektrischen Eigenschaften existieren. Einige intermetallische Verbindungen werden bereits beim Erstarren der Schmelze gebildet, andere entstehen erst im festen Zustand (peritektische Systeme).

Die bisher erwähnten Mischkristalle sind durch eine statistisch verteilte Anordnung der Atome der Legierungskomponenten auf den Gitterplätzen gekennzeichnet. In besonderen Fällen können geordnete Mischkristalle auftreten; dies ist z. B. im System Kupfer/Gold dann der Fall, wenn das Cu:Au-Verhältnis die Werte 3:1 oder 1:1 annimmt. Da derartige Mischkristalle eine hohe Gitterperfektion aufweisen, können diese Legierungen nahezu die Leitfähigkeit reiner Metalle erreichen (Bild **2.35**). Die Herstellung geordneter Mischkristalle erfordert eine hinreichend langsame Abkühlung bzw. eine Temperbehandlung; anderenfalls entsteht ein ungeordnetes Gitter mit hohem spezifischen Widerstand (gestrichelte Linie in Bild **2.35**).

Durch Einbau von Atomen mit einem hohen magnetischen Moment – insbesondere Chrom oder Mangan – lassen sich Legierungen herstellen, welche bereichsweise einen negativen Temperaturkoeffizienten des spezifischen Widerstandes aufweisen. Mittels einer Drei- oder Mehrstofflegierung kann erreicht werden, daß sich das Maximum (oder Minimum) der Kurve $\rho(\vartheta)$ bei

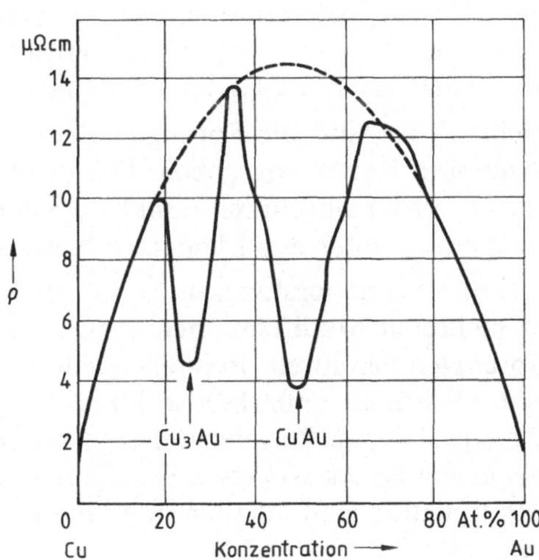

2.35
Spezifischer Widerstand ρ im System Kupfer/Gold in Abhängigkeit von der Zusammensetzung (— geordnetes Gitter, --- ungeordnetes Gitter)

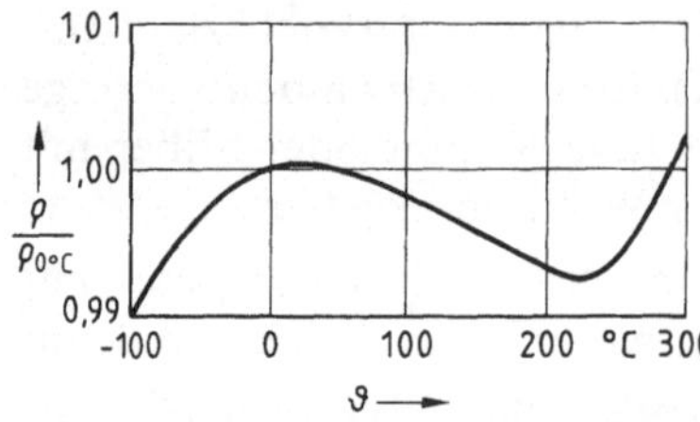

2.36
Temperaturabhängigkeit des spezifischen Widerstandes ρ der Legierung CuMn12Ni (Manganin)

einer vorgegebenen Temperatur (z. B. 20°C) befindet. Dementsprechend ist es möglich, den Temperaturkoeffizienten α_ρ – innerhalb gewisser Toleranzen – für eine bestimmte Arbeitstemperatur zu Null zu machen. Bild **2.36** zeigt als Beispiel den Temperaturverlauf des spezifischen Widerstandes der Legierung CuMn12Ni (Manganin) zwischen $-100°C$ und $+300°C$.

Abschließend sei bemerkt, daß die Definition eines spezifischen Widerstandes das Vorhandensein eines Volumeneffektes voraussetzt. Mit anderen Worten: Die freie Weglänge der Elektronen muß groß gegenüber den Abmessungen der Metallprobe sein. Bei sehr dünnen Metalldrähten und -schichten findet eine zusätzliche Streuung an der Metalloberfläche statt. Dieser Effekt ist bei der Berechnung des Widerstandes aus den Materialdaten und den geometrischen Abmessungen zu berücksichtigen.

2.4.2.2 Supraleitung. Einige Metalle und Metallegierungen gehen bei sehr tiefen Temperaturen ($T \lesssim 20$ K) in den supraleitenden Zustand über. Dieser Zustand ist durch das völlige Verschwinden des elektrischen Widerstandes und durch eine (vollständige oder partielle) Verdrängung des magnetischen Flusses aus dem Leitermaterial gekennzeichnet. Nach dem Verhalten im Magnetfeld unterscheidet man Supraleiter 1. Art und Supraleiter 2. Art [5], [27].

Der Übergang vom normalleitenden in den supraleitenden Zustand erfolgt bei sehr reinen Metallen sprunghaft, d. h. innerhalb eines Temperaturintervalls von etwa 10^{-5} K. Bei verunreinigten Metallen geht der Widerstand beim Abkühlen in einem Temperaturbereich von etwa 0,1 K auf Null zurück.

Das Auftreten supraleitender Metalle im Periodensystem ist in Bild **2.37** dargestellt. Darin sind die Sprungtemperaturen T_c unter dem jeweiligen Elementsymbol in Kelvin angegeben. Die Elemente mit relativ hoher Sprungtemperatur ($T_c \geq 1$ K) sind durch dunkles Raster hervorgehoben. Die höchste Sprungtemperatur unter den Elementen weist das Niob auf ($T_c = 9{,}2$ K).

Die Sprungtemperatur ist u. a. von der Kristallstruktur abhängig. Elemente, die in mehreren Modifikationen existenzfähig sind, besitzen demgemäß mehrere Sprungtemperaturen. Bei verschiedenen Elementen ist eine Veränderung der Kristallstruktur unter hohem Druck möglich; die Hochdruckphasen sind häufig supraleitend. Beispielsweise gehen die Halbleiter Silizium und Germanium bei einem Druck von etwa 12 GPa in den metallischen Zustand über; in dieser Modifikation sind Silizium und Germanium Supraleiter mit Sprungtemperaturen von 6,7 K bzw. 5,4 K.

IIa	IIIb	IVb	Vb	VIb	VIIb	VIIIb			Ib	IIb	IIIa	IVa
Be 0,03											B	C
Mg											Al 1,2	Si
Ca	Sc	Ti 0,39	V 5,3	Cr	Mn	Fe	Co	Ni	Cu	Zn 0,88	Ga 1,1	Ge
Sr	Y	Zr 0,55	Nb 9,2	Mo 0,92	Tc 7,8	Ru 0,5	Rh	Pd	Ag	Cd 0,55	In 3,4	Sn 3,7
Ba	La 4,8	Hf 0,13	Ta 4,5	W 0,01	Re 1,7	Os 0,65	Ir 0,14	Pt	Au	Hg 4,1	Tl 2,4	Pb 7,2

Th 1,4	Pa 1,3	U 0,2

2.37 Verteilung der Supraleiter im Periodischen System der Elemente mit Angabe der Sprungtemperaturen in K

Neben den supraleitenden Elementen existieren zahlreiche supraleitende Legierungen bzw. intermetallische Verbindungen. Die Sprungtemperaturen einiger dieser Werkstoffe sind aus Tafel **2.38** zu entnehmen. (In jüngster Zeit wurden Werkstoffe mit Sprungtemperaturen oberhalb 100 K entwickelt.)

Tafel **2.38** Sprungtemperaturen T_c einiger Legierungen und intermetallischer Verbindungen

Material	NbTi44	NbZr25	V_3Ge	V_3Ga	V_3Si	Nb_3Al	Nb_3Sn	Nb_3Ge
T_c in K	10,5	10,8	6,0	16,5	17	18	18,5	22,3

Die Supraleitung basiert auf der Wechselwirkung je zweier Elektronen durch Vermittlung der quantisierten Gitterschwingungen (Phononen). In Bild **2.39** ist eine derartige Wechselwirkung schematisch skizziert. Ein Elektron (1) erfährt durch Wechselwirkung mit dem Gitter eine Impulsänderung ($\vec{p}_1 \rightarrow \vec{p}_1'$). Der auf das Gitter übertragene Impuls kann an ein anderes Elektron (2) abgegeben werden; an diesem Elektron wird also ebenfalls eine Impulsänderung bewirkt ($\vec{p}_2 \rightarrow \vec{p}_2'$). Dieser Wechselwirkungsmechanismus kann grundsätzlich ab-

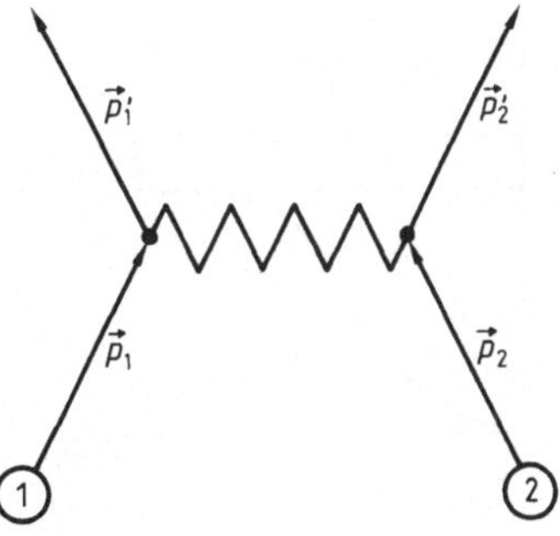

2.39 Zur Bildung eines Cooper-Paares

stoßender oder anziehender Natur sein. Eine besonders starke bindende Wechselwirkung zwischen zwei Elektronen tritt dann auf, wenn die Elektronenimpulse entgegengesetztes Vorzeichen bei gleichem Betrag (d. h. bei gleicher Energie) aufweisen. Durch die Wechselwirkung erhalten die Elektronen auch eine entgegengesetzt gerichtete Spinorientierung. Die durch diesen Mechanismus gebundenen Elektronen bezeichnet man als Cooper-Paare. Der mittlere Abstand der beiden Elektronen eines Cooper-Paares ist mit etwa 10^{-7} bis 10^{-6} m anzusetzen.

Es ist evident, daß eine Bindung zwischen zwei Elektronen zu einer Reduktion der Gesamtenergie der beiden Elektronen führt.

$$W_{\text{ges}} = W_1 + W_2 - 2\,W_{\text{g}}$$

W_1, W_2 sind die Energien der ungebundenen Elektronen und W_{g} die Bindungsenergie pro Elektron. Die Absenkung der Elektronenenergie durch Bildung von Cooper-Paaren hat eine Modifikation der Zustandsdichtefunktion in der Umgebung der Fermi-Energie zur Folge (Bild 2.40a). Im supraleitenden Zustand ist die Zustandsdichte im Bereich $W_{\text{F}} - W_{\text{g}}$ bis $W_{\text{F}} + W_{\text{g}}$ gleich Null. Unterhalb von $W_{\text{F}} - W_{\text{g}}$ und oberhalb von $W_{\text{F}} + W_{\text{g}}$ resultiert eine starke Zunahme der Zustandsdichte. Die Breite der Energielücke ist gemäß Bild 2.40b temperaturabhängig, d. h., die Energielücke verschwindet beim Übergang Supraleiter → Normalleiter. Nach der Theorie von Bardeen, Cooper und Shrieffer (BCS-Theorie) existiert zwischen der Energielücke bei der Temperatur $T=0$ und der Sprungtemperatur T_{c} der Zusammenhang

$$2\,W_{\text{g}}(0) = 3{,}5 \cdot k T_{\text{c}}.$$

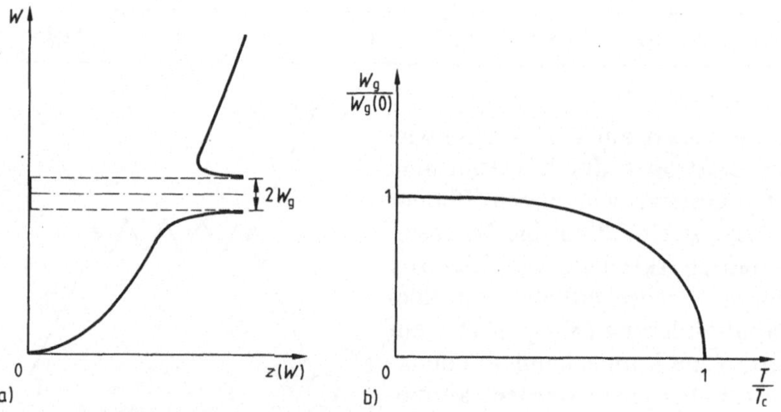

2.40 Eigenschaften eines Supraleiters
   a) Zustandsdichte der Elektronen im Supraleiter
   b) Temperaturabhängigkeit der Energielücke

Beispiel 2.12. Die Sprungtemperatur von Zinn beträgt $T_c = 3{,}7$ K. Mit $k = 8{,}6 \cdot 10^{-5}$ eV/K ergibt sich die Energielücke

$$2\,W_g(0) = 1{,}1 \cdot 10^{-3} \text{ eV};$$

dieser Wert wird auch experimentell bestätigt.

Blei hat eine Sprungtemperatur von 7,2 K. Die hieraus berechnete Energielücke ist

$$2\,W_g(0) = 2{,}2 \cdot 10^{-3} \text{ eV};$$

aus den experimentellen Daten findet man jedoch in diesem Falle den Wert $2\,W_g(0) = 2{,}7 \cdot 10^{-3}$ eV.

Die Cooper-Paare können in einem elektrischen Feld einen resultierenden Gesamtimpuls erhalten; sie verhalten sich dabei wie ein Teilchen mit der Masse $2\,m_e$ und der Ladung $-2\,e$. Eine Impulsabgabe an das Gitter ist jedoch nicht möglich, da hierzu ein Aufbrechen der Bindung nötig wäre; hieraus resultiert der spezifische Widerstand Null.

Unmittelbar unterhalb des Sprungpunktes existieren nur wenige Cooper-Paare; die restlichen Elektronen sind normalleitend. Unter Gleichstrombedingungen wird der gesamte Strom von den Cooper-Paaren getragen, d. h., das elektrische Feld im Supraleiter ist Null. Mit abnehmender Temperatur werden weitere Cooper-Paare gebildet; bei $T = 0$ treten alle Elektronen gepaart auf.

Die Aufrechterhaltung eines Wechselstromes macht – wegen der erforderlichen Impulsumkehr der Cooper-Paare – ein elektrisches Feld im Supraleiter erforderlich. Da dieses Feld auch auf die normalleitenden Elektronen einwirkt, ist der Realteil des Wechselstromwiderstandes in einem Supraleiter (bei $T > 0$) nicht exakt gleich Null.

Wie einleitend erläutert, ist der supraleitende Zustand durch das Verschwinden des spezifischen Widerstandes und durch eine Verdrängung des magnetischen Flusses gekennzeichnet. Ein Supraleiter 1. Art befinde sich zunächst oberhalb der kritischen Temperatur T_c in einem Magnetfeld. Kühlt man den Werkstoff sodann unter T_c ab, so verschwindet der magnetische Fluß innerhalb des Supraleiters (Meißner-Ochsenfeld-Effekt). Im supraleitenden Zustand verhält sich das Metall wie ein ideal diamagnetischer Werkstoff ($\mu_r = 0$ bzw. $\kappa = -1$). Mit anderen Worten: Die im Innern des Supraleiters erzeugte Magnetisierung ist dem Magnetfeld entgegengesetzt und diesem betragsmäßig gleich ($M = -H$).

Die vorstehend erläuterten elektrischen und magnetischen Eigenschaften eines supraleitenden Metalls lassen sich mit Hilfe der London-Gleichungen

$$\frac{\mathrm{d}\vec{S}_s}{\mathrm{d}t} = \frac{1}{\mu_0 \lambda_L^2}\,\vec{E} \tag{2.58a}$$

und

$$\mathrm{rot}\,\vec{S}_s = \frac{1}{\mu_0 \lambda_L^2}\,\vec{B} \tag{2.58b}$$

in Verbindung mit den Maxwell-Gleichungen quantitativ beschreiben[1]). Hierin ist $\vec{S}_s$ die von den Cooper-Paaren getragene Stromdichte und

$$\lambda_L = \sqrt{\frac{m_e}{2\mu_0 n_s e^2}} \qquad (2.58\,c)$$

die Londonsche Abklinglänge. Unter Verwendung der Maxwell-Gleichung

$$\text{rot}\,\vec{B} = \mu_0 \vec{S}_s$$

ergibt sich beispielsweise für einen zylindrischen Stab in einem äußeren achsenparallelen Magnetfeld der Feldstärke H_z die Flußdichte

$$B_z(a) = B_z(0)\,e^{-a/\lambda_L}$$

im Innern des Supraleiters; dabei ist a der Abstand von der Oberfläche. Der magnetische Fluß ist also auf eine dünne Schicht in der Größenordnung λ_L beschränkt. (Es wurde hierbei vorausgesetzt, daß der Radius des Stabes groß gegen λ_L ist.)

Beispiel 2.13. Die Konzentration der Leitungselektronen sei mit $n = 8 \cdot 10^{22}\ \text{cm}^{-3} = 8 \cdot 10^{28}\ \text{m}^{-3}$ angenommen. Bei der Temperatur $T = 0$ ist dann die Konzentration der Cooper-Paare $n_s = 4 \cdot 10^{28}\ \text{m}^{-3}$. Hieraus folgt

$$\lambda_L = \sqrt{\frac{m_e}{2\mu_0 n_s e^2}}$$

$$= \left[\frac{0{,}9 \cdot 10^{-30}\ \text{kg}}{2 \cdot 1{,}3 \cdot 10^{-6}\ \text{VsA}^{-1}\text{m}^{-1} \cdot 4 \cdot 10^{28}\ \text{m}^{-3} \cdot (1{,}6 \cdot 10^{-19}\ \text{As})^2}\right]^{1/2} = 1{,}8 \cdot 10^{-8}\ \text{m}.$$

Die experimentell ermittelten Werte für verschiedene Supraleiter 1. Art liegen zwischen $2 \cdot 10^{-8}\ \text{m}$ und $5 \cdot 10^{-8}\ \text{m}$.

---

[1]) Durch Anwendung des Differentialoperators rot (Rotation) wird das wirbelartige Verhalten des Stromflusses beschrieben. Für die Stromdichte

$$\vec{S} \equiv S_x \vec{e}_x + S_y \vec{e}_y + S_z \vec{e}_z$$

gilt

$$\text{rot}\,\vec{S} = \begin{vmatrix} \vec{e}_x & \vec{e}_y & \vec{e}_z \\ \dfrac{\partial}{\partial x} & \dfrac{\partial}{\partial y} & \dfrac{\partial}{\partial z} \\ S_x & S_y & S_z \end{vmatrix} = \left(\frac{\partial S_z}{\partial y} - \frac{\partial S_y}{\partial z}\right)\vec{e}_x + \left(\frac{\partial S_x}{\partial z} - \frac{\partial S_z}{\partial x}\right)\vec{e}_y + \left(\frac{\partial S_y}{\partial x} - \frac{\partial S_x}{\partial y}\right)\vec{e}_z.$$

Hierin sind S_x, S_y und S_z die Komponenten des Stromdichtevektors und $\vec{e}_x$, $\vec{e}_y$, $\vec{e}_z$ Einheitsvektoren in x-, y- und z-Richtung.

Da die Konzentration der Cooper-Paare bei Annäherung an die Sprungtemperatur auf Null abnimmt, ist gemäß Gl. (2.58 c) mit einer entsprechenden Zunahme der Eindringtiefe zu rechnen. Dieser Zusammenhang kann durch die Gleichung

$$\lambda_L(T) = \lambda(0)\left[1 - \left(\frac{T}{T_c}\right)^4\right]^{-1/2}$$

beschrieben werden (s. Bild **2.41**).

Ein hinreichend starkes Magnetfeld ist in der Lage, die Cooper-Paare aufzubrechen. Das Metall geht dann in den normalleitenden Zustand über. Das erforderliche Magnetfeld korrespondiert mit der früher besprochenen Energielücke. Da die Energielücke mit $T \to T_c$ gegen Null strebt,

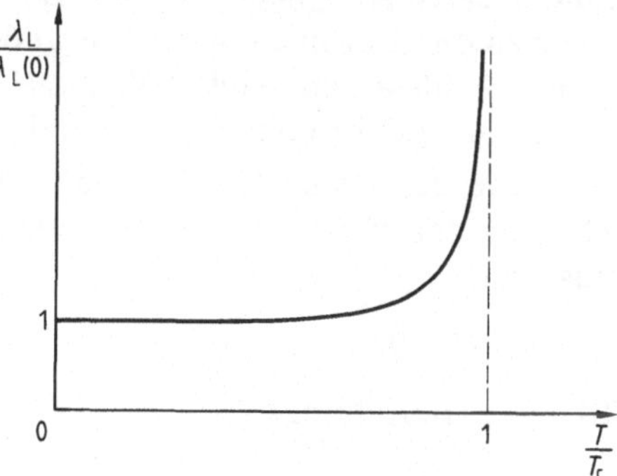

2.41 Temperaturabhängigkeit der London-Eindringtiefe λ_L

reicht in der Nähe von T_c bereits ein Magnetfeld mit der Magnetfeldstärke

$$H_c = H_0\left[1 - \left(\frac{T}{T_c}\right)^2\right] \qquad (2.59)$$

aus, um die Supraleitung aufzuheben. H_0 ist (wie T_c) eine materialspezifische Größe, die angibt, welches Feld erforderlich ist, um die Supraleitung bei $T = 0$ aufzuheben. Bild **2.42** zeigt den Zusammenhang gemäß Gl. (2.59) für einige Supraleiter 1. Art. Supraleitung tritt nur in dem Bereich unter der jeweils gültigen Parabel auf. Einige Werte für T_c und H_0 sind in Tafel **2.43** aufgelistet.

Ein sprunghafter Übergang vom supraleitenden zum normalleitenden Zustand setzt eine homogene Flußdichte an der Oberfläche des Metallkörpers

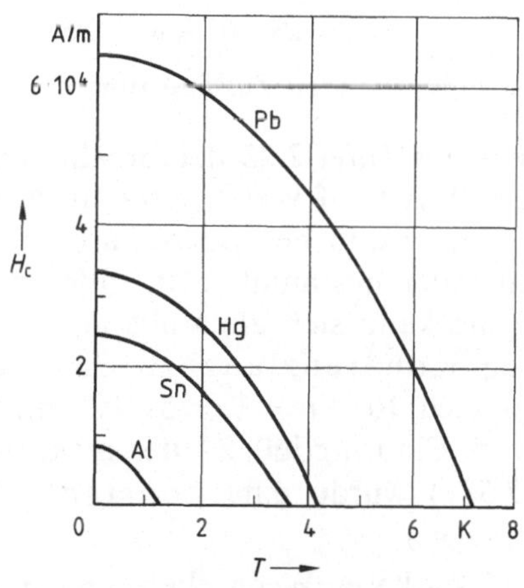

2.42 Temperaturabhängigkeit der kritischen Feldstärke H_c bei einigen Supraleitern 1. Art

Tafel **2.43** Sprungtemperatur T_c und Maximalfeldstärke H_0 bei einigen Supraleitern 1. Art

Element	Zn	Ga	Al	In	Sn	Hg	Pb
T_c in K	0,88	1,1	1,2	3,4	3,7	4,1	7,2
H_0 in A/m	$4 \cdot 10^3$	$4 \cdot 10^3$	$8 \cdot 10^3$	$2,3 \cdot 10^4$	$2,5 \cdot 10^4$	$3,3 \cdot 10^4$	$6,5 \cdot 10^4$

voraus. Diese Situation ist beispielsweise bei einem Stab in einem achsenparallelen Magnetfeld gegeben. Befindet sich hingegen eine supraleitende Kugel in einem Magnetfeld, so ist die Flußdichte am Äquator um den Faktor 3/2 erhöht. Dementsprechend beginnt der magnetische Fluß bereits die Äquatorebene zu durchdringen, wenn das äußere Magnetfeld den Wert $2\,H_c/3$ erreicht. In dem Feldstärkebereich $2\,H_c/3 \leq H \leq H_c$ entsteht ein Zwischenzustand, d. h., in der Kugel existieren supraleitende und nichtsupraleitende Bereiche.

Mit Hilfe der Daten für H_0 und T_c läßt sich der maximale Gleichstrom abschätzen, der in einem supraleitenden Draht fließen kann. Für einen Drahtradius r gilt

$$H_c = I_{max}/(2\,\pi\,r)$$

(Silsbee-Beziehung).

Beispiel 2.14. Für Blei ist $H_0 = 6{,}5 \cdot 10^4$ A/m und $T_c = 7{,}2$ K. Bei $T = 4{,}2$ K ist die kritische Feldstärke nach Gl. (2.59)

$$H_c = H_0[1 - (T/T_c)^2] = 6{,}5 \cdot 10^4 [1 - (4{,}2/7{,}2)^2]\ \text{A/m} = 4{,}3 \cdot 10^4\ \text{A/m}.$$

Ein Pb-Draht mit einem Durchmesser von 1 mm kann daher bei 4,2 K höchstens den Strom

$$I_{max} = 4{,}3 \cdot 10^4\ \text{Am}^{-1} \cdot 2\,\pi \cdot 0{,}5 \cdot 10^{-3}\ \text{m} = 135\ \text{A}$$

im supraleitenden Zustand führen.

Wie aus Tafel **2.43** hervorgeht, sind die kritischen Magnetfelder bei Supraleitern 1. Art auf Werte unter 10^5 A/m beschränkt. Das Verhalten der Supraleiter 1. Art wird insbesondere durch die starke Kohärenz der Cooper-Paare untereinander bestimmt. Mit anderen Worten: Die Konzentration der Cooper-Paare kann sich allenfalls auf einer Strecke ändern, die vergleichbar mit der sog. Kohärenzlänge λ_K ist. Diese liegt für die Supraleiter 1. Art etwa im Bereich 10^{-7} m $< \lambda_K < 5 \cdot 10^{-7}$ m. Sie ist damit deutlich größer als die London-Eindringtiefe λ_L des magnetischen Flusses. (Bei der Herleitung von Gl. (2.58 c) wurde eine konstante Dichte der Cooper-Paare angesetzt, d. h. $\lambda_K \to \infty$.)

Bei stärkerer Wechselwirkung mit dem Gitter verringert sich die Kohärenzlänge der Cooper-Paare. Ist die Kohärenzlänge vergleichbar mit der Abklinglänge λ_L, entsteht ein Supraleiter 2. Art. (Bei geeigneter Definition der Kohärenzlänge gilt die Bedingung $\lambda_K < \sqrt{2}\,\lambda_L$ für die Existenz eines Supraleiters 2. Art.)

In einen Supraleiter 2. Art kann der magnetische Fluß schon bei verhältnismäßig geringen Feldstärken (H_{c1}) punktuell eindringen. Der magnetische Fluß, der den Supraleiter 2. Art in der Form von Flußquanten (Fluxoiden) der Größe

$$\Phi_0 = \frac{h}{2e} = 2{,}1 \cdot 10^{-15}\ \text{Vs}$$

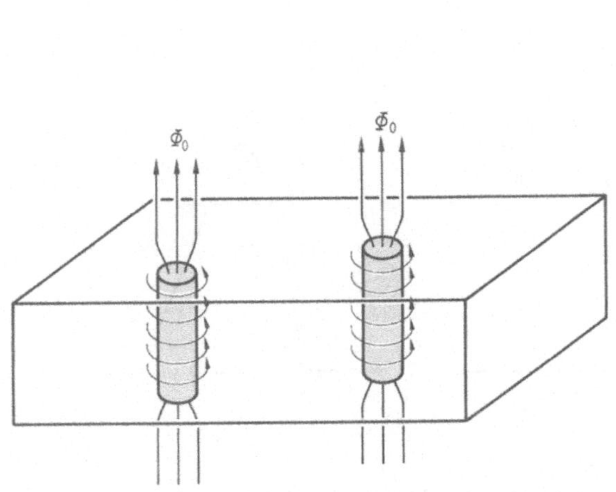

2.44 Durchdringung von Supraleitern 2. Art durch
    Fluxoide

2.45 Magnetisierungskennlinien
    a) Supraleiter 1. Art
    b) Supraleiter 2. Art

durchdringt, wird jedoch durch entsprechende Ringströme abgeschirmt, so daß
der restliche Teil supraleitend bleibt (Bild **2.44**). Mit zunehmender Feldstärke
wächst die Anzahl der Flußquanten; bei der Feldstärke H_{c2} endet schließlich
der supraleitende Zustand. Bild **2.45** zeigt einen Vergleich der Magnetisierungskennlinien eines Supraleiters 1. Art und eines Supraleiters 2. Art. Anwendungstechnisch wichtig ist die Tatsache, daß die kritische Feldstärke H_{c2} bei
Supraleitern 2. Art erheblich höher liegt als die Feldstärke H_c ($<H_0$) bei Supraleitern 1. Art (Tafel **2.46**).

Tafel **2.46** Sprungtemperaturen und kritische Feldstärken einiger Supraleiter 2. Art

	Ta	V	Nb	NbTi44	NbZr25	V_3Ga	V_3Si	Nb_3Sn
T_c in K	4,5	5,3	9,2	10,5	10,8	16,5	17	18,5
H_{c2} in 10^6 A/m	0,07	0,11	0,16	9,6	5,6	28	13	16

2.4.2.3 Austrittsarbeit und Thermoelektrizität.

Bei geeigneter Energiezufuhr
können Elektronen zum Verlassen des Metalls angeregt werden. Die hierzu erforderliche Energie wird Austrittsarbeit W_a genannt. Gemäß Bild **2.47** ist die
Austrittsarbeit als Energiedifferenz zwischen dem Vakuumniveau W_v und der
Fermi-Energie W_F definiert.

$$W_a = W_v - W_F$$

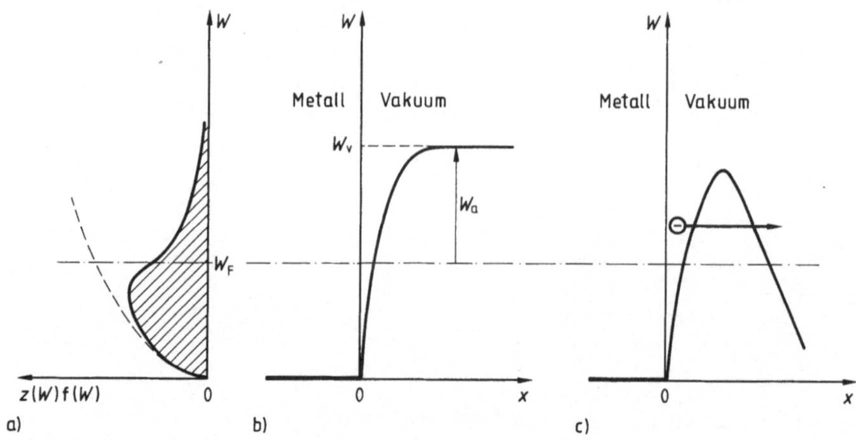

2.47 Zur Definition der Austrittsarbeit
a) Energiespektrum der Elektronendichte im Metall, b) Energieverlauf am Übergang Metall/Vakuum (ohne Feld), c) Energieverlauf am Übergang Metall/Vakuum unter dem Einfluß eines hohen elektrischen Feldes (Feldemission)

In Tafel **2.48** sind Werte der Austrittsarbeit für einige Metalle aufgelistet [22].

Tafel **2.48** Austrittsarbeit W_a einiger Metalle

Metall	Cs	Al	Ta	Ag	Cu	Fe	Mo	W	Au	Pt
W_a in eV	2,1	4,2	4,3	4,6	4,7	4,7	4,7	4,8	5,4	5,7

Es sei bemerkt, daß die Austrittsarbeit auch von dem Oberflächenzustand des Metalls abhängt. Dementsprechend findet man in der Literatur z. T. stark differierende Angaben für W_a. Durch Messungen an Einkristallen kann gezeigt werden, daß die Austrittsarbeit von der kristallographischen Orientierung der Oberfläche abhängt. So weist Gold beispielsweise folgende Werte der Austrittsarbeit in den einzelnen Orientierungen auf:

$$W_a(100) = 5{,}47 \text{ eV}, \quad W_a(110) = 5{,}37 \text{ eV}, \quad W_a(111) = 5{,}31 \text{ eV}.$$

Die Energiezufuhr kann u. a. auf thermischem Wege erfolgen (Glühemission). Da die Austrittsarbeit erheblich größer als die thermische Energie kT ist, läßt sich die Fermi-Funktion in dem für die Elektronenemission entscheidenden Bereich ($W \approx W_v$) durch eine Exponentialfunktion ersetzen. Werden alle thermisch emittierten Elektronen durch ein elektrisches Feld abgesaugt, so ergibt sich an der Metalloberfläche die Stromdichte

$$S = A_0 T^2 e^{-W_a/(kT)} \tag{2.60}$$

(Richardson-Dushman-Formel). A_0 ist eine materialspezifische Konstante; für Wolfram gilt beispielsweise $A_0 = 6 \cdot 10^5 \ \mathrm{A/m^2K^2}$. Durch Messung des Emissionsstromes bei Variation der Emissionstemperatur ist die Austrittsarbeit mittels Gl. (2.60) zu berechnen.

Eine andere Methode zur Ermittlung der Austrittsarbeit basiert auf dem äußeren lichtelektrischen Effekt. Läßt man Photonen mit hinreichender Energie auf eine Metalloberfläche auftreffen, so werden Elektronen emittiert, welche eine kinetische Energie

$$W_{\mathrm{kin}} = h\nu - W_{\mathrm{a}} \tag{2.61}$$

besitzen (ν Lichtfrequenz). Die Photoemission setzt also ein, wenn die Bedingung

$$h\nu = \frac{hc}{\lambda} \geq W_{\mathrm{a}}$$

erfüllt ist (λ Lichtwellenlänge).

Beispiel 2.15. Nach Tafel **2.48** beträgt die Austrittsarbeit bei Silber 4,6 eV. Eine Photoemission erfordert in diesem Falle eine Lichtwellenlänge, welche kleiner als

$$\frac{hc}{W_{\mathrm{a}}} = \frac{6,6 \cdot 10^{-34} \ \mathrm{Ws^2} \cdot 3 \cdot 10^8 \ \mathrm{ms^{-1}}}{4,6 \cdot 1,6 \cdot 10^{-19} \ \mathrm{Ws}} = 2,7 \cdot 10^{-7} \ \mathrm{m} = 270 \ \mathrm{nm}$$

ist; diese Wellenlänge liegt im ultravioletten Spektralbereich.

Wie in Bild **2.47**b angedeutet, steigt die Elektronenenergie zwischen der Fermi-Energie und dem Vakuumniveau stetig an. Der Übergang vollzieht sich im Bereich von etwa $5 \cdot 10^{-10}$ m; der Verlauf der Potentialbarriere ergibt sich aus dem Bildkrafteffekt (Anziehung der Elektronen durch die Metalloberfläche). Durch Anlegen eines starken elektrischen Feldes (Größenordnung 10^9 V/m) wird die Potentialbarriere gemäß Bild **2.47**c modifiziert. Unter diesen Umständen können Metallelektronen (mit einer Energie $W \approx W_{\mathrm{F}}$) die Potentialbarriere durchtunneln; es tritt dann Feldemission auf.

Bringt man zwei Metalle mit unterschiedlichen Austrittsarbeiten in Kontakt miteinander, so findet ein Elektronenaustausch statt. Das Metall mit geringerer Austrittsarbeit ist bestrebt, Elektronen an das Metall mit höherer Austrittsarbeit abzugeben. Dementsprechend tritt eine Potentialdifferenz zwischen den beiden Metallen auf. Diese Potentialdifferenz (Kontaktspannung) ergibt sich gemäß Bild **2.49** aus der Beziehung

$$W_{\mathrm{a1}} - W_{\mathrm{a2}} = -eU_{12} \, ; \tag{2.62}$$

das Potential des Metalles 2 ist hierbei als Bezugspotential gewählt. Das Kontaktpotential stellt sich also so ein, daß die Kombination der beiden Metalle ein gemeinsames Fermi-Niveau erhält.

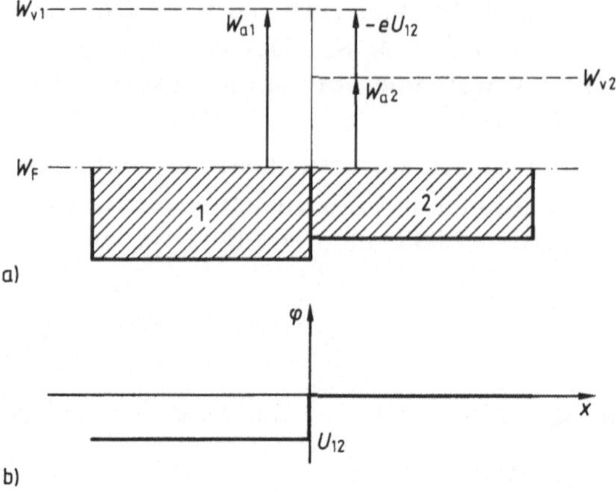

2.49
Zur Berechnung der Kontaktspannung U_{12}

Bezieht man die Kontaktspannungen auf ein gemeinsames Vergleichsmetall (z. B. Kupfer), so läßt sich eine Spannungsreihe gemäß Tafel 2.50 aufstellen. Ein Metall wird positiv aufgeladen, wenn es mit einem weiter links in der Spannungsreihe befindlichen Metall in Verbindung steht.

Tafel 2.50 Spannungsreihe der Metalle (Vergleichsmetall: Kupfer)

Metall	Pt	Ag	Cu	Fe	Sn	Pb	Zn
U_{12} in V	$-0,20$	$-0,08$	0	0,14	0,44	0,50	0,89

Die Kontaktspannung läßt sich nicht durch eine konventionelle Spannungsmessung (z. B. durch ein Galvanometer) feststellen, denn in einem geschlossenen Leiterkreis ist die Summe aller Kontaktspannungen Null. Ein Verfahren zur Messung der Kontaktspannung ist die Kelvin-Methode. Hierbei werden die Enden der beiden in Berührung stehenden Metalle als Kondensatorplatten ausgebildet. Ändert man den Plattenabstand, so tritt ein Verschiebungsstrom auf; hieraus läßt sich die Kontaktspannung ermitteln. Es ist allerdings zu bemerken, daß Messungen der Kontaktspannungen durch Oberflächenverunreinigungen beeinflußt werden. In diesem Sinne ist auch nicht zu erwarten, daß die aus Tafel 2.50 zu entnehmenden Werte exakt mit denjenigen übereinstimmen, welche mittels Gl. (2.62) aus Messungen der Austrittsarbeiten hervorgehen.

Infolge der Wechselwirkung der Elektronen mit dem Gitter besteht ein Zusammenhang zwischen der Temperaturverteilung und dem Potentialverlauf in einem Metall. Es sei zunächst ein homogener Metallstab gemäß Bild 2.51a betrachtet, dessen Enden die Temperaturen $T+\Delta T$ und T (mit $\Delta T>0$) aufweisen. Da die auf höherer Temperatur befindlichen Elektronen eine höhere thermische Geschwindigkeit haben, ist mit einem Elektronen-Diffusionsstrom vom wärmeren zum kälteren Ende zu rechnen; das kältere Ende wird sich also ne-

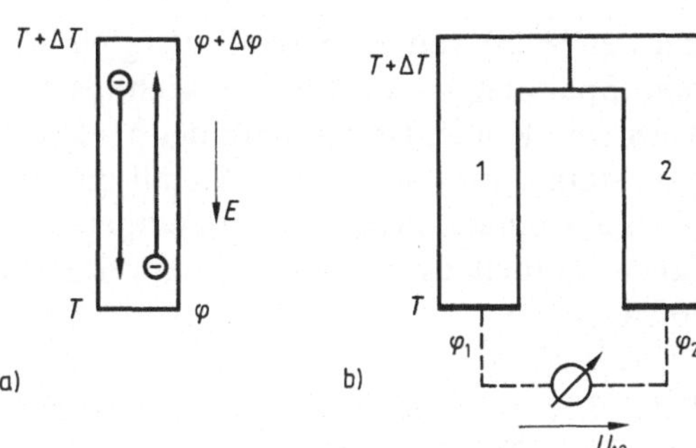

2.51
Seebeck-Effekt
a) Definition des Seebeck-Koeffizienten im homogenen Metall,
b) Seebeck-Effekt bei der Kombination zweier Metalle (für $\Delta T > 0$,
$S_{12} > 0$ ist $\varphi_1 > \varphi_2$, d.h. $U_{12} > 0$)

gativ aufladen. Im Gleichgewicht wird der Diffusionsstrom durch die Elektronenbewegung unter dem Einfluß der Potentialdifferenz $\Delta\varphi$ kompensiert. Für
eine kleine Temperaturdifferenz ($\Delta T \ll T$) gilt der Zusammenhang

$$\Delta\varphi = S\,\Delta T;$$

hierin ist S der Seebeck-Koeffizient.

Die Größenordnung des Betrages des Seebeck-Koeffizienten (für Metalle)
geht aus der folgenden Überlegung hervor: Elektronen, die sich auf den Temperaturen $T + \Delta T$ und T befinden, weisen eine Differenz der thermischen Energie von $k\,\Delta T$ auf. Diese Energie muß mit der durch die Potentialdifferenz gegebenen Energie $e\,\Delta\varphi$ korrespondieren; hieraus folgt zunächst $S \sim k/e$. Wie in
Abschn. 2.4.2.1 erläutert, kann eine Energiezufuhr nur bei denjenigen Elektronen stattfinden, die sich auf der Energieskala in der Nähe des Fermi-Niveaus
befinden; dieser Bruchteil ist näherungsweise mit $2kT/W_F$ anzusetzen. Für die
Größenordnung des Seebeck-Koeffizienten folgt

$$\frac{k}{e} \cdot \frac{2kT}{W_F} \approx 1\ \mu V/K,$$

wenn $kT = 0{,}025$ eV und $W_F = 5$ eV eingesetzt wird.

Da es bei einem homogenen Leiter ohne Strom nicht möglich ist, eine
temperaturinduzierte Potentialdifferenz zu messen, gibt man in der Praxis den
Seebeck-Koeffizienten für eine Kombination zweier Metalle an, wobei ein
bestimmtes Metall (meist Kupfer oder Blei) als Vergleichsmetall verwendet
wird. In diesem Sinne ergibt sich die Thermospannung

$$U_{12} = \varphi_1 - \varphi_2 = S_{12}\,\Delta T \tag{2.63}$$

zwischen den Metallen 1 und 2 (Bild **2.**51 b). Die auf die Temperaturdifferenz
1 °C bezogene Thermospannung wird häufig auch als Thermokraft bezeichnet.

Bei der Wahl von Kupfer als Vergleichsmetall erhält man die thermoelektrische Spannungsreihe für die wichtigsten Metalle gemäß Tafel **2.52**. An der wärmeren Kontaktstelle fließt der elektrische Strom von einem in der Spannungsreihe links stehenden Metall zu einem weiter rechts stehenden Metall; die Elektronen bewegen sich in entgegengesetzter Richtung. Bei den Zahlenangaben handelt es sich um Mittelwerte für den Temperaturbereich von 0 bis 100 °C.

Tafel **2.**52 Thermoelektrische Spannungsreihe der Metalle (0 bis 100 °C). Vergleichsmetall: Kupfer

Metall	Ni	Pd	Pt	Al	Pb	Sn	Ag	Cu	Au	Zn	Mo	Fe
S_{12} in µV/°C	−20,4	−8,3	−5,9	−3,2	−2,8	−2,6	−0,2	0,0	+0,1	+0,3	+3,1	+13,4

Es sei bemerkt, daß zur Deutung der in Tafel **2.**52 angegebenen Werte das in Abschn. 2.4.2.1 erläuterte Modell eines Elektronengases mit einem Energiespektrum gemäß Bild **2.**22 nicht ausreichend ist. Es müssen vielmehr kompliziertere Zusammenhänge zwischen dem Elektronenimpuls und der Elektronenenergie betrachtet werden. In diesem Sinne ist die in Bild **2.**23 gezeichnete Fermi-Kugel (mit $W = $const) nur als eine sehr grobe Näherung anzusehen; für eine quantitative Deutung der thermoelektrischen Erscheinungen reicht diese Näherung nicht aus. Es sei ferner darauf hingewiesen, daß der Seebeck-Koeffizient grundsätzlich von der Temperatur abhängig ist. In einigen Fällen tritt eine Vorzeichenumkehr der Thermospannung auf.

Befindet sich ein homogener stromdurchflossener Leiter in einem Temperaturgradienten, so beobachtet man den Thomson-Effekt (Bild **2.**53 a). In dem Leiter wird eine von der Stromrichtung abhängige Wärmeleistung

$$\dot{Q}_\text{T} = -\mu_\text{T} I \Delta T \tag{2.64}$$

entwickelt; μ_T ist der Thomson-Koeffizient. Der Strom I ist positiv in Richtung des Temperaturgradienten (d.h. vom kälteren zum wärmeren Ende) zu rechnen.

In jedem stromdurchflossenen Leiter wird natürlich auch Joulesche Wärme erzeugt. Da diese jedoch proportional zu I^2 ist, kann man durch Stromumkehr den Beitrag der Thomson-Wärme $\dot{Q}_\text{T}$ getrennt ermitteln; dabei ist es zweckmäßig, den Betrag des Stromes möglichst gering zu halten.

Eine primitive Erklärung des Thomson-Effektes geht von folgendem Sachverhalt aus: Bei der in Bild **2.**53 a dargestellten Anordnung bewegen sich Elektronen mit einem der Temperatur $T + \Delta T$ entsprechenden Energiegehalt in Richtung auf ein Gebiet, in dem die Gittertemperatur T herrscht. Durch Energieausgleich zwischen den Elektronen und dem Gitter wird Wärme erzeugt, d.h. $\dot{Q}_\text{T} > 0$. Nach der Vorzeichenregelung von Gl. (2.64) ist also für Metalle ein

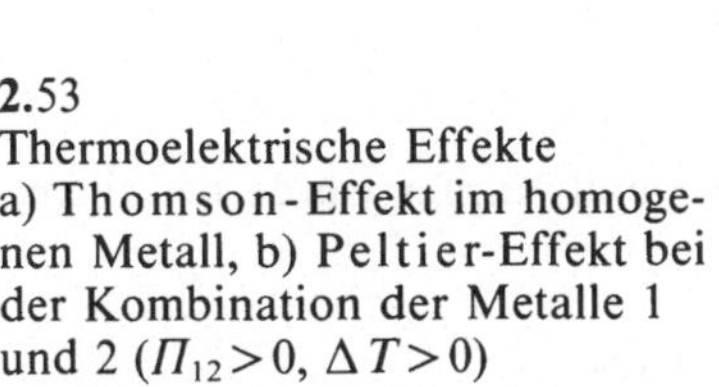
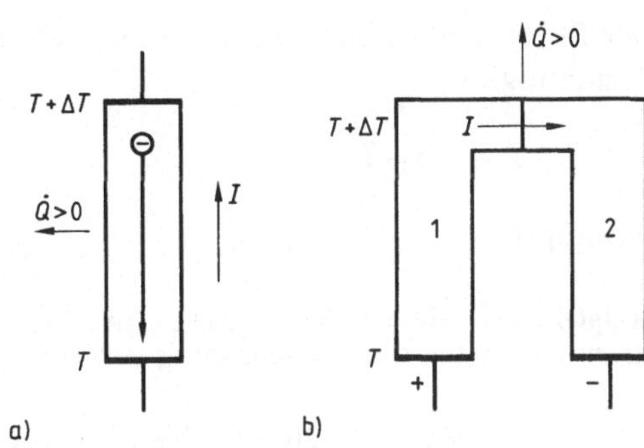

2.53
Thermoelektrische Effekte
a) Thomson-Effekt im homogenen Metall, b) Peltier-Effekt bei
der Kombination der Metalle 1
und 2 ($\Pi_{12} > 0$, $\Delta T > 0$)

negativer Thomson-Koeffizient zu erwarten. Wie aus Tafel **2.54** ersichtlich, existieren jedoch einige Metalle mit einem positiven Thomson-Koeffizienten.

Tafel **2.54** Thomson-Koeffizienten einiger Metalle bei 0 °C

Metall	Fe	Co	Ni	Pd	Pt	Cu	Ag	Au
μ_T in µV/°C	−5,4	−26,7	−16,5	−16,6	−12,0	+1,3	+1,3	+1,6

Mit Hilfe der an einem homogenen Leiter ermittelten Thomson-Koeffizienten läßt sich der Absolutwert des Seebeck-Koeffizienten des betreffenden Leitermaterials berechnen.

$$S(T) = \int_0^T \frac{\mu_T}{T}\, dT$$

Bei sehr tiefen Temperaturen kann der Absolutwert des Seebeck-Koeffizienten auch experimentell ermittelt werden, indem man als Vergleichsmetall einen Supraleiter (mit $T < T_c$) wählt; im supraleitenden Zustand ist der Seebeck-Koeffizient Null.

Fließt ein Strom gemäß Bild **2.53**b über die Kontaktstelle zweier Metalle, so tritt der Peltier-Effekt auf. An der Kontaktstelle wird die Peltier-Wärme

$$\dot{Q}_P = \Pi_{12} I \tag{2.65}$$

erzeugt, wenn der Strom vom Bereich 1 zum Bereich 2 fließt. Π_{12} ist der Peltier-Koeffizient der Kombination der Metalle 1 und 2. Bei Stromumkehr wird an der Kontaktstelle Wärme absorbiert (d. h. Kälte erzeugt).

Auch beim Peltier-Effekt ist gleichzeitig mit der Erzeugung Joulescher Wärme zu rechnen. Eine Abkühlung der Kontaktstelle kann also nur dann erreicht werden, wenn die Joulesche Wärme kleiner als $|\dot{Q}_P|$ ist.

Der **Peltier**-Koeffizient Π_{12} ist mit dem **Seebeck**-Koeffizienten S_{12} über die Beziehung

$$\Pi_{12} = S_{12}\, T \tag{2.66}$$

verknüpft.

Beispiel 2.16. Mit der Kombination der Metalle Nickel und Kupfer würde bei einem Strom von 100 A eine Kälteleistung von etwa

$$|\dot{Q}_\mathrm{P}| = S_{12}\, T\, I = 20 \cdot 10^{-6}\,\mathrm{VK^{-1}} \cdot 300\,\mathrm{K} \cdot 100\,\mathrm{A} = 0{,}6\,\mathrm{W}$$

erreicht, wenn keine **Joule**sche Wärme produziert würde und wenn die Wärmeableitung über die Kontakte unterbunden werden könnte. Da dies nicht möglich ist, scheidet die genannte Metallkombination zur Herstellung einer Kühleinrichtung aus.

2.4.2.4 Anwendungen der Metalle in der Elektrotechnik. Die Anwendungen der Metalle in der Elektrotechnik sind außerordentlich vielgestaltig. Bild **2**.55 zeigt einen Ausschnitt aus dem Periodischen System der Elemente. Hieraus sind einige wichtige Anwendungsbereiche der Metalle in der Elektrotechnik zu entnehmen. In diesem Abschnitt sollen nur folgende Gebiete behandelt werden:

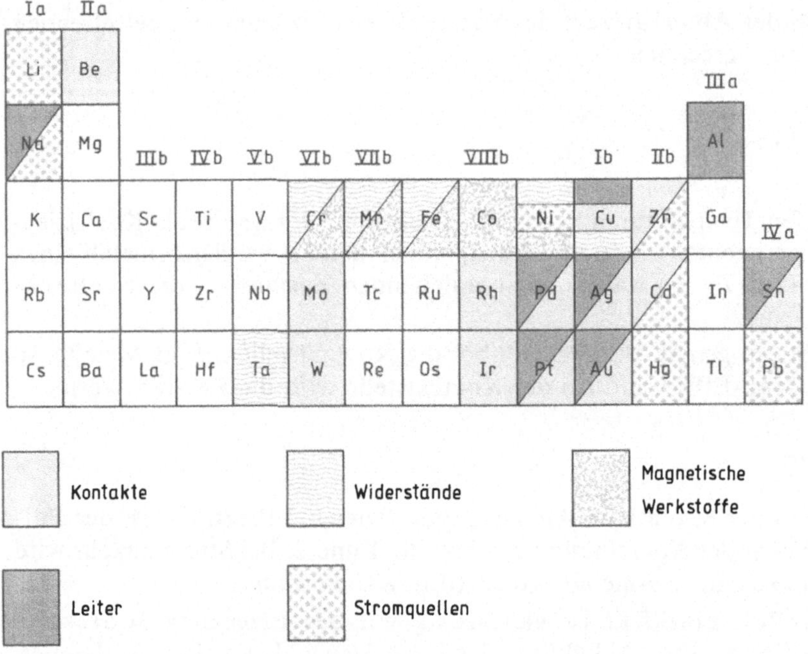

2.55 Wichtige Anwendungen der Metalle in der Elektrotechnik (Übersicht)

Leiter- und Kontaktwerkstoffe, Widerstände, meßtechnische Anordnungen
(Temperatur-, Kraft- und Dehnungsmessungen). Die Anwendungen metallischer Werkstoffe mit magnetischen Eigenschaften werden in Abschn. 4.4 beschrieben. Hinsichtlich der Anwendung von Metallen für Stromquellen sowie
in der Licht- und Röhrentechnik muß auf die diesbezügliche Spezialliteratur
verwiesen werden.

Leiter. Die wichtigsten Leiteranordnungen der Elektrotechnik sind in Bild **2.**56
zusammengestellt. Bei der Auswahl der Leiterwerkstoffe sind u.a. folgende
Kriterien maßgebend: spezifischer Widerstand, Gewicht, Festigkeit, Korrosi-
onsbeständigkeit, Preis.

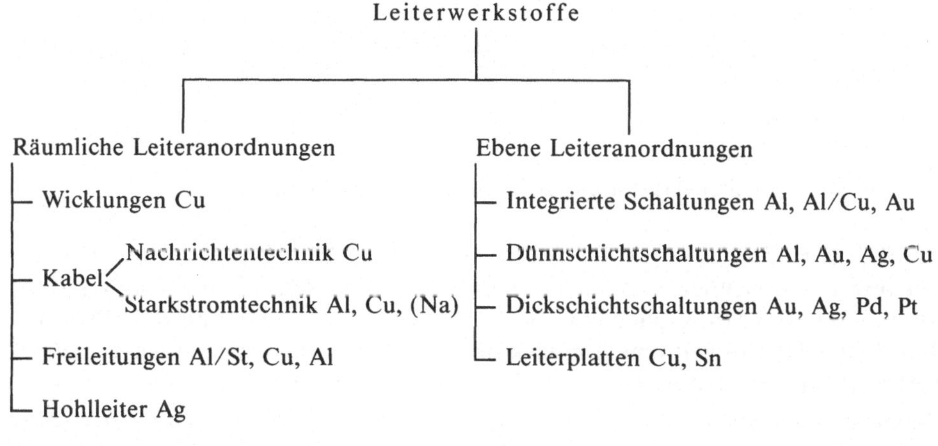

2.56 Leiterwerkstoffe (Übersicht)

Bei Wicklungen (für Induktivitäten, Relais, Generatoren und Motoren) steht
im allgemeinen nur ein begrenztes Volumen zur Verfügung. Dementsprechend
ist ein Leiterwerkstoff mit möglichst hoher Leitfähigkeit erforderlich. Aus Kostengründen wird ausschließlich Kupfer ($\sigma = 58 \cdot 10^4$ S/cm) eingesetzt.

Bei Kabeln für nachrichtentechnische Zwecke wird Kupfer als Leitermaterial
verwendet; Kupfer ist – im Gegensatz zu Aluminium – gut lötbar. Der Preis für
das Leitermaterial spielt bei derartigen Kabeln eine untergeordnete Rolle.

Bei Starkstromkabeln ist der Kostenanteil für das Leitermaterial verhältnismäßig hoch. Die Probleme der Verbindungstechnik sind hierbei von untergeordneter Bedeutung. Dementsprechend besteht eine Konkurrenz zwischen Kabeln
mit Kupferleiter und Kabeln mit Aluminiumleiter. Kabel mit Natrium als Leitermaterial befinden sich im Entwicklungsstadium; bei diesem Metall ist ein
hermetischer Abschluß gegen Lufteinwirkung erforderlich.

Bei Freileitungen ist die gewichtsbezogene Leitfähigkeit des Leitermaterials
entscheidend. Wie aus Tafel 2.25 hervorgeht, ist Aluminium in dieser Eigen-

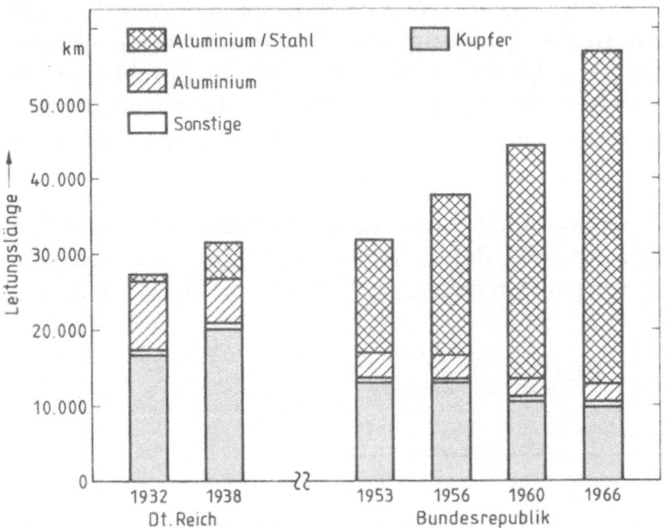

2.57 Einsatz von Leiterwerkstoffen für Hochspannungsfreileitungen

schaft dem Kupfer deutlich überlegen. Da Aluminium nur eine geringe Festigkeit besitzt, verwendet man im Freileitungsbau vorwiegend die Kombination Aluminium/Stahl (mit Querschnittsverhältnissen Al/St zwischen 6/1 bis 3/1). Bild **2.**57 zeigt die zeitliche Entwicklung des Einsatzes verschiedener Leiterwerkstoffe für Freileitungen in der Zeit von 1932 bis 1966.

Hochfrequente Ströme fließen infolge des Skin-Effektes nur in einer sehr dünnen Leiterschicht. Dabei ist es notwendig, ein Leitermaterial mit möglichst hoher Leitfähigkeit zu verwenden, d.h., es wird Silber als Leiterwerkstoff bevorzugt. Die gut leitende Schicht befindet sich in der Regel auf einem kostengünstigen Trägermaterial, z. B. Messing.

In integrierten Halbleiterschaltungen müssen die einzelnen Bauelemente durch dünne auf der Oberfläche befindliche Leiterbahnen elektrisch miteinander verbunden werden. Das hierfür bevorzugte Leitermaterial ist Aluminium; diese Wahl basiert u. a. darauf, daß Aluminium eine gute Haftfestigkeit auf Siliziumdioxid aufweist. Bei hoher Stromdichte (d. h. bei geringem Leiterbahnquerschnitt) wird dem Aluminium etwas Kupfer (ca. 5%) zugesetzt, um die Elektromigration (Materialwanderung) zu unterdrücken. Für hochwertige integrierte Schaltungen verwendet man auch Gold als Leitermaterial (meist in Kombination mit anderen Metallschichten).

Dünnschichtschaltungen werden im Aufdampf- bzw. Kathodenzerstäubungsverfahren hergestellt. Die aufgedampften Leiterbahnen bestehen aus Gold-, Silber-, Kupfer- oder Aluminiumschichten; häufig wird eine dünne Chrom-Zwischenschicht als Haftvermittler zwischen dem Substrat und der Leiterbahn eingesetzt.

Bei der Fertigung von Dickschichtschaltungen macht man von dem sehr preisgünstigen Siebdruckverfahren Gebrauch. Die zur Herstellung von Leiterbahnen dienenden Pasten enthalten Edelmetalle wie Gold, Silber, Palladium und Platin.

Die in der Elektronik häufig verwendeten Leiterplatten sind mit Leiterbahnen aus Kupfer versehen. Beim Tauchlotverfahren werden die Kupferbahnen durch eine Zinnschicht verstärkt.

Kontakte. Kontaktwerkstoffe sollen einen geringen Übergangswiderstand aufweisen. Darüber hinaus ist – bei Starkstromanwendungen – eine Beständigkeit gegen Materialwanderung und gegen Abbrand zu fordern. Da die Kontaktbereiche nur geringe Volumina umfassen, fallen die Materialkosten weniger ins Gewicht als bei Leiterwerkstoffen. Bild **2.58** enthält eine Übersicht über die wichtigsten Kontaktarten und die dabei verwendeten Werkstoffe.

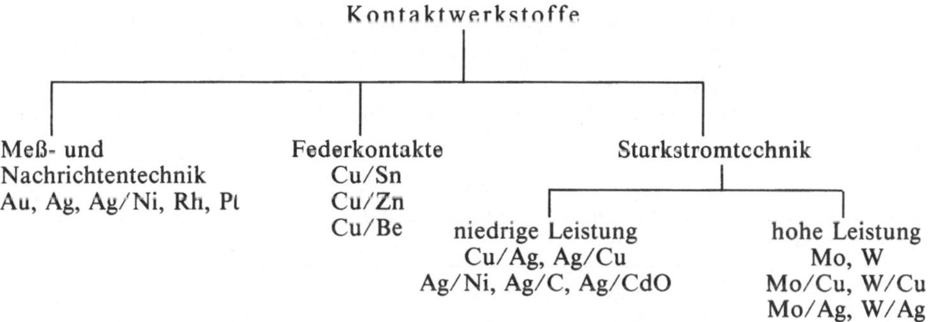

2.58 Kontaktwerkstoffe (Übersicht)

Bei Kontakten, die in der Meß- und Nachrichtentechnik Verwendung finden sollen, ist ein besonders niedriger Übergangswiderstand erforderlich. Man verwendet hierfür die Edelmetalle Gold, Silber, Rhodium oder Platin. Ein Legierungszusatz von 0,15 % Nickel bewirkt beim Silber die Bildung eines feinkörnigen Gefüges, welches dem Material eine erhöhte Festigkeit verleiht.

Für Federkontakte eignen sich u.a. die Kupferlegierungen Bronze (Kupfer + 8 % Zinn), Messing (Kupfer + 37 % Zink) oder Kupfer mit 1,7 bis 2 % Beryllium.

Bei Kontakten der Starkstromtechnik ist auf geringe Materialwanderung und hohe Abbrandfestigkeit zu achten. Bei niedrigen Schaltleistungen verwendet man die Metalle Kupfer oder Silber bzw. geeignete Legierungen dieser Metalle. Besonders verbreitet ist die Verwendung der Kombinationen Silber/Graphit (0,5 bis 5 %) und Silber/Cadmiumoxid (10 %). Beim Schalten hoher Leistungen ist der Einsatz hochschmelzender Metalle (Molybdän oder Wolfram) erforderlich. Da diese Metalle jedoch eine verhältnismäßig geringe Leitfähigkeit aufweisen, setzt man häufig Verbundwerkstoffe auf der Basis Molybdän bzw. Wolfram und Kupfer bzw. Silber ein. Diese Werkstoffe müssen auf sintermetallurgischem Wege hergestellt werden.

Widerstände. Reine Metalle werden nur selten zur Herstellung von Widerständen verwendet. Metallegierungen besitzen nicht nur einen höheren spezifischen Widerstand, sondern auch einen geringeren Temperaturkoeffizienten des spezifischen Widerstandes. Wie aus Bild **2.33** hervorgeht, kann man mit einer Nickel/Chrom-Legierung einen spezifischen Widerstand $\rho = 100$ μΩcm und einen Temperaturkoeffizienten des spezifischen Widerstandes $\alpha_\rho = 10^{-4}$ °C^{-1} erzielen. In sehr dünnen Schichten (etwa 100 nm) wird der Temperaturkoeffizient auf etwa 10^{-5} °C^{-1} reduziert; dieser Effekt beruht auf einer zusätzlichen Streuung der Elektronen an der Metalloberfläche und an der Grenze Substrat/ Metall.

Als Werkstoffe für Präzisionswiderstände werden vorwiegend Legierungen auf der Basis Kupfer/Nickel/Mangan – ggf. mit weiteren Zusätzen – verwendet. Wie aus Bild **2.36** hervorgeht, lassen sich derartige Legierungen so einstellen, daß bei einer definierten Temperatur (z. B. 20°C) der Temperaturkoeffizient des spezifischen Widerstandes Null wird. In Tafel **2.59** sind die Eigenschaften einiger Werkstoffe für Präzisionswiderstände gemäß DIN 17471 zusammengestellt.

Tafel **2.59** Zusammensetzung und Eigenschaften der Werkstoffe für Präzisionswiderstände gemaß DIN 17471

| Werkstoff | Legierungselemente in Gew.% | | | Grenztemperatur | ρ | α_ρ | Thermospannung gegen Cu |
	Mn	Ni	Al	in °C	in μΩcm	in °C^{-1}	in μV/°C
CuMn12Ni	12	2	—	140	43	$\pm 10^{-5}$	− 0,4
CuNi20Mn10	10	20	—	300	49	$\pm 2 \cdot 10^{-5}$	−10
CuNi44	1	44	—	600	49	$+4 \cdot 10^{-4}$	−40
						$-8 \cdot 10^{-4}$	
CuMn2Al	2	—	0,8	200	12	$4 \cdot 10^{-4}$	+ 0,1
CuNi30Mn	3	30	—	500	40	10^{-4}	−25
CuMn12NiAl	12	5	1,2	500	40	$\sim 10^{-5}$	− 2

Heizleiter dienen der Umwandlung von elektrischer Energie in Wärmeenergie. Die hierfür verwendeten Werkstoffe müssen einen hinreichend hohen Schmelzpunkt und eine genügende Zunderbeständigkeit aufweisen. Bevorzugt werden Eisen/Nickel/Chrom-Legierungen eingesetzt; diese Werkstoffe besitzen ein kubisch-flächenzentriertes Gitter und sind für Betriebstemperaturen bis 1200°C geeignet. Für Betriebstemperaturen bis 1300°C stehen Eisenlegierungen, die Chrom und Aluminium enthalten, zur Verfügung. Bei diesen Legierungen diffundiert Aluminium an die Oberfläche; die dort entstehende Al_2O_3-Schicht verleiht dem Werkstoff eine hohe Zunderbeständigkeit. Das Material

ist infolge der kubisch-raumzentrierten Gitterstruktur verhältnismäßig spröde.
Tafel **2.60** zeigt eine Übersicht über die genannten Heizleiterwerkstoffe.

Tafel **2.60** Zusammensetzung und Eigenschaften der Heizleiterlegierungen nach DIN
17 420

Legierung	Zusammensetzung in Gew.%				Struktur	ρ in µΩcm	zulässige Höchsttemperatur in °C
	Fe	Ni	Cr	Al			
NiCr 80 20	—	80	20	—		112	1200
NiCr 60 15	25	60	15	—	kfz	113	1150
NiCr 30 20	50	30	20	—		104	1100
CrNi 25 20	55	20	25	—		95	1050
CrAl 25 5	70	—	25	5	krz	144	1300
CrAl 20 5	75	—	20	5		137	1200

Meßtechnik. Zur Umsetzung einer Temperatur in ein elektrisches Signal verwendet man metallische Widerstandsthermometer und Thermoelemente. Die Messung mechanischer Kräfte und der daraus resultierenden Verformungen erfolgt mit Hilfe von metallischen Dehnungsmeßstreifen (DMS). Die Prinzipien dieser Meßverfahren sind in Bild **2.61** zusammengestellt.

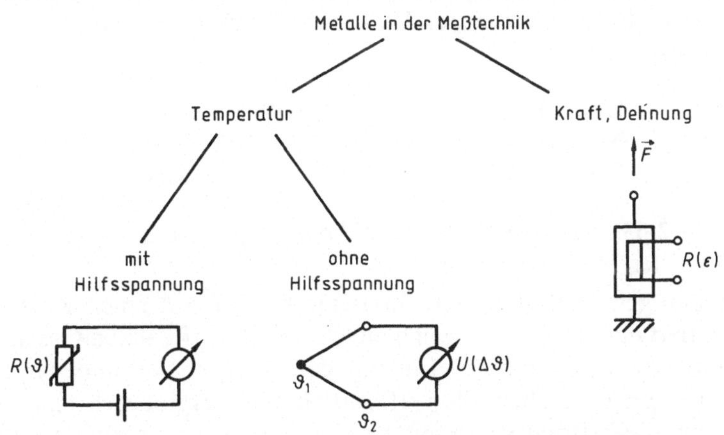

2.61 Prinzipien der Anwendung von Metallen in der Meßtechnik

Bei den **Widerstandsthermometern** nutzt man die annähernd lineare Temperaturabhängigkeit des spezifischen Widerstandes reiner Metalle aus. Wegen seiner chemischen Beständigkeit wird Platin am häufigsten eingesetzt. Der mittlere Temperaturkoeffizient des spezifischen Widerstandes zwischen 0 und 100°C beträgt $\alpha_\rho = 0{,}00385$ °C^{-1}. Für den Temperaturbereich bis 200°C kann

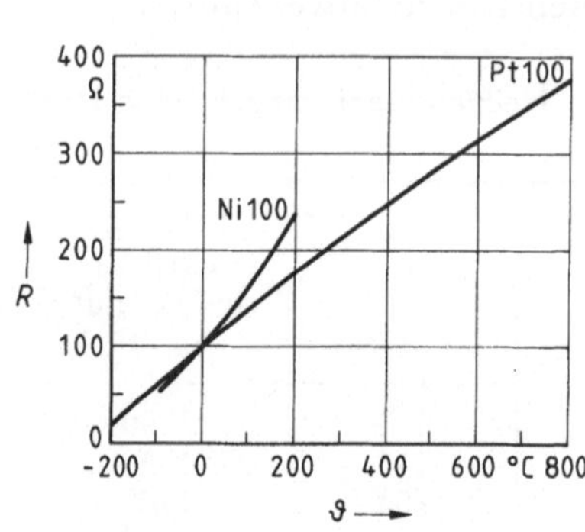

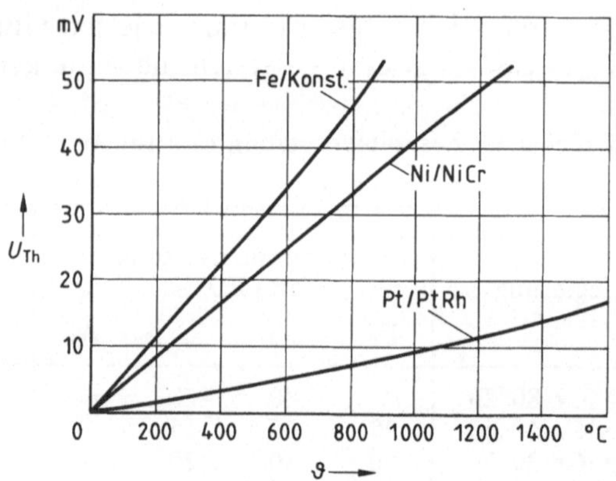

2.62 Eichkurven der Widerstandsthermometer Pt 100 und
Ni 100 gemäß DIN 43 760

2.63 Thermospannung U_{Th} in Abhängigkeit
von der Meßtemperatur ϑ (Vergleichstemperatur 0 °C)

auch Nickel ($\alpha_\rho = 0{,}0069$ °C^{-1}) verwendet werden. Bild **2.62** zeigt die Eichkurven der Widerstandsthermometer Pt 100 und Ni 100 gemäß DIN 43 760.

Bei den Thermoelementen wird der in Abschn. 2.4.2.3 erläuterte Seebeck-Effekt ausgenutzt. Die zwischen den beiden Schenkeln des Thermoelementes auftretende Spannung ist näherungsweise proportional zur Temperaturdifferenz
zwischen der Meßtemperatur ϑ_1 und der Vergleichstemperatur ϑ_2. In der Praxis
verwendet man vorwiegend folgende Metallkombinationen (Thermopaare) als
Thermoelemente:

> Eisen/Konstantan (55 % Cu, 44 % Ni, 1 % Mn),
> Nickel/Chromnickel (90 % Ni, 10 % Cr),
> Platin/Platinrhodium (90 % Pt, 10 % Rh).

Bild **2.63** zeigt den Verlauf der Thermospannung U_{Th} dieser Thermoelemente
über der Meßtemperatur.

Wenn gemäß Bild **2.61** (rechts) eine Kraft $\vec{F}$ auf einen Körper einwirkt, so resultiert eine Dehnung, welche nach dem Hookeschen Gesetz proportional zur
einwirkenden Kraft ist. Ein mit dem Körper verbundener Dehnungsmeßstreifen wird ebenfalls verformt; hieraus ergibt sich eine Widerstandsänderung, die beispielsweise mittels einer Brückenschaltung erfaßt werden kann.

Der Widerstand des Dehnungsmeßstreifens ist durch

$$R = \rho \frac{l}{A} = \frac{1}{en\mu_n} \frac{l}{A} = \frac{l^2}{eN\mu_n} \tag{2.67a}$$

gegeben (l Länge, A Querschnitt, n Elektronenkonzentration, μ_n Elektronenbeweglichkeit, $N = nAl$ Gesamtzahl der Elektronen im Dehnungsmeßstreifen).

Hieraus folgt

$$\frac{\Delta R}{R} = 2\,\frac{\Delta l}{l} - \frac{\Delta \mu_{\mathrm{n}}}{\mu_{\mathrm{n}}}. \tag{2.67b}$$

Vernachlässigt man die Änderung der Elektronenbeweglichkeit μ_{n}, so ergibt sich die Beziehung

$$\frac{\Delta R}{R} = 2\,\frac{\Delta l}{l} = 2\varepsilon, \tag{2.67c}$$

d.h., bei den meisten Metallen ist die relative Widerstandsänderung $\Delta R/R$ etwa doppelt so groß wie die Dehnung $\varepsilon = \Delta l/l$.

Bei Halbleitern kann der zweite Term der rechten Seite von Gl. (2.67b) dominieren. Bei schwach dotiertem Silicium gilt beispielsweise $|\Delta\mu_{\mathrm{n}}/\mu_{\mathrm{n}}| \approx 200\,\varepsilon$.

2.4.3 Halbleiter

2.4.3.1 Bandstrukturen. Bei der Behandlung der metallischen Leitfähigkeit in Abschn. 2.4.2.1 konnte das Modell eines „quasifreien" Elektronengases verwendet werden; es mußten lediglich die Quantelung der Energiezustände und die Besetzung dieser Zustände nach dem Pauli-Prinzip berücksichtigt werden. Für den Zusammenhang zwischen der Energie und dem Impuls der Elektronen wurde die einfache Beziehung

$$W = p^2/2\,m_{\mathrm{e}} \tag{2.42}$$

mit der Masse m_{e} des f r e i e n Elektrons benutzt.

Wie aus Bild **2.**19b hervorgeht, befinden sich bei einem H a l b l e i t e r die für den Leitungsmechanismus relevanten Ladungsträger in der Nähe der B a n d - k a n t e n. In diesem Energiebereich kann der Zusammenhang zwischen der Energie und dem Impuls der Elektronen nicht durch Gl. (2.42) beschrieben werden. Es muß insbesondere auch die R i c h t u n g des Elektronenimpulses in bezug auf das Kristallgitter berücksichtigt werden [26], [30], [32].

Bei der Berechnung der B a n d s t r u k t u r eines Halbleiters wird von der zeitunabhängigen S c h r ö d i n g e r - Gleichung

$$\frac{\partial^2 \psi}{\partial x^2} + \frac{\partial^2 \psi}{\partial y^2} + \frac{\partial^2 \psi}{\partial z^2} + \frac{8\pi^2 m_{\mathrm{e}}}{h^2}\,(W - W_{\mathrm{pot}})\,\psi = 0$$

ausgegangen. Hierin ist die Potentialfunktion $W_{\mathrm{pot}} = W_{\mathrm{pot}}(\vec{r})$ eine dreidimensional periodische Funktion, d. h., es gilt

$$W_{\text{pot}}(\vec{r}) = W_{\text{pot}}(\vec{r} + \vec{d}),$$

wobei die Gitterperiodizität mit dem Vektor $\vec{d}$ beschrieben wird.

Geeignete Lösungen der Schrödinger-Gleichung mit periodischem Potential lassen sich in der Form

$$\psi_k(\vec{r}) = U_k(\vec{r}) \exp[i(\vec{k} \cdot \vec{r})]$$

darstellen. Hierin ist $U_k(\vec{r})$ eine gitterperiodische Funktion; mit $\vec{k}$ wird der Wellenzahlvektor bezeichnet. Infolge der Beziehung

$$\exp[i(\vec{k} \cdot \vec{r})] = \exp[i(\vec{k} \cdot \vec{r} + 2\pi n)]$$

(n ganzzahlig) können die Betrachtungen auf einen begrenzten Teil des $\vec{k}$-Raumes (um $\vec{k} = 0$) beschränkt werden. Der für eine vollständige Beschreibung der Bandstruktur erforderliche Teil des $\vec{k}$-Raumes wird (1.) Brillouin-Zone genannt.

Die Brillouin-Zone des Diamantgitters ist in Bild 2.64 dargestellt. Das Zonenzentrum ($\vec{k} = 0$) wird mit Γ bezeichnet. Des weiteren existieren die folgenden ausgezeichneten Punkte (a Gitterkonstante):

$$X = \frac{2\pi}{a}\,(1, 0, 0),$$

d. h. Durchstoßpunkt der k_x-Achse mit dem Zonenrand (und äquivalente Durchstoßpunkte),

$$L = \frac{2\pi}{a}\,\left(\frac{1}{2}, \frac{1}{2}, \frac{1}{2}\right),$$

d. h. Durchstoßpunkte der Raumdiagonalen mit dem Zonenrand (insgesamt acht äquivalente Punkte),

$$K = \frac{2\pi}{a}\,\left(\frac{3}{4}, \frac{3}{4}, 0\right),$$

d. h. Durchstoßpunkte der Flächendiagonalen mit dem Zonenrand (insgesamt zwölf äquivalente Punkte).

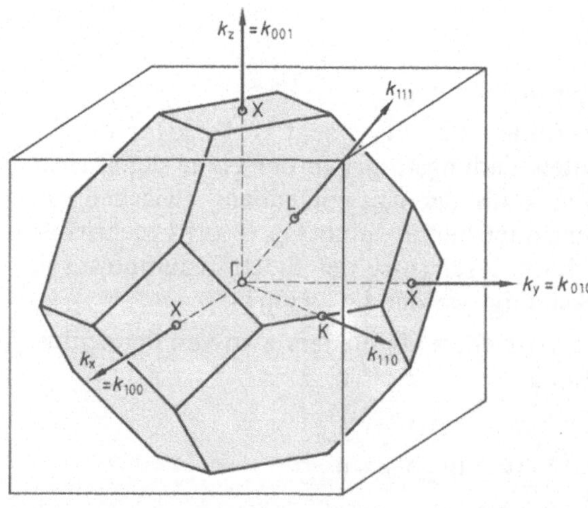

2.64 1. Brillouin-Zone des Diamant- und Zinkblendegitters

Der Wellenzahlvektor $\vec{k}$ ist mit dem Elektronenimpuls über die Beziehung

$$\vec{p} = \frac{h}{2\pi}\,\vec{k} = \hbar\,\vec{k} \qquad (2.68)$$

verknüpft.

Allgemein dient ein Wellenzahlvektor (oder eine Wellenzahl) zur quantitativen Beschreibung einer fortschreitenden Welle. In der (optischen) Spektroskopie verwendet man häufig die Wellenzahl

$$k = \frac{1}{\lambda} = \frac{v}{c}$$

anstelle der Wellenlänge λ (v Frequenz der elektromagnetischen Welle). Die Wellenzahl ist dabei proportional zur Photonenenergie $h\,v$.

Bei der graphischen Darstellung des Zusammenhanges $W(\vec{k})$ beschränkt man sich in der Regel auf einzelne besonders wichtige Richtungen im $\vec{k}$-Raum, d. h., man gibt die Funktion $W(k_i)$ an, wobei mit „i" eine vorgegebene Richtung bezeichnet sei. Bei den technisch wichtigen Halbleitern (Germanium, Silizium, III-V-Verbindungen) genügt es in der Regel, den Zusammenhang zwischen W und den Komponenten k_{100} und k_{111} des Wellenzahlvektors in der [100]-Richtung und in der [111]-Richtung zu kennen. Eine derartige Darstellung der Bandstrukturen von Germanium, Silizium und Galliumarsenid ist in Bild 2.65a, b, c zu finden. Für den **Energienullpunkt** wurde die Oberkante des Valenzbandes gewählt.

Wie aus Bild **2.**65 ersichtlich, tritt das Maximum des **Valenzbandes** bei dem Punkt Γ (d. h. im Zentrum der **Brillouin-Zone**) auf. Dies gilt auch für die übrigen III-V-Verbindungen, für die II-VI-Verbindungen sowie für zahlreiche andere Halbleiter.

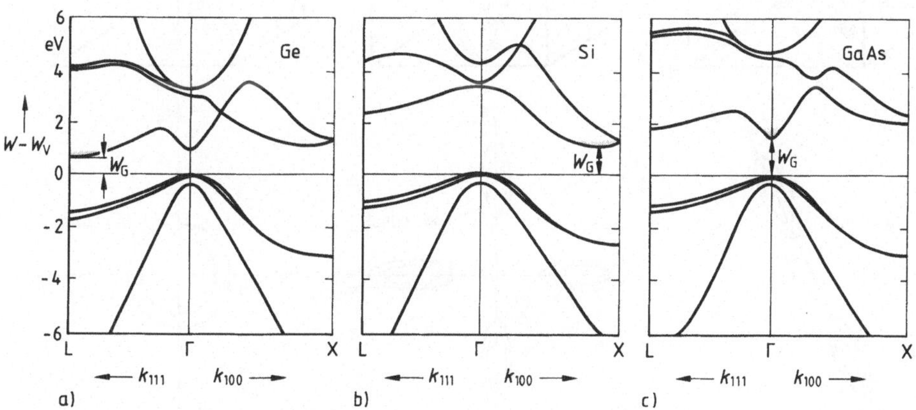

2.65 Bandstrukturen der wichtigsten Halbleiter
a) Germanium, b) Silizium, c) Galliumarsenid

Es existieren jedoch auch Halbleiter, bei denen das Maximum des Valenzbandes am Rand der Brillouin-Zone auftritt. Als Beispiel seien die Bleichalkogenide (Bleisulfid, -selenid und -tellurid) genannt. Bei diesen Substanzen ist das Maximum des Valenzbandes bei dem Punkt X zu finden.

Gemäß Bild **2.65** findet man beträchtliche Unterschiede in der Struktur des Leitungsbandes der Halbleiter Germanium, Silizium und Galliumarsenid. Diese Unterschiede betreffen insbesondere die Position des absoluten Minimums des Leitungsbandes im $\vec{k}$-Raum. Dieses Minimum, welches bei einem Halbleiter die Leitungselektronen enthält, ist in Bild **2.65** durch Rasterung hervorgehoben. Der energetische Abstand zwischen dem niedrigsten Minimum des Leitungsbandes und dem Maximum des Valenzbandes wird **Bandabstand** W_G genannt.

Zur Verdeutlichung der Unterschiede der Bandstrukturen der genannten Halbleiter sind in Bild **2.66** Flächen **konstanter Energie** im $\vec{k}$-Raum gezeichnet; es soll sich dabei um Energiewerte handeln, die etwas über der jeweiligen Minimalenergie des Leitungsbandes liegen.

Bei **Germanium** befindet sich das absolute Minimum des Leitungsbandes am Rande der **Brillouin**-Zone beim Punkt L. Die zugehörigen Flächen konstanter Energie bilden acht äquivalente Rotationsellipsoide, deren Mittelpunkte auf den Raumdiagonalen des $\vec{k}$-Raumes liegen. Das Leitungsband des **Siliziums** weist ein absolutes Minimum in der Nähe des Zonenrandes (nahe dem X-Punkt) auf. Als Flächen konstanter Energie findet man sechs äquivalente

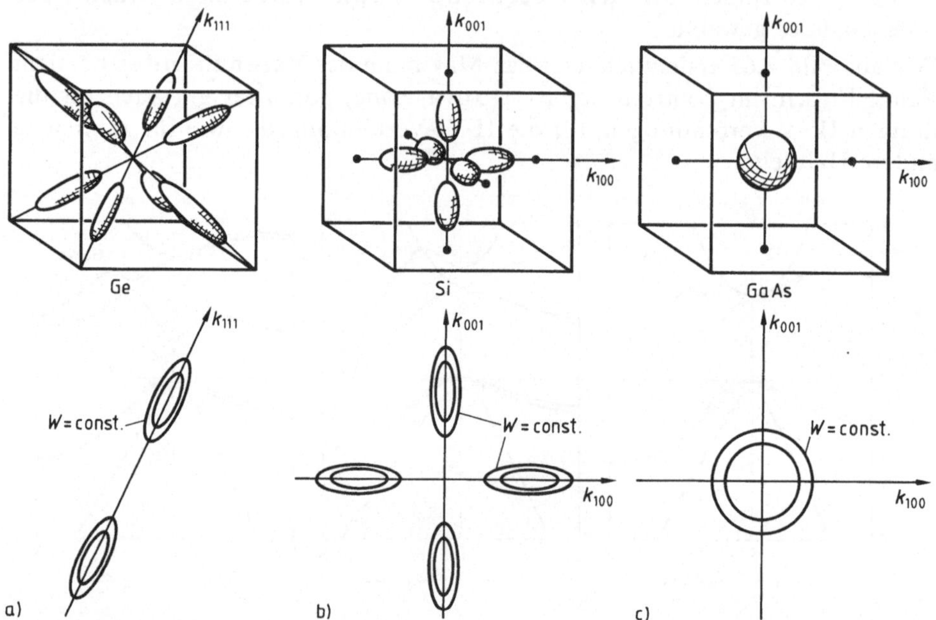

2.66 Energieflächen W = const im $\vec{k}$-Raum bei den wichtigsten Halbleitern
a) Germanium, b) Silizium, c) Galliumarsenid

Rotationsellipsoide, deren Mittelpunkte sich auf der k_x-, k_y- und k_z-Achse befinden. Bei Galliumarsenid tritt das absolute Minimum des Leitungsbandes im Zentrum der Brillouin-Zone (Punkt Γ) auf. Die Flächen konstanter Energie sind kugelförmig, d.h., die Elektronenenergie hängt nur vom Betrag des Wellenzahlvektors $\vec{k}$ ab.

Nach der Position des absoluten Minimums des Leitungsbandes (relativ zum Maximum des Valenzbandes) unterscheidet man zwischen direkten und indirekten Halbleitern. Bei einem direkten Halbleiter befinden sich das Maximum des Valenzbandes und das Minimum des Leitungsbandes an der gleichen Stelle im $\vec{k}$-Raum (beispielsweise beim Punkt Γ). Weisen das Maximum des Valenzbandes und das Minimum des Leitungsbandes unterschiedliche k-Werte auf, so spricht man von einem indirekten Halbleiter. In diesem Sinne ist Galliumarsenid ein direkter Halbleiter; Germanium und Silizium sind den indirekten Halbleitern zuzurechnen.

Die Unterscheidung zwischen direkten und indirekten Halbleitern ist insbesondere dann wichtig, wenn Halbleiterwerkstoffe hinsichtlich ihrer Eignung für optoelektronische Bauelemente beurteilt werden sollen. Lichtquanten (Photonen) besitzen eine Energie, die mit der Elektronenenergie im Halbleiter annähernd kompatibel ist. Hingegen ist der Impuls der Photonen verschwindend gering im Vergleich zum Teilchenimpuls. Bei einem Übergang von Elektronen aus dem Leitungsband in das Valenzband ohne Impulsänderung (d.h. $\Delta\vec{k}=0$) kann ein nennenswerter Teil der dabei freiwerdenden Energie in Photonenenergie umgewandelt werden. Für optoelektronische Bauelemente (insbesondere Leuchtdioden) sind daher direkte Halbleiter vorzuziehen.

Der Bandabstand W_G ist eine anwendungstechnisch besonders wichtige Größe. In Tafel **2.67** sind die auf den Bandabstand bezogenen Bandstrukturda-

Tafel **2.67** Bandstrukturdaten der wichtigsten Halbleiter

Halb-leiter	Leitungs-band-minimum	$W_G(0\,\text{K})$ in eV	$W_G(300\,\text{K})$ in eV	$\dfrac{\mathrm{d}W_G}{\mathrm{d}T}\Big\vert_{300\,\text{K}}$ in 10^{-4} eV/K	$\dfrac{\mathrm{d}W_G}{\mathrm{d}p}\Big\vert_{1\,\text{bar}}$ in 10^{-6} eV/bar
Si	$\approx X$	1,17	1,11	$-2,8$	$-1,4$
Ge	L	0,74	0,66	$-3,7$	$+1,3$
GaP	$\approx X$	2,35	2,27	$-5,2$	$-1,4$
GaAs	Γ	1,52	1,43	$-3,9$	$+12,6$
InP	Γ	1,42	1,34	$-2,9$	$+8,4$
InAs	Γ	0,42	0,35	$-3,5$	$+10$
InSb	Γ	0,23	0,18	$-2,6$	$+16$

Germanium, Silizium, III-V- und II-VI-Verbindungen (und zahlreiche andere Halbleiter) weisen einen negativen Temperaturkoeffizienten $\mathrm{d}W_G/\mathrm{d}T$ des Bandabstandes auf. Es existieren jedoch auch Halbleiter, bei denen der Bandabstand mit steigender Temperatur zunimmt. Als Beispiel hierfür seien die Bleichalkogenide (Bleisulfid, -selenid und -tellurid) genannt.

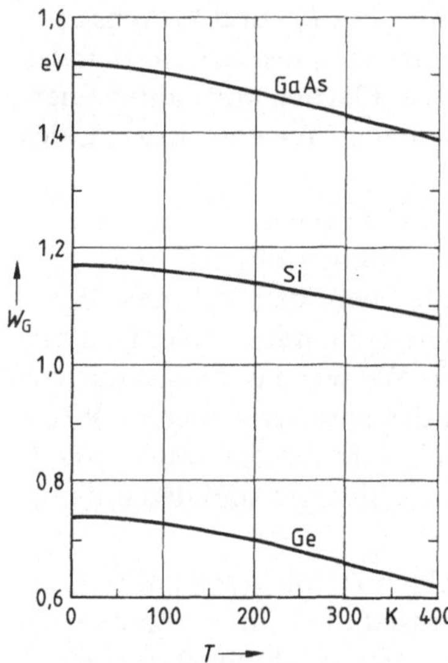

2.68 Temperaturabhängigkeit des Bandabstandes W_G bei den Halbleitern Germanium, Silizium, Galliumarsenid

ten für Silizium, Germanium und die wichtigsten III-V-Verbindungen zusammengestellt. Danach nimmt der Bandabstand bei den aufgeführten Halbleitern mit steigender Temperatur ab. Die Größenordnung des Temperaturkoeffizienten dW_G/dT beträgt (bei 300 K) -10^{-4} eV/K. Die Temperaturabhängigkeit des Bandabstandes der Halbleiter Germanium, Silizium und Galliumarsenid im Bereich von 0 K bis 400 K ist in Bild **2.68** dargestellt.

Die oben erwähnten Unterschiede der Bandstruktur manifestieren sich u. a. in einem unterschiedlichen Verhalten der Bandparameter unter hydrostatischem Druck. Nach Tafel **2.67**, letzte Spalte, weisen die direkten Halbleiter einen verhältnismäßig hohen (positiven) Druckkoeffizienten dW_G/dp auf. Silizium und Galliumphosphid besitzen – offensichtlich auf Grund der Ähnlichkeit der beiden Bandstrukturen

– den gleichen (negativen) Druckkoeffizienten des Bandabstandes.

Aus dem Bandverlauf $W(\vec{k})$ kann die **effektive Masse** der Elektronen hergeleitet werden. Für eine mit dem Symbol „i" bezeichnete Kristallrichtung gilt

$$m_{ni} = \left(\frac{h}{2\pi}\right)^2 \left(\frac{\partial^2 W}{\partial k_i^2}\right)^{-1} = \hbar^2 \left(\frac{\partial^2 W}{\partial k_i^2}\right)^{-1} ; \tag{2.69}$$

im allgemeinen Falle ist also die effektive Masse m_{ni} der Ladungsträger von der **Bewegungsrichtung** im Kristall abhängig.

Auf die Herleitung von Gl. (2.69) sei hier verzichtet. Es sei lediglich darauf hingewiesen, daß sich im Grenzfall eines quasifreien Elektrons mit Gl. (2.68) die Beziehung

$$W = \frac{p^2}{2m_e} = \frac{\hbar^2 k^2}{2m_e}$$

ergibt (m_e Masse des freien Elektrons); hieraus folgt

$$\frac{d^2W}{dk^2} = \frac{\hbar^2}{m_e}, \quad \text{d. h.} \quad m_e = \hbar^2 \left(\frac{d^2W}{dk^2}\right)^{-1} .$$

Im Falle des Galliumarsenids (und anderer direkter Halbleiter) sind die Flächen konstanter Energie des Leitungsbandes kugelförmig, d. h., die effektive Masse der Elektronen ist **unabhängig** von der Bewegungsrichtung. Nach Gl. (2.69) ergibt sich der Wert

$$m_n = 0{,}067 \, m_e ;$$

die effektive Masse der Elektronen im Leitungsband des Galliumarsenids ist
also erheblich kleiner als die Masse des freien Elektrons m_e.

Die Flächen konstanter Energie des Leitungsbandes von Germanium bzw. Silizium bilden Rotationsellipsoide gemäß Bild **2.66** a, b. Dementsprechend treten in Germanium bzw. Silizium jeweils eine longitudinale effektive Masse m_{nl} (Bewegung parallel zur Rotationsachse des Ellipsoids) und eine transversale effektive Masse m_{nt} (Bewegung senkrecht zur Rotationsachse des Ellipsoids) auf. In der Praxis kann man mit einer mittleren effektiven Masse (engl. density-of-states mass)

$$m_n = Z_M^{2/3} \left(m_{nl} \cdot m_{nt}^2 \right)^{1/3} \tag{2.70a}$$

der Elektronen im Leitungsband rechnen. Hierin ist Z_M die Anzahl der äquivalenten Minima des Leitungsbandes ($Z_M = 8$ für Germanium, $Z_M = 6$ für Silizium).

Nach Gl. (2.69) ergibt sich für die Elektronen an der Oberkante des Valenzbandes eine negative effektive Masse. Hieraus folgt die Äquivalenz eines an der Oberkante des Valenzbandes fehlenden Elektrons mit einem Loch (Defektelektron), welches eine positive Masse und eine positive Ladung besitzt. Die elektrische Leitung in Halbleitern kann also durch (negativ geladene) Elektronen im Leitungsband und durch (positiv geladene) Löcher im Valenzband erklärt werden.

Bei den Löchern handelt es sich nicht um spezielle Teilchen, sondern um Energiezustände im Valenzband, welche nicht mit Elektronen besetzt sind. Die positive Ladung eines Loches rührt daher, daß infolge eines fehlenden Elektrons in dem betrachteten Volumenelement die positive Ladung des Atomrumpfes überwiegt.

Bei genauerer Betrachtung der Bandstrukturen in Bild **2.65** erkennt man, daß das Valenzband aus zwei Teilbändern mit unterschiedlicher Bandkrümmung besteht. Man muß daher zwischen „schweren Löchern" (Masse m_{ps}) und „leichten Löchern" (Masse m_{pl}) unterscheiden. Anwendungstechnisch genügt es meistens, mit einer zusammengesetzten effektiven Masse der Löcher

$$m_p = \left(m_{ps}^{3/2} + m_{pl}^{3/2} \right)^{2/3} \tag{2.70b}$$

zu rechnen.

In Tafel **2.69** sind experimentell ermittelte Werte der effektiven Massen zusammengestellt. Es ist dazu jedoch zu bemerken, daß diese Werte mit unterschiedlichen Methoden und unter verschiedenen experimentellen Bedingungen erhalten wurden. Die Daten sind daher nicht in vollem Umfange vergleichbar.

Es sei betont, daß die Einführung effektiver Massen lediglich dazu dient, die Beschreibung der Bewegung von Ladungsträgern in einem Kristall unter dem Einfluß eines elektrischen Feldes zu erleichtern. Eine tatsächliche Veränderung der Masse der Teilchen (im Vergleich zu der Masse des freien Elektrons) findet natürlich in einem Kristall nicht statt.

Tafel **2.**69 Effektive Massen von Elektronen und Löchern bei den wichtigsten Halbleitern

Halb-leiter	Elektronen			Löcher		
	$\dfrac{m_{nl}}{m_e}$	$\dfrac{m_{nt}}{m_e}$	$\dfrac{m_n}{m_e}$	$\dfrac{m_{ps}}{m_e}$	$\dfrac{m_{pl}}{m_e}$	$\dfrac{m_p}{m_e}$
Si	0,92	0,19	1,18	0,54	0,15	0,81
Ge	1,64	0,08	0,88	0,28	0,04	0,29
GaP	2,2	0,3	1,92	0,54	0,16	0,60
GaAs	—	—	0,067	0,50	0,07	0,52
InP	—	—	0,077	0,60	0,12	0,64
InAs	—	—	0,024	0,41	0,03	0,42
InSb	—	—	0,014	0,40	0,02	0,40

Mit Hilfe der effektiven Masse ist es möglich, die Beweglichkeit der Ladungsträger zu berechnen; hierzu ist es notwendig, die auftretenden Streumechanismen der Ladungsträger im Kristall quantitativ zu kennen. Tendenziell ist zu erwarten, daß bei Halbleitern mit einer geringen effektiven Masse eine hohe Ladungsträgerbeweglichkeit auftritt. Dementsprechend weisen die Halbleiter Galliumarsenid, Indiumphosphid, Indiumarsenid und Indiumantimonid eine hohe Elektronenbeweglichkeit auf.

2.4.3.2 Eigenleitung. Bei einem Eigenhalbleiter (d.h. einem vollkommen reinen Halbleiter) sind am absoluten Nullpunkt der Temperatur ($T=0$) alle Elektronen im gebundenen Zustand. Das Valenzband ist voll mit Elektronen besetzt, das Leitungsband leer. Dementsprechend ist keine elektrische Leitfähigkeit vorhanden. Bild **2.**70 zeigt ein zweidimensionales Modell für die Anordnung der Valenzelektronen bei Silizium und das dazugehörige Bänderschema für $T=0$.

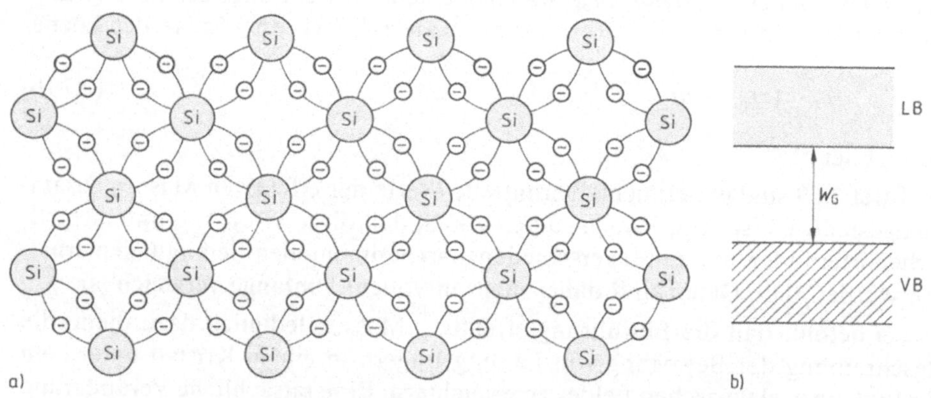

2.70 Silizium am absoluten Nullpunkt der Temperatur
a) Zweidimensionales Modell des Siliziumgitters, b) Bänderschema

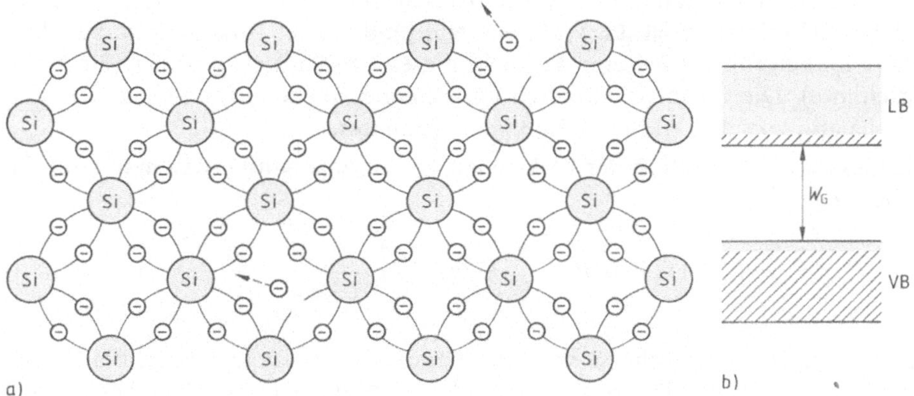

2.71 Zur Eigenleitung des Siliziums
   a) Zweidimensionales Modell des Siliziumgitters bei $T > 0$
   b) Bänderschema bei $T > 0$

Bei Energiezufuhr durch Wärme ($T > 0$) werden einige Elektronen aus den Bindungen befreit, d. h., es gehen Elektronen vom oberen Rand des Valenzbandes zur Unterkante des Leitungsbandes über. Dadurch wird das Leitungsband teilweise mit Elektronen besetzt; im Valenzband entstehen Löcher (Defektelektronen), die sich wie positive Ladungsträger verhalten. Bild **2.71** zeigt schematisch die Bildung von Elektron-Loch-Paaren in Silizium.

Nach Abschn. 2.4.2.1 erhält man das Energiespektrum der Elektronendichte im Leitungsband mit Hilfe der Beziehung

$$n(W) = z_L(W)\, f(W);\qquad\qquad(2.40)$$

hierin ist $z_L(W)$ die Zustandsdichte des Leitungsbandes und $f(W)$ die Fermi-Funktion. Aus den in Abschn. 2.4.3.1 genannten Gründen ist es jedoch bei Halbleitern notwendig, in der Formel für die Zustandsdichte des Leitungsbandes, Gl. (2.43), die Masse m_e des freien Elektrons durch die effektive Masse m_n der Elektronen im Kristall zu ersetzen. Es gilt also für Halbleiter

$$z_L(W) = \frac{4\pi}{h^3}(2m_n)^{3/2}\sqrt{W - W_L}.\qquad\qquad(2.71\,\text{a})$$

Hierin ist W_L die Energie der Unterkante des Leitungsbandes. Die entsprechende Formel für die Zustandsdichte des Valenzbandes lautet

$$z_V(W) = \frac{4\pi}{h^3}(2m_p)^{3/2}\sqrt{W_V - W}\qquad\qquad(2.71\,\text{b})$$

(W_V Energie der Oberkante des Valenzbandes). Bei der in Gl. (2.71a,b) gewählten Schreibweise ist die Wahl des Nullpunktes der Energieskala beliebig. Dies gilt auch für die weiteren Formeln dieses Abschnittes (und der folgenden Abschnitte). Die Formeln enthalten nur Energie**differenzen**; sie gelten also unabhängig von der Wahl des Energienullpunktes.

Die Gesamtkonzentration der Elektronen im Leitungsband erhält man über die Beziehung

$$n = \int\limits_{W_L}^{\infty} z_L(W)\, f(W)\, \mathrm{d}W = \frac{4\pi}{h^3}\,(2m_n)^{3/2} \int\limits_{W_L}^{\infty} \frac{\sqrt{W-W_L}}{1+e^{(W-W_F)/(kT)}}\, \mathrm{d}W. \quad (2.72\,\mathrm{a})$$

Hierbei wurde vereinfachend eine Ausdehnung des Leitungsbandes bis $W = \infty$ vorausgesetzt. Diese Näherung ist unbedenklich, da sich die Elektronen – entsprechend der Fermi-Verteilung – ohnehin nur in der Nähe der Unterkante des Leitungsbandes befinden.

Mit den Abkürzungen

$$\frac{W-W_L}{kT} = \eta, \qquad \frac{W_F-W_L}{kT} = \eta_F, \qquad \frac{W-W_F}{kT} = \eta - \eta_F$$

ergibt sich die Elektronenkonzentration

$$n = N_L \frac{2}{\sqrt{\pi}}\, F_{1/2}(\eta_F). \qquad (2.73\,\mathrm{a})$$

Hierin ist

$$N_L = 2 \left(\frac{2\pi m_n kT}{h^2} \right)^{3/2} \qquad (2.74\,\mathrm{a})$$

die **effektive Zustandsdichte des Leitungsbandes** und

$$F_{1/2}(\eta_F) = \int\limits_{0}^{\infty} \frac{\sqrt{\eta}\, \mathrm{d}\eta}{1+e^{(\eta-\eta_F)}}$$

das **Fermi-Integral**. Der Verlauf des Fermi-Integrals ist in Bild **2.**72 für $-8 \le \eta_F \le 6$ dargestellt.

Liegt das **Fermi-Niveau** um mehr als $2kT$ **unterhalb** des Leitungsbandes (d.h. $\eta_F < -2$), so kann das **Fermi-Integral** wie folgt durch eine Exponentialfunktion approximiert werden:

$$F_{1/2}(\eta_F) = \frac{\sqrt{\pi}}{2}\, e^{\eta_F} \quad (\eta_F < -2)$$

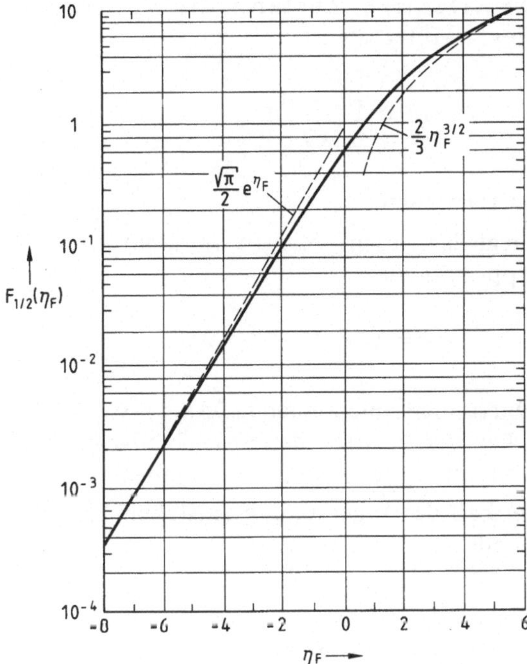

2.72
Fermi-Integral $F_{1/2}(\eta_F)$ ($-\!-\!-$ Näherungen für $\eta_F < -2$ und $\eta_F > 2$)

(vgl. Bild **2.72**). In diesem Falle gilt für die Elektronenkonzentration

$$n = N_L\, e^{-(W_L - W_F)/(kT)}.\tag{2.75a}$$

In analoger Weise läßt sich über das Spektrum der Löcherkonzentration

$$p(W) = z_V(W)[1 - f(W)]$$

die Gesamtlöcherkonzentration im Valenzband

$$p = \int_{-\infty}^{W_V} z_V(W)[1 - f(W)]\,dW\tag{2.72b}$$

herleiten; hierbei wird vereinfachend eine Ausdehnung des Valenzbandes bis $W = -\infty$ angenommen. Die Integration liefert

$$p = N_V\, \frac{2}{\sqrt{\pi}}\, F_{1/2}(\eta_F').\tag{2.73b}$$

Hierin ist

$$N_V = 2\left(\frac{2\pi m_p kT}{h^2}\right)^{3/2}\tag{2.74b}$$

die effektive Zustandsdichte des Valenzbandes; als Argument des Fermi-Integrals ist

$$\eta'_\mathrm{F} = \frac{W_\mathrm{V} - W_\mathrm{F}}{kT}$$

zu verwenden.

Liegt das Fermi-Niveau um mehr als $2kT$ über dem Valenzband, so gilt die Approximation

$$p = N_\mathrm{V}\, e^{-(W_\mathrm{F} - W_\mathrm{V})/(kT)}. \tag{2.75b}$$

Durch die Gleichungen (2.73a,b) bzw. (2.75a,b) wird der Zusammenhang zwischen der Position des Fermi-Niveaus W_F und der Konzentration der Elektronen und der Löcher beschrieben.

Im Fall der Eigenleitung entstehen Elektronen und Löcher paarweise, d.h., es gilt

$$n = p = n_\mathrm{i},$$

wobei n_i die Eigenkonzentration ist. Aus den Gleichungen (2.75a,b) berechnet man die Lage des Fermi-Niveaus

$$W_\mathrm{Fi} = \frac{1}{2}(W_\mathrm{L} + W_\mathrm{V}) - \frac{1}{2}kT\cdot\ln(N_\mathrm{L}/N_\mathrm{V}) \tag{2.76}$$

in einem Eigenhalbleiter; dieses befindet sich also stets nahe der Mitte der verbotenen Zone. Für $N_\mathrm{L} = N_\mathrm{V}$ (d.h. $m_\mathrm{n} = m_\mathrm{p}$) gilt

$$W_\mathrm{Fi} = \frac{1}{2}(W_\mathrm{L} + W_\mathrm{V}). \tag{2.76a}$$

Bild **2.73** zeigt die Fermi-Funktion, die Zustandsdichten und die Energiespektren der Elektronen- und Löcherkonzentration; hierbei ist $N_\mathrm{L} = N_\mathrm{V}$ angenommen.

Unabhängig von der Lage des Fermi-Niveaus ergibt sich aus den Gleichungen (2.75a,b)

$$n \cdot p = N_\mathrm{L} N_\mathrm{V} \cdot e^{-(W_\mathrm{L} - W_\mathrm{V})/(kT)} = N_\mathrm{L} N_\mathrm{V} \cdot e^{-W_\mathrm{G}/(kT)} = n_\mathrm{i}^2. \tag{2.77}$$

Hieraus folgt die Eigenkonzentration (Intrinsicdichte)

$$n_\mathrm{i} = \sqrt{N_\mathrm{L} N_\mathrm{V}}\, e^{-W_\mathrm{G}/(2kT)}. \tag{2.78}$$

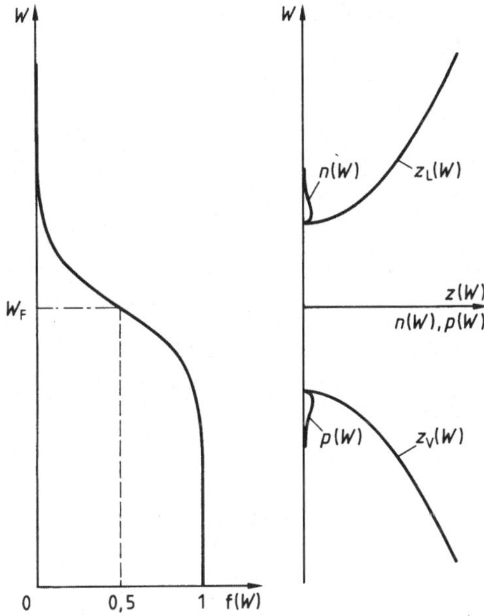

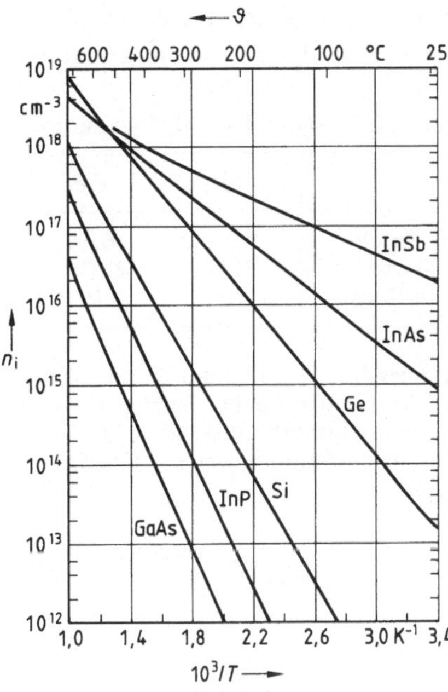

2.73 Fermi-Funktion, Zustandsdichten und Energiespektren der Elektronen- und Löcherdichten bei einem Eigenhalbleiter

2.74 Temperaturabhängigkeit der Eigenkonzentration n_i wichtiger Halbleiter (Arrhenius-Darstellung)

In Bild **2.74** ist die Temperaturabhängigkeit der Eigenkonzentration für einige wichtige Halbleiter in der Form einer **Arrhenius**-Darstellung ($\ln n_i/\mathrm{cm}^{-3}$ über $1/T$) aufgetragen. Die Neigung der Kurven wird dabei im wesentlichen durch den Bandabstand W_G bestimmt.

Durch Superposition der durch Elektronen und Löcher bewirkten Leitfähigkeitsanteile ergibt sich die **Eigenleitfähigkeit**

$$\sigma_i = e n_i (\mu_n + \mu_p)\,; \tag{2.79a}$$

hierin ist μ_n die Elektronenbeweglichkeit und μ_p die Löcherbeweglichkeit.

Bei den meisten Halbleitern ist die Elektronenbeweglichkeit erheblich größer als die Löcherbeweglichkeit. Es existieren jedoch einige Halbleiter, für die $\mu_p > \mu_n$ gilt (z. B. Bleisulfid). Nähere Angaben über die Beweglichkeiten μ_n und μ_p sind in Abschn. 2.4.3.3 zu finden.

Der spezifische Widerstand eines Eigenhalbleiters ist

$$\rho_i = \frac{1}{\sigma_i} = \frac{1}{e n_i (\mu_n + \mu_p)}\,. \tag{2.79b}$$

In Tafel **2.**75 sind Werte für den Bandabstand, die Eigenkonzentration und die Eigenleitfähigkeit für einige Halbleiter aufgelistet.

Tafel **2.**75 Bandabstand, Eigenkonzentration und Eigenleitfähigkeit bei 300 K

	Si	Ge	GaAs	InP	InAs	InSb
W_G in eV	1,11	0,66	1,43	1,34	0,35	0,18
n_i in cm^{-3}	10^{10}	$2\cdot10^{13}$	$2\cdot10^{6}$	10^{8}	10^{15}	$2\cdot10^{16}$
σ_i in S/cm	$3\cdot10^{-6}$	$2\cdot10^{-2}$	$3\cdot10^{-9}$	$8\cdot10^{-8}$	5,4	260

Beispiel 2.17. In Silizium ist die effektive Masse der Elektronen $m_n = 1{,}18\,m_e$; die effektive Masse der Löcher beträgt $m_p = 0{,}8\,m_e$. Man berechne die effektive Zustandsdichte N_L des Leitungsbandes, die effektive Zustandsdichte N_V des Valenzbandes und die Eigenkonzentration n_i bei $T = 300$ K.

Nach Gl. (2.74a) ergibt sich

$$N_L = 2\left(\frac{2\pi m_n kT}{h^2}\right)^{3/2} = 2\left(\frac{2\pi\cdot1{,}18\cdot0{,}91\cdot10^{-30}\,\text{kg}\cdot1{,}38\cdot10^{-23}\,\text{WsK}^{-1}\,300\,\text{K}}{6{,}63^2\cdot10^{-68}\,\text{W}^2\,\text{s}^4}\right)^{3/2}$$

$$= 2\,(6{,}35\cdot10^{16})^{3/2}\,\text{m}^{-3} = 3{,}2\cdot10^{25}\,\text{m}^{-3} = 3{,}2\cdot10^{19}\,\text{cm}^{-3}.$$

Die effektive Zustandsdichte des Valenzbandes ist um den Faktor

$$\left(\frac{m_p}{m_n}\right)^{3/2} = \left(\frac{0{,}8}{1{,}18}\right)^{3/2} = 0{,}558$$

geringer als die effektive Zustandsdichte des Leitungsbandes, d.h.

$$N_V = 1{,}8\cdot10^{19}\,\text{cm}^{-3}.$$

Aus Gl. (2.78) ergibt sich die Eigenkonzentration des Siliziums bei 300 K ($2kT = 0{,}052$ eV)

$$n_i = \sqrt{3{,}2\cdot1{,}8}\cdot10^{19}\,\text{cm}^{-3}\cdot e^{-1{,}11/0{,}052} = 1{,}3\cdot10^{10}\,\text{cm}^{-3}.$$

2.4.3.3 Störstellenleitung. Durch gezielten Einbau von Störstellen (Fremdatomen) können die Konzentrationen der Elektronen und der Löcher in einem Halbleiter beeinflußt werden. Diesen Vorgang nennt man Dotierung.

Nach der Wirkungsweise beim Einbau in einen Halbleiter unterscheidet man zwischen Donatoren (Elektronenspendern) und Akzeptoren (Elektronenfängern). Es existieren auch Störstellen, welche ein amphoteres Verhalten aufweisen, d.h., beim Einbau dieser Störstellen können – je nach Herstellungsbedingungen – Elektronen oder Löcher erzeugt werden.

Bei den der IV. Gruppe des Periodischen Systems angehörenden Halbleitern Silizium und Germanium wirken die Elemente der V. Gruppe (Phosphor, Arsen und Antimon) als Donatoren. Von den fünf Außenelektronen dieser Elemente werden nur vier für die (kovalente) Bindung im Siliziumgitter benötigt.

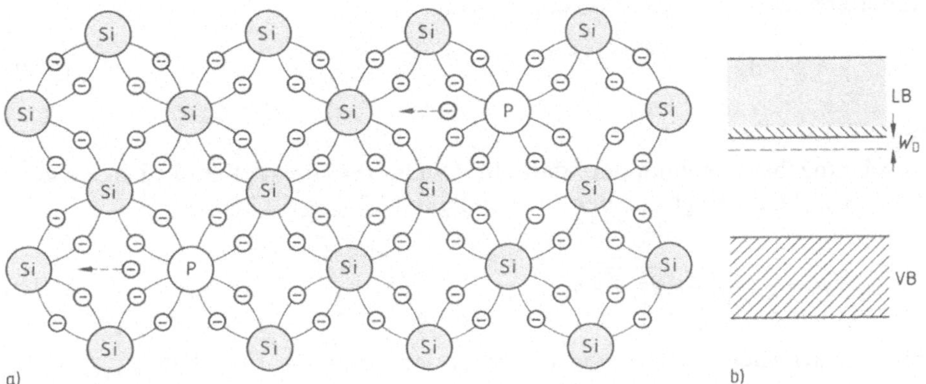

2.76 Elektronenleitung
a) Zweidimensionales Modell des Siliziumgitters mit Phosphoratomen
b) zugehöriges Bänderschema

Das fünfte Elektron kann leicht abgespalten werden und somit zur elektrischen Leitfähigkeit beitragen (Bild **2.76** a). Der Donator wird durch Abgabe eines Elektrons positiv aufgeladen; dieser Vorgang läßt sich durch die Reaktionsgleichung

$$D \rightarrow D^+ + \ominus$$

beschreiben.

Im Bänderschema (Bild **2.76** b) macht sich der Einbau von Störstellen durch das Auftreten von Energietermen in dem sonst verbotenen Energiebereich zwischen dem Valenzband und dem Leitungsband bemerkbar. Bei den technisch wichtigen Donatoren liegen diese Terme dicht unterhalb des Leitungsbandes; der Abstand von der Bandkante wird **Ionisierungsenergie** der Donatoren W_D genannt.

Durch Einbau von Donatoren (Konzentration N_D) wird die Elektronenkonzentration in einem Halbleiter erhöht; gleichzeitig geht die Löcherkonzentration zurück. Derartige Halbleiter nennt man **n-Halbleiter** (Überschußhalbleiter). Die Elektronen sind in diesem Falle die **Majoritätsladungsträger**; daneben existieren Löcher als **Minoritätsladungsträger**.

Da der Kristall als Ganzes neutral bleiben muß, gilt die Neutralitätsbedingung

$$n = N_\mathrm{D}^+ + p \qquad (2.80\,\mathrm{a})$$

(N_D^+ Konzentration der ionisierten Donatoren).

Außerdem ist das Massenwirkungsgesetz

$$n \cdot p = n_i^2 \tag{2.77}$$

zu berücksichtigen.

Es sei zunächst angenommen, daß alle Donatoren ionisiert sind (d. h., es gelte $N_D^+ = N_D$). Dann folgt aus den Gleichungen (2.77) und (2.80a)

$$n = \frac{1}{2} \left(N_D + \sqrt{N_D^2 + 4 n_i^2} \right). \tag{2.81a}$$

Bei sehr schwacher Dotierung ($N_D \ll n_i$) dominiert die Eigenleitung, d. h., es gilt

$$n = p = n_i.$$

Für $N_D \gg n_i$ ergibt sich die Elektronenkonzentration

$$n = N_D. \tag{2.82a}$$

Die Konzentration der Minoritätsladungsträger (Löcher) ist in diesem Falle

$$p = \frac{n_i^2}{N_D}; \tag{2.83a}$$

sie ist gemäß Gl. (2.78) stark von der Temperatur abhängig, während die Konzentration der Majoritätsladungsträger nach Gl. (2.82a) temperaturunabhängig ist.

In der Praxis tritt häufig der Fall einer partiellen Kompensation auf, d. h., es sind neben den Donatoren auch Akzeptoren der Konzentration N_A vorhanden (mit $N_A < N_D$). In den Gleichungen (2.81a), (2.82a) und (2.83a) ist dann N_D durch die effektive Donatorenkonzentration $N_D - N_A$ zu ersetzen.

Aus den Gleichungen (2.73a) bzw. (2.75a) ist der Zusammenhang zwischen der Elektronenkonzentration und der Lage des Fermi-Niveaus W_F zu entnehmen. Mit zunehmender Donatorenkonzentration verschiebt sich das Fermi-Niveau in Richtung des Leitungsbandes. Bei Annäherung der Fermi-Energie an die Donatorterme ist damit zu rechnen, daß nur ein Teil der Donatoren ionisiert wird. Die Besetzungswahrscheinlichkeit der Donatorterme ergibt sich aus dem Abstand

$$W_L - W_F - W_D$$

des Fermi-Niveaus vom Donatorniveau. (Die Energie $W_L - W_F - W_D$ kann negative oder positive Werte annehmen, d. h., das Fermi-Niveau kann sich unterhalb oder oberhalb des Donatorniveaus befinden.) Unter Vernachlässigung der Löcherkonzentration erhält man die Elektronenkonzentration

$$n = N_D^+ = N_D \left[1 - \frac{1}{1 + e^{(W_L - W_F - W_D)/(kT)}} \right].$$ (2.84)

Unter Verwendung von Gl. (2.75a) läßt sich W_F eliminieren. Es folgt

$$n = \frac{1}{2} N_L e^{-W_D/(kT)} \left(\sqrt{1 + 4 \frac{N_D}{N_L} e^{W_D/(kT)}} - 1 \right).$$ (2.85)

Für den Dotierungsbereich

$$N_D \gg \frac{1}{4} N_L e^{-W_D/(kT)}$$

ist die Näherung

$$n = \sqrt{N_D N_L} \cdot e^{-W_D/(2kT)}$$ (2.85a)

zu verwenden, d.h., in diesem Dotierungsbereich steigt die Elektronenkonzentration proportional zur **Wurzel** aus der Donatorenkonzentration an.

Beispiel 2.18. Silizium (mit $N_L = 3{,}2 \cdot 10^{19}$ cm^{-3}, siehe Beispiel 2.17) sei mit einem Donator, dessen Ionisierungsenergie 0,054 eV beträgt, dotiert. Man berechne die Elektronenkonzentration n bei einer Donatorenkonzentration $N_D = 10^{19}$ cm^{-3}.

Gleichung (2.85a) ist anzuwenden, wenn für die Donatorenkonzentration

$$N_D \gg \frac{1}{4} \cdot 3{,}2 \cdot 10^{19} \text{ cm}^{-3} \cdot e^{-0{,}054/0{,}026} \approx 10^{18} \text{ cm}^{-3}$$

gilt. Somit ergibt sich die Elektronenkonzentration

$$n = \sqrt{3{,}2} \cdot 10^{19} \text{cm}^{-3} \cdot e^{-0{,}054/0{,}052} = 6{,}3 \cdot 10^{18} \text{cm}^{-3}.$$

Bild **2.**77 zeigt die vorstehend berechnete Elektronenkonzentration in Silizium in Abhängigkeit von der Donatorenkonzentration.

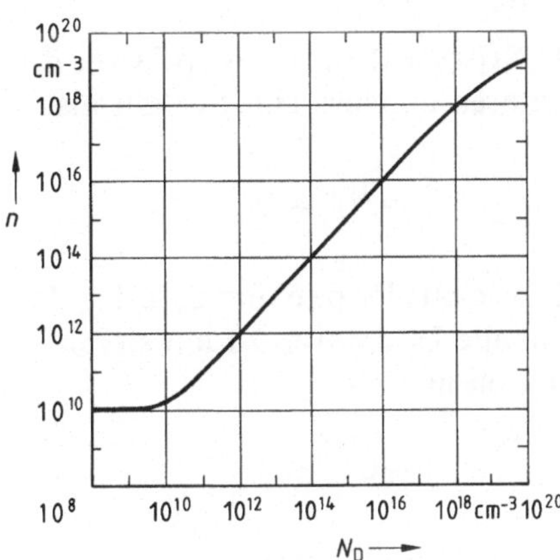

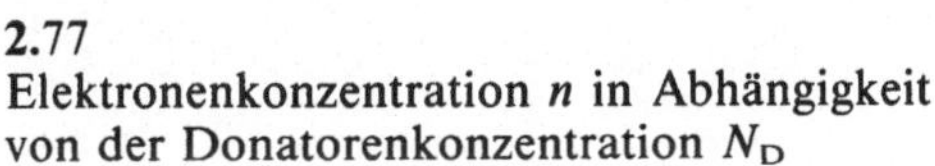

2.77
Elektronenkonzentration n in Abhängigkeit von der Donatorenkonzentration N_D

Bei einer genaueren Betrachtung der Besetzungswahrscheinlichkeit der Donatorniveaus muß die Entartung dieser Niveaus, d.h. die Besetzungsmöglichkeit durch Elektronen mit unterschiedlicher Spinorientierung, berücksichtigt werden. Dieser Effekt führt auf einen Korrekturfaktor $1/\sqrt{2}$ in Gl. (2.85). Es ist jedoch zu betonen, daß Gl. (2.85) ohnehin nur als Näherung anzusehen ist. In dem genannten Konzentrationsbereich ($N_D \geqslant 10^{18}$ cm^{-3} bei Silizium) treten weitere Effekte, wie z.B. Verbreiterung der Störstellenniveaus, Überlappung der Störstellenniveaus mit dem Leitungsband, Verringerung des effektiven Bandabstandes, auf.

Für $n = N_L$ liegt das Fermi-Niveau genau in Höhe der Unterkante des Leitungsbandes ($W_F = W_L$, d.h. $\eta_F = 0$). Bei höherer Elektronenkonzentration befindet sich das Fermi-Niveau innerhalb des Leitungsbandes ($W_F > W_L$, d.h. $\eta_F > 0$). Man nennt derartige Halbleiter entartete n-Halbleiter. Für den Zusammenhang zwischen der Elektronenkonzentration und der Lage des Fermi-Niveaus ist dann die Näherung

$$n = N_L \, \frac{4}{3\sqrt{\pi}} \, \eta_F^{3/2} \tag{2.86}$$

zu verwenden (vgl. Bild **2.72**).

Bild **2.**78 zeigt die Fermi-Funktion, die Zustandsdichte und das Energiespektrum der Elektronendichte

$$n(W) = z_L(W)\, f(W)$$

für einen (nichtentarteten) n-Halbleiter. Die sehr geringe Löcherkonzentration ist in dem gewählten Maßstab nicht darstellbar.

Für die Temperaturabhängigkeit der Elektronenkonzentration ergibt sich der in Bild **2.**79 dargestellte Verlauf. Bei hoher Temperatur dominiert die Eigenleitung; die Temperaturabhängigkeit der Elektronenkonzentration wird durch Gl. (2.78) beschrieben. Bei der Störstellenleitung sind zwei Bereiche zu unterscheiden:

1. Störstellenerschöpfung, d.h., die Temperatur ist so hoch, daß alle Donatoren ionisiert sind; es gilt also

$$n = N_D^+ = N_D.$$

2. Störstellenreserve, d.h., die thermische Energie ist nicht ausreichend, um alle Donatoren zu ionisieren. In diesem Bereich ist die Elektronenkonzentration mit

$$n \sim e^{-W_D/(2kT)}$$

temperaturabhängig.

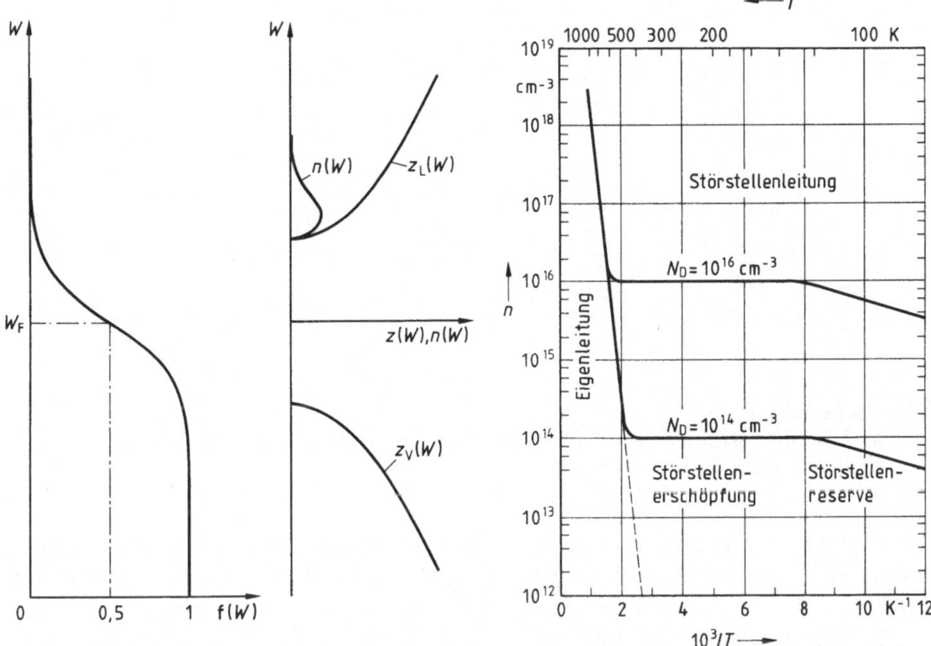

2.78 Fermi-Funktion, Zustandsdichte und Energiespektrum der Elektronendichte bei einem n-Halbleiter

2.79 Temperaturabhängigkeit der Elektronenkonzentration n (Arrhenius-Darstellung)

Es ist darauf hinzuweisen, daß bei den vorstehenden Herleitungen eine reine Donatorendotierung vorausgesetzt wurde. Bei partiell kompensiertem Material treten – insbesondere im Bereich der Störstellenreserve – kompliziertere Zusammenhänge auf.

Die Elemente der III. Gruppe des Periodischen Systems (Bor, Aluminium, Gallium und Indium) wirken in Silizium und Germanium als Akzeptoren. Da diese Elemente nur drei Außenelektronen besitzen, bleibt beim Einbau in das Silizium- oder Germaniumgitter eine der kovalenten Bindungen unvollständig (Bild **2.80**a). Durch Aufnahme eines Elektrons aus einer benachbarten Bindung wird der Akzeptor negativ geladen. Dieser Vorgang entspricht der Abgabe eines Loches; die diesbezügliche Reaktionsgleichung lautet:

$$A \rightarrow A^- + \oplus.$$

Im Bänderschema (Bild **2.80**b) macht sich der Einbau von – technisch wichtigen – Akzeptoren durch das Auftreten von Energietermen nahe dem Valenzband bemerkbar. Der Abstand der Akzeptorterme von der Oberkante des Valenzbandes wird Ionisierungsenergie der Akzeptoren W_A genannt.

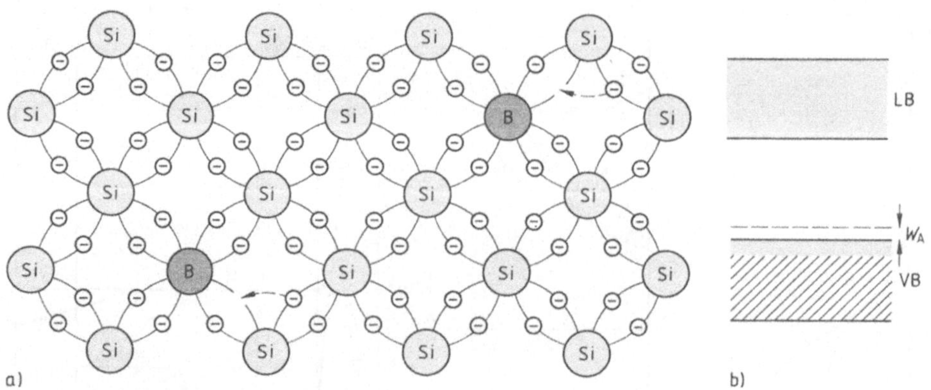

2.80 Löcherleitung
  a) Zweidimensionales Modell des Siliciumgitters mit Boratomen
  b) zugehöriges Bänderschema

Der Einbau von Akzeptoren führt zu einer Erhöhung der Löcherkonzentration
und zu einer Verminderung der Elektronenkonzentration. Derartige Halbleiter
werden p-Halbleiter (Defekthalbleiter) genannt. Die Löcher bilden die Majoritätsladungsträger; daneben existieren Elektronen als Minoritätsladungsträger. Es gilt die Neutralitätsbedingung

$$p = N_\mathrm{A}^- + n \tag{2.80b}$$

(N_A^- Konzentration der ionisierten Akzeptoren).
Bei vollständiger Ionisierung der Akzeptoren folgt für die Löcherkonzentration

$$p = \frac{1}{2}\left(N_\mathrm{A} + \sqrt{N_\mathrm{A}^2 + 4n_\mathrm{i}^2}\right). \tag{2.81b}$$

Bei hinreichender Dotierung ($N_\mathrm{A} \gg n_\mathrm{i}$) erhält man die Konzentration der Majoritätsladungsträger

$$p = N_\mathrm{A} \tag{2.82b}$$

und die – stark temperaturabhängige – Konzentration der Minoritätsladungsträger

$$n = \frac{n_\mathrm{i}^2}{N_\mathrm{A}}. \tag{2.83b}$$

Bei partieller Kompensation ist in den Gleichungen (2.81b) bis (2.83b) die
Größe N_A durch die effektive Akzeptorenkonzentration $N_\mathrm{A} - N_\mathrm{D}$ zu ersetzen.

Im Bereich hoher Dotierung gilt näherungsweise

$$p = \sqrt{N_A N_V} \cdot e^{-W_A/(2kT)} \qquad (2.85\,b)$$

(N_V effektive Zustandsdichte des Valenzbandes).

Bild **2.**81 zeigt die **Fermi-Funktion**, die Zustandsdichte und das Energiespektrum der Löcherdichte

$$p(W) = z_V(W)\,[1 - f(W)]$$

für einen nichtentarteten p-Halbleiter. Die sehr geringe Elektronenkonzentration ist in dem gewählten Maßstab nicht darstellbar.

Bei den III-V-Verbindungen wirken die Elemente der VI. Gruppe des Periodischen Systems als Donatoren, die Elemente der

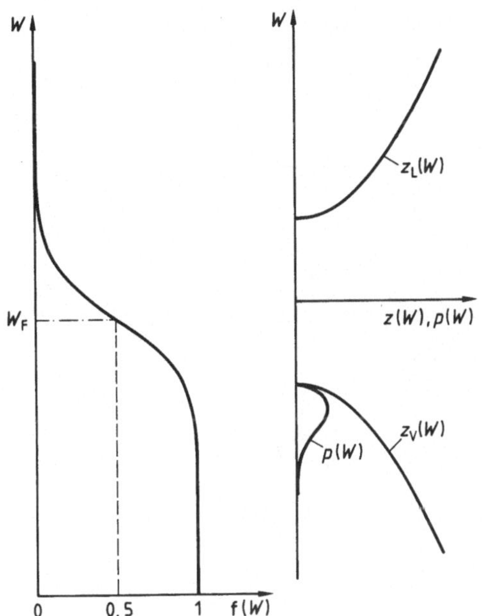

2.81 **Fermi-Funktion**, Zustandsdichte und Energiespektrum der Löcherdichte bei einem p-Halbleiter

II. Gruppe als Akzeptoren. Die Elemente der IV. Gruppe bewirken n- oder p-Leitung, je nachdem ob sie im Kristallgitter (vorwiegend) Atome der III. Gruppe oder Atome der V. Gruppe substituieren.

Die dominierende Art des Einbaues der Elemente der IV. Gruppe ist von den Herstellungsbedingungen (Kristallisationstemperatur, Zusammensetzung der Schmelze etc.) abhängig. Bei der Flüssigphasenepitaxie von Galliumarsenid (mit Ga-reicher Schmelze) wird z.B. Silicium bei hoher Temperatur vorwiegend als Donator, bei niedriger Temperatur vorwiegend als Akzeptor eingebaut. Die Umschlagtemperatur hängt außer von der Temperatur auch von der Siliciumkonzentration in der Schmelze ab.

Die Ionisierungsenergie der Donatoren und Akzeptoren kann nach folgendem einfachen Modell abgeschätzt werden. Das von einem Donator abgespaltene Elektron befindet sich im Kraftfeld des **einfach positiv** geladenen Donators. Dieser Vorgang kann mit der Ionisierung eines Wasserstoffatoms verglichen werden. Nach Gl. (1.21) ergibt sich für das Wasserstoffatom eine Ionisierungsenergie von 13,6 eV. Da sich die Ladungsträger in einem Halbleiter in einem Medium mit der Dielektrizitätszahl $\varepsilon_r > 1$ bewegen, ergibt sich die Ionisierungsenergie

$$W_D = \frac{m_e\, e^4}{8\,\varepsilon_0^2\,\varepsilon_r^2\, h^2} = \frac{13{,}6 \text{ eV}}{\varepsilon_r^2}. \qquad (2.87)$$

Germanium — $E_g = 0{,}67$ eV

Donatoren (obere Bandreihe):

P	As	Sb	Li	S	Se	Te
12	13	9,6	9,3	180	140; 280	110; 300

Akzeptoren (untere Bandreihe):

B	Al	Ga	In	Tl	Zn	Cd	Hg	Ni	Fe	Cu
10	10	11	11	10	35; 95	55; 160	87; 230	230; 300(A)	310; 270(A)	40; 260(A); 330

Silicium — $E_g = 1{,}11$ eV

Element (oben)	P	As	Sb	Bi	Li	Se			Au		Fe
obere Niveaus	45	54	39	69	33	250; 400	550(A)	490	540(A)	350(A)	140; 510
untere Niveaus	45	67	72	160	300	420; 170	260	400	290(D)	230	400(D)
Element (unten)	B	Al	Ga	In	Tl	Be	Zn	V		Ni	

Indiumphosphid (InP) — $E_g = 1{,}34$ eV

Element (oben)	S	Se	Te	Si							
obere Niveaus	7	7	7	7						400(A)	
untere Niveaus	46	57	98	41	143; 31	108; 31	60	210	270		650
Element (unten)	Zn	Cd	Hg	C	Be	Mg	Cu	Ge	Mn	Cr	Fe

Galliumarsenid (GaAs) — $E_g = 1{,}43$ eV

Element (oben)	S	Se	Te	Si	Ge	Sn				O
obere Niveaus	6	5,9	30	5,8	6	6				400; 630(A); 670(D)
untere Niveaus	28	28	31	35	26	35	40	210	370; 520	
Element (unten)	Be	Mg	Zn	Cd	C	Si	Ge	Ni	Fe	Cr

2.82 Ionisierungsenergien (in meV) von Donatoren und Akzeptoren in Germanium, Silicium, Indiumphosphid und Galliumarsenid. Soweit nicht anders angegeben, befinden sich die Donatoren in der oberen Hälfte, die Akzeptoren in der unteren Hälfte der verbotenen Zone

Die Dielektrizitätszahlen von Germanium, Silicium und Galliumarsenid betragen $\varepsilon_{r,Ge} = 16$, $\varepsilon_{r,Si} = 12$, $\varepsilon_{r,GaAs} = 13$. Damit ergeben sich Ionisierungsenergien zwischen etwa 0,05 eV und 0,1 eV. Genauere Aussagen über die Ionisierungsenergien einzelner Donatoren und Akzeptoren lassen sich jedoch aus Gl. (2.87) nicht herleiten.

Die experimentell ermittelten Ionisierungsenergien einiger Donatoren und Akzeptoren in Germanium, Silicium, Indiumphosphid und Galliumarsenid sind in Bild **2**.82 zusammengestellt. Die flachen Donatoren und Akzeptoren (d.h. Donatoren und Akzeptoren mit geringer Ionisierungsenergie) dienen zur Herstellung von n- und p-leitendem Halbleitermaterial. Der Einbau von Störstellen mit hoher Ionisierungsenergie bewirkt das Auftreten von **Rekombinationszentren**, d.h., es wird die Lebensdauer überschüssiger Minoritätsladungsträger herabgesetzt (siehe Abschn. 2.4.3.4). In Galliumarsenid dient der Einbau des Akzeptors Chrom ($W_A = 0{,}63$ eV) zur Kompensation unerwünschter Donatoren (meist Silicium). Hierdurch kann ein Material mit extrem geringer Ladungsträgerkonzentration, sog. semiisolierendes Galliumarsenid, hergestellt werden. Dieses Material hat einen spezifischen Widerstand von ca. 10^8 Ωcm.

Mit den nach Gl. (2.81a,b) bis Gl. (2.85a,b) berechneten Ladungsträgerkonzentrationen läßt sich die Stromdichte

$$\vec{S}_{Feld} = e(n\mu_n + p\mu_p)\,\vec{E} \tag{2.88}$$

unter der Einwirkung eines elektrischen Feldes $\vec{E}$ angeben. Hierzu müssen die Beweglichkeiten μ_n und μ_p der Elektronen und Löcher bekannt sein. Es folgt die Leitfähigkeit

$$\sigma = e(n\mu_n + p\mu_p) \tag{2.89a}$$

bzw. der spezifische Widerstand

$$\rho = \frac{1}{e(n\mu_n + p\mu_p)} \tag{2.89b}$$

eines Halbleiters.

In Tafel **2**.83 sind die Elektronen- und Löcherbeweglichkeiten der wichtigsten Halbleiter zusammengestellt. Die Zahlen gelten für Raumtemperatur (300 K) und für den Grenzfall sehr schwach dotierter Halbleiter.

Tafel **2**.83 Elektronen- und Löcherbeweglichkeiten der wichtigsten Halbleiter in cm²/Vs

	Si	Ge	GaP	GaAs	InP	InAs	InSb
μ_n	1500	3900	200	8800	4600	33000	80000
μ_p	450	1900	150	400	150	450	850

Die Zahlenwerte der Beweglichkeiten ergeben sich aus der Überlagerung verschiedener Streumechanismen der Ladungsträger im Halbleiter. In erster Näherung ist es möglich, die von den verschiedenen Arten der Gitterschwingungen (sog. optischen und akustischen Phononen) herrührende Streuung der Ladungsträger zusammenzufassen und damit eine Beweglichkeit μ_G zu definieren. Die Werte für μ_G lassen sich experimentell an sehr reinen Halbleiterproben bzw. bei genügend hoher Temperatur ermitteln. Da die Amplitude der Gitterschwingungen mit steigender Temperatur zunimmt, ist eine Abnahme der durch Gitterschwingungen bedingten Beweglichkeit μ_G mit zunehmender Temperatur zu erwarten. In der Umgebung der Raumtemperatur ($T = 300$ K) läßt sich die Beweglichkeit μ_G durch ein Potenzgesetz

$$\mu_G = A \cdot (T/300 \text{ K})^{-a}$$

mit geeignet gewählten Werten A und a approximieren. In Tafel 2.84 sind Zahlenwerte für A und a für die wichtigsten Halbleiter zusammengestellt.

Tafel 2.84 Approximation der durch Gitterschwingungen bedingten Beweglichkeit gemäß $\mu_G = A\,(T/300 \text{ K})^{-a}$

	Germanium		Silicium		Galliumarsenid	
	μ_n	μ_p	μ_n	μ_p	μ_n	μ_p
A in cm²/Vs	3900	1900	1500	450	8800	400
a	1,66	2,33	2,42	2,20	2,44	2,30

Bei dotierten Halbleitern ist zusätzlich die Streuung an den ionisierten Störstellen zu berücksichtigen. Dieser Streumechanismus führt auf eine Beweglichkeit μ_I, die sich durch die Beziehung

$$\mu_I = B \cdot N_I^{-1} (T/300 \text{ K})^{3/2}$$

approximieren läßt. Hierin ist B eine materialspezifische Konstante, welche u.a. die effektive Masse der Ladungsträger enthält; N_I ist die Konzentration der ionisierten Störstellen (Donatoren oder Akzeptoren).

Die Zunahme von μ_I mit steigender Temperatur resultiert aus der thermischen Bewegung der Ladungsträger. Schnelle Teilchen erfahren im elektrischen Feld der ionisierten Störstellen eine geringere Ablenkung als Teilchen mit niedriger Geschwindigkeit. Die o.a. Beziehung gilt für Störstellenkonzentrationen $N_I \lesssim 10^{18}$ cm^{-3}.

Die resultierende Beweglichkeit μ ist näherungsweise aus der Gleichung

$$\frac{1}{\mu} = \frac{1}{\mu_G} + \frac{1}{\mu_I}$$

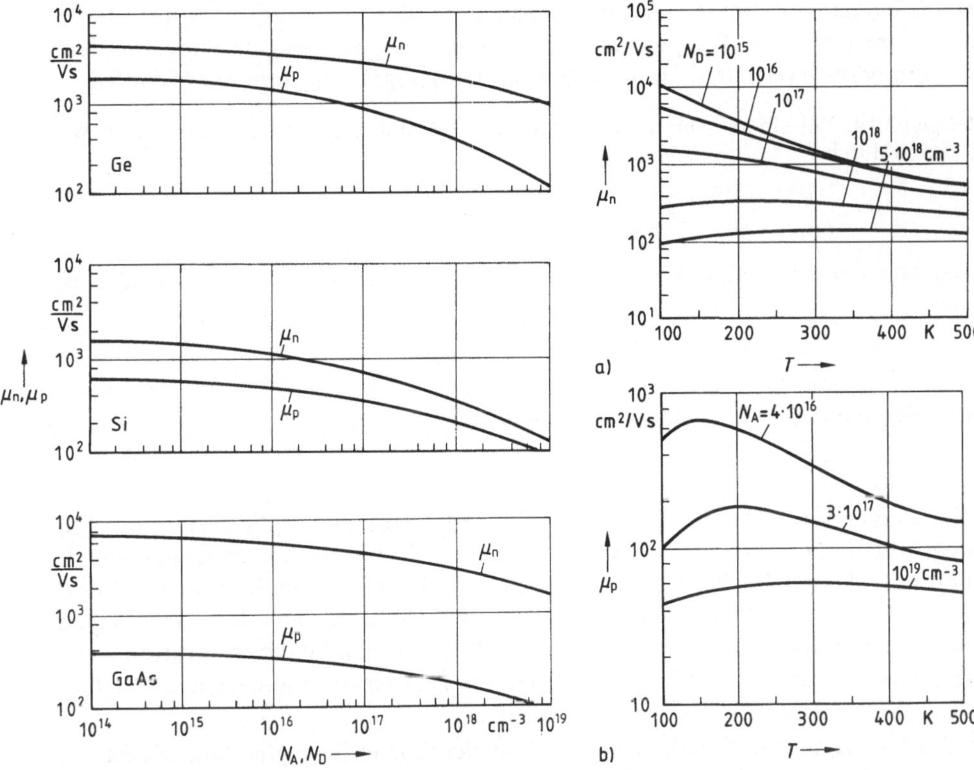

2.85 Elektronen- und Löcherbeweglichkeit in den Halbleitern Germanium, Silizium und Galliumarsenid bei 300 K in Abhängigkeit von der Störstellenkonzentration

2.86 Temperaturabhängigkeit der Elektronen- und Löcherbeweglichkeit in Silizium
a) Elektronenbeweglichkeit $\mu_n(T)$, b) Löcherbeweglichkeit $\mu_p(T)$

zu berechnen. Daraus geht hervor, daß die Ionenstreuung bei niedrigen Temperaturen und hohen Ionenkonzentrationen dominiert; bei hohen Temperaturen ist dagegen der Einfluß der durch die Gitterschwingungen bewirkten Streuung der Ladungsträger maßgebend.

In Bild **2.85** sind die Elektronen- und Löcherbeweglichkeiten in den Halbleitern Germanium, Silizium und Galliumarsenid in Abhängigkeit von der Störstellenkonzentration dargestellt. Hieraus ist zu entnehmen, daß bei einer Störstellenkonzentration unter 10^{16} cm^{-3} der Einfluß der Ionenstreuung gering ist.

Die Temperaturabhängigkeit der Elektronenbeweglichkeit im Bereich von 100 bis 500 K ist aus Bild **2.86**a zu entnehmen. Bei einer Dotierung $N_D \leq 10^{15}$ cm^{-3} dominiert in dem gesamten Temperaturbereich die durch Gitterschwingungen bewirkte Streuung der Ladungsträger. Da in diesem Falle die

Beweglichkeit mit steigender Temperatur abnimmt, resultiert ein n-Halbleiter mit einem positiven Temperaturkoeffizienten des spezifischen Widerstandes; das Temperaturverhalten ist also ähnlich demjenigen eines reinen Metalles.

Beispiel 2.19. Bei einem sehr schwach dotierten n-Halbleiter kann der spezifische Widerstand durch

$$\rho = \frac{1}{en\mu} = \frac{1}{enA}\left(\frac{T}{300\ \text{K}}\right)^{a}$$

beschrieben werden. Der Temperaturkoeffizient des spezifischen Widerstandes ist dann

$$\alpha_\rho = \frac{1}{\rho}\cdot\frac{\mathrm{d}\rho}{\mathrm{d}T} = \frac{a}{T}\,.$$

Für n-Silizium $(a = 2,42)$ ergibt sich bei $T = 300$ K

$$\alpha_\rho = 0,8\,\%/\,°\text{C}\,.$$

Mit steigender Dotierung nimmt die Elektronenbeweglichkeit ab. Für $N_\mathrm{D} \geq 5\cdot 10^{17}$ cm^{-3} tritt in dem Bereich oberhalb 100 K ein Beweglichkeitsmaximum auf, dessen Position sich mit steigender Dotierung in Richtung höherer Temperaturen verschiebt. Bei $N_\mathrm{D} \approx 5\cdot 10^{18}$ cm^{-3} befindet sich das – sehr flache – Beweglichkeitsmaximum bei 300 K. Mit dieser Störstellenkonzentration kann n-Silizium hergestellt werden, welches einen Temperaturkoeffizienten des spezifischen Widerstandes nahe Null aufweist.

Bild 2.86 b zeigt das Temperaturverhalten der Löcherbeweglichkeit. Es ist ein tendenziell ähnliches Verhalten wie bei der Elektronenbeweglichkeit zu erkennen.

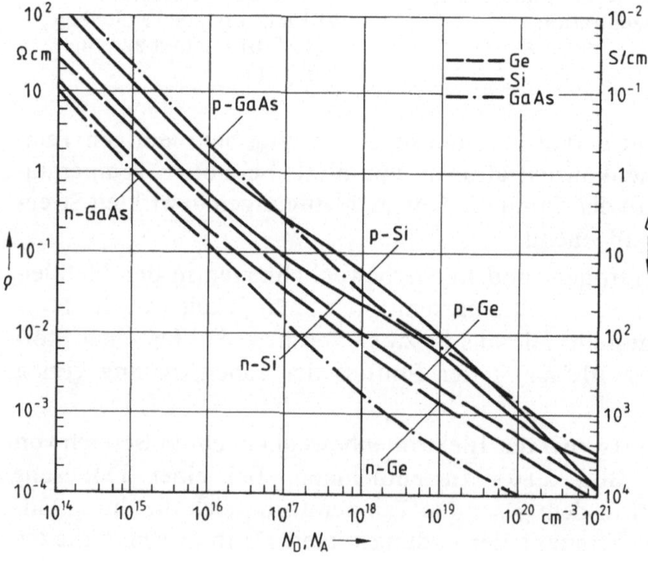

2.87
Spezifischer Widerstand ρ und Leitfähigkeit σ von Germanium, Silizium und Galliumarsenid in Abhängigkeit von der Störstellenkonzentration

In Bild **2.**87 ist der Zusammenhang zwischen der Störstellenkonzentration und dem spezifischen Widerstand von n- und p-leitenden Halbleiterwerkstoffen (Germanium, Silizium und Galliumarsenid) dargestellt.

2.4.3.4 Effekte bei hoher elektrischer Feldstärke. Die in den Abschnitten 2.4.3.2 und 2.4.3.3 beschriebenen Leitungsmechanismen beziehen sich auf das Verhalten von Halbleitern bei geringer elektrischer Feldstärke ($E \lesssim 10^3$ V/cm). Es wurde dabei Proportionalität zwischen der Stromdichte und der elektrischen Feldstärke (d. h. die Gültigkeit des ohmschen Gesetzes) vorausgesetzt. Ein derartiges Verhalten ist bei einer feldunabhängigen Beweglichkeit zu erwarten. Des weiteren wurde angenommen, daß die Ladungsträgerkonzentration durch das elektrische Feld nicht beeinflußt wird [29].

Bei der Diskussion der metallischen Leitung in Abschn. 2.4.2.1 wurde darauf hingewiesen, daß in einem Metall die energetische Verteilung der Elektronen durch das elektrische Feld nicht nennenswert verändert wird. Dabei ist jedoch zu berücksichtigen, daß sich in einem Metall die Elektronenenergie über einen Bereich von der Größenordnung der Fermi-Energie erstreckt (z. B. bei Kupfer: $W_F = 7$ eV). Bei einem n-Halbleiter befinden sich hingegen Elektronen nur in der Nähe der Unterkante des Leitungsbandes in einem Energiebereich der Größenordnung $kT = 0{,}026$ eV. Dementsprechend ist zu erwarten, daß in einem Halbleiter Abweichungen vom ohmschen Gesetz experimentell zu beobachten sind.

Generell ist mit einer Feldabhängigkeit der Elektronenbeweglichkeit dann zu rechnen, wenn die Driftgeschwindigkeit der Elektronen v_n die Größenordnung der mittleren thermischen Geschwindigkeit v_{th} erreicht. Bei Annahme einer Maxwellschen Geschwindigkeitsverteilung gilt in Analogie zu Gl. (1.29b)

$$v_{th} = \sqrt{8\,kT/\pi\,m_n} \approx \sqrt{kT/m_n}.$$

Hieraus folgt $v_{th} \approx 6 \cdot 10^4$ m/s $= 6 \cdot 10^6$ cm/s; bei dieser Abschätzung wurde anstelle der effektiven Masse m_n die Masse m_e des freien Elektrons verwendet.

Bei Silizium ($\mu_n = 1500$ cm^2/Vs) wird eine Driftgeschwindigkeit $v_n = 6 \cdot 10^6$ cm/s bei einer elektrischen Feldstärke von $2 \cdot 10^3$ V/cm erreicht. Dementsprechend können bei Silizium Abweichungen vom ohmschen Gesetz bei Feldstärken oberhalb $E \approx 10^3$ V/cm beobachtet werden. Elektronen mit $v_n \approx v_{th}$ werden **warme Elektronen** genannt.

Im Bereich der warmen Elektronen kann die Feldstärkeabhängigkeit der Elektronendriftgeschwindigkeit durch die Beziehung

$$v_n(E) = \frac{\mu_n E}{1 + E/E_k}$$

approximiert werden. Für Silizium gilt $E_k = 1{,}5 \cdot 10^4$ V/cm; die Näherung ist für $E \lesssim 10^4$ V/cm anzuwenden.

Bei weiterer Steigerung des elektrischen Feldes entstehen heiße Elektronen (mit $v_n \gg v_{th}$). Derartige Elektronen sind in der Lage, energiereiche Gitterschwingungen (sog. optische Phononen) anzuregen. Es entsteht schließlich eine Situation, bei der die zusätzlich aus dem elektrischen Feld aufgenommene Energie vollständig in Phononenenergie (d. h. thermische Energie) verwandelt wird. Mit anderen Worten: Eine weitere Steigerung des elektrischen Feldes bewirkt keine Geschwindigkeitserhöhung, d. h., die Elektronen bewegen sich dann mit der Sättigungsdriftgeschwindigkeit

$$v_{ns} \approx \sqrt{W_{Po}/m_n} \; ;$$

hierin ist W_{Po} die Energie der optischen Phononen.

Für Silizium ergibt sich mit $W_{Po} = 0{,}063$ eV und $m_n \approx m_e$ die Sättigungsdriftgeschwindigkeit

$$v_{ns} \approx 10^7 \text{ cm/s}.$$

Bild **2.88** zeigt den Verlauf von $v_n(E)$ für die Halbleiter Germanium, Silizium und Galliumarsenid.

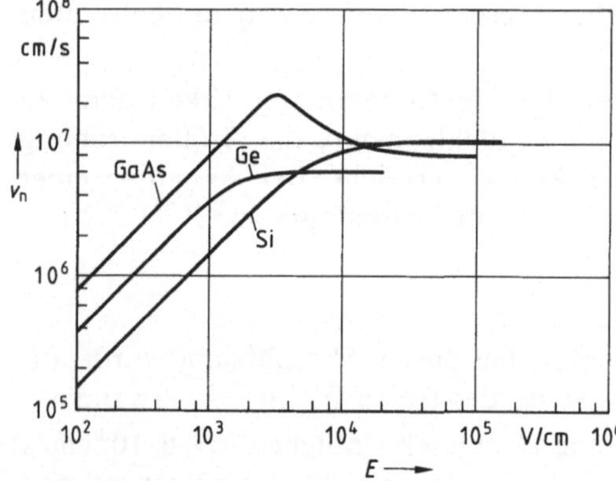

2.88
Elektronendriftgeschwindigkeit v_n in Germanium, Silizium und Galliumarsenid in Abhängigkeit von der Feldstärke E

Die Sättigungsdriftgeschwindigkeit der Elektronen ist von der Temperatur und (geringfügig) von der Bewegungsrichtung abhängig. Bei Silizium gilt bei einer Bewegung in [111]-Richtung

$$v_{ns} = 1{,}07 \cdot 10^7 \, (T/300 \text{ K})^{-0{,}87} \text{ cm/s}.$$

Die vorstehenden Überlegungen gelten sinngemäß auch für Löcher. Infolge der geringeren Löcherbeweglichkeit liegen die Feldstärken, bei denen in einem p-Halbleiter Abweichungen vom ohmschen Verhalten relevant sind, höher als bei einem n-Halbleiter.

Bei Galliumarsenid existiert gemäß Bild **2.**88 ein Feldstärkebereich, in welchem die Elektronendriftgeschwindigkeit mit steigender Feldstärke abnimmt. Dieses Verhalten ist auf den Elektronentransfereffekt zurückzuführen.

Aus der Bandstruktur des Galliumarsenids (Bild **2.**65 c) ist zu entnehmen, daß sich die Leitungselektronen bei geringer elektrischer Feldstärke ($E < 3{,}2$ kV/cm) im Γ-Minimum des Leitungsbandes befinden; die Elektronenbeweglichkeit in diesem Minimum beträgt – für den Grenzfall sehr reinen Galliumarsenids – $\mu_{n\Gamma} = 8800$ cm^2/Vs. Das energetisch nächsthöhere Minimum des Leitungsbandes ist das L-Minimum; die Energiedifferenz zwischen diesen beiden Minima beträgt $W_{L\Gamma} = 0{,}32$ eV. Wie aus Bild **2.**65 c ersichtlich, ist die effektive Masse der Elektronen im L-Minimum erheblich größer als im Γ-Minimum. Das Verhältnis der Beweglichkeit im Γ-Minimum zur Beweglichkeit im L-Minimum beträgt bei Galliumarsenid

$$\mu_{n\Gamma}/\mu_{nL} \approx 20\,.$$

Bei hoher elektrischer Feldstärke ($E > 3{,}2$ kV/cm) findet bei Galliumarsenid ein Elektronentransfer vom Γ-Minimum in das L-Minimum (genauer gesagt: in die äquivalenten L-Minima) statt. Hierdurch sinkt die effektive (mittlere) Elektronendriftgeschwindigkeit. Bezeichnet man mit n_Γ die Konzentration und mit $\mu_{n\Gamma}$ die Beweglichkeit der Elektronen im Γ-Minimum und mit n_L und μ_{nL} die entsprechenden Größen im L-Minimum, so kann der Zusammenhang zwischen der effektiven Geschwindigkeit und der elektrischen Feldstärke wie folgt formuliert werden:

$$v_n(E) = \frac{n_\Gamma \mu_{n\Gamma} + n_L \mu_{nL}}{n_\Gamma + n_L}\, E = \left[\mu_{n\Gamma} - (\mu_{n\Gamma} - \mu_{nL})\,\frac{n_L(E)}{n} \right] E\,; \qquad (2.90)$$

als Nebenbedingung gilt $n_\Gamma + n_L = n$. Für die Grenzfälle $n_L = 0$ und $n_L = n$ folgt $v_n = \mu_{n\Gamma} E$ bzw. $v_n = \mu_{nL} E$. In dem Feldstärkebereich, in dem der Mechanismus des Elektronentransfers vom Γ-Minimum zum L-Minimum dominiert, ergibt sich nach Gl. (2.90) eine negative differentielle Beweglichkeit, d.h.

$$\frac{dv_n}{dE} = \mu_{n\Gamma L} < 0\,.$$

Bei einer Feldstärke von ca. 5 kV/cm gilt in Galliumarsenid

$$\mu_{n\Gamma L} \approx -2000 \text{ cm}^2/\text{Vs}\,;$$

anwendungstechnisch ist im Bereich 3 kV/cm $< E < 20$ kV/cm mit einem Mittelwert

$$\bar{\mu}_{n\Gamma L} \approx -500 \text{ cm}^2/\text{Vs}$$

zu rechnen.

Das Auftreten einer negativen differentiellen Beweglichkeit wird auch bei anderen Halbleitern beobachtet. Voraussetzung hierfür ist eine Bandstruktur, die derjenigen des Galliumarsenids ähnlich ist. Es ist dabei insbesondere erforderlich, daß der energetische Abstand zwischen dem absoluten Minimum des Leitungsbandes und dem nächsthöheren Minimum kleiner als der Bandabstand W_G ist. Außerdem müssen sich die Beweglichkeiten in den beiden Minima in der vorstehend geschilderten Weise deutlich unterscheiden.

In Tafel **2.89** sind einige Halbleiter zusammengestellt, bei denen infolge des Elektronentransfereffektes eine negative differentielle Beweglichkeit auftritt. Als charakteristische Daten sind der Bandabstand, der energetische Abstand zwischen den Bandminima, die kritische Feldstärke für das Einsetzen des Elektronentransfereffektes und die maximale Driftgeschwindigkeit der Elektronen angegeben.

Tafel **2.89** Charakteristische Daten von Halbleitern, bei denen ein negativer differentieller Widerstand auftritt

Halbleiter	W_G in eV	$W_{L\Gamma}$ in eV	E_k in kV/cm	$v_{n,max}$ in cm/s
GaAs	1,43	0,32	3,2	$2{,}2 \cdot 10^7$
InP	1,34	0,52	10,5	$2{,}5 \cdot 10^7$
CdTe	1,5	0,52	11,0	$1{,}5 \cdot 10^7$
ZnSe	2,7	1,3	38	$1{,}5 \cdot 10^7$

Bei sehr hoher elektrischer Feldstärke ($E \gtrsim 10^5$ V/cm) sind Elektronen und Löcher in der Lage, durch **Stoßionisation** weitere Ladungsträger zu erzeugen. Die **Generationsrate** der durch Stoßionisation erzeugten Elektron-Loch-Paare ist

$$G_i = \alpha_n n v_n + \alpha_p p v_p. \tag{2.91}$$

Hierin sind α_n und α_p die **Ionisationsraten** der Elektronen und Löcher, d. h. die Anzahl der pro Längeneinheit durch Elektronen bzw. Löcher erzeugten Ladungsträgerpaare. Die Größen α_n und α_p werden üblicherweise in cm^{-1} angegeben; die Einheit von G_i ist dementsprechend cm^{-3} s^{-1}.

Bild **2.90** zeigt die experimentell ermittelte Abhängigkeit der Ionisationsrate von der elektrischen Feldstärke in verschiedenen Halbleitern. Wie aus Bild **2.90** ersichtlich, läßt sich die Feldstärkeabhängigkeit der Ionisationsraten – zumindest in einem begrenzten Feldstärkebereich – durch die Funktion

$$\alpha_{n,p}(E) = \alpha_\infty \, e^{-E_i/E} \tag{2.92}$$

approximieren. Hierin ist α_∞ die auf $E \rightarrow \infty$ extrapolierte Ionisationsrate (10^5 cm$^{-1} \lesssim \alpha_\infty \lesssim 10^7$ cm^{-1}) und E_i die zur Einleitung des Ionisationsvorganges notwendige Feldstärke.

Wie aus Bild **2.90** hervorgeht, ist in Germanium die Ionisationsrate der Löcher größer als diejenige der Elektronen, während in Silizium $\alpha_n > \alpha_p$ gilt. Für Galliumarsenid und Galliumphosphid wurde – im Rahmen der bisherigen Messungen – kein Unterschied zwischen den Ionisationsraten der Elektronen und Löcher gefunden.

Es ist darauf hinzuweisen, daß die Messung der Ionisationsraten in dem **inhomogenen Feld** eines pn-Überganges oder einer **Schottky-Diode** erfolgt. Die Berechnung der Feldstärkeabhängigkeit der Ionisationsraten ist dementsprechend mit einer großen Unsicherheit behaftet. Die in Bild **2.90** zusammengestellten Daten sind somit nur als Näherungen anzusehen.

Der Exponentialfaktor in Gl. (2.92) ist verknüpft mit der Konzentration derjenigen Elektronen, die eine für den Ionisationsvorgang ausreichende Energie besitzen. Die Größenordnung der im Exponenten enthaltenen Schwellenfeldstärke E_i läßt

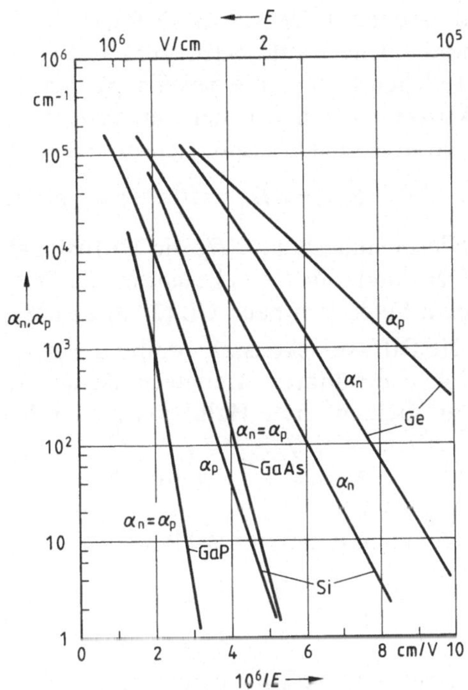

2.90 Ionisationsraten α_n und α_p der Elektronen und Löcher in verschiedenen Halbleitern in Abhängigkeit von der Feldstärke E

sich wie folgt abschätzen: In dem betrachteten Feldstärkebereich beträgt die freie Weglänge der Elektronen in Silizium $\Lambda \approx 100\ \text{Å} = 10^{-6}$ cm. Um innerhalb dieser freien Weglänge eine Energie $W_G = 1,1$ eV aufnehmen zu können, müssen die Elektronen sich in einem Feld

$$E_i \gtrsim W_G / e\Lambda \approx 10^6 \text{ V/cm}$$

bewegen.

Die Ionisationsraten weisen eine fallende Tendenz bei steigender Temperatur auf. Für Silizium gilt beispielsweise bei einer Feldstärke von $2,5 \cdot 10^5$ V/cm:

$$\frac{1}{\alpha_n} \cdot \frac{d\alpha_n}{dT} \approx -0,4\%/°C\,.$$

2.4.3.5 Räumliche und zeitliche Änderungen der Ladungsträgerkonzentration. In einem Halbleiter kann die Ladungsträgerkonzentration durch verschiedene Maßnahmen (z.B. Dotierung, Temperaturänderung, Belichtung) in weiten Grenzen verändert werden. Insbesondere ist es möglich, eine inhomogene (d.h. räumlich veränderliche) Ladungsträgerkonzentration zu erzeugen. In einem derartigen Falle treten Diffusionsströme der Ladungsträger (Elektronen und Löcher) auf. Nach dem 1. Fickschen Gesetz (Diffusionsgesetz) ist die Teilchenstromdichte jeweils proportional zum Gefälle der Teilchenkonzentration. Unter Berücksichtigung der Ladungsvorzeichen der Elektronen und Löcher ergibt sich die Diffusionsstromdichte[1])

$$\vec{S}_{\text{Diff}} = eD_n \cdot \operatorname{grad} n - eD_p \cdot \operatorname{grad} p. \qquad (2.93)$$

Hierin sind D_n und D_p die Diffusionskonstanten der Elektronen und Löcher. Der durch Gl. (2.93) beschriebene Diffusionsstrom ist in einem Halbleiter ggf. dem Feldstrom nach Gl. (2.88) zu überlagern.

Die Diffusionskonstanten und die Beweglichkeiten hängen von den in Abschn. 2.4.3.3 erwähnten Streumechanismen ab; sie sind daher miteinander verknüpft. Für nichtentartete Halbleiter gelten die Einstein-Beziehungen

$$D_n = \frac{kT}{e}\mu_n \quad \text{und} \quad D_p = \frac{kT}{e}\mu_p. \qquad (2.94\,\text{a, b})$$

Bei einem entarteten n-Halbleiter ist die Näherung

$$D_n = \frac{kT}{e}\mu_n \left[1 + 0{,}35 \cdot \frac{n}{N_L} - 9{,}9 \cdot 10^{-3} \left(\frac{n}{N_L}\right)^2\right]$$

zu verwenden; eine analoge Beziehung gilt für den entarteten p-Halbleiter.

Beispiel 2.20. Bei Raumtemperatur (300 K) ist $kT/e = 26$ mV. Mit den in Tafel **2.**83 angegebenen Beweglichkeitsdaten für Silizium ergeben sich die Diffusionskonstanten (bei nichtentartetem Material)

$$D_n = 39 \text{ cm}^2/\text{Vs} \quad \text{und} \quad D_p = 12 \text{ cm}^2/\text{Vs}.$$

Bei einer Elektronenkonzentration von $5 \cdot 10^{19}$ cm^{-3} (entartetes Material) ist bei der entsprechenden Einstein-Beziehung ein Korrekturfaktor

$$1 + 0{,}35 \cdot \frac{5}{3{,}2} - 9{,}9 \cdot 10^{-3} \left(\frac{5}{3{,}2}\right)^2 = 1{,}52$$

anzubringen.

Neben der permanenten Einstellung der Ladungsträgerkonzentration durch Dotierung eines Halbleiters ist auch eine kurzzeitige Veränderung der Ladungsträgerkonzentration durch Lichteinstrahlung, Stoßionisation, Ladungsträgerinjektion etc. möglich. Hierbei ist zwischen einer Veränderung der Kon-

---

[1]) Mit dem Differentialoperator grad (Gradient) wird der Anstieg einer räumlich veränderlichen Größe nach Betrag und Richtung bestimmt. Für die Elektronenkonzentration $n(x, y, z)$ gilt beispielsweise

$$\operatorname{grad} n \equiv \frac{\partial n}{\partial x}\vec{e}_x + \frac{\partial n}{\partial y}\vec{e}_y + \frac{\partial n}{\partial z}\vec{e}_z$$

mit den Einheitsvektoren $\vec{e}_x$, $\vec{e}_y$, $\vec{e}_z$ in x-, y- und z-Richtung.

zentration der Majoritätsladungsträger und einer Beeinflussung der Konzentration der Minoritätsladungsträger zu unterscheiden. Eine (alleinige) Veränderung der Konzentration der Majoritätsladungsträger führt zu einer Raumladung. Infolge der Abstoßung von Teilchen gleicher Polarität (Coulomb-Gesetz) zerfließt die Ladungsanhäufung in sehr kurzer Zeit. Die für diesen Vorgang maßgebende Relaxationszeit ist

$$\tau_{rel} = \frac{\varepsilon_r \varepsilon_0}{\sigma} \tag{2.95}$$

(ε_r Dielektrizitätszahl, ε_0 elektrische Feldkonstante). Bei Halbleitern üblicher Leitfähigkeit beträgt die Relaxationszeit etwa 10^{-14} s; eine kurzzeitige Anhäufung von Majoritätsladungsträgern kann daher in den meisten Fällen außer acht gelassen werden.

Wird dagegen die Konzentration der Minoritätsladungsträger örtlich erhöht, so erfolgt innerhalb einer Zeit τ_{rel} gemäß Gl. (2.95) eine Neutralisation durch einen Zufluß von Majoritätsladungsträgern. Somit entsteht eine elektrisch neutrale Störung des Gleichgewichts. Eine derartige Störung wird verhältnismäßig langsam, d.h. mit Zeitkonstanten im Bereich von etwa 10^{-9} bis 10^{-3} s, abgebaut.

Bei den folgenden Überlegungen soll vorwiegend das Verhalten der Minoritätsladungsträger betrachtet werden. Der Prozeß der Neutralisation durch Majoritätsladungsträger sei dabei als selbstverständlich vorausgesetzt. In den folgenden Gleichungen wird zwischen den zeitlich veränderlichen Konzentrationen $n(t)$ bzw. $p(t)$ der Minoritätsladungsträger und den durch die Dotierung bedingten Gleichgewichtskonzentrationen

$$n_0 = \frac{n_i^2}{N_A} \quad \text{bzw.} \quad p_0 = \frac{n_i^2}{N_D}$$

unterschieden.

Die verschiedenartigen Prozesse zur Veränderung der Konzentration der Minoritätsladungsträger lassen sich wie folgt gliedern:

1. Ladungsträgererzeugung (Generation),
2. Ladungsträgervernichtung (Rekombination),
3. Stromdivergenz.

Zu den Mechanismen der Ladungsträgererzeugung zählen u.a. die in Abschn. 2.4.3.4 erläuterte Stoßionisation und die in Abschn. 2.4.3.6 zu behandelnde optische Paarerzeugung. In den meisten Fällen handelt es sich um die gleichzeitige Erzeugung von Elektronen und Löchern. Es existieren jedoch auch Prozesse, bei denen nur eine Ladungsträgerart entsteht (beispielsweise bei der optischen Anregung von Ladungsträgern aus tiefen Störstellen). Die Ladungsträgererzeugung wird durch Generationsraten

$$G_n(x, y, z, t) \quad \text{und} \quad G_p(x, y, z, t),$$

welche orts- und zeitabhängig sein können, quantitativ beschrieben. Dabei bleibt die in Abschn. 2.4.3.1 behandelte thermische Paarerzeugung unberücksichtigt; ihre Auswirkung ist in der Eigenkonzentration n_i enthalten.

Bei der **Ladungsträgervernichtung (Rekombination)** handelt es sich um den Übergang eines Elektrons aus dem Leitungsband auf einen freien Platz im Valenzband; bei diesem Prozeß gehen ein Elektron und ein Loch verloren.

Bei jedem Rekombinationsprozeß wird Energie der Größe W_G frei. Diese Energie kann in unterschiedlicher Form abgegeben bzw. an das Gitter übertragen werden. Eine Möglichkeit der Energieabgabe besteht in der Emission eines Lichtquants (Photons); hierbei gilt der Zusammenhang

$$W_{Ph} = W_G = h\nu,$$

wobei W_{Ph} die Energie des Photons, h das **Planck**sche Wirkungsquantum und ν die Frequenz der Strahlung bedeuten, vgl. Gl. (1.4). Der Vorgang eines mit Photonenemission verbundenen Band-Band-Überganges ist in Bild **2.91**, links, symbolisch dargestellt.

Wie im folgenden Abschnitt näher erläutert wird, tritt die mit Photonenemission verbundene (strahlende) Rekombination in nennenswertem Umfang nur bei direkten Halbleitern auf; bei indirekten Halbleitern ist dieser Rekombinationsvorgang i. allg. vernachlässigbar.

Die am häufigsten vorkommende Art der Rekombination ist in Bild **2.91**, Mitte, dargestellt. Es handelt sich um einen zweistufigen Prozeß, bei dem ein Elektron des Leitungsbandes zunächst an einer Haftstelle (Rekombinationszentrum) eingefangen wird. In einem zweiten Schritt erfolgt der Übergang des

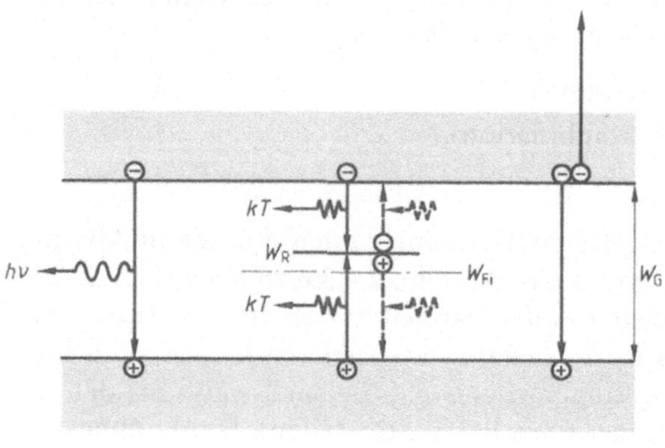

2.91
Rekombinationsmechanismen in Halbleitern: Strahlende Rekombination (links), strahlungslose Rekombination (Mitte), Auger-Rekombination (rechts)

Elektrons von der Haftstelle zum Valenzband; dieser Vorgang ist identisch mit dem Einfang eines Loches an der Haftstelle. Bei den Übergängen des Elektrons zur Haftstelle und von der Haftstelle zum Valenzband wird Energie in der Form von Gitterschwingungen freigesetzt; diese Energieübertragung ist in Bild **2.**91 mit „kT" symbolisiert. Es handelt sich also um eine strahlungslose Rekombination.

Bei den beiden Teilschritten der strahlungslosen Rekombination treten grundsätzlich auch gegenläufige Effekte auf. Das an einer Haftstelle eingefangene Elektron kann wieder in das Leitungsband befördert werden, bevor der Rekombinationsvorgang durch Einfang eines Loches abgeschlossen ist. Andererseits kann eine unbesetzte Haftstelle ein Elektron aus dem Valenzband aufnehmen; dieser Vorgang entspricht der Emission eines Loches von der Haftstelle in das Valenzband. Die der strahlungslosen Rekombination entgegenwirkenden Prozesse sind in Bild **2.**91, Mitte, gestrichelt dargestellt.

Die gegenläufige Wirkung der Einfang- und Emissionsprozesse an Haftstellen hat zur Folge, daß der Gesamtprozeß der strahlungslosen Rekombination im Mittel verhältnismäßig langsam abläuft. Wie bereits erwähnt, werden Überschüsse der Minoritätsladungsträger in indirekten Halbleitern (z. B. Germanium und Silizium) in einem Zeitbereich, der etwa zwischen 10^{-9} s und 10^{-3} s liegt, abgebaut. Dabei spielt selbstverständlich die Konzentration der Rekombinationszentren eine entscheidende Rolle.

Aus der Bilanz der Einfang- und Emissionsprozesse folgt die Rekombinationsrate der Elektronen und Löcher

$$R_{\mathrm{n,p}} = \frac{\sigma v_{\mathrm{th}} N_{\mathrm{R}}(np - n_{\mathrm{i}}^2)}{n + p + 2 n_{\mathrm{i}} \cosh \dfrac{W_{\mathrm{R}} - W_{\mathrm{Fi}}}{kT}} . \tag{2.96}$$

Hierin ist vereinfachend ein gleichartiger Wirkungsquerschnitt σ für den Einfang von Elektronen und Löchern an den Haftstellen angenommen; v_{th} ist die thermische Geschwindigkeit der Ladungsträger ($\approx 6 \cdot 10^6$ cm/s, vgl. Abschn. 2.4.3.4). Die Rekombinationszentren sind durch ihre Konzentration N_{R} und ihre energetische Lage W_{R} gekennzeichnet (W_{Fi} Position der Fermi-Niveaus bei Eigenleitung, vgl. Abschn. 2.4.3.2). Aus Gl. (2.96) geht hervor, daß diejenigen Rekombinationszentren besonders wirksam sind, deren Energieniveau nur wenig vom Fermi-Niveau der Eigenleitung abweicht (d.h. $W_{\mathrm{R}} \approx W_{\mathrm{Fi}}$).

Als Rekombinationszentren in Halbleitern wirken vor allem Schwermetalle. Wie aus Bild **2.**82 hervorgeht, weisen in Silizium beispielsweise Vanadium, Gold und Eisen Energieniveaus in der Nähe der Mitte der verbotenen Zone auf. In der Praxis wird der Einbau von Gold in Silizium zur Verstärkung des Rekombinationsprozesses bevorzugt. Auch Gitterbaufehler (z.B. Frenkel-Defekte) können als Rekombinationszentren wirken.

Es sei zunächst der Fall eines p-Halbleiters mit der Gleichgewichtskonzentration $p_0 \gg n_i$ betrachtet. Die Minoritätsladungsträger-Konzentration $n_0\,(\ll p_0)$ werde um einen Wert Δn erhöht, d. h., es gelte

$$n = n_0 + \Delta n\,.$$

Wie früher erläutert, werden die überschüssigen Elektronen praktisch momentan neutralisiert; damit folgt

$$p = p_0 + \Delta p = p_0 + \Delta n\,.$$

Mit den Einschränkungen

$$\Delta n \ll n \quad \text{und} \quad W_R \approx W_{Fi}\,,$$

sowie unter Verwendung der Gleichgewichtsbedingung

$$n_0 \cdot p_0 = n_i^2$$

vereinfacht sich Gl. (2.96) zu

$$R_n = \sigma v_{th} N_R \cdot \Delta n = \frac{n - n_0}{\tau_n}\,. \tag{2.96a}$$

Hierin ist

$$\tau_n = \frac{1}{\sigma v_{th} N_R}$$

die **Lebensdauer** überschüssiger Elektronen in einem p-Halbleiter. Analog dazu ergibt sich die Rekombinationsrate überschüssiger Löcher in einem n-Halbleiter

$$R_p = \frac{p - p_0}{\tau_p} \tag{2.96b}$$

mit der Lebensdauer τ_p der Löcher.

Beispiel 2.21. In einem n-Halbleiter mit $n_0 = 10^{17}\ \mathrm{cm}^{-3}$ befinde sich Gold in einer Konzentration $N_R = 10^{15}\ \mathrm{cm}^{-3}$. Der Wirkungsquerschnitt von Gold für den Einfang von Löchern betrage $2 \cdot 10^{-16}\ \mathrm{cm}^2$. Damit ergibt sich die Löcherlebensdauer

$$\tau_p = \frac{1}{\sigma v_{th} N_R} = \frac{1}{2 \cdot 10^{-16}\ \mathrm{cm}^2 \cdot 6 \cdot 10^6\ \mathrm{cm\ s}^{-1} \cdot 10^{15}\ \mathrm{cm}^{-3}} = 10^{-6}\ \mathrm{s}\,.$$

Bei einer Überschußkonzentration der Löcher $\Delta p = 10^{16}\ \mathrm{cm}^{-3}$ resultiert eine Rekombinationsrate

$$R_p = 10^{22}\ \mathrm{cm}^{-3}\ \mathrm{s}^{-1}\,.$$

Die beim Übergang eines Elektrons vom Leitungsband in das Valenzband frei-
werdende Energie kann auch zunächst an ein anderes Elektron im Leitungsband übertragen werden; diesen Vorgang nennt man Auger-Effekt (Bild **2**.91,
rechts). Da das Leitungsband ein Kontinuum besetzbarer Zustände enthält, erfolgt in sehr kurzer Zeit ($< 10^{-14}$ s) eine Energierelaxation, d. h., die dem Elektron im Leitungsband zugeführte Überschußenergie wird sehr rasch in thermische Energie umgewandelt. Ein analoger Prozeß kann auch über ein energetisch angeregtes Loch ablaufen.

Die Rekombination durch den Auger-Effekt tritt besonders bei hohen Ladungsträgerkonzentrationen in Erscheinung. In einem stark p-dotierten Halbleiter ist die Rekombinationsrate der Elektronen

$$R_n = r_{Au,n} \, p^2 \, (n - n_0).$$ (2.97a)

Die Rekombinationsrate der Löcher in einem stark n-dotierten Halbleiter ist

$$R_p = r_{Au,p} \, n^2 \, (p - p_0).$$ (2.97b)

Hierin sind $r_{Au,n}$ und $r_{Au,p}$ die Auger-Rekombinationskoeffizienten für Elektronen und Löcher. In Silizium gilt

$$r_{Au,n} = 3 \cdot 10^{-31} \ \text{cm}^6/\text{s} \quad \text{und} \quad r_{Au,p} = 10^{-31} \ \text{cm}^6/\text{s}.$$

Wie bereits erwähnt, kann die zeitliche Veränderung der Ladungsträgerkonzentration auch durch eine Stromdivergenz, d.h. durch einen Zu- oder Abfluß
von Ladungsträgern bewirkt werden. Für Elektronen gilt

$$\frac{\partial n}{\partial t} = \frac{1}{e} \, \text{div} \, \vec{S}_n,$$

während sich bei einer Divergenz des Löcherstromes die Gleichung

$$\frac{\partial p}{\partial t} = -\frac{1}{e} \, \text{div} \, \vec{S}_p$$

ergibt[1]). Durch Zusammenfassung der vorstehend erläuterten Mechanismen
der Veränderung der Ladungsträgerkonzentrationen erhält man die vollstän-

---

[1]) Durch Anwendung des Differentialoperators div (Divergenz) wird die Quellenstärke
des Stromflusses beschrieben. Für die Stromdichte

$$\vec{S} \equiv S_x \vec{e}_x + S_y \vec{e}_y + S_z \vec{e}_z$$

gilt

$$\text{div} \, \vec{S} \equiv \frac{\partial S_x}{\partial x} + \frac{\partial S_y}{\partial y} + \frac{\partial S_z}{\partial z}$$

($\vec{e}_x, \vec{e}_y, \vec{e}_z$ sind Einheitsvektoren in x-, y- und z-Richtung).

digen Kontinuitätsgleichungen für Elektronen

$$\frac{\partial n}{\partial t} = \frac{1}{e}\,\mathrm{div}\,\vec{S}_\mathrm{n} + G_\mathrm{n} - R_\mathrm{n} \tag{2.98a}$$

und für Löcher

$$\frac{\partial p}{\partial t} = -\frac{1}{e}\,\mathrm{div}\,\vec{S}_\mathrm{p} + G_\mathrm{p} - R_\mathrm{p}. \tag{2.98b}$$

Der Einfluß der Volumenrekombination auf den zeitlichen bzw. räumlichen Verlauf der Konzentration der Minoritätsladungsträger sei anhand zweier einfacher Beispiele erläutert. Dabei sei eine Rekombinationsrate der überschüssigen Elektronen gemäß Gl. (2.96a) vorausgesetzt, d. h., es soll sich überwiegend um eine strahlungslose Rekombination über Haftstellen handeln.

In Bild **2.92** ist ein p-Halbleiter mit einer Gleichgewichts-Elektronenkonzentration $n_0 = n_\mathrm{i}^2 / N_\mathrm{A}$ dargestellt. In diesem Halbleiter sollen im Zeitbereich $t < 0$ zusätzliche Elektronen durch Lichteinstrahlung (oder einen anderen Generationsprozeß) in homogener Verteilung erzeugt werden. Zum Zeitpunkt $t = 0$ betrage die Elektronenkonzentration $n(0)$; danach werde die Ladungsträgergeneration beendet, d. h. für $t > 0$ gelte $G_\mathrm{n} = 0$. Das elektrische Feld in der Halbleiteranordnung sei so gering, daß der Ladungsträgerverlust an den Elektroden zu vernachlässigen ist.

Mit den vorstehenden Annahmen folgt aus Gl. (2.98a)

$$\frac{\partial n}{\partial t} = -\frac{n - n_0}{\tau_\mathrm{n}}\quad \text{für}\quad t > 0.$$

Die Lösung der vorstehenden Differentialgleichung liefert

$$n(t) = [n(0) - n_0]\,\mathrm{e}^{-t/\tau_\mathrm{n}} + n_0. \tag{2.99}$$

Die Elektronenkonzentration nimmt also exponentiell ab; für $t \to \infty$ stellt sich der Gleichgewichtswert n_0 ein.

In Bild **2.93** ist ein p-Halbleiter dargestellt, welcher bei $x = 0$ beginnt und sich in x-Richtung erstreckt (eindimensionaler Fall); die Gleichgewichts-Elektronenkonzentration sei wiederum $n_0 = n_\mathrm{i}^2 / N_\mathrm{A}$. Es sei nun angenommen, daß die Elektronenkonzentration an der Stelle $x = 0$ dauernd auf den Wert $n(0)$ angehoben ist; eine derartige Anhebung der Konzentration kann beispielsweise durch eine laufende Elektronenzufuhr aus einem benachbarten n-Gebiet bewirkt werden. Die elektrische Feldstärke in der Anordnung sei so gering, daß der Feldstromanteil der Elektronen gegenüber dem Diffusionsstromanteil ver-

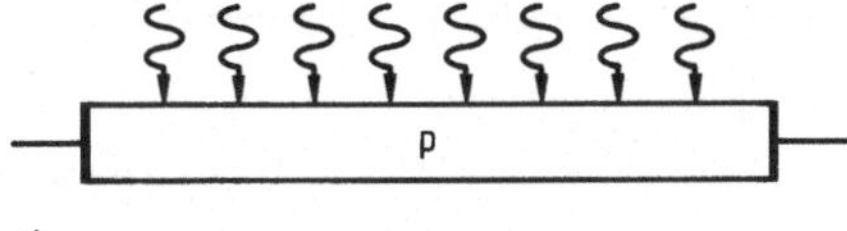

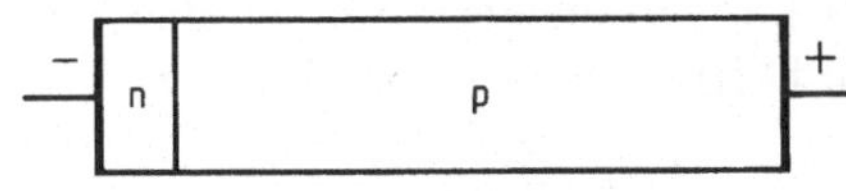

a)

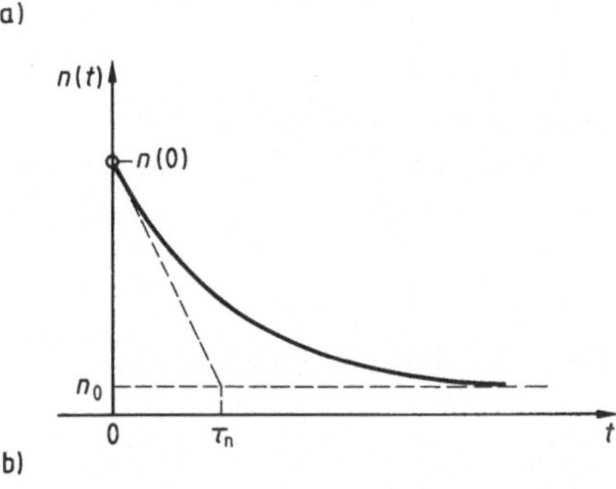

b)

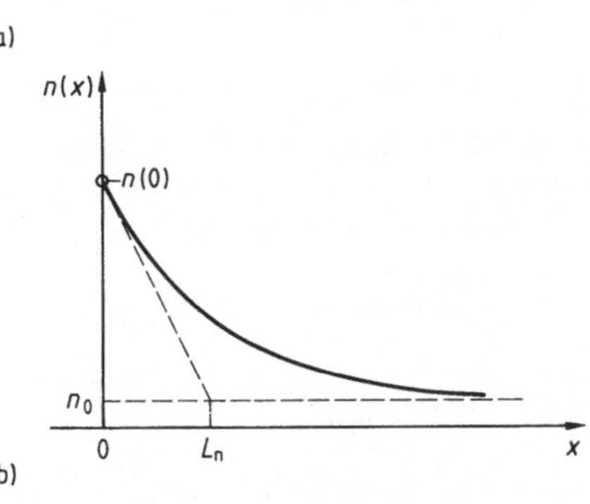

b)

2.92 Zeitliches Abklingen einer Elektronen-Überschußkonzentration in einem p-Halbleiter
a) Ladungsträgergeneration durch Lichteinstrahlung, b) Verlauf $n(t)$

2.93 Räumliches Abklingen einer Elektronen-Überschußkonzentration in einem p-Halbleiter
a) Elektroneninjektion bei $x = 0$,
b) Verlauf $r(x)$

nachlässigbar ist. Damit ergibt sich aus den Gleichungen (2.93), (2.96a) und (2.98a) für den **stationären Fall** ($\partial n/\partial t = 0$)

$$\frac{1}{e}\frac{\partial S_n}{\partial x} - \frac{n - n_0}{\tau_n} = D_n \frac{\partial^2 n}{\partial x^2} - \frac{n - n_0}{\tau_n} = 0.$$

Die Konzentration der Minoritätsladungsträger nimmt also gemäß

$$n(x) = [n(0) - n_0]\, e^{-x/L_n} + n_0 \tag{2.100}$$

exponentiell mit dem Abstand vom Erzeugungsort ab. Mit

$$L_n = \sqrt{D_n \tau_n} \tag{2.101a}$$

wird die **Diffusionslänge** der Elektronen bezeichnet.

Die Gültigkeit der Lösung gemäß Gl. (2.100) setzt voraus, daß die Ausdehnung der p-leitenden Zone wesentlich größer als die Diffusionslänge L_n der Elektronen ist.

Bei einem Vergleich der Bilder **2.92** und **2.93** bzw. der Gleichungen (2.99) und (2.100) erkennt man die Analogie zwischen dem zeitlichen und dem räumlichen Abklingen einer vom Gleichgewichtswert abweichenden Konzentration der Minoritätsladungsträger. Werden Löcher in einen n-Halbleiter injiziert, so sind in Gl. (2.100) die jeweiligen Werte der Elektronenkonzentration durch die der Löcherkonzentration zu ersetzen. Als Abklingkonstante ist in diesem Falle die Diffusionslänge der Löcher

$$L_\mathrm{p} = \sqrt{D_\mathrm{p}\tau_\mathrm{p}} \qquad\qquad (2.101\,\mathrm{b})$$

zu verwenden.

Beispiel 2.22. In einer schwach p-dotierten Siliziumprobe sei die Lebensdauer der Elektronen $\tau_\mathrm{n} = 1\ \mu\mathrm{s}$. Mit der aus Beispiel 2.20 zu entnehmenden Diffusionskonstanten D_n ergibt sich die Diffusionslänge

$$L_\mathrm{n} = \sqrt{39\ \mathrm{cm}^2\,\mathrm{s}^{-1} \cdot 10^{-6}\ \mathrm{s}} = 62\ \mu\mathrm{m}.$$

Bei gleicher Lebensdauer ist das Verhältnis der Diffusionslängen von Elektronen und Löchern in Silizium

$$L_\mathrm{n}/L_\mathrm{p} = \sqrt{39/12} = 1{,}8.$$

Bei manchen Halbleiteranordnungen muß neben der Volumenrekombination auch die Oberflächenrekombination berücksichtigt werden. An der Halbleiteroberfläche endet die periodische Anordnung des Atomgitters. Diese Situation entspricht einer flächenhaften Störung der Gitterperiodizität mit einer Flächendichte der Störungen von rd. $10^{14}\ \mathrm{cm}^{-2}$ (Anzahl der Oberflächenatome pro Flächeneinheit). Wie in Bild **2.94**a schematisch dargestellt, existieren an der Halbleiteroberfläche zahlreiche Energieterme zwischen der Oberkante des Valenzbandes und der Unterkante des Leitungsbandes. Es ist evident, daß durch derartige Energieniveaus der Rekombinationsvorgang von Elektronen und Löchern gefördert wird. Wie in Bild **2.94**a angedeutet, erfolgt die Energieabgabe an das Gitter in kleinen Schritten; es handelt sich – wie bei der Volumenrekombination über Haftstellen – um einen strahlungslosen Rekombinationsvorgang.

Der Mechanismus der Oberflächenrekombination wird quantitativ mit Hilfe der Oberflächenrekombinationsgeschwindigkeit s beschrieben. Es sei zunächst der (eindimensionale) Fall eines p-Halbleiters betrachtet, dessen Oberfläche sich gemäß Bild **2.94**b bei $x=0$ befinde. Die Gleichgewichts-Elektronenkonzentration sei $n_0 = n_\mathrm{i}^2/N_\mathrm{A}$.

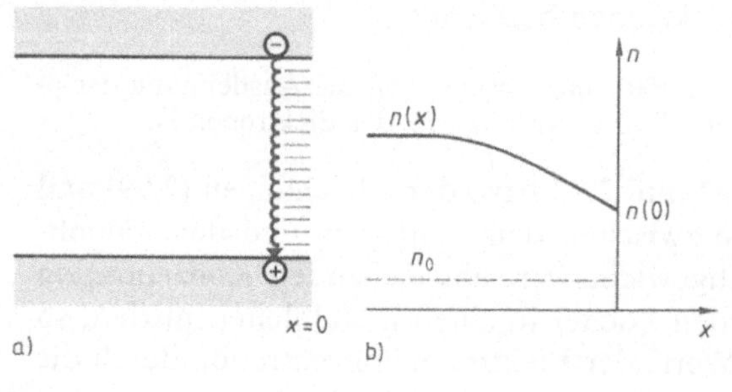

2.94
Zur Oberflächenrekombination im Halbleiter
a) Bändermodell, b) Konzentrationsverlauf von Überschußladungsträgern in Oberflächennähe

Wird die Elektronenkonzentration auf einen Wert $n > n_0$ erhöht, so tritt bei $x = 0$ die Oberflächenrekombination auf, deren Rate proportional zum Elektronenüberschuß $n - n_0$ an der Oberfläche ist. Der durch die Oberflächenrekombination bedingte Elektronenverlust muß durch eine entsprechende Nachlieferung aus dem Halbleiterinnern mittels eines Elektronen-Diffusionsstromes ausgeglichen werden. Dementsprechend gilt

$$S_n|_{x=0} = e D_n \left. \frac{\partial n}{\partial x} \right|_{x=0} = -e s (n - n_0)_{x=0}. \tag{2.102a}$$

Es ist selbstverständlich, daß bei dem Rekombinationsvorgang auch Minoritätsladungsträger (im vorstehenden Fall Löcher) verbraucht werden. Der Elektronen-Diffusionsstrom gemäß Gl. (2.102 a) ist daher von einem entsprechenden Löcher-Diffusionsstrom begleitet.

Bei der Betrachtung eines Löcherüberschusses in einem n-Halbleiter gilt an der Halbleiteroberfläche

$$S_p|_{x=0} = -e D_p \left. \frac{\partial p}{\partial x} \right|_{x=0} = e s (p - p_0)_{x=0}. \tag{2.102b}$$

Die Oberflächenrekombinationsgeschwindigkcit kann Werte im Bereich

$$10^2 \ \mathrm{cm/s} \lesssim s \lesssim 10^6 \ \mathrm{cm/s}$$

annehmen. Hohe Werte der Oberflächenrekombinationsgeschwindigkeit treten bei einer mechanisch bearbeiteten Halbleiteroberfläche auf. Niedrige Werte können durch eine chemische Ätzung und – speziell bei Silizium – durch eine Oxydation der Halbleiteroberfläche erzielt werden.

Es ist darauf hinzuweisen, daß in Bild **2.94** a der sog. Flachbandfall dargestellt ist, d. h., es wird angenommen, daß die Energie der Unterkante des Leitungsbandes (bzw. der Oberkante des Valenzbandes) keine Ortsabhängigkeit aufweist. In der Praxis findet man hingegen häufig in Oberflächennähe eine Bandverbiegung, welche auf eine Umladung der obenerwähnten Energieniveaus (Oberflächenzustände) zurückzuführen ist. Eine derartige Bandverbiegung ist mit einem elektrischen Feld verknüpft, welches die Bewegung der Ladungsträger im Halbleiter in Oberflächennähe zusätzlich beeinflußt.

2.4.3.6 Optoelektronische Eigenschaften.

Wie bereits erwähnt, können in einem Halbleiter freie Ladungsträger (Elektronen und Löcher) durch Lichteinstrahlung erzeugt werden. Dabei ist zunächst zwischen der intrinsischen und der extrinsischen Ladungsträgergeneration zu unterscheiden (Bild **2.95** a).

Bei der intrinsischen Ladungsträgergeneration (Bild **2.95** a, links) bewirkt die Absorption eines Lichtquantes den Übergang eines Elektrons aus dem Valenzband in das Leitungsband; durch jedes absorbierte Photon wird also ein

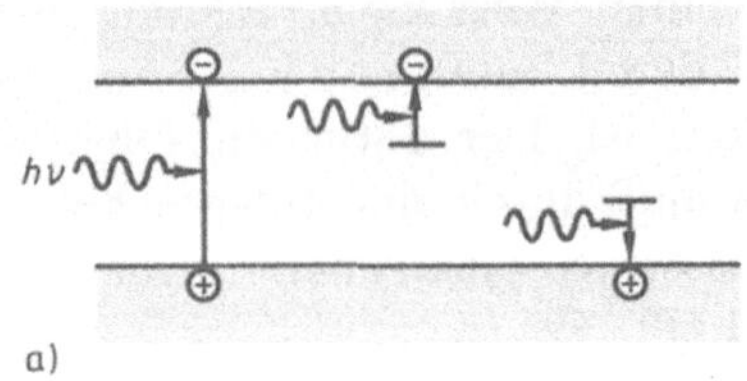

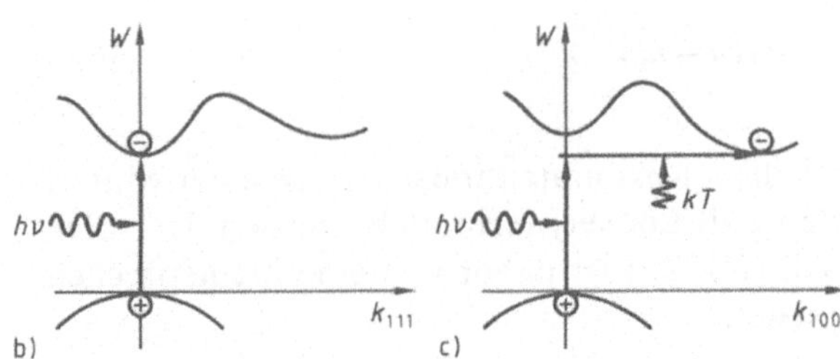

2.95
Photonenabsorption in Halbleitern
a) Intrinsische und extrinsische Absorption in einem Halbleiter, b) Intrinsische Absorption in einem direkten Halbleiter, c) Intrinsische Absorption in einem indirekten Halbleiter

Elektron-Loch-Paar erzeugt. Eine derartige Ladungsträgergeneration ist nur dann möglich, wenn die Bedingung

$$W_{Ph} \geq W_G$$

erfüllt ist. Dementsprechend existiert eine Grenzwellenlänge

$$\lambda_G = hc/W_G \tag{2.103}$$

für die Absorption elektromagnetischer Strahlung in einem Halbleiter mit dem Bandabstand W_G (c Lichtgeschwindigkeit). Ist die Wellenlänge der einfallenden Strahlung größer als λ_G, so erfolgt **keine** Absorption der Strahlung und damit auch **keine** Erzeugung von Elektron-Loch-Paaren.

Bei der quantitativen Beschreibung der intrinsischen Lichtabsorption muß der Unterschied der Bandstrukturen direkter und indirekter Halbleiter berücksichtigt werden. Bei der Paarerzeugung in einem **direkten** Halbleiter (Bild **2.95**b) tritt **keine** Änderung des Elektronenimpulses beim Übergang vom Valenzband in das Leitungsband auf (d. h. $\Delta \vec{k} = 0$). Hingegen erfährt ein Elektron, welches aus dem Valenzband eines **indirekten** Halbleiters in das (niedrigste) Minimum des Leitungsbandes befördert wird, eine deutliche Impulsänderung (d. h. $\Delta \vec{k} \neq 0$, Bild **2.95**c). Da das absorbierte Photon nur einen verschwindend kleinen Impuls ($h\nu/c$) besitzt, ist in diesem Fall die Mitwirkung von Gitterschwingungen (Phononen) erforderlich. Es ist daher verständlich, daß die intrinsische Lichtabsorption in einem indirekten Halbleiter im Mittel eine größere Wegstrecke benötigt als in einem direkten Halbleiter. (In beiden Fällen sind gleiche Photonenenergien und Bandabstände vorausgesetzt.) Der Phononenbeitrag zur Impulsänderung ist in Bild **2.95**c mit „kT" symbolisiert.

Beispiel 2.23. Der Impuls eines Photons ist durch $h\nu/c = W_{\text{Ph}}/c$ gegeben. Somit ist der Minimalimpuls der in Silicium absorbierten Strahlung $1{,}1\text{ eV}/3 \cdot 10^{10}\text{ cm s}^{-1}$.

Der durch Gitterschwingungen (Phononen) übertragbare Impuls kann mit kT/v_{Sch} abgeschätzt werden; hierin ist $v_{\text{Sch}} = 5 \cdot 10^5$ cm/s (Schallgeschwindigkeit in Silizium). Das Verhältnis des Photonenimpulses zu dem durch ein Phonon übertragbaren Impuls beträgt also

$$\frac{W_{\text{Ph}}}{kT} \cdot \frac{v_{\text{Sch}}}{c} = \frac{1{,}1\text{ eV}}{0{,}026\text{ eV}} \cdot \frac{5 \cdot 10^5\text{ cm s}^{-1}}{3 \cdot 10^{10}\text{ cm s}^{-1}} \approx 10^{-3}.$$

Hieraus ist ersichtlich, daß die Impulsübertragung durch ein Photon vernachlässigbar ist.

Wird ein Halbleiter mit der Lichtintensität Φ_0 bestrahlt, so ergibt sich im Halbleiterinnern im Abstand x von der Oberfläche die Lichtintensität

$$\Phi(x) = \Phi_0\, e^{-\alpha_{\text{Ph}} x}.$$

Hierin ist Φ_0 die Zahl der pro Flächen- und Zeiteinheit in den Halbleiter eintretenden Lichtquanten. Mit α_{Ph} ist der **Absorptionskoeffizient**, der üblicherweise in der Einheit cm^{-1} angegeben wird, bezeichnet. Die Größe $1/\alpha_{\text{Ph}}$ gibt also denjenigen Abstand von der Halbleiteroberfläche an, bei dem die Lichtintensität auf den e-ten Teil des Ausgangswertes Φ_0 abgesunken ist.

Bild **2.96** zeigt für einige Halbleiter den Verlauf des Absorptionskoeffizienten in Abhängigkeit von der Photonenenergie bzw. von der Wellenlänge der Strahlung. Hieraus ist zunächst zu entnehmen, daß jeder Halbleiter eine charakteristische **Absorptionskante** bzw. **Grenzwellenlänge** gemäß Gl. (2.103) besitzt. Für Licht mit einer Photonenenergie $W_{\text{Ph}} < W_{\text{G}}$ (d.h. mit einer Wellenlänge $\lambda > \lambda_{\text{G}}$) ist der Absorptionskoeffizient äußerst gering ($\alpha_{\text{Ph}} \ll 1\text{ cm}^{-1}$). Überschreitet die Photonenenergie diejenige des Bandabstandes, so tritt ein starker Anstieg des Absorptionskoeffizienten ein. Dieser Anstieg ist in der Nähe der Absorptionskante bei den direkten Halbleitern (z. B. Galliumarsenid und Indiumphosphid) erheblich stärker ausgeprägt als bei den indirekten Halbleitern (z. B. Germanium und Silizium).

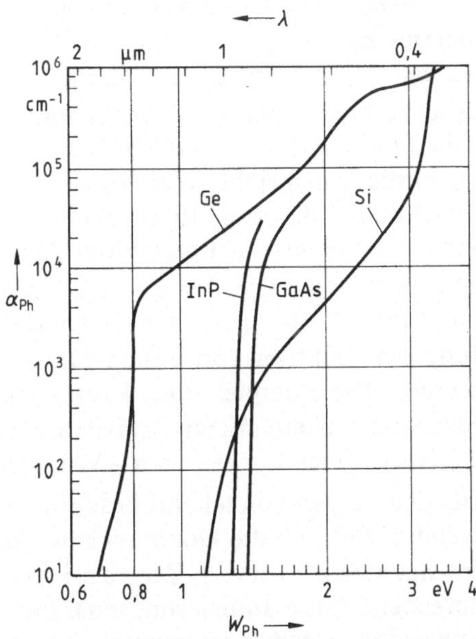

2.96 Optische Absorptionskoeffizienten α_{Ph} einiger Halbleiter als Funktion der Photonenenergie W_{Ph} (bzw. der Lichtwellenlänge λ)

Im Bereich $W_{Ph} \approx 0{,}8$ eV (bei Germanium) bzw. $W_{Ph} \approx 2{,}5$ eV (bei Silicium) ist es auch bei Germanium bzw. Silicium möglich, Elektronen aus dem Valenzband in das bei Γ auftretende Minimum des Leitungsbandes zu überführen; hierbei ist **keine** Änderung des Elektronenimpulses erforderlich (vgl. Bild 2.65 a, b). Das Absorptionsverhalten von Germanium und Silicium entspricht also in den genannten Bereichen der Photonenenergie demjenigen eines direkten Halbleiters.

Beispiel 2.24. Für gelbes Licht ($W_{Ph} = 2{,}07$ eV, $\lambda = 600$ nm) weist Silizium den Absorptionskoeffizienten $\alpha_{Ph} = 4 \cdot 10^3$ cm^{-1} auf. In einer Siliziumschicht von 10 μm Dicke wird ein Anteil

$$1 - \exp(-4 \cdot 10^3 \text{ cm}^{-1} \cdot 10^{-3} \text{ cm}) = 0{,}98$$

($= 98\%$) des eintretenden Lichtes absorbiert. Die Durchlässigkeit der genannten Schicht für gelbes Licht ist 2%.

Wie in Abschn. 2.4.3.1 dargelegt, ist der Bandabstand eines Halbleiters von der Temperatur abhängig. Demzufolge weisen auch die Lage der Absorptionskante und die Grenzwellenlänge eine Temperaturabhängigkeit auf. Bei den meisten Halbleitern nimmt der Bandabstand mit steigender Temperatur ab (vgl. Bild 2.68), d. h., die Absorptionskante verschiebt sich in Richtung kleinerer Photonenenergie. Die Grenzwellenlänge nimmt in diesem Falle mit steigender Temperatur zu.

In Abschn. 2.4.3.2 wurde erwähnt, daß bei hohen Störstellenkonzentrationen eine Verbreiterung der Störstellenniveaus eintritt. Hierdurch kann es zu einer Überlappung der Störstellenniveaus mit dem Leitungs- bzw. Valenzband kommen; dies entspricht einer Verringerung des effektiven Bandabstandes. Es ist evident, daß derartige Effekte hoher Dotierung auch das Absorptionsverhalten eines Halbleiters im Bereich der Absorptionskante beeinflussen.

Die Wirkungsweise der **extrinsischen** Lichtabsorption in einem Halbleiter ist in Bild 2.95 a, Mitte und rechts, skizziert. Danach kann durch Lichteinstrahlung ein Elektron von einem Donatorniveau in das Leitungsband befördert werden. Die Energiezufuhr kann auch dazu dienen, ein Elektron aus dem Valenzband auf ein Akzeptorniveau anzuheben; der letztere Fall entspricht der Emission eines Loches vom Akzeptorniveau zum Valenzband.

Bei den beiden vorstehend beschriebenen Absorptionsmechanismen ist es notwendig, daß sich die Donator- bzw. Akzeptorniveaus vor der Lichteinstrahlung **im nichtionisierten Zustand** befinden. Die Störstellen müssen dementsprechend hohe Ionisierungsenergien aufweisen bzw. die vorstehende Bedingung muß durch eine hinreichend niedrig gewählte Arbeitstemperatur erfüllt werden. Es ist ferner evident, daß die extrinsische Absorption nur bei hoher Störstellenkonzentration einen nennenswerten Beitrag zum Absorptionsspektrum eines Halbleiters leistet.

Es sei hinzugefügt, daß die Gitterschwingungen auch einen Beitrag zur Energiebilanz beim Absorptionsvorgang liefern. Da jedoch die mittlere Energie der Phononen von der Größenordnung kT ($=0{,}026$ eV bei Raumtemperatur) ist, kann dieser Beitrag i.allg. gegenüber der Photonenenergie ($W_{Ph} \geq W_G$) bei der intrinsischen Absorption vernachlässigt werden.

Der Umkehreffekt der intrinsischen Photonenabsorption ist die bereits in Abschn. 2.4.3.5 erwähnte strahlende Rekombination durch den Band-Band-Übergang eines Elektrons. Dieser Vorgang ist in Bild **2.97** a, links, skizziert. Dabei ist zwischen Band-Band-Übergängen in direkten Halbleitern und solchen in indirekten Halbleitern zu unterscheiden. Beide Arten von strahlenden Band-Band-Übergängen stehen in Konkurrenz zu den in Abschn. 2.4.3.5 behandelten nichtstrahlenden Rekombinationsmechanismen.

Bei den direkten Halbleitern (Bild **2.97** b) ist für den strahlenden Band-Band-Übergang eines Elektrons **keine** impulsändernde Beteiligung von Gitterschwingungen erforderlich. Bei hinreichender Qualität des Halbleitermaterials dominieren daher die strahlenden Band-Band-Übergänge gegenüber den nichtstrahlenden Rekombinationsvorgängen. Direkte Halbleiter sind daher für die Herstellung von **lichtemittierenden Bauelementen**, d.h. von Leuchtdioden (LED) und Injektionslasern (LD) geeignet.

Bei geeignet hergestelltem Galliumarsenid beträgt der Anteil der strahlenden Rekombination etwa 75% (interner Quantenwirkungsgrad). Infolge der – technologisch unvermeidbaren – Absorptions- und Reflexionsverluste liegt jedoch der höchste gemessene externe Wirkungsgrad einer GaAs-Leuchtdiode bei etwa 30%.

Bei den indirekten Halbleitern (Bild **2.97** c) kann ein strahlender Band-Band-Übergang nur dann erfolgen, wenn ein Phonon für die erforderliche Impulsänderung des Elektrons beim Rekombinationsvorgang sorgt. Da die strahlende Band-Band-Rekombination unter Mitwirkung von Phononen eine wesentlich geringere Effizienz als die strahlungslose Rekombination aufweist, verlaufen in

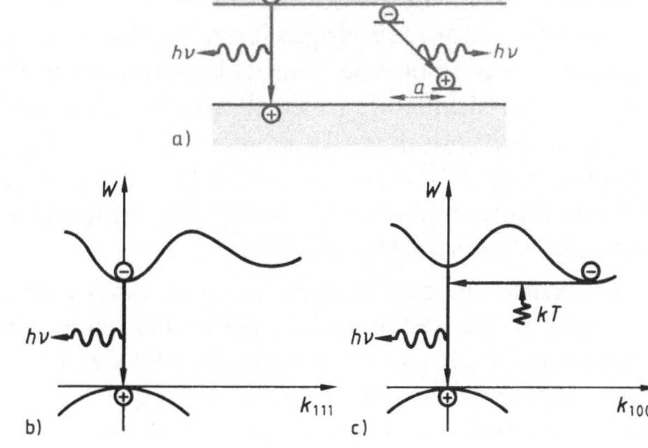

2.97
Strahlende Rekombination
in Halbleitern
a) Band-Band-Übergang und
Donator-Akzeptor-Paarrekombination, b) Band-Band-Übergang in einem direkten
Halbleiter, c) Band-Band-Übergang in einem indirekten Halbleiter

einem indirekten Halbleiter die meisten Rekombinationsvorgänge strah-
lungslos. Indirekte Halbleiter sind daher für die Herstellung lichtemittieren-
der Bauelemente ungeeignet; eine Ausnahme hiervon bildet das Galliumphosphid (s. u.).

In Silizium beträgt der Anteil der strahlenden Band-Band-Übergänge etwa
$10^{-5}\%$. Trotz dieses sehr geringen Wirkungsgrades ist es möglich, die strah-
lende Band-Band-Rekombination in Silizium zur Bestimmung überschüssiger
Ladungsträgerkonzentrationen im Leitungs- bzw. Valenzband heranzuziehen.

Außer der vorstehend beschriebenen strahlenden Band-Band-Rekombination
existieren strahlende Rekombinationsmechanismen, bei denen Störstellenniveaus beteiligt sind. Von diesen Mechanismen soll hier nur die Donator-
Akzeptor-Paarrekombination (Bild **2.**97a, rechts) näher erläutert werden.

Donatoren und Akzeptoren können jeweils ein Elektron bzw. ein Loch binden.
Bei hinreichend geringem Abstand a zwischen dem Donator und dem Akzep-
tor tritt die Donator-Akzeptor-Paarrekombination auf. Die dabei emittierten
Lichtquanten besitzen die Energie

$$W_{Ph} = W_G - (W_D + W_A) + \frac{e^2}{4\pi\varepsilon\varepsilon_0 a}. \tag{2.104}$$

Der dritte Term in Gl. (2.104) entspricht der Coulomb-Energie der an Donatoren und Akzeptoren im Abstand a gebundenen Elektronen und Löcher. Der
energetische Beitrag der Phononen wurde in Gl. (2.104) vernachlässigt. Da der
Abstand a zwischen dem Donator und dem Akzeptor in einem Kristall nur
diskrete (d. h. durch das Wirtsgitter bestimmte) Werte annehmen kann, ist die
Donator-Akzeptor-Paarrekombination durch ein Linienspektrum gekennzeichnet, welches dem üblicherweise auftretenden Emissionskontinuum überlagert
ist. Dieses Linienspektrum ist allerdings nur bei tiefen Temperaturen
($T \lesssim 20$ K) zu beobachten; bei Raumtemperatur können die einzelnen Linien
infolge thermischer Verbreiterung nicht mehr aufgelöst werden.

Abschließend sei auf die Sonderstellung des Galliumphosphids für die Herstellung von Leuchtdioden hingewiesen. Galliumphosphid ist ein indirekter Halbleiter. Durch Einbau einer isoelektronischen Störstelle (Stickstoff) ist es
möglich, den strahlenden Zerfall von Exzitonen zu fördern. Dabei werden
Photonen emittiert, deren Energie mit 2,2 eV etwas unter derjenigen des Bandabstandes liegt. Mit diesem Material lassen sich Leuchtdioden produzieren, die
im grünen Spektralbereich ($\lambda \approx 560$ nm) emittieren und einen (externen) Wirkungsgrad von etwa 1% aufweisen.

Unter Exzitonen versteht man Elektron-Loch-Paare, welche durch Coulomb-
Wechselwirkung aneinander gebunden sind. Bei der Berechnung der
Exzitonenenergie wird angenommen, daß das Elektron und das Loch sich um
einen gemeinsamen Schwerpunkt bewegen; in Galliumphosphid beträgt die
Bindungsenergie des Exzitons etwa 40 meV.

Durch Verwendung von Galliumphosphid-Galliumarsenid-Mischkristallen vom Typ $GaAs_xP_{1-x}$ lassen sich auch Leuchtdioden für den orangefarbenen und roten Spektralbereich produzieren. Mischkristalle mit einem GaAs-Anteil von mehr als 55% sind – wie Galliumarsenid – direkte Halbleiter.

Zur Herstellung von blauleuchtenden Dioden ist ein Halbleiterwerkstoff mit einem Bandabstand von mindestens 2,7 eV erforderlich. Diese Bedingung wird beispielsweise von Siliziumkarbid (6H-Modifikation) erfüllt. Da es sich bei Siliziumkarbid um einen indirekten Halbleiter handelt, weisen die daraus hergestellten Leuchtdioden einen verhältnismäßig geringen Wirkungsgrad auf.

2.4.3.7 Galvanomagnetische Effekte. Befindet sich ein stromdurchflossener Halbleiter in einem Magnetfeld, so wirkt auf die Ladungsträger die Lorentz-Kraft

$$\vec{F}_{L} = \pm e \vec{v} \times \vec{B} \; ; \qquad\qquad (2.105)$$

hierbei ist das Pluszeichen für Löcher, das Minuszeichen für Elektronen anzuwenden. Aus Gl. (2.105) folgt bei homogener Ladungsträgerkonzentration für

n-Halbleiter   p-Halbleiter

$$\vec{F}_{L} = \frac{1}{n} \vec{S}_{n} \times \vec{B} \qquad\qquad \vec{F}_{L} = \frac{1}{p} \vec{S}_{p} \times \vec{B}.$$

Für die weiteren Herleitungen soll vorausgesetzt werden, daß das Magnetfeld senkrecht zur Probenoberfläche steht (d.h. $\vec{B} \perp \vec{S}$). In diesem Sinne kann mit skalaren Größen gerechnet werden.

Die Auswirkung der Lorentz-Kraft hängt u.a. von den geometrischen Abmessungen des Halbleiters ab. Es sei zunächst eine langgestreckte (n- oder p-leitende) Halbleiterprobe gemäß Bild 2.98 betrachtet; hierbei ist $b \ll L$ und $d \ll L$ vorausgesetzt (d Dicke der Halbleiterprobe). Das Magnetfeld wirke in der eingezeichneten Weise senkrecht zur Zeichenebene.

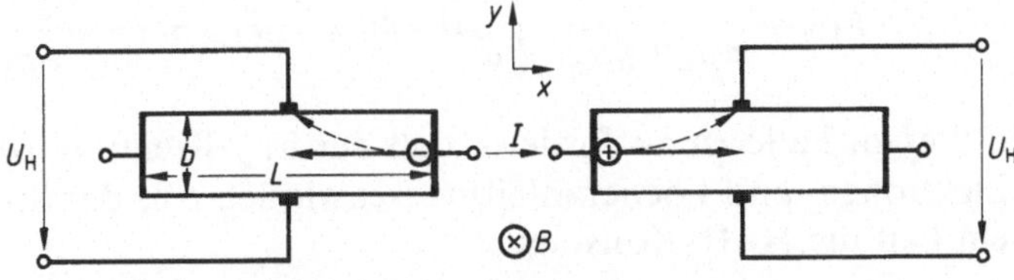

2.98 Zur Entstehung der Hall-Spannung durch Ablenkung von Ladungsträgern im Magnetfeld.
Links: n-Halbleiter, rechts: p-Halbleiter

Unter den vorstehenden Bedingungen beträgt die (in y-Richtung wirkende) Lorentz-Kraft im

n-Halbleiter   p-Halbleiter

$$F_\mathrm{L} = \frac{1}{n}\,\frac{I}{bd}\,B \qquad\qquad F_\mathrm{L} = \frac{1}{p}\,\frac{I}{bd}\,B.$$

Bei der in Bild **2.98** dargestellten Probenform werden die Ladungsträger auf eine Bahn gezwungen, die **parallel** zu den seitlichen Begrenzungsflächen verläuft. Dies ist nur dann möglich, wenn die Lorentz-Kraft durch eine entgegengesetzt wirkende Kraft, die Hall-Kraft F_H, kompensiert wird. Für die Hall-Kraft gilt im

n-Halbleiter   p-Halbleiter

$$F_\mathrm{H} = -e\,E_\mathrm{H} = e\,U_\mathrm{H}/b \qquad F_\mathrm{H} = e\,E_\mathrm{H} = -e\,U_\mathrm{H}/b$$

(E_H Hall-Feldstärke, U_H Hall-Spannung). Aus der Bedingung

$$F_\mathrm{L} + F_\mathrm{H} = 0$$

folgt die Hall-Spannung

$$U_\mathrm{H} = R_\mathrm{H} \cdot \frac{I}{d} \cdot B. \tag{2.106}$$

Hierin ist die Hall-Konstante R_H beim

n-Halbleiter   p-Halbleiter

$$R_\mathrm{H} = -\frac{1}{en} \qquad\qquad R_\mathrm{H} = \frac{1}{ep}. \tag{2.107 a, b}$$

Aus dem Vorzeichen und der Größe der Hall-Konstanten kann also auf die Ladungsträgerart und -konzentration geschlossen werden.

Wenn in einem Halbleiter Elektronen **und** Löcher zum Strom I beitragen, gilt für die auf die Elektronen bzw. Löcher wirkende Lorentz-Kraft

$$F_{\mathrm{L,n}} = \frac{\mu_\mathrm{n}}{n\mu_\mathrm{n}+p\mu_\mathrm{p}} \cdot \frac{I}{bd}\,B \quad \text{bzw.} \quad F_{\mathrm{L,p}} = \frac{\mu_\mathrm{p}}{n\mu_\mathrm{n}+p\mu_\mathrm{p}} \cdot \frac{I}{bd}\,B.$$

In diesem Falle ist zu fordern, daß der in y-Richtung fließende Gesamtstrom (Elektronen- und Löcheranteil) verschwindet. Aus der Strombilanz folgt in diesem Fall die Hall-Konstante

$$R_\mathrm{H} = \frac{p\mu_\mathrm{p}^2 - n\mu_\mathrm{n}^2}{e(n\mu_\mathrm{n}+p\mu_\mathrm{p})^2}. \tag{2.108}$$

Es ist evident, daß Gl. (2.108) für $p=0$ in Gl. (2.107a) und für $n=0$ in Gl. (2.107b) übergeht. Für

$$\frac{p}{n} = \frac{\mu_n^2}{\mu_p^2}$$

ist die Hall-Konstante gleich Null.

Bei einem Eigenhalbleiter ($n=p=n_i$) ergibt sich

$$R_{H,i} = \frac{\mu_p - \mu_n}{e\, n_i\,(\mu_n + \mu_p)}\; ; \qquad\qquad (2.108\,a)$$

wegen $\mu_n > \mu_p$ ist – von wenigen Ausnahmen abgesehen – die Hall-Konstante von Eigenhalbleitern negativ.

Bei der Aufheizung eines p-Halbleiters, d.h. beim Übergang zum eigenleitenden Verhalten, resultiert ein Nulldurchgang des Hall-Koeffizienten. Ein n-Halbleiter weist hingegen einen durchgehend negativen Hall-Koeffizienten auf.

Bei einer genaueren Berechnung des Hall-Effektes ist in den Gleichungen (2.107a,b), (2.108) und (2.108a) auf der rechten Seite ein Zahlenfaktor r hinzuzufügen. Für Halbleiter mit sphärischen Energieflächen im $\bar{k}$-Raum gilt

$$1{,}18 \le r \le 1{,}93 .$$

Der Zahlenwert von r ist von der Art der Streuung der Ladungsträger im Kristall abhängig. Bei reiner Gitterstreuung gilt $r = 3\,\pi/8 = 1{,}18$. Die Streuung an ionisierten Störstellen führt auf einen Korrekturfaktor $r = 1{,}93$.

Bei einer kurzen, breiten Halbleiterprobe ($b \gg L$) gemäß Bild **2.99** macht sich die Ablenkung der Ladungsträger im Magnetfeld als Widerstandsänderung bemerkbar. Der Stromfluß erfolgt in diesem Falle unter einem Winkel θ_H (Hall-Winkel) gegen die Richtung des elektrischen Feldes. Da die gemäß Bild **2.99** auf ein Elektron wirkende Lorentz-Kraft

$$F_L = e\,v_n\,B = -e\,\mu_n\,E\,B$$

und die elektrische Feldkraft

$$F_E = -e\,E$$

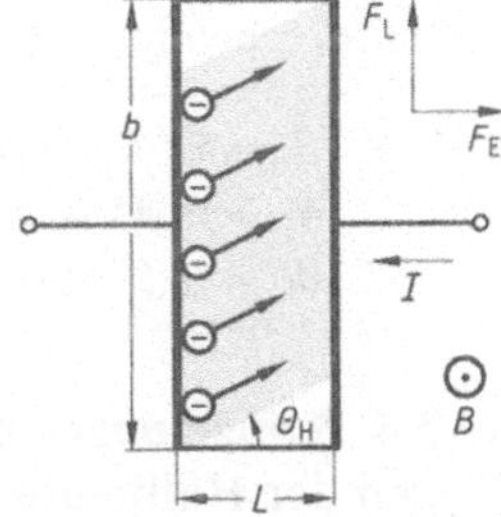

aufeinander senkrecht stehen, resultiert für den Hall-Winkel θ_H die Beziehung

$$\tan\theta_H = \mu_n\,B . \qquad\qquad (2.109)$$

2.99 Zur Änderung des Widerstandes durch Ablenkung von Ladungsträgern im Magnetfeld (n-Halbleiter)

Das Drehen des Stromdichtevektors bedeutet einerseits eine Vergrößerung der wirksamen Länge des Widerstandes um den Faktor $1/\cos\theta_H$ und andererseits auch eine Verringerung des wirksamen Querschnittes um den Faktor $\cos\theta_H$. Ist R_0 die Größe des Widerstandes ohne Magnetfeld, so gilt

$$R(B) = \frac{R_0}{\cos^2\theta_H} = R_0(1+\tan^2\theta_H) = R_0(1+\mu_n^2 B^2). \tag{2.110}$$

Nach Gl. (2.110) besteht eine quadratische Abhängigkeit des Widerstandes von der magnetischen Induktion. Die Widerstandsänderung ist also unabhängig vom Vorzeichen der Magnetfeldstärke.

Neben der vorstehend erläuterten Widerstandsänderung durch die makroskopisch veränderten Elektronenbahnen im Magnetfeld kann auch eine mikroskopische Änderung der Elektronenbewegung auftreten. Letztere bewirkt eine Verringerung der Elektronenbeweglichkeit und damit eine Erhöhung des spezifischen Widerstandes. Dieser Magnetowiderstandseffekt führt bei Halbleiterproben beliebiger Geometrie zu einer Widerstandserhöhung im Magnetfeld. In der Praxis muß die Erhöhung des spezifischen Widerstandes im allgemeinen nur bei Halbleitern mit sehr hoher Elektronenbeweglichkeit (InAs und InSb) berücksichtigt werden.

Beispiel 2.25. Es sind die Hall-Winkel θ_H bei $B=0,4$ T für folgende schwach n-dotierte Halbleiter zu berechnen: Indiumantimonid ($\mu_n = 8\cdot10^4$ cm^2/Vs), Indiumarsenid ($\mu_n = 33\,000$ cm^2/Vs), Galliumarsenid ($\mu_n = 8800$ cm^2/Vs), Silizium ($\mu_n = 1500$ cm^2/Vs). Für Indiumantimonid gilt

$$\tan\theta_H = 8\cdot10^4\,\frac{\text{cm}^2}{\text{Vs}}\cdot 0,4\,\frac{\text{Vs}}{\text{m}^2} = 3,2\,;$$

der Hall-Winkel beträgt also

$$\theta_H = 72,4°.$$

Die entsprechenden Werte für die übrigen Halbleiter lauten:

$$\theta_H = 52,9°\ (\text{InAs}),$$
$$\theta_H = 19,4°\ (\text{GaAs}),$$
$$\theta_H = \ \ 3,5°\ (\text{Si}).$$

2.4.3.8 Anwendungen der Halbleiter. In diesem Abschnitt sollen einige Anwendungen der Halbleiter – insbesondere auf dem Gebiet der Sensorik – beschrieben werden. Es soll sich dabei um verhältnismäßig einfache Halbleiterbauelemente handeln, welche aus einem homogen dotierten, ein- oder polykristallinen Halbleitermaterial bestehen. Halbleiterbauelemente, die einen oder mehrere pn-Übergänge enthalten (Dioden, Transistoren, Thyristoren), werden in Band III des Leitfadens behandelt.

Temperaturabhängige Widerstände. Wie in den Abschnitten 2.4.3.2 und 2.4.3.3 ausgeführt, weisen Halbleiter eine – mehr oder weniger stark ausgeprägte – Temperaturabhängigkeit der Ladungsträgerkonzentration und der Ladungsträgerbeweglichkeit auf. Es ist daher evident, daß Halbleiterwerkstoffe zur Herstellung temperaturabhängiger Widerstände herangezogen werden können [13], [14].

Besonders stark ausgeprägt ist die Temperaturabhängigkeit der Ladungsträgerkonzentration in Eigenhalbleitern, vgl. Gl. (2.78) bzw. Bild **2.74**. Eigenhalbleiter können daher zur Herstellung von Widerständen mit einem negativen Temperaturkoeffizienten (sog. NTC-Widerstände oder Heißleiter) dienen. Aus Gl. (2.78) und (2.79b) folgt der spezifische Widerstand eines Eigenhalbleiters in der Form

$$\rho_i = [e\sqrt{N_L N_V}\,(\mu_n + \mu_p)]^{-1}\, e^{W_G/(2kT)}. \tag{2.111}$$

Unter Vernachlässigung der Temperaturabhängigkeit der Größen N_L, N_V, μ_n und μ_p kann das Temperaturverhalten eines aus einem Eigenhalbleiter bestehenden Widerstandes durch die Gleichung

$$R = A\, e^{B/T} \tag{2.111a}$$

beschrieben werden; hierin sind A und B Konstanten, die von der Geometrie und dem verwendeten Halbleitermaterial abhängen.

Beispiel 2.26. Mit den vorstehend genannten Vernachlässigungen folgt aus Gl. (2.111) der Temperaturkoeffizient eines Eigenhalbleiters

$$\alpha_\rho = \frac{1}{\rho_i}\cdot\frac{d\rho_i}{dT} = -\frac{W_G}{2kT^2} = -\frac{W_G}{2kT}\cdot\frac{1}{T}.$$

Für einen Eigenhalbleiter mit $W_G = 2\,\text{eV}$ ergibt sich daraus bei Raumtemperatur ($T = 300\,\text{K}$, $2kT = 0{,}052\,\text{eV}$) der Temperaturkoeffizient

$$\alpha_\rho = -\frac{2\,\text{eV}}{0{,}052\,\text{eV}}\cdot\frac{1}{300\,\text{K}} = -0{,}13\,\text{K}^{-1} = -13\,\%/\text{K}.$$

Anstelle eines Eigenhalbleiters kann auch ein Störstellenhalbleiter mit hohem Bandabstand und hoher Ionisierungsenergie der Donatoren bzw. Akzeptoren Verwendung finden. Nach Gl. (2.85a,b) weisen derartige Halbleiter im Bereich der Störstellenreserve eine exponentielle Temperaturabhängigkeit der Ladungsträgerkonzentration auf.

In der Praxis verwendet man zur Herstellung von Heißleitern Metalloxide (z. B. Fe_2O_3, MnO, NiO, CoO, ZnO) und oxidische Mischkristalle (z. B. $NiMn_2O_4$, Zn_2TiO_4, $MgCr_2O_4$) in polykristalliner Form. Bei diesen Halbleitern handelt es sich um Substanzen mit überwiegend ionischer Bindung. Die Beweglichkeit der Ladungsträger liegt (bei Raumtemperatur) im Bereich von etwa 10^{-5} bis 10^{-1} cm²/Vs; sie ist also erheblich geringer als bei Germanium, Silizium und den III-V-Halbleitern. Dementsprechend ist anzunehmen, daß sich der Leitungsmechanismus in den oxidischen Halbleitern wesentlich von demjenigen unterscheidet, welcher in den vorangegangenen Abschnitten erläutert wurde.

In den meisten Oxidhalbleitern liegt die freie Weglänge der Ladungsträger in der Größenordnung des Abstandes der Gitteratome. Der Leitungsmechanismus ist somit durch ein schrittweises Vorrücken der Ladungsträger von einem Gitteratom zu einem benachbarten Gitteratom zu beschreiben. Für jeden dieser „Hüpfprozesse" ist eine thermische Aktivierung über die Gitterschwingungen erforderlich. Damit ergibt sich eine Ladungsträgerbeweglichkeit, welche gemäß

$$\mu(T) = \mu_\infty\, e^{-B/T}$$

exponentiell von der Temperatur abhängt. Für den spezifischen Widerstand der Oxidhalbleiter ergibt sich also bei konstanter Ladungsträgerkonzentration eine Temperaturabhängigkeit, die tendenziell derjenigen eines Eigenhalbleiters gemäß Gl. (2.111a) entspricht.

Die Widerstandswerte von Heißleitern (bei Raumtemperatur) können im Bereich von 1 Ω bis 1 MΩ eingestellt werden; die Konstante B in Gl. (2.111a) liegt üblicherweise im Bereich von etwa 1500 K bis 7000 K. Bild **2.**100 zeigt einige typische Kurven der Temperaturabhängigkeit des spezifischen Widerstandes von Halbleiterwerkstoffen, die für Heißleiter Verwendung finden.

Heißleiter werden u. a. zur Messung von Temperaturen herangezogen. In diesem Falle ist es wünschenswert, daß die im Heißleiter umgesetzte elektrische Energie so klein bleibt, daß eine Eigenerwärmung ausgeschlossen ist. Außerdem werden eine kleine Wärmekapazität des Heißleiters und ein guter Wärmeübergang vom Meßobjekt zum Heißleiter angestrebt.

Bei bestimmten Heißleiteranwendungen nutzt man die Tatsache aus, daß die im Heißleiter erzeugte Joulesche Wärme zu einer stark nichtlinearen I-U-Kennlinie führen kann. Zur Berechnung der Kennlinie eines Heißleiters unter Berücksichtigung der Eigenerwärmung geht man von der umgesetzten Leistung

$$P = U^2/R = I^2 R$$

und dem Wärmewiderstand

$$R_{\mathrm{th}} = \frac{T - T_{\mathrm{u}}}{P}$$

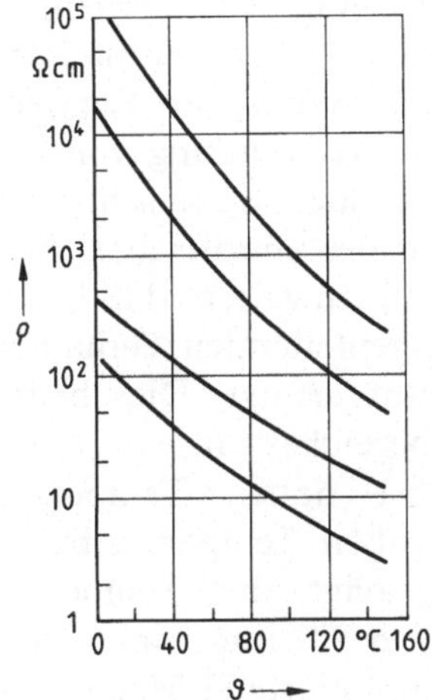

2.100 Temperaturabhängigkeit des spezifischen Widerstandes ρ von Werkstoffen zur Herstellung von Heißleitern

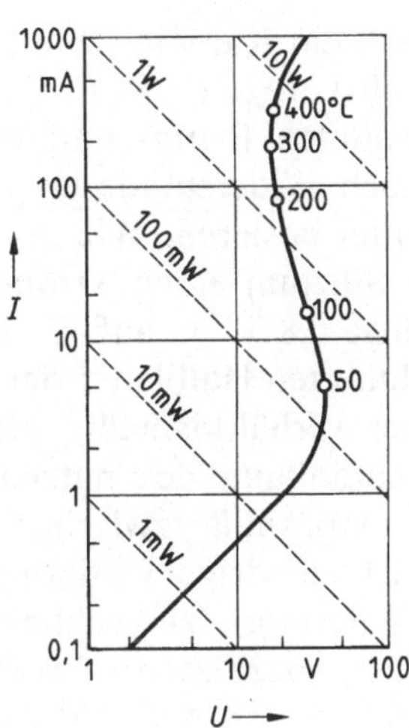

2.101 Statische Kennlinie $I(U)$
eines Heißleiters

aus (T Temperatur des Heißleiters, T_u Umgebungstemperatur). Mit der Abkürzung $\Delta T = T - T_u$ ergibt sich unter Verwendung von Gl. (2.111 a) die Kennlinie
des Heißleiters in der Parameterdarstellung

$$U = \sqrt{\frac{\Delta T}{R_{th}}\,A}\;e^{B/T}, \qquad I = \sqrt{\frac{\Delta T}{R_{th}A}}\;e^{-B/T} \tag{2.112 a, b}$$

mit T als Parameter. Bei vorgegebenen Material- und Geometriedaten (A, B,
R_{th}) sowie vorgegebener Umgebungstemperatur T_u ergibt sich für jede Temperatur $T > T_u$ aus den Gleichungen (2.112 a, b) ein Wertepaar für U und I, welches die Kennlinie des Heißleiters beschreibt.

Bild 2.101 zeigt ein Beispiel für die Kennlinie eines Heißleiters unter Berücksichtigung der Eigenerwärmung. Es ist hervorzuheben, daß eine derartige
Kennlinie nur für eine bestimmte Umgebungstemperatur und für einen definierten Wärmewiderstand Gültigkeit besitzt. Bei der Aufnahme der Kennlinie
muß die thermische Trägheit des Bauelementes berücksichtigt werden.

Bauelemente mit einer Kennlinie gemäß Bild 2.101 werden u. a. für Kipp- und
Verzögerungsschaltungen im Bereich niedriger Frequenzen bzw. großer Zeitkonstanten eingesetzt.

Widerstände mit einem positiven Temperaturkoeffizienten (PTC-Wi-
derstände oder Kaltleiter) existieren in zwei Varianten: Kaltleiter für Meß-
zwecke und Kaltleiter für die Regeltechnik bzw. für den thermischen Überlastschutz.

Soll ein Kaltleiter zur Temperaturmessung eingesetzt werden, so ist eine möglichst lineare $R(T)$-Kennlinie anzustreben. Neben den in Abschn. 2.4.2.4 erwähnten Platin- und Nickelwiderständen werden für Temperaturmessungen auch Widerstände eingesetzt, die auf der Verwendung von n-leitendem Silizium basieren. Wie im Beispiel 2.19 berechnet, weist sehr schwach dotiertes n-Silizium einen Temperaturkoeffizienten des spezifischen Widerstandes von etwa 0,8%/°C auf. Es ist jedoch darauf hinzuweisen, daß bei einem schwach dotierten Halbleiter der Übergang zum eigenleitenden Verhalten bereits bei einer verhältnismäßig niedrigen Temperatur erfolgt. Dies bedeutet eine Einschränkung des nutzbaren Temperaturbereiches. In der Praxis ist also ein Kompromiß zwischen einem möglichst hohen Temperaturkoeffizienten (d.h. niedrige Dotierung) und einem großen Temperaturbereich (d.h. hohe Dotierung) zu schließen. Bild **2**.102 zeigt die Temperaturabhängigkeit des spezifischen Widerstandes von n-Silicium im Dotierungsbereich 10^{14} cm$^{-3} \lesssim N_{\mathrm{D}} \lesssim 10^{17}$ cm^{-3}. Das schwach dotierte Si-Material ist demnach für einen Meßbereich bis etwa 150°C geeignet.

Für regeltechnische Anwendungen sowie für den thermischen Überlastschutz benötigt man Kaltleiter mit einer stark nichtlinearen Temperaturcharakteristik. Das Bauelement soll bei niedriger Temperatur einen möglichst kleinen Widerstand aufweisen; beim Überschreiten einer vorgegebenen Temperatur soll der Widerstand um mehrere Zehnerpotenzen ansteigen.

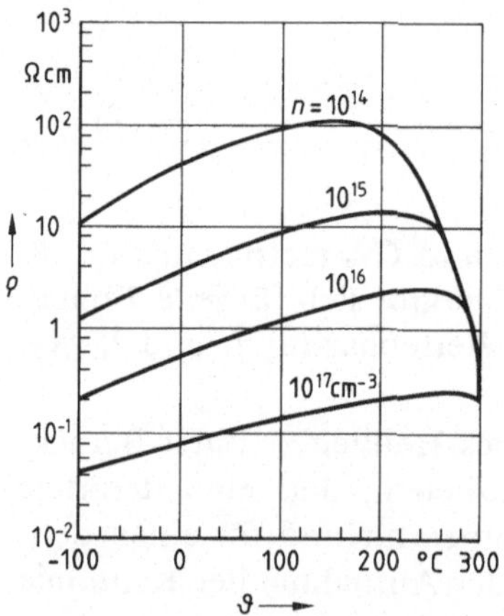

2.102 Temperaturabhängigkeit des spezifischen Widerstandes ρ von n-Silicium

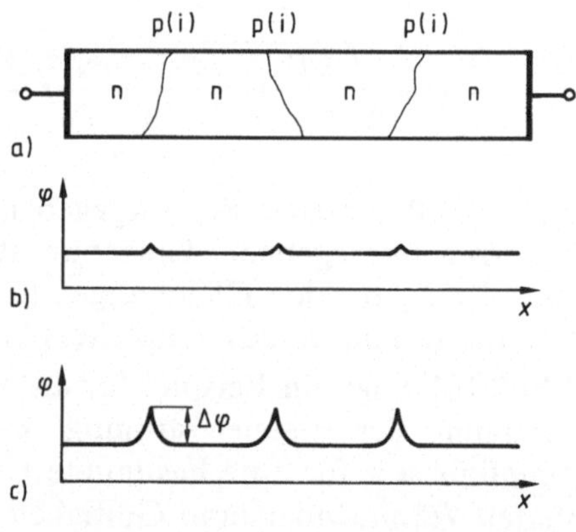

2.103 Zur Wirkungsweise von Heißleitern a) Struktur, b) und c) Potentialverteilung bei niedriger und hoher Temperatur

Bild **2**.103 zeigt die Wirkungsweise eines Kaltleiters mit nichtlinearer $R(\vartheta)$-Kennlinie. Der Kaltleiter besteht im wesentlichen aus polykristallinem, n-leitendem (Sb-dotiertem) Bariumtitanat. Die Korngrenzen besitzen infolge eines Bariumdefizits (oder durch Einlagerung von Akzeptoren) p- oder eigenleitenden Charakter. Die hierdurch entstehende Potentialverteilung ist schematisch in Bild **2.**103 b dargestellt.

Die Höhe der Potentialberge ist von der Dielektrizitätszahl ε_r des Kornmaterials abhängig. Da Bariumtitanat zur Gruppe der ferroelektrischen Substanzen gehört (vgl. Abschn. 3.3), ist die Dielektrizitätszahl bei Raumtemperatur sehr hoch ($\varepsilon_r \approx 10^3$). Die Potentialberge an den Korngrenzen sind dementsprechend niedrig, d. h., es tritt keine nennenswerte Behinderung des Elektronentransportes über die Korngrenzen auf. Der Widerstand des Bauelementes wird daher bei Raumtemperatur durch die Leitungseigenschaften des Bariumtitanats im Korninnern bestimmt.

Beim Überschreiten der Curie-Temperatur (ca. 120 °C) sinkt die Dielektrizitätszahl des Bariumtitanats stark ab. Es bilden sich Potentialwälle an den Korngrenzen aus (Bild **2.**103 c), die zu einem starken Anstieg des elektrischen Widerstandes führen. Das Temperaturverhalten des spezifischen Widerstandes kann näherungsweise durch die Beziehung

$$\rho = \rho_0\, e^{e\,\Delta\varphi/kT}$$

beschrieben werden; $\Delta\varphi$ ist die Höhe der Potentialwälle.

Bild **2.**104 zeigt die $R(\vartheta)$-Kennlinien zweier Kaltleiter mit stark nichtlinearer Temperaturcharakteristik. Danach ist der Anstieg des Widerstandes auf einen engen Bereich in der Nähe der Curie-Temperatur beschränkt; letztere läßt sich durch Zusatz von Strontiumtitanat in gewissen Grenzen einstellen.

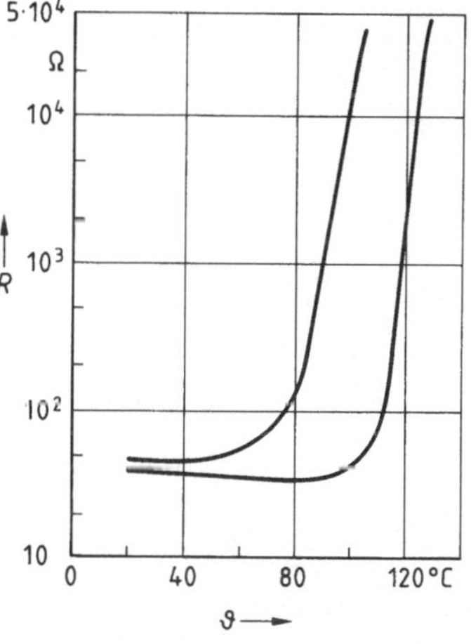

2.104 Temperaturabhängigkeit des Widerstandes R von Kaltleitern (Beispiele)

Photoleiter. Wie bereits in Abschn. 2.4.3.6 erläutert, werden durch elektromagnetische Strahlung (Licht) im Halbleiter Elektron-Loch-Paare erzeugt, sofern die Photonenenergie den Bandabstand übertrifft ($h\nu \geq W_G$). Die Anhebung der Ladungsträgerdichte hat eine Leitfähigkeitserhöhung (Photoleitung) zur Folge.

Zur Herstellung von Photoleitern für den sichtbaren Spektralbereich verwendet man polykristalline Schichten aus Zinksulfid, Cadmiumsulfid oder Cadmiumtellurid. Im infraroten Spektralbereich kommt u. a. Bleisulfid zum Einsatz. Bei den vorstehend genannten Werkstoffen handelt es sich um direkte Halbleiter; zur vollständigen Lichtabsorption sind daher sehr dünne Schichten ausreichend. Durch eine geeignete Aufdampftechnik (bzw. durch anschließende Temperbehandlung) können die Photoleiter so hergestellt werden, daß der Dunkelstrom vernachlässigbar klein ist. In den folgenden Herleitungen bleibt daher die Gleichgewichts-Elektronenkonzentration n_0 unberücksichtigt.

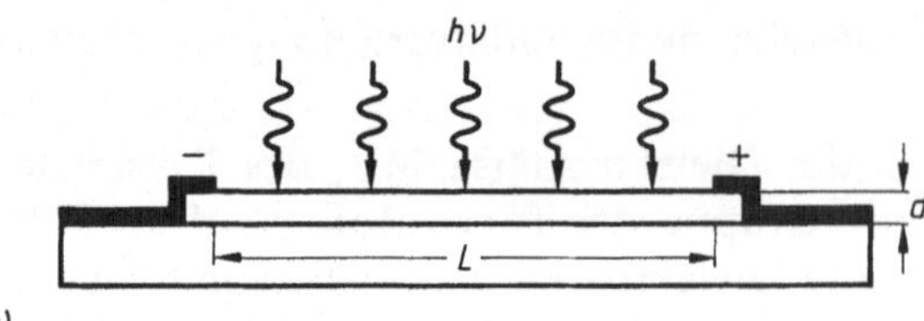

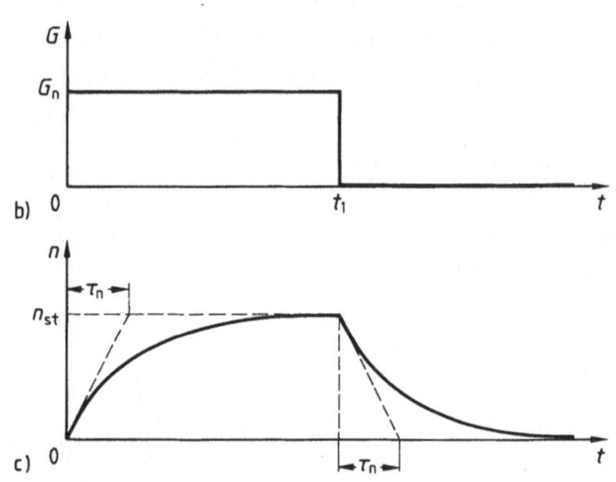

2.105
Zur Wirkungsweise eines Photoleiters
a) Struktur, b) Generationsrate $G_n(t)$, c) Elektronenkonzentration $n(t)$

Es sei zunächst eine zeitlich konstante Lichteinstrahlung mit der Leistung P_{Ph} angenommen (Bild **2.105**a); die Zahl der pro Zeiteinheit absorbierten Photonen sei dementsprechend $P_{Ph}/h\nu$. Aus der Kontinuitätsgleichung (2.98 a) folgt dann für den **stationären Zustand** ($\partial n/\partial t = 0$)

$$n_{st} = G_n \tau_n = \frac{P_{Ph}}{h\nu} \cdot \frac{\tau_n}{bdL}$$

(b Breite, d Dicke, L Länge des Photoleiters). Es wird dabei angenommen, daß jedes einfallende Photon ein Elektron-Loch-Paar erzeugt.

Bei den obengenannten Werkstoffen werden die Löcher in Haftstellen eingefangen; sie tragen zur Leitfähigkeit nicht bei. Im Photoleiter fließt daher der Strom

$$I_n = bd \cdot S_n = e \frac{P_{Ph}}{h\nu} \cdot \frac{\tau_n \mu_n E}{L}. \tag{2.113}$$

Bezieht man die durch den Photoleiter fließenden Ladungsträger auf die in der gleichen Zeit eintretenden Photonen, so erhält man die Verstärkung

$$V_{Ph} = \frac{\tau_n \mu_n E}{L} = \frac{\tau_n}{\tau_L}; \tag{2.114}$$

hierin ist $\tau_L = L/(\mu_n E)$ die Laufzeit der Ladungsträger durch den Photoleiter.

Durch Wahl eines Halbleiters mit hoher Trägerlebensdauer erhält man also eine hohe Verstärkung (Empfindlichkeit) des Photoleiters.

Es soll nun das Zeitverhalten eines Photoleiters näher untersucht werden. Dazu sei angenommen, daß im Zeitbereich $0 \le t \le t_1$ eine zeitlich konstante Belichtung des Photoleiters erfolgt; dies führt zu einer Ladungsträgererzeugung mit der Generationsrate $G_n(t)$ gemäß Bild **2.105b**. Nach Gl. (2.96a) und Gl. (2.98a) lautet die Kontinuitätsgleichung der Elektronenkonzentration unter Vernachlässigung von n_0

$$\frac{\partial n}{\partial t} = G_n - \frac{n}{\tau_n}.$$

Als Lösung folgt

$$n(t) = G_n \tau_n (1 - e^{-t/\tau_n}) \quad \text{für} \quad 0 \le t \le t_1. \tag{2.115a}$$

Die Elektronenkonzentration steigt zunächst (für $t \ll \tau_n$) linear gemäß

$$n = G_n t$$

an und erreicht für $t \gg \tau_n$ den stationären Endwert n_{st} (Bild **2.105c**). Nach Beendigung der Belichtung erfolgt ein exponentieller Abfall der Ladungsträgerkonzentration gemäß

$$n(t) = n_{st} e^{-(t-t_1)/\tau_n} \quad (t > t_1). \tag{2.115b}$$

Wie aus Bild **2.105c** hervorgeht, wird der zeitliche Verlauf des Lichtsignals durch einen Photoleiter mit hoher Trägerlebensdauer nur unvollkommen wiedergegeben.

Sollen durch einen Photoleiter kurzzeitige Schwankungen der Lichtintensität erfaßt werden, so muß ein Halbleiter mit geringer Trägerlebensdauer verwendet werden; ein entsprechender Empfindlichkeitsverlust ist dabei in Kauf zu nehmen.

Die spektrale Empfindlichkeitsverteilung eines Photoleiters ist von dem Bandabstand des verwendeten Halbleitermaterials abhängig. Bild **2.106**

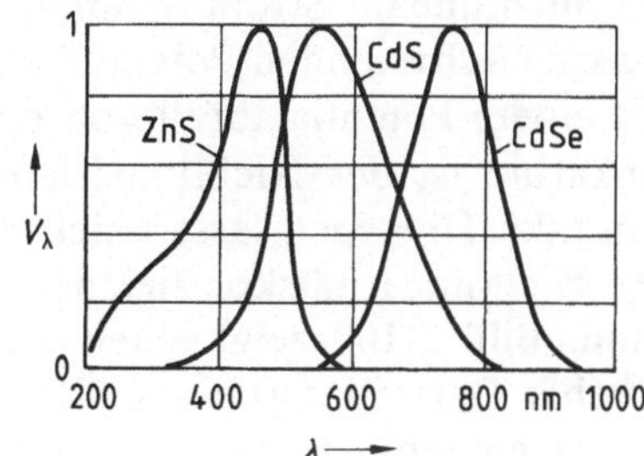

2.106
Spektrale Empfindlichkeitsverteilung V_λ von Photoleitern aus Zinksulfid, Cadmiumsulfid und Cadmiumselenid

zeigt die entsprechenden Kurven für die Halbleiter Zinksulfid, Cadmiumsulfid und Cadmiumselenid. Die Empfindlichkeitsabnahme bei großer Wellenlänge ist auf den Abfall des Absorptionskoeffizienten für $\lambda > \lambda_G$ (s. Abschn. 2.4.3.6) zurückzuführen. Im Bereich kurzer Wellenlängen macht sich die – bei gleicher Strahlungsleistung – abnehmende Zahl der einfallenden Photonen bemerkbar. Außerdem ergibt sich bei sehr geringer Eindringtiefe der Strahlung eine erhöhte Oberflächenrekombination.

Spannungsabhängige Widerstände. Als Varistoren (engl. **variable resistors**) oder VDR-Widerstände (engl. **voltage dependant resistors**) bezeichnet man Widerstände mit starker Nichtlinearität der I-U-Kennlinie. Derartige Bauelemente werden hauptsächlich für den Überspannungsschutz eingesetzt.

Die Kennlinie eines Varistors kann näherungsweise durch ein Potenzgesetz

$$I = \pm A\,|U|^{\alpha_N} \tag{2.116}$$

beschrieben werden; das Minuszeichen ist für den negativen Spannungsbereich anzuwenden. Es wird ein möglichst hoher Nichtlinearitätskoeffizient α_N angestrebt; in der Praxis gilt

$$5 \lesssim \alpha_N \lesssim 70.$$

Varistoren werden aus Siliziumkarbid oder Zinkoxid hergestellt.

Für die Herstellung von Varistoren aus Siliciumkarbid verwendet man p-leitendes (aluminiumdotiertes) Material mit einer Korngröße von etwa 100 μm. Das SiC-Pulver wird zusammen mit einem Bindemittel in Formen gepreßt und bei hoher Temperatur ($> 1200\,°C$) gesintert; hierbei erfolgt keine Formänderung der SiC-Kristalle.

Das zur Herstellung von Varistoren verwendete Zinkoxid ist auf Grund eines (herstellungsbedingten) Sauerstoffdefizits n-leitend. Das ZnO-Pulver wird mit oxidischen Zusätzen (Bi_2O_3, CoO u.a.) unter Druck bei Temperaturen von 1200–1300 °C gesintert. Hierbei bildet sich ein dichter, polykristalliner Halbleiterkörper aus. Die Korngrenzen weisen auf Grund eines Defizits an Zinkionen p- oder eigenleitenden Charakter auf.

Die nichtlineare Strom-Spannungs-Charakteristik ist durch die an den Korngrenzen auftretenden Potentialwälle bedingt; im Mittel ist an jeder Korngrenze mit einem Potentialabfall von etwa 2 V zu rechnen. Bei Varistoren aus Siliziumkarbid ist der Nichtlinearitätskoeffizient auf Werte von etwa 5 bis 7 beschränkt. Hingegen lassen sich mit Zinkoxid Varistoren herstellen, bei denen der Nichtlinearitätskoeffizient – bereichsweise – Werte bis zu 70 annehmen kann. Bild **2.**107 zeigt einen Vergleich der Kennlinien (in doppelt logarithmischer Darstellung) eines SiC-Varistors und eines ZnO-Varistors. Daraus ist u.a. zu entnehmen, daß der bei niedriger Spannung in einem ZnO-Varistor auf-

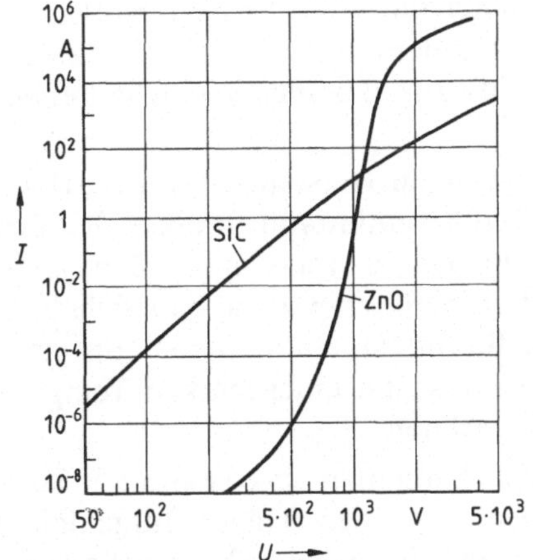

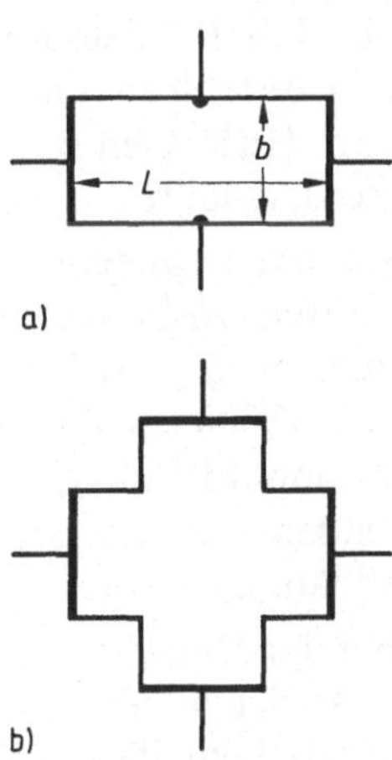

2.107 Kennlinien $I(U)$ von Varistoren aus
Siliziumkarbid und Zinkoxid (Beispiele)

2.108 Bauformen von
Hall-Generatoren

tretende Strom deutlich geringer als bei einem SiC-Varistor ist. Die ZnO-Varistoren sind daher in den meisten Anwendungsfällen den SiC-Varistoren vorzuziehen.

Galvanomagnetische Bauelemente. Wie in Abschn. 2.4.3.7 erläutert, tritt in einem stromdurchflossenen Halbleiter eine Hall-Spannung auf, wenn sich dieser in einem Magnetfeld befindet, welches eine Komponente senkrecht zum Stromdichtevektor aufweist. Derartige Hall-Generatoren werden u.a. zur Messung von Magnetfeldern und zum Aufbau von Positioniereinrichtungen eingesetzt [34].

Nach Gl. (2.106) ist die Hall-Spannung proportional zum Produkt aus dem Strom im Halbleiter und dem angelegten Magnetfeld; sie ist umgekehrt proportional zur Dotierung des Halbleiters. Den Maximalwert der Hall-Spannung erhält man mit einer dünnen, langgestreckten Halbleiterprobe ($b/L \ll 1$). In der Praxis wählt man meistens (aus Kostengründen) ein $b:L$-Verhältnis um 0,5 (Bild **2.108** a). Die Hall-Spannung wird dabei um etwa 10% (gegenüber dem Idealfall $b/L \ll 1$) abgesenkt. Des weiteren finden auch Hall-Generatoren mit einer kreuzförmigen Bauform (Bild **2.108** b) Verwendung; bei dieser Anordnung sind die Elektroden für den Steuerstrom mit denjenigen zur Abnahme der Hall-Spannung vertauschbar.

Aus den Gleichungen (2.106) und (2.107) ist zu entnehmen, daß das zur Herstellung von Hall-Generatoren verwendete Halbleitermaterial eine geringe Ladungsträgerkonzentration aufweisen soll. Des weiteren soll die von dem Steuerstrom I im Halbleiter umgesetzte Leistung möglichst gering gehalten werden. Ebenso ist ein niedriger Innenwiderstand des Hall-Generators (d.h. zwischen den zur Abnahme der Hall-Spannung vorgesehenen Kontakten) erwünscht. Aus den vorstehenden Forderungen folgt, daß sich zur Herstellung von Hall-Generatoren besonders Halbleiter mit einer hohen Elektronenbeweglichkeit eignen. Gl. (2.106) besagt außerdem, daß bei der Realisierung von Hall-Generatoren eine möglichst dünne Halbleiterschicht verwendet werden sollte.

Im Sinne vorstehender Überlegungen werden zur Herstellung von Hall-Generatoren insbesondere die Halbleiter Indiumantimonid (maximale Beweglichkeit $\mu_n = 80\,000\ cm^2/Vs$) und Indiumarsenid (maximale Beweglichkeit $\mu_n = 33\,000\ cm^2/Vs$) eingesetzt. Dabei ist zu berücksichtigen, daß sich Indiumantimonid (mit geringer Dotierung) bei Raumtemperatur bereits im eigenleitenden Zustand befindet; dementsprechend ist mit einer starken Temperaturabhängigkeit des Hall-Koeffizienten zu rechnen.

Bei der Herstellung von Hall-Generatoren kann man einkristalline InSb- oder InAs-Scheiben verwenden. Diese werden auf einen Träger aufgeklebt und durch Schleifen und chemische Ätzung auf die gewünschte Dicke (ca. 20–50 μm) gebracht; anschließend erfolgt die Kontaktierung (Bild **2.**109 a). Alternativ können aufgedampfte (polykristalline) InSb- oder InAs-Schichten mit einer Dicke von ca. 5 μm eingesetzt werden (Bild **2.**109 b). Infolge des geringen Bandabstandes bei Indiumantimonid und Indiumarsenid werden die galvanomagnetischen Eigenschaften dieser Werkstoffe durch Korngrenzen nicht beeinflußt.

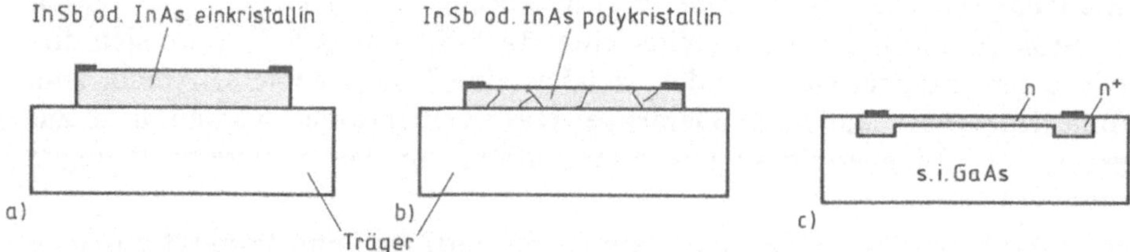

2.109 Aufbau von Hall-Generatoren
   a) Mit einkristallinem InSb oder InAs, b) mit polykristallinem InSb oder InAs, c) mit einkristallinem, semiisolierendem GaAs

Galliumarsenid weist eine erheblich geringere Elektronenbeweglichkeit (maximal $8800\ cm^2/Vs$) als Indiumantimonid und Indiumarsenid auf. Wie bereits erwähnt, kann Galliumarsenid in semiisolierender Form hergestellt werden. Durch Implantation von Si-Ionen (oder anderer Donatoren) läßt sich eine räumlich begrenzte n-leitende Schicht mit einer Dicke unter 1 μm erzeugen; für die Kontaktbereiche wählt man eine erheblich höhere Implantationsdosis (Bild **2.**109 c).

Es ist schließlich zu erwähnen, daß auch Silicium (maximale Beweglichkeit $\mu_n = 1500\ cm^2/Vs$) als Grundmaterial für Hall-Generatoren verwendet wird. Auf dem Siliziumplättchen, das den Hall-Generator enthält, können auch Stromversorgungs-, Verstärker- und Auswerteschaltungen in monolithisch integrierter Form untergebracht werden.

Zur Realisierung eines magnetfeldabhängigen Widerstandes (Feldplatte) ist ein Halbleiterkörper mit geringer Längenausdehnung (d. h. $b/L \gg 1$) vorteilhaft. In der Praxis wählt man beispielsweise $b/L = 5$. Gegenüber dem Idealfall ($b/L \to \infty$) ergibt sich dabei eine um etwa 10% reduzierte Magnetfeldempfindlichkeit. Gemäß Gl. (2.110) eignen sich zur Herstellung magnetfeldabhängiger Widerstände besonders Halbleiter mit hoher Elektronenbeweglichkeit (d. h. insbesondere Indiumantimonid und Indiumarsenid). Infolge der Forderung $b/L \gg 1$ und wegen der hohen Leitfähigkeit des verwendeten Halbleitermaterials ist es nicht möglich, die in der Praxis geforderten Widerstandswerte (ca. $100\,\Omega$ bis $1\,k\Omega$) mit einem Bauelement nach Bild 2.99 zu realisieren. Anwendungstechnisch günstig ist beispielsweise eine Anordnung gemäß Bild 2.110a. Danach wird durch Aufbringen metallischer Kurzschlußstreifen eine Hintereinanderschaltung mehrerer magnetfeldabhängiger Widerstände, welche die o. a. Geometriebedingung erfüllen, bewirkt. Alternativ ist es möglich, metallisch leitende Nadeln aus Nickelantimonid in das Indiumantimonid einzulagern; diese Nadeln werden bei der Kristallisation des Indiumantimonids aus einer geeignet zusammengesetzten Schmelze erzeugt (Bild 2.110b).

Nach Gl. (2.110) ist die Widerstandserhöhung proportional zum Quadrat der magnetischen Induktion. Dieser Zusammenhang gilt allerdings nur für $B \lesssim 0{,}4$ T. Bei hoher Magnetfeldstärke ist auch mit einer Beeinflussung der Elektronenbeweglichkeit durch das Magnetfeld zu rechnen, d. h., an die Stelle der Gl. (2.110) tritt die verallgemeinerte Beziehung

$$\frac{R(B)}{R_0} = \frac{\rho_B}{\rho_0}[1 + f(|B|)] \qquad (2.117)$$

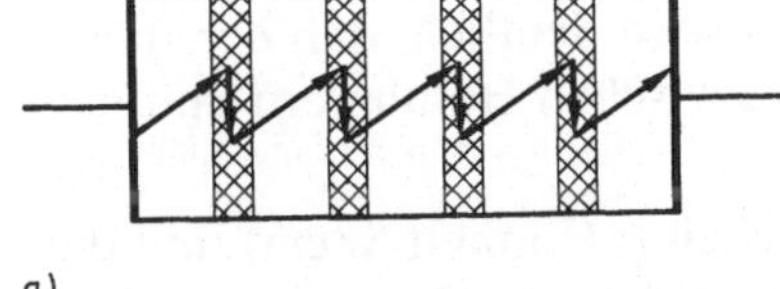

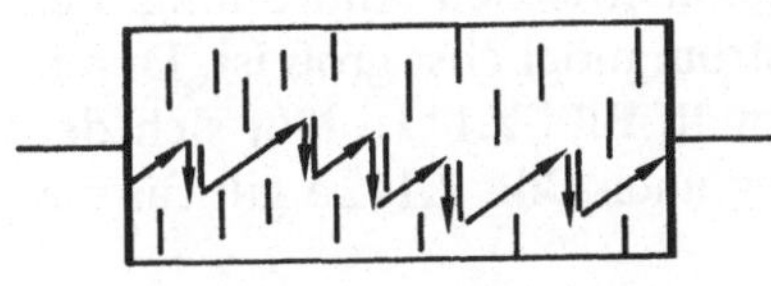

2.110 Bauformen magnetfeldabhängiger Widerstände
a) Mit Kurzschlußstreifen, b) mit eingelagerten NiSb-Nadeln

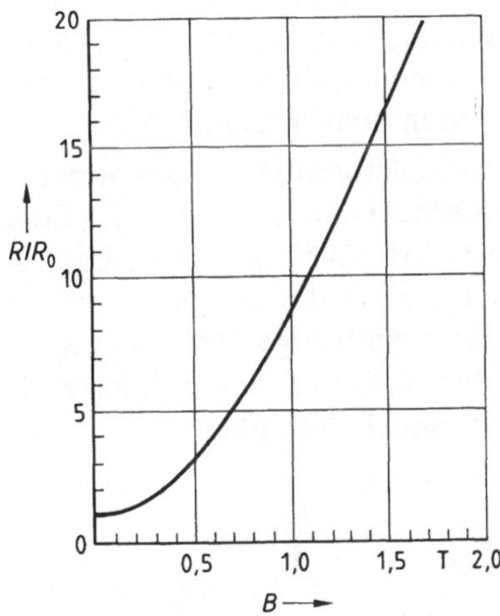

2.111 $R(B)$-Kennlinie einer Feldplatte

(ρ_B spezifischer Widerstand im Magnetfeld, ρ_0 spezifischer Widerstand ohne Magnetfeld). Wie aus Bild **2.**111 hervorgeht, existiert bei hoher Magnetfeldstärke ein annähernd linearer Zusammenhang zwischen dem Widerstand und der Induktion (d. h. $dR/dB = $ const).

Magnetfeldabhängige Widerstände können – wie Hall-Generatoren – zur Messung von Magnetfeldstärken und zur Positionserfassung von magnetisch leitenden Materialien eingesetzt werden. Darüber hinaus verwendet man Feldplatten als berührungslos veränderbare Widerstände (kontaktlose Potentiometer).

2.4.4 Leitungsmechanismen in Isolatoren

2.4.4.1 Elektrische Leitfähigkeit. Isolatoren weisen eine – im Vergleich zu Metallen und Halbleitern – sehr geringe elektrische Leitfähigkeit auf. Eine allgemeingültige und konsequente Abgrenzung zwischen Halbleitern und Isolatoren ist jedoch nicht möglich. In der Praxis werden Werkstoffe, deren Leitfähigkeit weniger als 10^{-10} S/cm beträgt, meistens den Isolatoren zugerechnet. Die geringste bei Raumtemperatur gemessene Leitfähigkeit eines Isolators beträgt rd. 10^{-24} S/cm.

Nach Bild **2.**19 b, c unterscheiden sich Halbleiter und Isolatoren durch die Größe des Bandabstandes W_G. Bei einem Werkstoff mit einem Bandabstand $W_G = 2{,}6$ eV ($=100\,kT$) ergibt sich nach Gl. (2.78) eine Eigenkonzentration $n_i = 4\cdot10^{-3}$ cm^{-3} (hierbei wurde $N_L = N_V = 2\cdot10^{19}$ cm^{-3} angenommen). Mit den Beweglichkeiten $\mu_n = \mu_p = 10^3$ cm^2/Vs resultiert beispielsweise eine Eigenleitfähigkeit $\sigma_i = 10^{-18}$ S/cm. Der Werkstoff ist also gemäß o. a. Abgrenzung als Isolator anzusehen. Falls sich jedoch durch Dotierung eine elektrische Leitfähigkeit (mit $\sigma > 10^{10}$ S/cm) erzielen läßt, ist der Werkstoff den Halbleitern zuzuordnen. Aus dem vorstehenden Beispiel wird deutlich, daß der Bandabstand als alleiniges Kriterium zur Abgrenzung zwischen Halbleitern und Isolatoren nicht geeignet ist.

Bei Isolatoren ist zwischen der Volumenleitfähigkeit σ (Einheit S/cm) und der Oberflächenleitfähigkeit σ_s (Einheit S) zu unterscheiden. Zur Messung der Volumenleitfähigkeit bedient man sich einer geometrischen Anordnung, bei der das Verhältnis Volumenstrom : Oberflächenstrom möglichst groß ist. Durch eine ringförmige Hilfselektrode (Schutzring) gemäß Bild **2.**112a läßt sich der Oberflächenstrom eliminieren. In der Anordnung nach Bild **2.**112a gilt für die Volumenleitfähigkeit

$$\sigma = \frac{d}{A}\cdot\frac{I}{U} \tag{2.118a}$$

(d Isolatordicke, A Elektrodenfläche).

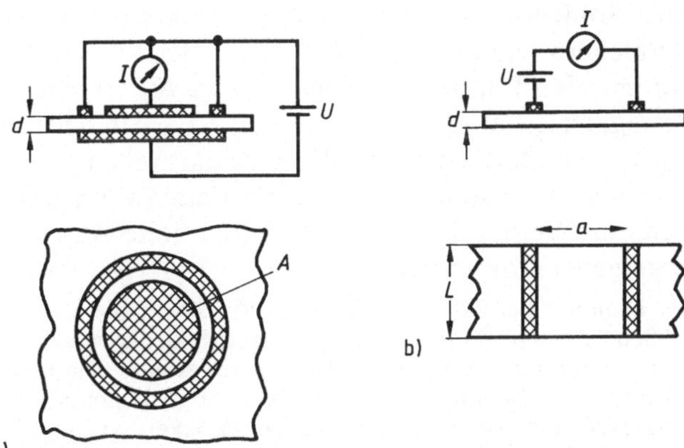

2.112 Anordnungen zur Leitfähigkeitsmessung bei Isolatoren
a) Volumenleitfähigkeit σ, b) Oberflächenleitfähigkeit σ_s

Bei der Messung der Oberflächenleitfähigkeit soll der Volumenstrom möglichst vernachlässigbar klein sein. Mit der Anordnung nach Bild 2.112b ergibt sich die Oberflächenleitfähigkeit

$$\sigma_s = \frac{a}{L} \cdot \frac{I}{U} \qquad (2.118\,\text{b})$$

(L Elektrodenlänge, a Elektrodenabstand). Die Oberflächenleitfähigkeit ist häufig von äußeren Einflüssen (z. B. Luftfeuchtigkeit) abhängig.

Beispiel 2.27. In einer Meßanordnung gemäß Bild 2.112a ist die Elektrodenfläche $A = 100 \ \text{cm}^2$, die Isolatordicke $d = 1$ mm; bei einer Meßspannung von $U = 1000$ V fließt ein Strom $I = 10^{-9}$ A. Hieraus folgt

$$\sigma = \frac{d}{A} \cdot \frac{I}{U} = 10^{-15} \ \text{S/cm}.$$

Beim gleichen Isolatormaterial wird in einer Anordnung nach Bild 2.112b bei $U = 1000$ V ein Strom $I = 5 \cdot 10^{-9}$ A gemessen; für die geometrischen Abmessungen gelte $a = L = 10$ cm. Hieraus bestimmt man die Oberflächenleitfähigkeit

$$\sigma_s = \frac{a}{L} \cdot \frac{I}{U} = 5 \cdot 10^{-12} \ \text{S}.$$

Bei einer Isolatordicke von 1 mm fließt in der Anordnung ein Volumenstrom von 10^{-13} A; dieser Strom ist gegenüber dem o. a. Oberflächenstrom zu vernachlässigen.

Gute Isolatoren sind durch geringe Ladungsträgerkonzentrationen und geringe Ladungsträgerbeweglichkeiten gekennzeichnet. Ein Werkstoff mit niedriger Leitfähigkeit liegt beispielsweise dann vor, wenn der Bandabstand sehr hoch ist (z. B. größer als 5 eV). Die Beweglichkeiten können in diesem Falle von gleicher Größenordnung und gleichem Temperaturverhalten wie bei Metallen und Halbleitern sein (z. B. $\mu_n \sim T^{-3/2}$). Da der Anstieg der Ladungsträgerkonzentration mit der Temperatur gemäß Gl. (2.78) erheblich stärker als der Abfall der Beweglichkeit ausgeprägt ist, resultiert – wie bei Eigenhalbleitern – ein positiver Temperaturkoeffizient der Leitfähigkeit. Ein gutes Isolationsverhalten ergibt sich im vorstehenden Fall nur dann, wenn das Material sehr rein ist oder wenn die Verunreinigungsatome eine hohe Aktivierungsenergie der Ladungsträgergeneration aufweisen.

Bei Diamant beträgt der Bandabstand 5,4 eV; die Ladungsträgerbeweglichkeiten sind größenordnungsmäßig vergleichbar mit denjenigen von Silizium (rd. 10^3 cm^2/Vs). Natürlich vorkommende und künstlich hergestellte Diamanten sind i. allg. mit Stickstoff verunreinigt. Da Stickstoff – als Donator in Diamant – eine Aktivierungsenergie von etwa 2 eV aufweist, resultiert eine Leitfähigkeit von rd. 10^{-16} S/cm; derartige Diamanten sind als sehr gute Isolatoren anzusehen. Es existieren jedoch auch Bor-dotierte, halbleitende Diamanten.

Bei den meisten Isolatoren ist die Ladungsträgerbeweglichkeit erheblich geringer als in Halbleitern. Bei langsamer Bewegung der Elektronen (und geringer Elektronenkonzentration) sind diese in der Lage, das sie umgebende Ionengitter zu polarisieren, d. h. eine örtliche Verschiebung der benachbarten Ionen zu bewirken. Hierdurch entsteht eine Potentialmulde, in der das Elektron festgehalten wird. Die Kombination eines Elektrons mit einem polarisierten Gitterbereich wird als Polaron bezeichnet. Eine Bewegung des Elektrons ist unter diesen Umständen nur durch einen „Hüpfprozeß" von einer Potentialmulde zur nächsten Potentialmulde möglich. Hierzu ist eine thermische Aktivierung (über die Gitterschwingungen) erforderlich. Dementsprechend resultiert eine effektive Beweglichkeit, die eine Temperaturabhängigkeit gemäß

$$\mu_n \sim e^{-W_a/(kT)}$$

aufweist (W_a ist die Aktivierungsenergie, d. h. die Tiefe der Potentialmulde). Bei einem derartigen Isolator resultiert ein positiver Temperaturkoeffizient der Leitfähigkeit auch bei temperaturunabhängiger Ladungsträgerkonzentration. Bei Raumtemperatur treten Beweglichkeitswerte im Bereich von etwa 10^{-6} cm^2/Vs bis 10^{-2} cm^2/Vs auf. Das vorstehende Modell der Elektronenbewegung läßt sich auch auf nichtkristalline (amorphe) Isolatorwerkstoffe (z. B. organische Dielektrika) übertragen [3].

Bei Werkstoffen mit Ionenbindung ist im allgemeinen die Konzentration freier Elektronen (und Löcher) verschwindend gering. In diesem Falle dominiert die Ionenleitung, d. h., der elektrische Strom wird überwiegend durch die Bewegung positiver und/oder negativer Ionen verursacht.

In einem exakt (fehlerfrei) aufgebauten Ionenkristall (Bild 2.113a) ist keine elektrische Leitfähigkeit zu erwarten, da Platzwechselvorgänge der Ionen in diesem Falle eine extrem hohe Aktivierungsenergie erfordern. Eine Ionenbewegung ist jedoch dann möglich, wenn der periodische Kristallbau gestört ist. Zwei wichtige Fälle dieser Art sind in Bild 2.113b, c skizziert.

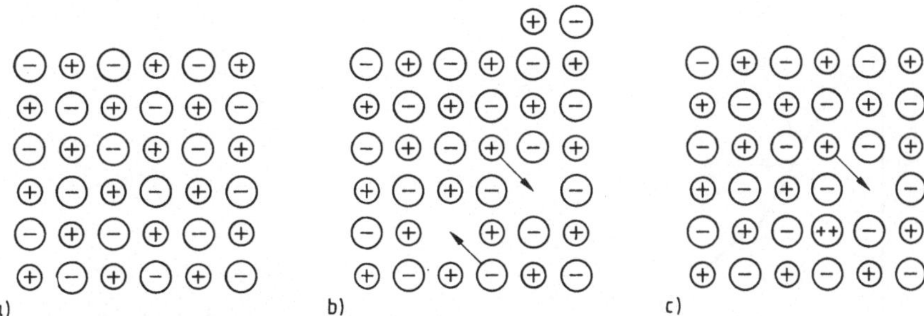

2.113 Zur Ionenleitfähigkeit
a) Idealkristall, b) Kristall mit Leerstellenpaar, c) Kristall mit Fremdatom
und Leerstelle

Durch thermische Gitterschwingungen bedingt, werden in einem Realkristall
Gitterleerstellen (Schottky-Defekte) erzeugt. Zur Aufrechterhaltung der
Ladungsneutralität ist in einem Ionenkristall eine paarweise Entstehung derartiger Leerstellen erforderlich. Für die aus dem Gitterverband entfernten Ionen tritt eine entsprechende Anzahl von Ionen an der Oberfläche auf, d. h., die
Leerstellenbildung ist mit einer Volumenerhöhung (also einer Erniedrigung der
Dichte) verknüpft. Wie in Bild **2.**113 b durch Pfeile angedeutet, kann ein positives oder negatives Ion in eine benachbarte Leerstelle überwechseln; ein derartiger Vorgang erfordert nur eine verhältnismäßig geringe Aktivierungsenergie. Durch mehrfache Platzwechselvorgänge dieser Art kommt ein Ionenstrom
zustande.

In einem Realkristall befinden sich i. allg. auch Ionen, deren Ladungszustand von demjenigen der Ionen des Wirtsgitters abweicht. In Bild **2.**113 c ist
ein zweifach positiv geladenes Ion auf dem Gitterplatz eines einfach positiv
geladenen Ions eingezeichnet. Die Ladungsneutralität wird in diesem Falle
durch eine Leerstelle an der Position eines einfach positiv geladenen Ions ge-
währleistet. Diese Leerstelle gibt in der vorstehend geschilderten Weise Anlaß
zu einer Ionenwanderung im elektrischen Feld. Es ist evident, daß eine derartige ionische Leitfähigkeit durch einen gezielten Einbau von Fremdatomen mit geeigneter Wertigkeit beeinflußt werden kann. Als Beispiel hierfür sei
die Substitution von Natriumionen (Na^+) durch Magnesiumionen (Mg^{++}) in
einem Natriumchlorid-Kristall genannt.

Für die thermisch aktivierte (ungeordnete) Bewegung von Ionen in einem Festkörper kann die Diffusionskonstante in der Form

$$D_1 = D_{1\infty}\, e^{-W_{a1}/(kT)} \tag{2.119}$$

angegeben werden. Hierin ist W_{a1} die Aktivierungenergie für den oben geschilderten Platzwechselvorgang eines Ions in einem Ionenkristall. $D_{1\infty}$ ist eine weitere materialspezifische Konstante (d.h. die auf $T \to \infty$ extrapolierte Diffu-

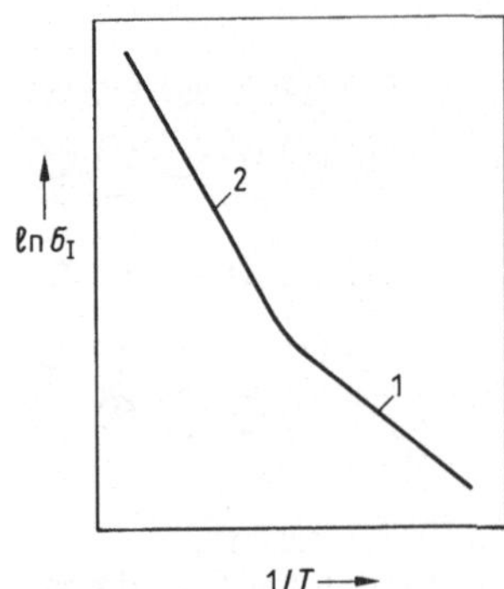

2.114
Temperaturabhängigkeit der Leitfähigkeit σ_I eines Ionenkristalls (Arrhenius-Darstellung):
1 extrinsischer Bereich, 2 intrinsischer Bereich

sionskonstante eines Ions). Unter Verwendung der Einstein-Beziehung

$$\mu_\mathrm{I} = \frac{e}{kT}\, D_\mathrm{I}$$

(μ_I Ionenbeweglichkeit) ergibt sich die Leitfähigkeit eines Ionenkristalls

$$\sigma_\mathrm{I} = \frac{e^2}{kT}\cdot n_\mathrm{I}\, e^{-W_{a1}/(kT)}. \tag{2.120a}$$

Hierbei ist angenommen, daß nur eine Ionenart zur elektrischen Leitfähigkeit
beiträgt. Ferner ist vorausgesetzt, daß die Konzentration n_I der am Leitungsprozeß beteiligten Ionen temperaturunabhängig ist. (Maßgebend hierfür
ist die durch Fremdstoffeinbau erzeugte Konzentration der Leerstellen.)
Trägt man die in Abhängigkeit von der Temperatur gemessene Ionenleitung
gemäß Bild **2.**114 in einer Arrhenius-Darstellung auf, so ergibt sich nach Gl.
(2.120a) im Bereich niedriger und mittlerer Temperaturen näherungsweise die
in Bild **2.**114 mit 1 bezeichnete Gerade; aus der Steigung kann die Aktivierungsenergie W_{a1} für die Platzwechselvorgänge der Ionen ermittelt werden.
Der Mechanismus der Ionenleitung im Bereich 1 wird daher als extrinsische
Leitfähigkeit bezeichnet.
Im Bereich 2, d. h. bei hoher Temperatur, findet man eine erheblich stärkere
Temperaturabhängigkeit der Ionenleitung. In diesem Bereich erfolgt eine zusätzliche, thermisch aktivierte Erzeugung von Leerstellen. Dementsprechend ist auch die Konzentration der am Leitungsprozeß beteiligten Ionen
temperaturabhängig, d. h. $n_\mathrm{I} = n_\mathrm{I}(T)$. Die Gl. (2.120a) ist demgemäß wie folgt
zu modifizieren:

$$\sigma_\mathrm{I} = \frac{e^2}{kT}\cdot n_{\mathrm{I}\infty}\, e^{-(W_{a1}+W_{a2})/(kT)}. \tag{2.120b}$$

Hierin ist W_{a2} die zur Bildung von Leerstellen erforderliche Aktivierungsenergie; $n_{l\infty}$ ist eine materialspezifische Konstante. Für die Ionenleitung im Bereich 2 wird die Bezeichnung intrinsische Leitfähigkeit verwendet.

In Natriumchlorid gilt beispielsweise $W_{a1} = 0{,}77$ eV, $W_{a2} = 1{,}03$ eV; der Übergang von der extrinsischen zur intrinsischen Leitfähigkeit erfolgt im Bereich von 500 bis 600 °C.

2.4.4.2 Elektrischer Durchschlag. Steigert man die auf einen Isolator einwirkende elektrische Spannung, so tritt beim Überschreiten eines kritischen Spannungswertes U_d ein plötzlicher Stromanstieg auf, d. h., der Werkstoff verliert seine Isoliereigenschaften. Dieser Vorgang wird elektrischer Durchschlag genannt; die hierzu erforderliche elektrische Feldstärke wird als Durchschlagfeldstärke E_d bezeichnet. Der elektrische Durchschlag ist bei Isolatoren in der Regel irreversibel, d. h., es resultiert eine – meist örtlich begrenzte – Zerstörung des Materials.

Es ist i. allg. nicht möglich, einen exakten Wert für die Durchschlagfeldstärke (Durchschlagfestigkeit) eines Isolatorwerkstoffes anzugeben. Selbst bei Stoffen mit identischem Herstellungsverfahren und bei gleicher Meßanordnung können die Werte für E_d infolge von Verunreinigungen und Inhomogenitäten des Materials stark streuen. Dünne Schichten (Folien) weisen eine höhere Durchschlagfeldstärke als dicke Schichten auf. Daneben spielen äußere Einflüsse, wie Temperatur, Feuchtigkeit, mechanische Spannungen etc. eine große Rolle.

Zur Erklärung des elektrischen Durchschlages in Isolatoren werden verschiedene Mechanismen herangezogen. Es ist dabei nur in seltenen Fällen möglich, das Durchschlagverhalten eines Werkstoffes auf einen einzigen wohldefinierten Durchschlagmechanismus zurückzuführen. Hinweise auf einen dominierenden Durchschlagmechanismus liefern u. a. Messungen des zeitlichen Verlaufes des Stromanstiegs bei langsam veränderlicher Spannung sowie Untersuchungen des Durchbruchverhaltens bei unterschiedlichem zeitlichen Verlauf des Spannungsanstiegs (beispielsweise bei Spannungsimpulsen mit variabler Anstiegszeit).

Ein thermischer Durchschlag liegt dann vor, wenn die im Isolator erzeugte Joulesche Wärme nur unvollständig durch Wärmeleitung (und Konvektion) abgeführt wird. In diesem Falle erfolgt eine – meist lokale – Aufheizung des Isolators, welche zu einem starken Stromanstieg und schließlich zu einem Aufschmelzen bzw. zu einer Zersetzung des Werkstoffes führt.

Die Wirkungsweise des thermischen Durchschlags soll anhand eines stark vereinfachenden Beispiels gemäß Bild 2.115a beschrieben werden. Es ist dabei vorausgesetzt, daß der Stromfluß in dem gerasterten Bereich des Isolators mit der Querschnittsfläche A und der Dicke d erfolgt. In diesem Volumenbereich sei eine ortsunabhängige Temperatur angenommen.

Wie in Abschn. 2.4.4.1 erklärt, läßt sich die Temperaturabhängigkeit der Leitfähigkeit eines Isolators in der Regel durch ein Exponentialgesetz in der allgemeinen Form

$$\sigma(T) = a\,\mathrm{e}^{-b/T} \qquad\qquad (2.121\,\mathrm{a})$$

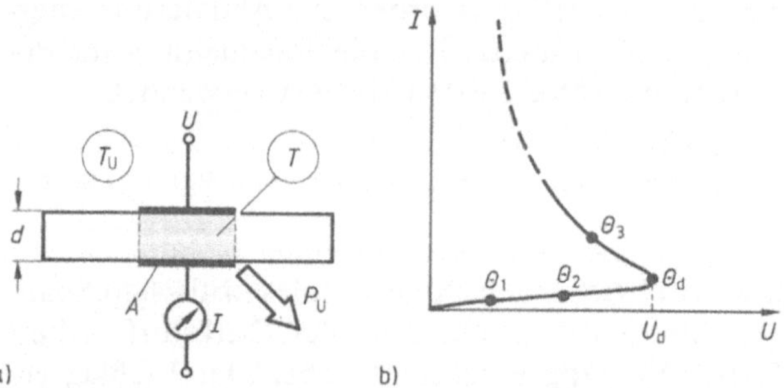

2.115
Zum thermischen Durchschlag von Isolatoren
a) Geometrische Anordnung, b) Kennlinie $I(U)$

beschreiben; hierin sind a und b materialspezifische Größen. Bei verhältnismäßig geringen Abweichungen der Temperatur des Isolators von der Umgebungstemperatur T_u kann anstelle von Gl. (2.121 a) die Beziehung

$$\sigma(T)=\sigma_\mathrm{u}\,e^{\beta(T-T_\mathrm{u})}\tag{2.121 b}$$

approximativ verwendet werden; σ_u ist die Leitfähigkeit des Isolators bei der Temperatur T_u. Damit ergibt sich der Strom

$$I=A\sigma\frac{U}{d}=A\sigma_\mathrm{u}e^{\beta\theta}\cdot\frac{U}{d}\tag{2.122}$$

mit $\theta\equiv T-T_\mathrm{u}$. Die im Isolator entstehende Joulesche Wärme ist durch

$$IU=A\sigma_\mathrm{u}e^{\beta\theta}\cdot\frac{U^2}{d}\tag{2.123}$$

gegeben. Für die Wärmeabfuhr (durch Wärmeleitung und Konvektion) sei der lineare Ansatz

$$P_\mathrm{u}=\frac{T-T_\mathrm{u}}{R_\mathrm{th}}=\frac{\theta}{R_\mathrm{th}}\tag{2.124}$$

verwendet; hierin ist R_th der Wärmewiderstand (Einheit K/W). Im thermischen Gleichgewicht muß gelten:

$$A\sigma_\mathrm{u}e^{\beta\theta}\cdot\frac{U^2}{d}-\frac{\theta}{R_\mathrm{th}}=0.\tag{2.125}$$

Die Gleichungen (2.122) und (2.125) lassen sich als Parameterdarstellung zur Beschreibung der Strom-Spannungs-Kennlinie verwenden. Durch sukzessives Einsetzen von (ansteigenden) θ-Werten erhält man entsprechende Wertepaare für U und I. Der generelle Verlauf einer derartigen Kennlinie ist in Bild **2.115 b** dargestellt.

Nach Umstellen von Gl. (2.125) findet man durch Differentiation nach θ die für den thermischen Durchschlag erforderliche Temperaturerhöhung

$$\theta_d = T_d - T_u = \frac{1}{\beta} \qquad (2.126)$$

und die zugehörige Durchschlagspannung (d. h. den Umkehrpunkt der Strom-Spannungs-Kennlinie)

$$U_d = \sqrt{\frac{d}{A\,R_{th}\,\sigma_u\,\beta\,e}} \qquad (2.127)$$

(e Basis der natürlichen Logarithmen). Nach Gl. (2.127) ist die Durchschlagspannung proportional zur Wurzel aus der Isolatordicke; dementsprechend gilt $E_d \sim 1/\sqrt{d}$. Die Durchschlagfeldstärke hängt beim thermischen Durchbruch also nicht nur von materialspezifischen Größen (σ_u und β), sondern auch von der Isolatordicke d und dem Wärmewiderstand R_{th} der Anordnung ab.

Die in einem Isolator befindlichen Elektronen können in einem elektrischen Feld so stark beschleunigt werden, daß eine lawinenartige Ladungsträgervermehrung eintritt. Dieser Prozeß entspricht qualitativ der in Abschn. 2.4.3.4 behandelten Stoßionisation in Halbleitern. Eine quantitative Behandlung des Lawinendurchschlags in Isolatoren ist jedoch nur näherungsweise möglich, da die Wechselwirkung der Elektronen mit einem Ionengitter bzw. mit den Atomen eines amorphen Werkstoffs (z. B. Glas oder Kunststoff) nicht hinreichend genau bekannt ist. Bei kristallinen Isolatoren findet man in der Regel eine mit steigender Temperatur schwach anwachsende Durchschlagfeldstärke (Bild 2.116). Amorphe Substanzen weisen hingegen meistens eine mit steigender Temperatur fallende Durchschlagfeldstärke auf. Ein durch Stoßionisation initiierter Durchschlag kann nach einiger Zeit in einen thermischen Durchschlag übergehen.

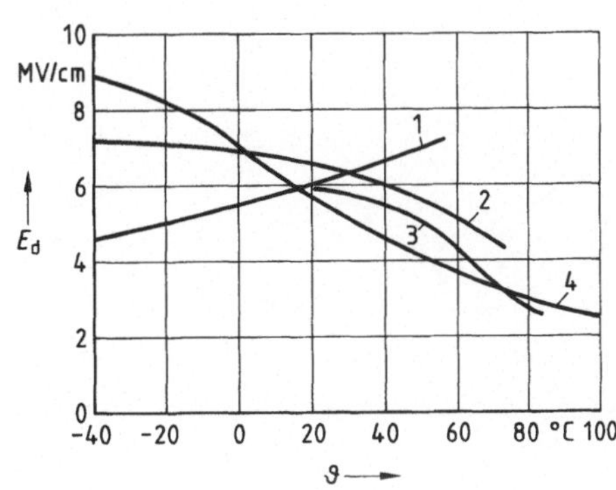

2.116
Temperaturabhängigkeit der Durchschlagfeldstärke E_d einiger Isolatoren:
1 Quarz (kristallin), 2 Quarz (amorph), 3 Polyethylen, 4 Glas

Zu einem Gasentladungsdurchschlag kann es kommen, wenn der Isolator Gaseinschlüsse (z. B. Luftblasen) aufweist. In einem derartigen Hohlraum existiert eine lokal erhöhte Feldstärke. Da außerdem die Durchschlagfeldstärke in einem Gas erheblich geringer als in einem Festkörper ist, bilden Gaseinschlüsse Schwachstellen in einem Isolator (Beispiel: E_d (Luft) = $3 \cdot 10^4$ V/cm, E_d (Polyethylen) = $6 \cdot 10^6$ V/cm). Wenn in einem Gaseinschluß eine Gasentladung entsteht, so treffen beschleunigte Elektronen und Ionen auf das Isolatormaterial auf. Durch den Beschuß mit Elektronen kann ein Lawinendurchschlag im Isolator eingeleitet werden. Die auftreffenden Ionen bewirken eine fortschreitende Zerstörung des Isolators.

Für die Praxis ist auch das Verhalten der Isolatoroberfläche bei hoher elektrischer Feldstärke von Bedeutung. Bei einem Isolator mit hoher Kriechstromfestigkeit dürfen sich an der Oberfläche – auch in feuchter, elektrolythaltiger Atmosphäre – keine elektrisch leitenden Kanäle (z. B. durch Verkohlung des Isolatorwerkstoffes) bilden.

3 Dielektrische Eigenschaften

Bei der in den vorangegangenen Abschnitten beschriebenen elektrischen Leitung können sich Ladungsträger (Elektronen oder Ionen) in einem Medium frei bewegen. Diese Bewegung wird lediglich durch die räumliche Begrenzung des Mediums eingeschränkt. Darüber hinaus erfahren geladene Teilchen, welche nicht am Leitungsmechanismus beteiligt sind, unter der Einwirkung eines elektrischen Feldes eine begrenzte Auslenkung aus ihrer Ruhelage. Da eine derartige Auslenkung für positive und negative Teilchen in entgegengesetztem Sinne erfolgt, resultiert eine Ladungstrennung im elektrischen Feld (elektrische Polarisation). In einem elektrischen Wechselfeld bewirkt die Auslenkung der Ladungsträger einen Verschiebungsstrom [6], [31].

3.1 Makroskopische Beschreibung dielektrischer Eigenschaften

Zur Beschreibung dielektrischer Erscheinungen dienen die Feldgrößen $\vec{E}$ (elektrische Feldstärke) und $\vec{D}$ (dielektrische Verschiebung, elektrische Flußdichte). Die Größen $\vec{E}$ und $\vec{D}$ sind in Anwesenheit polarisierbarer Materie durch die Beziehung

$$\vec{D} = \varepsilon_0 \varepsilon_r \vec{E} \tag{3.1}$$

mit der Dielektrizitätszahl (Permittivität) ε_r miteinander verknüpft.

Die Gültigkeit der Gl. (3.1) setzt einen linearen Zusammenhang zwischen $\vec{E}$ und $\vec{D}$ voraus. Ferner wird angenommen, daß die Vektoren des elektrischen Feldes und der dielektrischen Verschiebung in die gleiche Richtung weisen. Ist die letztere Voraussetzung nicht erfüllt, so muß anstelle von Gl. (3.1) die verallgemeinerte Beziehung

$$\vec{D} = \varepsilon_0 \underline{\varepsilon}_r \vec{E}$$

verwendet werden. Hierin ist $\underline{\varepsilon}_r$ ein Tensor, dessen Komponenten von den Eigenschaften des betrachteten (kristallinen) Mediums und von der Wahl des Koordinatensystems in bezug auf die Kristallachsen abhängen.

Anstelle von Gl. (3.1) kann auch die äquivalente Beziehung

$$\vec{D} = \varepsilon_0 \vec{E} + \vec{P} \tag{3.2}$$

mit der elektrischen Polarisation $\vec{P}$ verwendet werden. Ist die Polarisation proportional zur elektrischen Feldstärke, so folgt

$$\chi = \frac{1}{\varepsilon_0} \cdot \frac{P}{E} \tag{3.3}$$

als Definitionsgleichung für die elektrische Suszeptibilität χ. Außerdem gilt

$$\varepsilon_r = 1 + \chi. \tag{3.4}$$

Die Bestimmung der dielektrischen Eigenschaften erfolgt i. allg. durch Wechselstrommessungen an einem Kondensator, der das zu untersuchende Medium als Dielektrikum enthält. Generell ist die Kapazität eines Kondensators, bei dem sich zwischen den Elektroden ein Dielektrikum der Dielektrizitätszahl (DZ) ε_r befindet, um den Faktor ε_r höher als bei der gleichen Elektrodenanordnung ohne Dielektrikum. Ein Plattenkondensator mit der Plattenfläche A und dem Plattenabstand d weist die Kapazität

$$C = \frac{\varepsilon_0 \varepsilon_r A}{d} \tag{3.5}$$

auf.

Der über einen Kondensator fließende **kapazitive Strom** (Verschiebungsstrom) ist

$$i_C = \frac{dQ}{dt} = C\frac{du}{dt}.$$

Bei sinusförmigem Spannungsverlauf mit $u = \hat{U}\sin(\omega t)$ resultiert ein kapazitiver Strom

$$i_C = \omega C \hat{U} \cos(\omega t),$$

welcher der Spannung um $\pi/2$ **vorauseilt**. Der kapazitive Leitwert ist ωC (Bild 3.1 a, b). Außerdem fließt ein **Verluststrom**

$$i_V = G\hat{U}\sin(\omega t),$$

der gleichphasig mit der anliegenden Spannung ist. Der ohmsche Leitwert G ist dabei i. allg. frequenzabhängig. Bei sehr niedriger Frequenz ist G durch die in Abschn. 2.4.4.1 besprochenen Leitungsmechanismen bedingt, während bei hohen Frequenzen die im Zusammenhang mit der Polarisation auftretenden Verlustmechanismen dominieren (vgl. Abschn. 3.2.4).

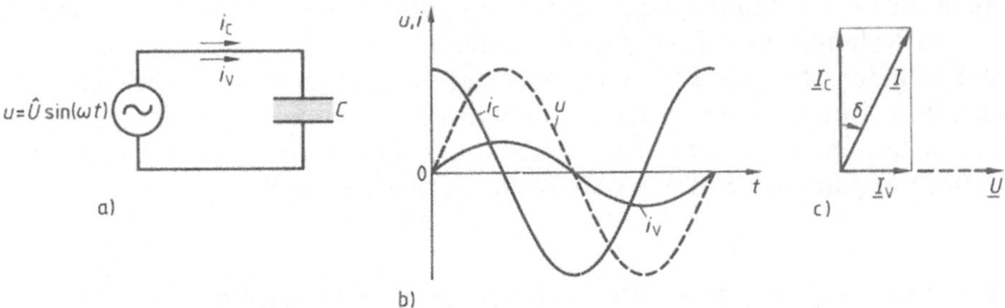

3.1 Kondensator im Wechselstromkreis
a) Schaltbild, b) Strom- und Spannungsverlauf, c) Zeigerdiagramm

Im Zeigerdiagramm (Bild **3.1** c) setzt sich der Gesamtstrom $\underline{I}$ aus dem kapazitiven Strom $\underline{I}_C$ und dem Verluststrom vektoriell zusammen:

$$\underline{I} = \underline{I}_C + \underline{I}_V.$$

Der **dielektrische Verlustfaktor** ergibt sich aus dem Verhältnis der Effektivwerte $I_C = |\underline{I}_C|/\sqrt{2}$ und $I_V = |\underline{I}_V|/\sqrt{2}$:

$$\tan\delta = I_V/I_C. \tag{3.6}$$

Der **Verlustwinkel** δ entspricht der Phasendifferenz zwischen dem kapazitiven Strom und dem Gesamtstrom.

Die dielektrischen Eigenschaften eines Werkstoffes werden durch Angabe der Dielektrizitätszahl ε_r und des Verlustfaktors $\tan\delta$ beschrieben. Beide Größen sind grundsätzlich frequenzabhängig. Die Kennzeichnung der Eigenschaften kann auch mittels einer **komplexen Dielektrizitätszahl**

$$\underline{\varepsilon}_r = \varepsilon_r' - j\varepsilon_r'' \tag{3.7}$$

erfolgen. Der Realteil ist mit der nach Gl. (3.5) definierten Dielektrizitätszahl ε_r identisch; der Verlustfaktor läßt sich aus

$$\tan\delta = \varepsilon_r''/\varepsilon_r' \tag{3.7a}$$

errechnen.

In der Kabeltechnik dienen dielektrische Werkstoffe als Isoliermaterial. Die durch den Verluststrom bedingte **Verlustleistung** bei der Betriebsspannung U ist in diesem Falle

$$P_V = U I_V = U I_C \tan\delta$$
$$= U^2 \omega C \tan\delta \sim \varepsilon_r \tan\delta.$$

Das Produkt $\varepsilon_r \tan\delta$ wird dementsprechend **Verlustzahl** genannt.

Nichtlineare Zusammenhänge zwischen $\vec{D}$ und $\vec{E}$ sowie Hystereseeffekte werden im Rahmen der Abschnitte 3.2.2 und 3.3 erläutert. Dabei ist auch zu berücksichtigen, daß in bestimmten Werkstoffen eine spontane Polarisation (d. h. ohne Einwirkung eines elektrischen Feldes) eintreten kann. Ferner sei erwähnt, daß in bestimmten kristallinen Medien eine Polarisation durch mechanische Verformung hervorgerufen werden kann (s. Abschn. 3.4).

3.2 Atomistische Modelle dielektrischer Eigenschaften

Die Polarisation der Materie unter dem Einfluß eines elektrischen Feldes beruht auf der Bildung oder Ausrichtung von elektrischen Dipolen. Bei kondensierter Materie (d. h. bei geringem Dipolabstand) ist auch die Wechselwirkung der Dipole untereinander zu berücksichtigen.

3.2.1 Polarisationsmechanismen

Ein elektrischer Dipol besteht – im Idealfall – aus zwei punktförmigen Ladungen (Q und $-Q$) mit entgegengesetztem Ladungsvorzeichen und gleichem Betrag der Ladungen; der Abstand der Ladungen sei mit d bezeichnet (Bild **3.2**a). Damit ergibt sich das Dipolmoment

$$\vec{p} = Q\vec{d}\,; \tag{3.8}$$

der Abstandsvektor $\vec{d}$ zeigt von der negativen Ladung zur positiven Ladung. Bei räumlich ausgedehnten – und ggf. überlappenden – Ladungen ist für $\vec{d}$ der elektrische Schwerpunktabstand anzusetzen (Bild **3.2**b).

Befinden sich in einem Medium Dipole mit gleicher Orientierung, so ergibt sich die Polarisation aus der Beziehung

$$\vec{P} = N\vec{p} \tag{3.9}$$

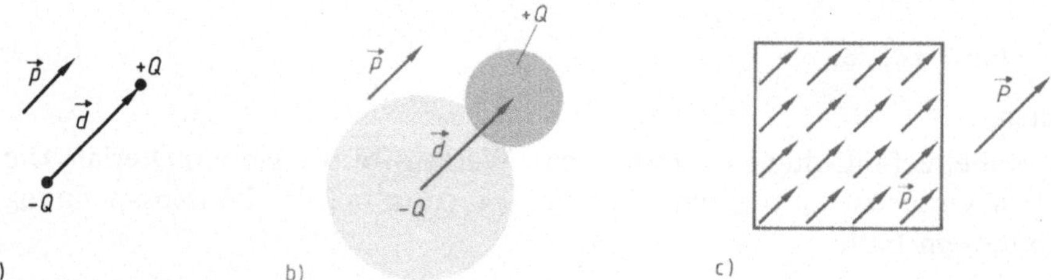

3.2 Elektrische Dipole
   a) Definition des Dipolmomentes bei Punktladungen,
   b) Definition des Dipolmomentes bei ausgedehnten Ladungen,
   c) Dipolmomente und makroskopische Polarisation eines Volumenelementes

(N Anzahl der Dipole pro Volumeneinheit). Die Polarisation $\vec{P}$ stellt also eine makroskopische Beschreibung des Polarisationszustandes der Materie dar (Bild **3.2** c).

Befinden sich in einem Medium Dipole mit unterschiedlicher Orientierung, so ist eine vektorielle Summation der Dipole durchzuführen. Es gilt dann

$$\vec{P} = \frac{1}{V} \sum_{i=1}^{z} \vec{p}_i,\tag{3.9 a}$$

wobei V das betrachtete Volumen ist und z die Anzahl der darin befindlichen Dipole bedeutet. Ein Beispiel für eine derartige Mittelwertbildung wird in Abschn. 3.2.1.3 erläutert.

Nach der Art der beteiligten Teilchen kann man verschiedene Polarisationsmechanismen unterscheiden. Die wichtigsten sind die elektronische Polarisation, die ionische Polarisation und die Orientierungspolarisation. Jeder dieser Polarisationsmechanismen liefert einen Beitrag zur elektrischen Suszeptibilität. Die Addition dieser Beiträge ergibt

$$\chi = \chi_{el} + \chi_{ion} + \chi_{or}\tag{3.10 a}$$

und damit

$$\varepsilon_r = 1 + \chi_{el} + \chi_{ion} + \chi_{or}.\tag{3.10 b}$$

In den folgenden Abschnitten sollen zunächst die einzelnen Polarisationsmechanismen besprochen werden. In Abschn. 3.2.2 wird schließlich die Auswirkung der Dipol-Wechselwirkung auf die Suszeptibilität erläutert.

3.2.1.1 Elektronische Polarisation. Bei der elektronischen Polarisation findet eine Verschiebung bzw. Deformation der Elektronenhülle der Atome unter der Einwirkung eines elektrischen Feldes statt (Bild **3.3**). Die Atomkerne können dabei als ruhend angesehen werden.

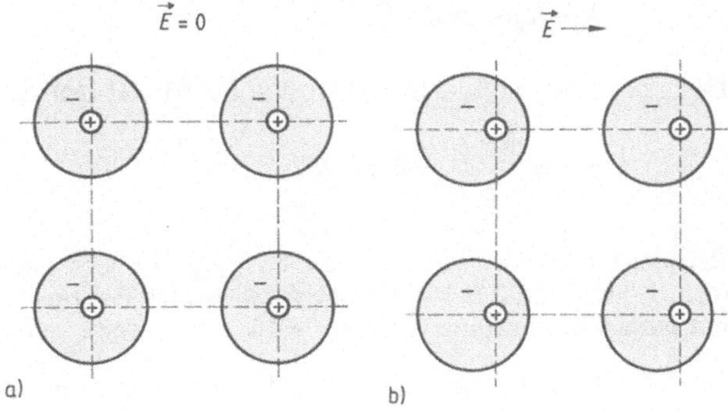

3.3
Elektronische Polarisation
a) Atomkerne und Elektronenwolken ohne elektrisches Feld, b) Atomkerne und Elektronenwolken im elektrischen Feld

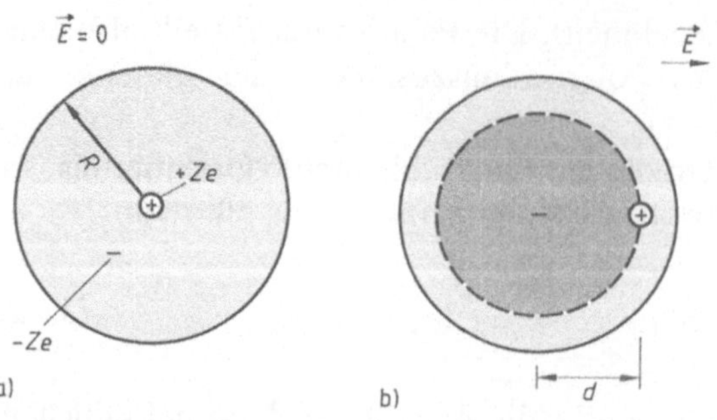

3.4
Zur Berechnung der
elektronischen Polarisation
a) $E=0$, b) $E \neq 0$

Die elektronische Polarisierbarkeit kann wie folgt abgeschätzt werden. Man nimmt vereinfachend einen **punktförmigen Atomkern** mit der Ladung $+Ze$ und eine **gleichmäßig** über eine Kugel mit dem Radius R verteilte Elektronenwolke mit der Ladung $-Ze$ an. Beim Anlegen eines elektrischen Feldes resultiert eine Ladungsverschiebung um die Strecke d (Bild **3.4**). Der auslenkenden Kraft $-ZeE$ wirkt die **Coulomb**sche Anziehungskraft zwischen dem Kern und der Elektronenhülle entgegen. Im Gleichgewicht gilt:

$$-ZeE + \frac{(Ze)^2}{4\pi\varepsilon_0 d^2} \cdot \frac{d^3}{R^3} = 0.$$ (3.11)

Mit dem Faktor d^3/R^3 wird in Gl. (3.11) die Tatsache berücksichtigt, daß der in Bild **3.4** hell gerasterte Teil der Elektronenwolke **keinen** Beitrag zur Rückstellkraft liefert (Prinzip des **Faraday**schen Käfigs). Das durch das elektrische Feld induzierte Dipolmoment ist also

$$p = Zed = 4\pi\varepsilon_0 R^3 E = \alpha_{el} E.$$ (3.12)

Die Größe $\alpha_{el} = 4\pi\varepsilon_0 R^3$ wird **Polarisierbarkeit des Einzelatoms** genannt; sie ist – in der verwendeten Näherung – nur vom Atomradius (bzw. vom Atomvolumen) abhängig.

Bei Gasen, welche nur die elektronische Polarisation aufweisen, folgt gemäß Gl. (3.9)

$$P = Np = N\alpha_{el} E.$$

Daraus ergibt sich der elektronische Anteil der Suszeptibilität

$$\chi_{el} = \frac{N\alpha_{el}}{\varepsilon_0} = 4\pi N R^3.$$ (3.13)

Beispiel 3.1. Gase enthalten (unabhängig von der Gasart) unter Normalbedingungen (d.h. 1 bar, 0 °C) $2{,}7 \cdot 10^{19}$ Atome (bzw. Moleküle) pro Kubikzentimeter. Bei Gasatomen mit einem Atomradius von 1 Å $(= 10^{-8}$ cm) ergibt sich die Suszeptibilität

$$\chi_{el} = 4\pi N R^3 = 4\pi \cdot 2{,}7 \cdot 10^{19}\,\text{cm}^{-3} \cdot 10^{-24}\,\text{cm}^3 = 3{,}4 \cdot 10^{-4}.$$

Es ist evident, daß die aus Gl. (3.13) berechnete Suszeptibilität nur eine grobe Abschätzung liefern kann, da die tatsächliche Struktur der Elektronenhülle des Atoms unberücksichtigt bleibt. Als generelle Tendenz folgt jedoch aus Gl. (3.13), daß Atome (bzw. Moleküle) mit großem Volumen eine verhältnismäßig hohe Polarisierbarkeit aufweisen. Diese Tendenz ist beispielsweise mit den in Tafel 3.5 angegebenen Zahlenwerten zu verifizieren.

Tafel 3.5 Elektrische Suszeptibilität einiger Gase (1 bar, 20 °C)

Gas	$\chi \cdot 10^5$	Gas	$\chi \cdot 10^5$
Helium (He)	6,8	Wasserstoff (H_2)	26
Neon (Ne)	13	Sauerstoff (O_2)	52
Argon (Ar)	55	Stickstoff (N_2)	58
Krypton (Kr)	77	Kohlendioxid (CO_2)	98
Xenon (Xe)	124	Schwefelhexafluorid (SF_6)	205

3.2.1.2 Ionische Polarisation. In Substanzen, die Ionen enthalten, tritt ein ionischer Anteil der elektrischen Suszeptibilität auf. Unter dem Einfluß eines elektrischen Feldes wird eine gegenläufige Verschiebung positiver und negativer Ionen hervorgerufen (Bild 3.6). Aus dieser Ionenverschiebung resultiert eine Polarisation des Mediums.

3.6
Ionische Polarisation
a) Ionenkristall ohne elektrisches Feld
b) Ionenkristall im elektrisches Feld

Zur quantitativen Beschreibung der ionischen Polarisation sei ein Ausschnitt aus einer linearen Kette von Ionen, die abwechselnd positiv und negativ geladen sind, betrachtet (Bild 3.7 a,b). Das resultierende Dipolmoment der durch

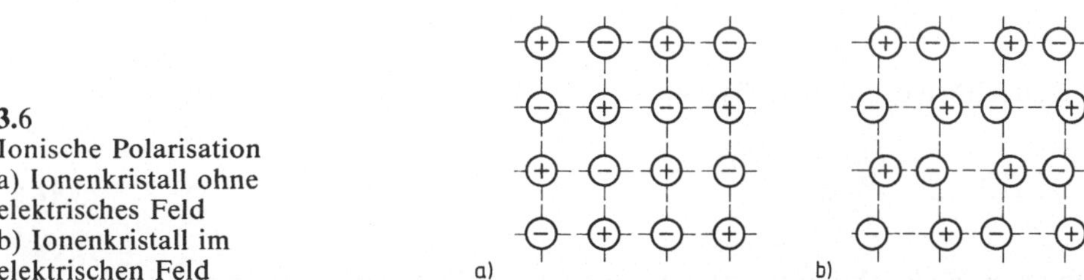

3.7
Zur Berechnung der ionischen Polarisation
a) $E = 0$, b) $E \neq 0$

Pfeile symbolisierten Dipole ist bei Abwesenheit eines elektrischen Feldes

$$\frac{Q}{2} \cdot a - \frac{Q}{2} \cdot a = 0$$

(Bild **3.**7a). Der Gleichgewichtsabstand der Ionen ist hierbei mit a bezeichnet. Da jedes Ion einen Teil zweier Dipole bildet, ist bei der Berechnung des Dipolmomentes die Ladung $Q/2$ einzusetzen. In Bild **3.**7b ist nun angenommen, daß die positiven Ionen unter dem Einfluß eines elektrischen Feldes um die Strecke d nach rechts verschoben werden. Für die betrachteten Dipole ergibt sich dann das resultierende Dipolmoment

$$p = \frac{Q}{2}\,[a+d-(a-d)] = Qd. \tag{3.14}$$

Für kleine Auslenkungen der Ionen aus der Ruhelage kann das Hookesche Gesetz angewandt werden, d.h., es gilt

$$kd = QE, \tag{3.15}$$

wobei k eine die Rückstellkraft charakterisierende Größe („Federkonstante") ist. Aus den Gleichungen (3.14) und (3.15) folgt als resultierendes Dipolmoment bei Auslenkung eines Ions

$$p = \frac{Q^2}{k} \cdot E\,; \tag{3.16a}$$

die zugehörige Polarisierbarkeit ist

$$\alpha_{\text{ion}} = \frac{Q^2}{k}. \tag{3.16b}$$

Ohne Berücksichtigung der gegenseitigen Beeinflussung der Dipole (vgl. Abschn. 3.2.2) ist der ionische Anteil der Suszeptibilität

$$\chi_{\text{ion}} = \frac{NQ^2}{k} \tag{3.17}$$

(N Konzentration der betrachteten Ionenart). Tragen mehrere Ionenarten (mit unterschiedlichen Rückstellkräften und gegebenenfalls unterschiedlichen Ladungen) zur Polarisation bei, so ist Gl. (3.17) entsprechend abzuändern:

$$\chi_{\text{ion}} = \frac{N_1 Q_1^2}{k_1} + \frac{N_2 Q_2^2}{k_2} + \frac{N_3 Q_3^2}{k_3} + \dots\,; \tag{3.17a}$$

die Indizes $1, 2, 3, \dots$ entsprechen dabei den vorkommenden Ionenarten.

Die Zahlenwerte der Kraftkonstanten k_i sind von verschiedenen Faktoren (wie Kristallstruktur, Ionenabstand, Bindungsenergie etc.) abhängig. Folgende generelle Tendenzen lassen sich dabei angeben:

1. Mit zunehmenden Ionenradien (und damit abnehmendem Ionenabstand) wird die Bindung zwischen den Ionen schwächer; damit steigt die Polarisierbarkeit.

2. Eine hohe Polarisierbarkeit ergibt sich beispielsweise dann, wenn sich ein (positives oder negatives) Ion derart im Kräftefeld positiver und negativer Ionen befindet, daß sich die Kräftewirkungen der umgebenden Ionen nahezu aufheben.

Die unter 1. genannte Gesetzmäßigkeit sei anhand von Bild 3.8 erläutert. Darin sind für die Alkalihalogenide (LiF ... RbI) die Polarisierbarkeiten in Form eines Balkendiagramms angegeben. Ferner kann man aus Bild 3.8 die Ionenradien (qualitativ) und die Ionenabstände (in Å) bei den genannten Verbindungen entnehmen. Die geringste Polarisierbarkeit weist das Lithiumfluorid auf, während beim Rubidiumjodid eine besonders hohe Polarisierbarkeit zu finden ist. In dem Balkendiagramm sind auch die jeweiligen Anteile der ionischen

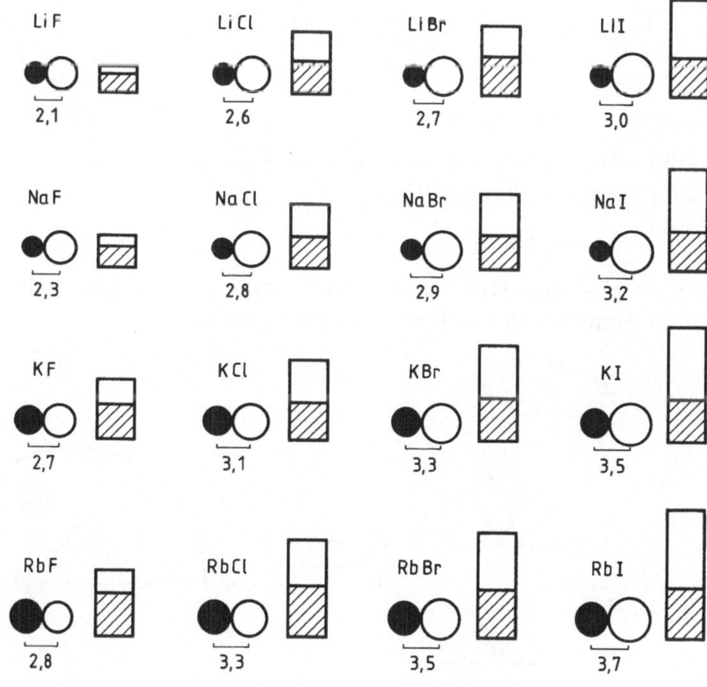

3.8
Eigenschaften von Alkalihalogeniden (LiF ... RbI):
Relative Ionendurchmesser, Ionenabstände (in Å),
Polarisierbarkeit (Balkendiagramm; ionische Anteile schraffiert)

und elektronischen Polarisierbarkeit angegeben. Nach Abschn. 3.2.1.1 steigt die elektronische Polarisierbarkeit mit wachsendem Atom- bzw. Ionenradius an. In diesem Sinne ist auch ein besonders hoher prozentualer Anteil der elektronischen Polarisierbarkeit beim Rubidiumjodid zu erwarten.

3.2.1.3 Orientierungspolarisation.

In einem Medium, welches Moleküle mit einem **permanenten Dipolmoment** enthält, tritt ein Suszeptibilitätsanteil auf, welcher von der Orientierungspolarisation herrührt. In Abwesenheit eines elektrischen Feldes sind die Orientierungen der Dipole infolge der thermischen Bewegung **statistisch verteilt**, so daß makroskopisch **keine** Polarisation des Mediums existiert (Bild 3.9 a). Beim Anlegen eines elektrischen Feldes werden die Dipole partiell in Richtung des elektrischen Feldes orientiert; die vektorielle Addition der Dipolmomente liefert dann eine makroskopische Polarisation des Mediums, welche mit der Feldrichtung zusammenfällt (Bild 3.9 b).

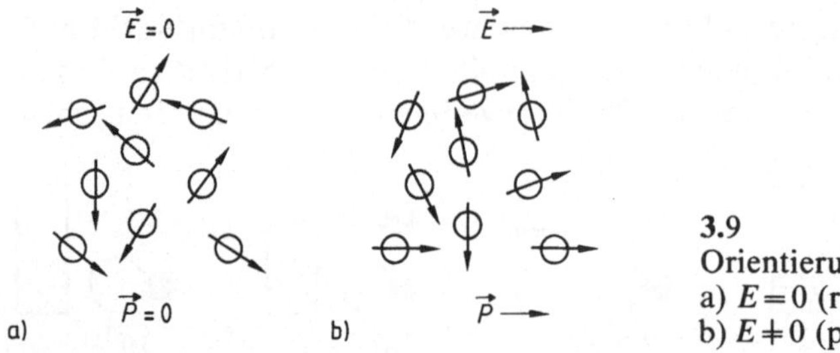

3.9
Orientierungspolarisation
a) $E = 0$ (regellos verteilte Dipole),
b) $E \neq 0$ (partiell ausgerichtete Dipole)

Maßgebend für die Polarisation des Mediums sind die in Richtung des elektrischen Feldes wirkenden Komponenten

$$p_i = p_0 \cos \theta_i \qquad (3.18)$$

des molekularen Dipolmomentes p_0 (Bild 3.10 a). Die Polarisation ergibt sich durch Summation der Komponenten gemäß

$$P = \frac{1}{V} \sum_{i=1}^{z} p_i, \qquad (3.19\,\text{a})$$

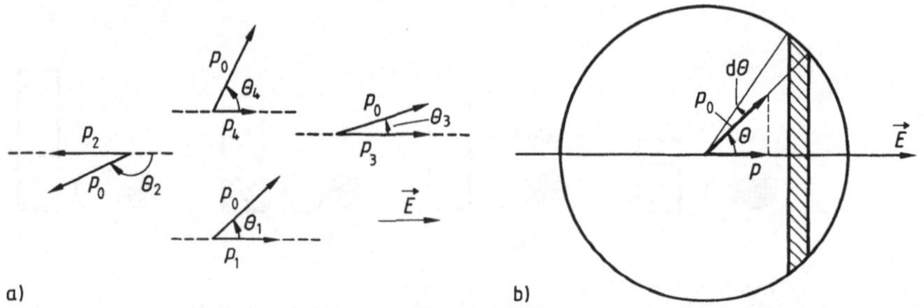

3.10 Zur Berechnung der Orientierungspolarisation
   a) Beiträge der Einzeldipole, b) Integration über die Einzelbeiträge

wobei V das betrachtete Volumen und z die Anzahl der darin befindlichen Dipole bedeuten. Anstelle von Gl. (3.19a) kann die äquivalente Beziehung

$$P = N\bar{p} = Np_0 \,\overline{\cos\theta} \qquad (3.19\,\mathrm{b})$$

verwendet werden. Hierin ist $\bar{p} = p_0 \,\overline{\cos\theta}$ der Mittelwert der Komponenten der Dipolmomente in Richtung des elektrischen Feldes; N ist die Konzentration der Dipole.

Bei der Mittelwertbildung ist die unterschiedliche Gewichtung der Dipolorientierung in bezug auf die Feldrichtung zu berücksichtigen. Ein Dipol $\vec{p}_0$ erfährt im elektrischen Feld ein Drehmoment

$$\vec{M} = \vec{p}_0 \times \vec{E} \qquad (3.20\,\mathrm{a})$$

mit dem Betrag

$$M = p_0 E \sin\theta. \qquad (3.20\,\mathrm{b})$$

Durch Integration über den Auslenkwinkel θ erhält man die potentielle Energie

$$W_\mathrm{p} = -p_0 E \cos\theta \qquad (3.21)$$

eines Dipols im elektrischen Feld; die Integrationskonstante ist dabei so gewählt, daß $W_\mathrm{p} = 0$ für $\theta = 90°$ gilt. Die minimale Energie ($W_\mathrm{p} = -p_0 E$) ergibt sich für $\theta = 0°$ (stabile Gleichgewichtslage). Das Energiemaximum ($W_\mathrm{p} = p_0 E$) existiert bei $\theta = 180°$ (labile Gleichgewichtslage).

Die Wahrscheinlichkeit für das Auftreten eines Dipols mit der Energie W_p läßt sich mit Hilfe der **Boltzmann**-Verteilung

$$f_\mathrm{B}(W_\mathrm{p}) = A\,\mathrm{e}^{-W_\mathrm{p}/(kT)} \qquad (3.22\,\mathrm{a})$$

angeben. Mit Gl. (3.21) folgt

$$f_\mathrm{B}(\theta) = A\,\mathrm{e}^{(p_0 E/kT)\cos\theta}. \qquad (3.22\,\mathrm{b})$$

Die Konstante A ist dabei so zu bestimmen, daß die Gesamtwahrscheinlichkeit für das Auftreten von Dipolen im Energiebereich $-p_0 E \le W_\mathrm{p} \le +p_0 E$ (d. h. für den Winkelbereich $0° \le \theta \le 180°$) gleich Eins wird. Für die weiteren Rechnungen wird jedoch A nicht explizit benötigt.

Bei der Mittelwertbildung für $\cos\theta$ ist die **räumliche Verteilung** der Dipolorientierungen zu berücksichtigen. Nach Bild **3.10b** weisen alle Dipole, deren Orientierung in den schraffierten Bereich der Oberfläche der Einheitskugel fällt, die gleiche Komponente des Dipolmomentes in Feldrichtung auf. Die

Mittelwertbildung kann also unter Anwendung des Raumwinkels

$$\mathrm{d}\Omega = 2\pi \sin\theta\, \mathrm{d}\theta$$

durchgeführt werden. Damit folgt

$$\overline{\cos\theta} = \frac{\int\limits_0^\pi \cos\theta \cdot f_B(\theta)\cdot 2\pi \sin\theta\, \mathrm{d}\theta}{\int\limits_0^\pi f_B(\theta)\cdot 2\pi \sin\theta\, \mathrm{d}\theta} = \frac{\int\limits_0^\pi \cos\theta \cdot e^{\beta\cos\theta} \sin\theta\, \mathrm{d}\theta}{\int\limits_0^\pi e^{\beta\cos\theta} \sin\theta\, \mathrm{d}\theta}. \tag{3.23 a}$$

Hierbei wurde die Abkürzung $\beta = p_0 E/(kT)$ eingeführt. Mit der Substitution

$$\xi = \cos\theta, \quad \mathrm{d}\xi = -\sin\theta\, \mathrm{d}\theta$$

geht Gl. (3.23 a) über in

$$\overline{\cos\theta} = \frac{\int\limits_{-1}^1 \xi e^{\beta\xi}\, \mathrm{d}\xi}{\int\limits_{-1}^1 e^{\beta\xi}\, \mathrm{d}\xi} = \coth\beta - \frac{1}{\beta}. \tag{3.23 b}$$

Die Funktion

$$L(\beta) = \coth\beta - \frac{1}{\beta} \tag{3.23 c}$$

wird **Langevin-Funktion** genannt. Damit ergibt sich die Polarisation

$$P = Np_0\, L(\beta) = Np_0 \left[\coth\frac{p_0 E}{kT} - \frac{kT}{p_0 E}\right]. \tag{3.24}$$

Der Verlauf der **Langevin-Funktion** ist in Bild **3.11** dargestellt. Für sehr große Werte der elektrischen Feldstärke E (bzw. bei niedriger Temperatur T) nähert sich die **Langevin-Funktion** asymptotisch dem Wert Eins. Dieser Fall entspricht einer vollständigen Ausrichtung der Dipole parallel zum elektrischen Feld.

Für $\beta = p_0 E/kT \ll 1$ läßt sich die **Langevin-Funktion** entwickeln; es gilt

$$L(\beta) = \frac{1}{\beta} + \frac{\beta}{3} - \frac{\beta^3}{45} + \ldots - \frac{1}{\beta}. \tag{3.23 d}$$

Als lineare Näherung ergibt sich die Polarisation

$$P = \frac{N p_0^2 E}{3 kT} \qquad (3.24\,\text{a})$$

bzw. die auf ein Einzelmolekül bezogene Polarisierbarkeit

$$\alpha_{\text{or}} = \frac{p_0^2}{3 kT}. \qquad (3.25)$$

Der durch Orientierungspolarisation hervorgerufene Anteil der elektrischen Suszeptibilität läßt sich in dieser Näherung mit

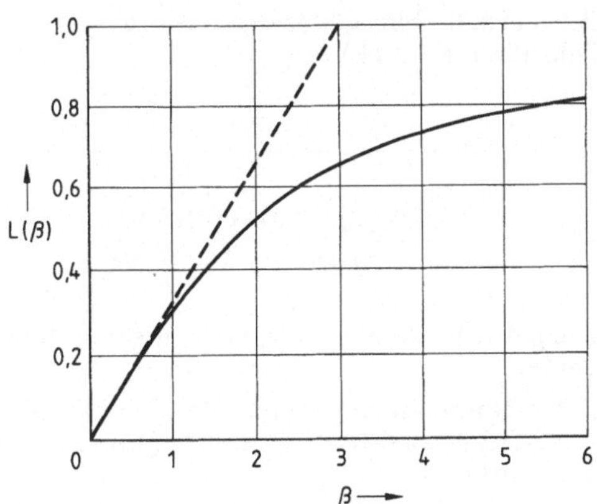

3.11 Langevin-Funktion L(β)

$$\chi_{\text{or}} = \frac{N p_0^2}{3 \varepsilon_0 kT} \qquad (3.26)$$

angeben.

Die Größe des Dipolmomentes hängt von der Struktur und den Abmessungen eines Moleküls ab. Einige Beispiele für den Molekülaufbau sind in Bild **1.24** wiedergegeben. Aus Tafel **3.**12 sind einige Zahlenwerte von Dipolmomenten zu entnehmen. Moleküle, bei denen die Schwerpunkte positiver und negativer Ladung zusammenfallen (z. B. CO_2, CH_4, CCl_4, $SiCl_4$), besitzen kein permanentes Dipolmoment.

Tafel **3.**12 Dipolmomente einiger Moleküle

Molekül	Dipolmoment p_0 in 10^{-28} As·cm
Kohlenmonoxid (CO)	0,3
Schwefelwasserstoff (H_2S)	3,2
Chlorwasserstoff (HCl)	3,8
Ammoniak (NH_3)	4,9
Schwefeldioxid (SO_2)	5,4
Ethanol (C_2H_5OH)	5,6
Wasser (H_2O)	6,2

In der Literatur wird das Dipolmoment häufig in der Einheit Debye angegeben; zur Umrechnung dient die Beziehung

$$1 \text{ Debye} = 3{,}33 \cdot 10^{-30} \text{ As} \cdot \text{m} = 3{,}33 \cdot 10^{-28} \text{ As} \cdot \text{cm}.$$

Beispiel 3.2. Für Chlorwasserstoffgas gilt für Raumtemperatur bei der elektrischen Feldstärke $E = 10\ \text{kV/cm}$

$$\beta = \frac{p_0 E}{kT} = \frac{3{,}8 \cdot 10^{-28}\ \text{As} \cdot \text{cm} \cdot 10^4\ \text{V} \cdot \text{cm}^{-1}}{0{,}026\ \text{eV}}$$

$$= \frac{3{,}8 \cdot 10^{-30}\ \text{As} \cdot \text{m} \cdot 10^6\ \text{V} \cdot \text{m}^{-1}}{0{,}026 \cdot 1{,}6 \cdot 10^{-19}\ \text{Ws}} = 9 \cdot 10^{-4},$$

d. h. $\beta \ll 1$. Es kann also mit der linearen Näherung der Langevin-Funktion gerechnet werden.

Unter Normalbedingungen (Druck 1 bar, Temperatur 0 °C) errechnet sich der auf die Orientierungspolarisation zurückzuführende Anteil der elektrischen Suszeptibilität nach Gl. (3.26)

$$\chi_{\text{or}} = \frac{N p_0^2}{3 \varepsilon_0 kT} = \frac{2{,}7 \cdot 10^{19}\ \text{cm}^{-3} \cdot 3{,}8^2 \cdot 10^{-56}\ \text{A}^2\ \text{s}^2\ \text{cm}^2}{3 \cdot 8{,}8 \cdot 10^{-14}\ \text{As}\ \text{V}^{-1}\ \text{cm}^{-1} \cdot 1{,}38 \cdot 10^{-23}\ \text{Ws}\ \text{K}^{-1} \cdot 273\ \text{K}}$$

$$= \frac{2{,}7 \cdot 10^{25}\ \text{m}^{-3} \cdot 14{,}4 \cdot 10^{-60}\ \text{A}^2\ \text{s}^2\ \text{m}^2}{26{,}4 \cdot 10^{-12}\ \text{As}\ \text{V}^{-1}\ \text{m}^{-1} \cdot 3{,}8 \cdot 10^{-21}\ \text{Ws}} = 3{,}9 \cdot 10^{-3}.$$

3.2.2 Dipol-Wechselwirkung in kondensierter Materie

In den vorangegangenen Abschnitten wurden die Erzeugung und die Ausrichtung einzelner Dipole unter dem Einfluß eines elektrischen Feldes betrachtet. Die hieraus resultierenden makroskopischen Eigenschaften der Materie (Polarisation, elektrische Suszeptibilität, Dielektrizitätszahl) wurden unter der Voraussetzung hergeleitet, daß keine Wechselwirkung der Dipole untereinander stattfindet. In einem derartigen Falle genügt es, die Polarisation aus dem Produkt aus der Konzentration der Dipole und dem Dipolmoment des Einzeldipols zu bilden.

Eine Vernachlässigung der Dipol-Wechselwirkung ist dann statthaft, wenn die Dipole einen großen Abstand voneinander aufweisen. Derartige Verhältnisse liegen generell bei Gasen vor. Bei kondensierter Materie (d. h. bei Flüssigkeiten und Festkörpern) muß i. allg. mit einer merklichen Wechselwirkung der Dipole untereinander gerechnet werden. Diese Wechselwirkung führt zu Werten der elektrischen Suszeptibilität, welche deutlich höher als die nach den Gleichungen (3.13), (3.17) und (3.26) berechneten liegen.

Wie aus Tafel 3.5 zu entnehmen ist, weisen Gase (z. B. Kohlendioxid) eine elektrische Suszeptibilität in der Größenordnung von 10^{-3} auf. Da die Dichte von Festkörpern um etwa einen Faktor 10^3 höher als diejenige von Gasen ist, läßt sich die Suszeptibilität von Festkörpern – ohne Dipol-Wechselwirkung – zu etwa

$$\chi \approx 10^3 \cdot 10^{-3} = 1$$

abschätzen. Für die Dielektrizitätszahl folgt

$$\varepsilon_{\mathrm{r}} = \chi + 1 \approx 2.$$

Die Tatsache, daß bei vielen Flüssigkeiten und Festkörpern wesentlich höhere Dielektrizitätszahlen auftreten, ist auf Dipol-Wechselwirkungen zurückzuführen. Die Gesamtheit der Dipol-Wechselwirkungen in einem Medium kann mit folgendem Modell erfaßt werden. Dazu wird um das betrachtete Atom (bzw. Ion oder Molekül) herum ein kugelförmiger Hohlraum ausgespart

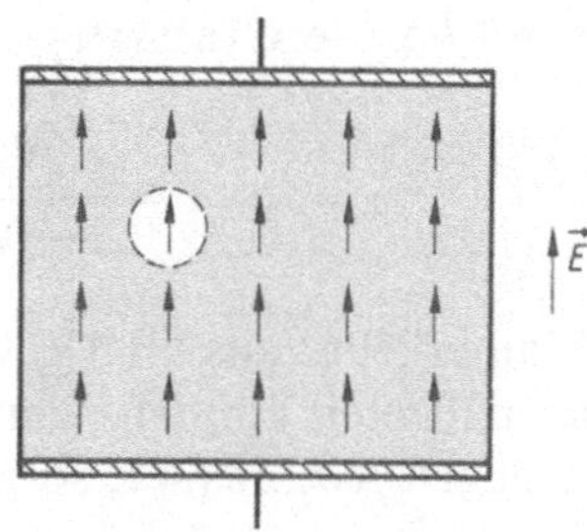

3.13 Zur Berechnung der Dipol-Wechselwirkung in kondensierter Materie

(Bild **3.**13). In diesem Hohlraum herrscht die lokale Feldstärke

$$E_{\mathrm{loc}} = \frac{\varepsilon_{\mathrm{r}} + 2}{3}\, E, \tag{3.27}$$

wobei ε_{r} die Dielektrizitätszahl des Mediums und E die äußere elektrische Feldstärke bedeuten. Für $\varepsilon_{\mathrm{r}} > 1$ ist die am Ort eines Dipols wirkende (lokale) elektrische Feldstärke g r ö ß e r als das äußere elektrische Feld. Mit dieser Felderhöhung wird also die Dipolwechselwirkung innerhalb des Mediums berücksichtigt. Mit der Definition nach Gl. (3.4) kann anstelle von Gl. (3.27) die äquivalente Beziehung

$$E_{\mathrm{loc}} = E + \frac{P}{3\varepsilon_0} \tag{3.27a}$$

verwendet werden. Der von der Dipolwechselwirkung herrührende Zusatzterm $P/3\varepsilon_0$ wird L o r e n t z - F e l d genannt.

Mit Gl. (3.27) ergibt sich das Dipolmoment eines Einzeldipols

$$p = \alpha\, E_{\mathrm{loc}} = \alpha\, \frac{\varepsilon_{\mathrm{r}} + 2}{3}\, E, \tag{3.28}$$

wobei α die Polarisierbarkeit gemäß einem der in Abschnitt 3.2.1 besprochenen Polarisationsmechanismen bedeutet. Die makroskopische Polarisation ist dann

$$P = N\alpha\, E_{\mathrm{loc}} = N\alpha\, \frac{\varepsilon_{\mathrm{r}} + 2}{3}\, E \tag{3.29}$$

(N Konzentration der Dipole). Durch Umstellen von Gl. (3.29) ergibt sich mit

$\varepsilon_r = 1 + \chi$ die Clausius-Mossotti-Gleichung

$$\chi = \varepsilon_r - 1 = \frac{N\alpha/\varepsilon_0}{1 - N\alpha/3\varepsilon_0}.$$

(3.30)

Man erkennt aus Gl. (3.30), daß sehr hohe Werte der elektrischen Suszeptibilität auftreten können, wenn sich die Größe $N\alpha/3\varepsilon_0$ dem Wert Eins nähert. Ist dagegen $N\alpha/3\varepsilon_0 \ll 1$, so geht Gl. (3.30) über in

$$\chi = N\alpha/\varepsilon_0.$$

(3.30a)

Das bedeutet, daß in diesem Falle die Dipol-Wechselwirkung zu vernachlässigen ist.

Die Clausius-Mossotti-Gleichung kann auch in der zu Gl. (3.30) äquivalenten Form

$$\frac{\varepsilon_r - 1}{\varepsilon_r + 2} = \frac{N\alpha}{3\varepsilon_0}$$

(3.30b)

geschrieben werden. In dieser Form dient die Clausius-Mossotti-Gleichung zur Bestimmung der Polarisierbarkeit α der Einzelteilchen aus dem experimentell ermittelten Wert der Dielektrizitätszahl ε_r.

Liegen in einer Substanz mehrere verschiedene Teilchenarten – ggf. mit unterschiedlichen Polarisationsmechanismen – vor, so ist in Gl. (3.30) das Produkt $N\alpha$ durch den Ausdruck

$$(N\alpha)_{ges} = \sum_i N_i \alpha_i$$

zu ersetzen. Hierin ist N_i die Konzentration der zu einem bestimmten Polarisationsmechanismus beitragenden Teilchen; die Polarisierbarkeit der Teilchen ist α_i. Zu beachten ist dabei, daß ein Teilchen unter Umständen mehr als einen Polarisationsbeitrag liefern kann (z. B. elektronische und ionische Polarisation).

Beispiel 3.3. Kochsalz (NaCl) besteht aus Natrium- und Chlorionen. Beide Ionenarten liefern jeweils einen Beitrag zur elektronischen und zur ionischen Polarisation. Bezogen auf ein NaCl-Molekül existieren folgende Polarisierbarkeiten

$$\alpha_{el} = \alpha_{ion} = 3{,}7 \cdot 10^{-36} \frac{As \cdot cm}{V/cm},$$

d. h. beim Natriumchlorid sind beide Anteile (zufällig) gleich groß.
Die Konzentration der NaCl-Moleküle berechnet sich wie folgt

$$N = N_A^* \cdot \frac{\rho}{M} = \frac{6{,}02 \cdot 10^{23} \, mol^{-1} \cdot 2{,}16 \, gcm^{-3}}{58{,}44 \, gmol^{-1}} = 0{,}22 \cdot 10^{23} \, cm^{-3}$$

(N_A^* Avogadro-Konstante, ρ spezifisches Gewicht, M Molekulargewicht). Damit ergibt sich

$$\frac{(N\alpha)_{ges}}{\varepsilon_0} = \frac{0{,}22\cdot 10^{23}\ cm^{-3}\cdot 2\cdot 3{,}7\cdot 10^{-36}\ As\ cm^2\ V^{-1}}{8{,}85\cdot 10^{-14}\ As\ V^{-1}\ cm^{-1}} = 1{,}84.$$

Die elektrische Suszeptibilität ist also

$$\chi = \frac{1{,}84}{1 - \dfrac{1{,}84}{3}} = 4{,}76.$$

Die gemessene Dielektrizitätszahl ist $\varepsilon_r = 5{,}77$. Ohne Berücksichtigung der Dipol-Wechselwirkung würde man den Wert $\chi = 1{,}84$ (d. h. $\varepsilon_r = 2{,}84$) erhalten.

In Tafel **3.**14 sind die Dielektrizitätszahlen einiger Flüssigkeiten zusammengestellt. Daraus geht hervor, daß die Dielektrizitätszahl bei dipollosen Flüssigkeiten den Wert zwei nicht wesentlich überschreitet. Eine verhältnismäßig hohe Dielektrizitätszahl tritt dann auf, wenn die Flüssigkeitsmoleküle ein permanentes Dipolmoment besitzen (z. B. SO_2, NH_3 und H_2O). Bei den organischen Flüssigkeiten weisen insbesondere die Moleküle der Alkohole (z. B. Ethanol, Ethylenglykol, Glycerin) ein permanentes Dipolmoment – und damit eine hohe Dielektrizitätszahl – auf.

Tafel **3.**14 Dielektrizitätszahlen einiger Flüssigkeiten (1 bar, 20 °C, soweit nicht anders angegeben)

Stoff	ε_r	Stoff	ε_r
Helium (He)	1,05 (-269 °C)	Pentan (C_5H_{12})	1,84
Wasserstoff (H_2)	1,22 (-253 °C)	n-Hexan (C_6H_{14})	1,89
Stickstoff (N_2)	1,45 (-196 °C)	Cyclohexan (C_6H_{12})	2,02
Sauerstoff (O_2)	1,46 (-183 °C)	Benzol (C_6H_6)	2,28
Schwefelkohlenstoff (CS_2)	2,65	Essigsäure (CH_3COOH)	6,17
Schwefeldioxid (SO_2)	17,6 (-20 °C)	Aceton (CH_3COCH_3)	19,5
Ammoniak (NH_3)	23,2 (-33 °C)	Ethanol (C_2H_5OH)	25,1
Wasser (H_2O)	80,8	Ethylenglykol ($C_2H_4(OH)_2$)	38,1
		Glycerin ($C_3H_5(OH)_3$)	41,1

Tafel **3.**15 enthält die Dielektrizitätszahlen einiger fester Substanzen. Von den darin genannten anorganischen Substanzen weisen Diamant, Silizium und Germanium eine rein homöopolare Bindung auf, d. h., bei der Suszeptibilität tritt nur der auf einer Verschiebung der Elektronenhülle beruhende Anteil auf. In der Reihe Diamant → Silizium → Germanium nimmt die Suszeptibilität mit steigendem Atomvolumen (bzw. Atomabstand) zu. Bei den restlichen anorganischen Substanzen sind elektronische und ionische Anteile der elektrischen Suszeptibilität vorhanden.

Tafel **3.15** Dielektrizitätszahlen einiger fester Stoffe (1 bar, 20 °C)

Stoff	ε_r	Stoff	ε_r
Quarzglas (SiO_2)	4,2	Polytetrafluorethylen (PTFE)	2,1
Bor-Silikat-Glas	4–6	Polypropylen (PP)	2,2
Glimmer	5–6	Polyethylen (PE)	2,3
Diamant (C)	5,6	Polystyrol (PS)	2,5
Porzellan	6–7	Polycarbonat (PC)	2,8
Steatit ($SiO_2/Al_2O_3/MgO$)	6–7	Polyethylenterephthalat (PET)	3,3
Kalk-Alkali-Glas	6–8	Polyamid (PA 6.6)	3,8
Korund (Al_2O_3)	10,5 (∥)	Polyvinylchlorid (PVC)	4*)
	8,5 ($\perp$)	Papier (Zellulose)	4–5,6
Silizium (Si)	11,9		
Germanium (Ge)	16,2	*) Polyvinylchlorid wird meistens un-	
Tantaloxid (Ta_2O_5)	25	ter Zusatz eines Weichmachers ver-	
Rutil (TiO_2)	170 (∥)	arbeitet; in diesem Fall sind die	
	90 ($\perp$)	elektrischen Eigenschaften auch	
		von der Art des Zusatzes abhängig	

Korund (Al_2O_3) und Rutil (TiO_2) besitzen eine Kristallstruktur mit einer ausgezeichneten Achse. Dementsprechend sind Werte der Dielektrizitätszahlen parallel und senkrecht zu dieser Achse angegeben.

Die unpolaren organischen Substanzen (Kunststoffe) weisen eine Dielektrizitätszahl von etwa zwei auf. Etwas höhere Werte sind bei Substanzen anzutreffen, bei denen Wasserstoffatome partiell durch Halogene oder Hydroxylgruppen substituiert sind.

Bei den in Tafel **3.14** und **3.15** angegebenen Daten handelt es sich um statische Dielektrizitätszahlen. Diese Werte wurden bei einer niedrigen Meßfrequenz (meistens im kHz-Bereich) ermittelt. Die Hochfrequenzeigenschaften werden in Abschn. 3.2.4 behandelt.

Nach Gl. (3.30) kann auch der Fall

$$\chi = \frac{1}{\varepsilon_0}\,\frac{P}{E} \to \infty$$

auftreten. Das bedeutet, daß in diesem Falle eine Polarisation $P \neq 0$ bei verschwindender elektrischer Feldstärke ($E \to 0$) existiert. Eine derartige Situation (spontane Polarisation) wird in Abschn. 3.3 näher erläutert. Die auf diesem Mechanismus basierenden Dielektrika mit hoher Dielektrizitätszahl sind in Tafel **3.15** nicht enthalten; ihre Eigenschaften werden im Rahmen des Abschnittes 3.5 diskutiert.

3.2.3 Temperatur- und Druckabhängigkeit der Polarisation

In den Gleichungen (3.13), (3.17) und (3.26), welche die verschiedenen Anteile der elektrischen Suszeptibilität liefern, ist die Konzentration N der Atome (bzw. Ionen oder Dipole) enthalten. Über eine Veränderung der Konzentration N durch Temperatur und/oder Druck kann dementsprechend die elektrische Suszeptibilität beeinflußt werden. Bei der Orientierungspolarisation ist darüber hinaus die auf das einzelne Molekül bezogene Polarisierbarkeit gemäß Gl. (3.25) temperaturabhängig.

Eine verhältnismäßig starke Veränderung der Atom- bzw. Moleküldichte durch externe Einflüsse ist bei einem Gas möglich. In der Praxis sind dabei zwei unterschiedliche experimentelle Situationen zu betrachten (Bild 3.16). Bei einem geschlossenen System gemäß Bild 3.16a ist die zwischen den Elektroden befindliche Anzahl der Gasteilchen konstant. Zwischen dem Gasdruck und der Temperatur besteht ein eindeutiger Zusammenhang, welcher – im Falle eines idealen Gases – durch das Boyle-Mariottesche Gesetz auszudrücken ist. Bei Gasen, welche kein permanentes Dipolmoment aufweisen (z. B. Edelgase, Wasserstoff, Sauerstoff, Stickstoff, Kohlendioxid), ist unter diesen Umständen die elektrische Suszeptibilität temperatur- bzw. druckunabhängig.

Anordnungen gemäß Bild 3.16a mit einem gasförmigen Dielektrikum (unter erhöhtem Druck) werden in der Praxis als Hochspannungskondensatoren verwendet; derartige Kondensatoren weisen einen besonders niedrigen Verlustfaktor auf.

Befinden sich in einem abgeschlossenen System Gasmoleküle mit einem permanenten Dipolmoment (z. B. Chlorwasserstoff, Ammoniak, Schwefeldioxid), so ergibt sich ein Suszeptibilitätsanteil mit einer Temperaturabhängigkeit ge-

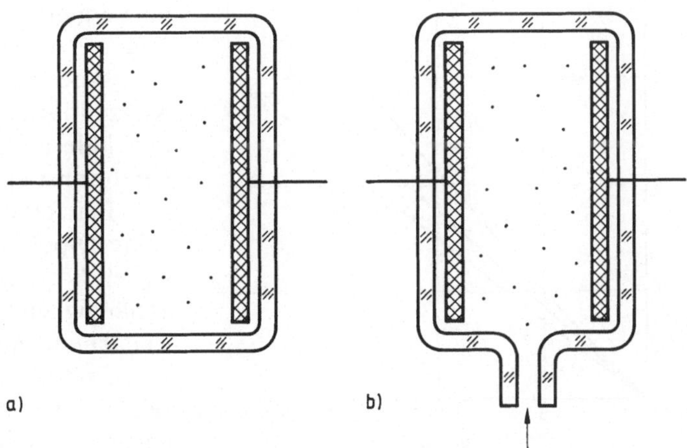

3.16 Zur Berechnung der Temperatur- und Druckabhängigkeit der elektrischen Suszeptibilität χ eines Gases
a) Geschlossenes System, b) offenes System

mäß Gl. (3.26); die Gesamtsuszeptibilität enthält außerdem den temperaturunabhängigen elektronischen Anteil.

Bei einem **offenen System** gemäß Bild 3.16b ist es möglich, durch geeignete Gaszufuhr einen beliebigen Gasdruck – unabhängig von der Temperatur – einzustellen. Aus dem Gasdruck p und der Temperatur T folgt nach Gl. (1.30) die Konzentration

$$N = p/kT$$

der Gasmoleküle; diese ist also proportional zum Gasdruck und umgekehrt proportional zur absoluten Temperatur. Für ein dipolloses Gas läßt sich daher die Druck- und Temperaturabhängigkeit der elektrischen Suszeptibilität wie folgt ausdrücken:

$$\chi(p,T) = \chi_N \cdot \frac{p}{1\,\text{bar}} \cdot \frac{273\,\text{K}}{T} \cdot \tag{3.31}$$

Hierin ist χ_N die Suszeptibilität unter Normalbedingungen (1 bar, 0 °C); Druck und Temperatur sind in bar bzw. Kelvin einzusetzen. Als Beispiel für das Verhalten eines dipollosen Gases ist in Bild 3.17 die gemessene Druckabhängigkeit der elektrischen Suszeptibilität von Kohlendioxid bei verschiedenen Temperaturen dargestellt.

Enthält das Gas Dipolmoleküle, so ist Gl. (3.31) entsprechend zu modifizieren; der durch Orientierungspolarisation bewirkte Suszeptibilitätsanteil ist proportional zu T^{-2}.

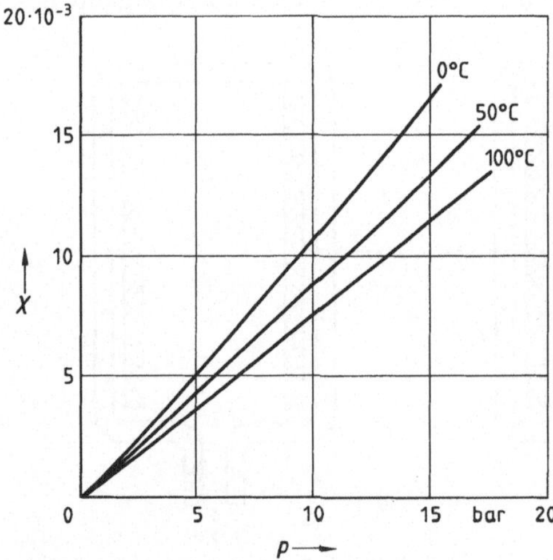

3.17 Druck- und Temperaturabhängigkeit der Suszeptibilität χ von gasförmigem Kohlendioxid

Flüssigkeiten weisen einen – im Vergleich zu Gasen – sehr geringen thermischen Ausdehnungskoeffizienten auf, d. h., die Konzentration der Flüssigkeitsmoleküle nimmt bei einem Temperaturanstieg nur geringfügig ab. Bei einer unpolaren (d. h. keine Dipole enthaltenden) Flüssigkeit korreliert die Temperaturabhängigkeit der Suszeptibilität weitgehend mit dem Verlauf des spezifischen Gewichtes. Bild 3.18 zeigt die Temperaturabhängigkeiten der Dielektrizitätszahl und des spezifischen Gewichtes von n-Heptan (C_7H_{16}) im Bereich von −50 bis 100 °C. In diesem Be-

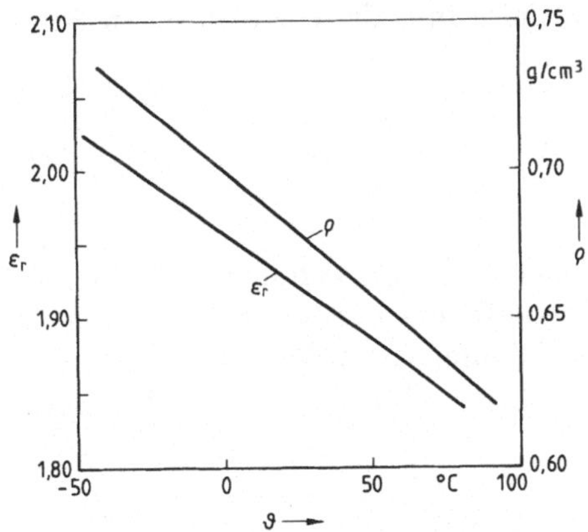

3.18 Temperaturabhängigkeit der Dielektrizitätszahl ε_r und des spezifischen
Gewichtes ρ von n-Heptan

3.19 Temperaturabhängigkeit der Dielektrizitätszahl ε_r und des spezifischen
Gewichtes ρ von Wasser

reich nimmt die Suszeptibilität um rd. 20% ab; die Abnahme der Molekülkon-
zentration beträgt rd. 17%.

Bei einer Flüssigkeit, welche aus Molekülen mit einem permanenten Dipolmoment besteht, ist eine Temperaturabhängigkeit der Suszeptibilität gemäß Gl.
(3.26) zu erwarten; hierbei ist der Einfluß der Dipol-Wechselwirkung vernachlässigt. In Bild **3.**19 sind die Temperaturabhängigkeiten der Dielektrizitätszahl
und des spezifischen Gewichtes von Wasser dargestellt. Während sich die
Dichte des Wassers im Bereich von 0°C bis 100°C nur um etwa 4% ändert, tritt
bei der Dielektrizitätszahl eine Reduktion auf ca. 63% des bei 0°C gemessenen
Wertes auf.

Die geringe Kompressibilität der
Flüssigkeiten hat eine entsprechend geringe Druckabhängigkeit
der Dielektrizitätszahl zur Folge.
Wie aus Bild **3.**20 hervorgeht,
nimmt die Dielektrizitätszahl des
Wassers im Druckbereich von
1 bar bis 3000 bar um etwa 10% zu.
Die Zunahme der Dielektrizitätszahl von Ethanol in dem genannten Druckbereich beträgt ca. 20%.

Bei Festkörpern bewirkt die
thermische Ausdehnung in den
meisten Fällen nur eine geringe
Veränderung der elektrischen Suszeptibilität bzw. der Dielektrizi-

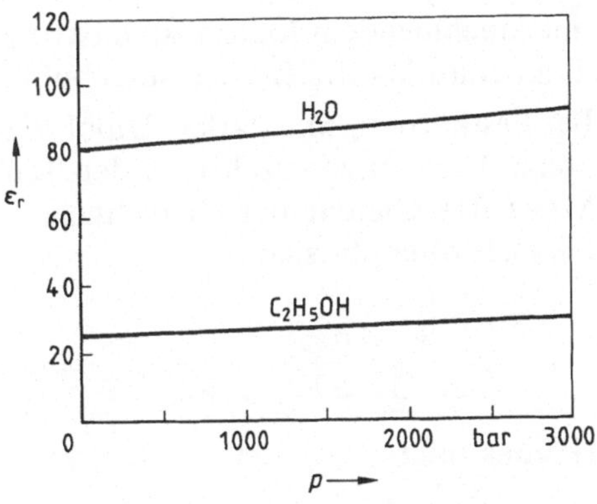

3.20 Druckabhängigkeit der Dielektrizitätszahl ε_r von Wasser und Ethanol

tätszahl. Für Werkstoffe, bei denen der Mechanismus der elektronischen Polarisation dominiert, folgt aus Gl. (3.13)

$$\frac{1}{\chi} \cdot \frac{d\chi}{dT} = \frac{1}{\chi_{el}} \cdot \frac{d\chi_{el}}{dT} = \frac{1}{N} \cdot \frac{dN}{dT} = -\frac{1}{V} \cdot \frac{dV}{dT} = -\gamma; \qquad (3.32)$$

hierbei ist die Dipol-Wechselwirkung vernachlässigt (V Volumen, γ Volumen-Ausdehnungskoeffizient). Der Temperaturkoeffizient der Suszeptibilität ist in diesem Falle gleich dem negativen Wert des Volumen-Ausdehnungskoeffizienten. Aus dem Temperaturkoeffizienten der Suszeptibilität folgt der Temperaturkoeffizient der Dielektrizitätszahl

$$\frac{1}{\varepsilon_r} \cdot \frac{d\varepsilon_r}{dT} = \frac{\chi}{\chi + 1} \cdot \frac{1}{\chi} \cdot \frac{d\chi}{dT}. \qquad (3.33)$$

Beispiel 3.4. Silizium weist einen Volumen-Ausdehnungskoeffizienten $\gamma = 7 \cdot 10^{-6} \, K^{-1}$ auf. Man berechne den Temperaturkoeffizienten der Suszeptibilität und der Dielektrizitätszahl.

Nach Gl. (3.32) gilt

$$\frac{1}{\chi} \cdot \frac{d\chi}{dT} = -7 \cdot 10^{-6} \, K^{-1}.$$

Für den Temperaturkoeffizienten der Dielektrizitätszahl folgt:

$$\frac{1}{\varepsilon_r} \cdot \frac{d\varepsilon_r}{dT} = -\frac{10,9}{11,9} \cdot 7 \cdot 10^{-6} \, K^{-1} = -6 \cdot 10^{-6} \, K^{-1}$$

(vgl. Tafel **3.**15).

Bei Festkörpern mit einem starken ionischen Anteil der Polarisation ist zu berücksichtigen, daß die in Gl. (3.17) bzw. (3.17a) auftretenden Kraftkonstanten mit zunehmendem Ionenabstand a b n e h m e n. Hieraus resultiert ein p o s i t i v e r Temperaturkoeffizient der Suszeptibilität bzw. der Dielektrizitätszahl.

Bei Festkörpern mit starker Dipol-Wechselwirkung (d. h. bei Werkstoffen mit hoher Dielektrizitätszahl) ist der Temperaturkoeffizient aus der C l a u s i u s - M o s s o t t i - Gleichung zu berechnen. Durch logarithmische Differentiation von Gl. (3.30b) ergibt sich

$$\frac{1}{\varepsilon_r - 1} \cdot \frac{d\varepsilon_r}{dT} - \frac{1}{\varepsilon_r + 2} \cdot \frac{d\varepsilon_r}{dT} = \frac{1}{N} \cdot \frac{dN}{dT} + \frac{1}{\alpha} \cdot \frac{d\alpha}{dT}.$$

Hieraus folgt

$$\frac{1}{\varepsilon_r} \cdot \frac{d\varepsilon_r}{dT} = \frac{(\varepsilon_r - 1)(\varepsilon_r + 2)}{3\varepsilon_r} \left(\frac{1}{\alpha} \cdot \frac{d\alpha}{dT} - \gamma \right). \qquad (3.34)$$

Für $\varepsilon_r \gg 1$ vereinfacht sich Gl. (3.34) zu

$$\frac{1}{\varepsilon_r} \cdot \frac{d\varepsilon_r}{dT} = \frac{\varepsilon_r}{3} \left(\frac{1}{\alpha} \cdot \frac{d\alpha}{dT} - \gamma \right) . \quad (3.34\,a)$$

Gemäß Gl. (3.34) bzw. (3.34a) können sowohl positive als auch negative Temperaturkoeffizienten der Dielektrizitätszahl auftreten. Bild **3.**21 zeigt Beispiele für den Temperaturverlauf der Dielektrizitätszahl bei einigen keramischen Werkstoffen.

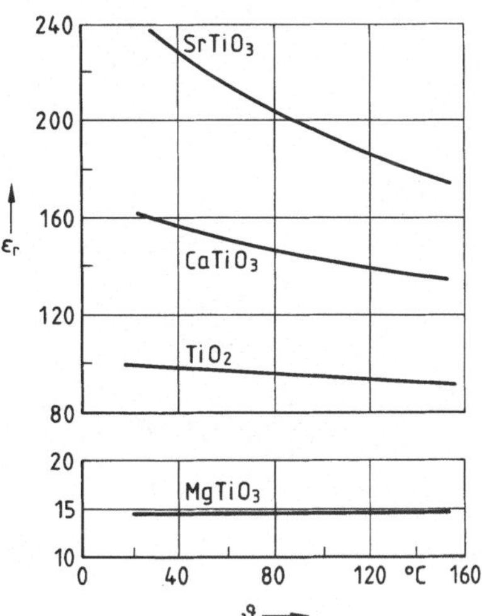

3.21
Temperaturabhängigkeit der Dielektrizitätszahl ε_r einiger keramischer Substanzen ($f = 1$ MHz)

3.2.4 Frequenzabhängigkeit der Polarisationsmechanismen und dielektrische Verluste

Wie in den vorangehenden Abschnitten beschrieben, beruht die elektrische Polarisation auf der Auslenkung von Ladungsträgern aus ihrer Ruhelage. Da die Ladungsträger (Elektronen, Ionen) eine Masse besitzen, ist die Dielektrizitätszahl eines Mediums von der Frequenz der anliegenden Wechselspannung abhängig. Aus der Phasenverschiebung zwischen den Feldkräften der Wechselspannung und der durch sie verursachten Auslenkung der Ladungsträger resultieren dielektrische Verluste, welche durch den Verlustfaktor $\tan\delta$ oder durch den Imaginärteil ε_r'' der Dielektrizitätszahl charakterisiert werden.

Bei der elektronischen Polarisation wirkt die Elektronenhülle eines Atoms als schwingungsfähiges Gebilde, welches sich unter dem Einfluß eines elektrischen Wechselfeldes relativ zu dem als ortsfest angenommenen Kern bewegt (Bild **3.**22a). In dem mechanischen Analogon (Bild **3.**22b) ist die Elektronenwolke durch eine punktförmige Masse $Z m_e$ symbolisiert; die nach Abschn. 3.2.1.1 auf Coulomb-Wechselwirkung basierende Rückstellkraft wird durch eine Federkraft $-k_e x$ ersetzt (k_e ist die Federkonstante). Die auslenkende Kraft ist $F = -Z e E$.

Für die Anordnung nach Bild **3.**22b gilt die Bewegungsgleichung

$$Z m_e \frac{d^2 x}{dt^2} + r \frac{dx}{dt} + k_e x = -Z e E(t) ; \quad (3.35)$$

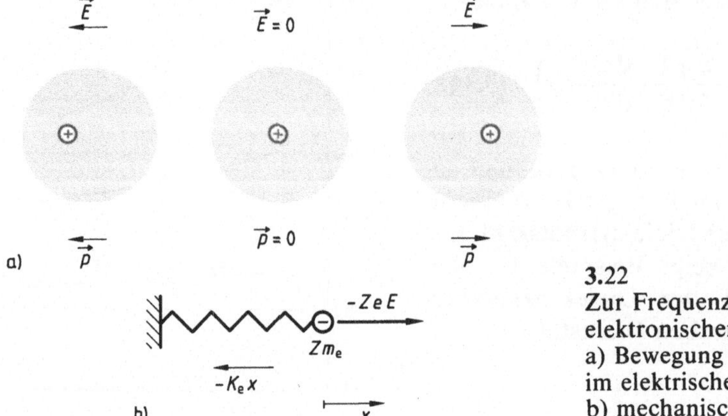

3.22
Zur Frequenzabhängigkeit der
elektronischen Polarisation
a) Bewegung der Elektronenhülle
im elektrischen Wechselfeld,
b) mechanisches Analogon

hierin ist r ein Reibungsbeiwert, der die Energieverluste bei der Bewegung der
Elektronen charakterisiert. Bei sinusförmiger Anregung durch ein elektrisches
Feld kann die Bewegungsgleichung in der Form

$$\frac{\mathrm{d}^2x}{\mathrm{d}t^2} + \kappa\,\frac{\mathrm{d}x}{\mathrm{d}t} + \omega_\mathrm{r}^2 x = -\frac{e}{m_\mathrm{e}}\,\hat{E}\,\mathrm{e}^{\mathrm{j}\omega t} \tag{3.36}$$

geschrieben werden. Hierin ist

$$\omega_\mathrm{r} = \sqrt{k_\mathrm{e}/(Zm_\mathrm{e})} \tag{3.37}$$

die Resonanzfrequenz der Anordnung; als Abkürzung ist die Dämpfungskon-
stante $\kappa = r/(Zm_\mathrm{e})$ eingeführt.
Unter Berücksichtigung der in Abschn. 3.1 angegebenen Definitionen für das
elektrische Dipolmoment p und die Polarisation P ergibt sich die Differentialgleichung

$$\frac{\mathrm{d}^2P}{\mathrm{d}t^2} + \kappa\,\frac{\mathrm{d}P}{\mathrm{d}t} + \omega_\mathrm{r}^2 P = \frac{NZe^2}{m_\mathrm{e}}\,\hat{E}\,\mathrm{e}^{\mathrm{j}\omega t}, \tag{3.38}$$

welche mit dem Ansatz

$$P = \hat{P}\,\mathrm{e}^{\mathrm{j}\omega t}$$

gelöst werden kann. Es folgt

$$\hat{P} = \frac{NZe^2}{m_\mathrm{e}} \cdot \frac{1}{\omega_\mathrm{r}^2 - \omega^2 + \mathrm{j}\kappa\omega}\,\hat{E} \tag{3.39}$$

und damit in Analogie zu Gl. (3.4)

$$\underline{\varepsilon}_r(\omega) - 1 = \frac{1}{\varepsilon_0} \cdot \frac{\hat{P}}{\hat{E}} = \frac{NZe^2}{\varepsilon_0 m_e} \cdot \frac{1}{\omega_r^2 - \omega^2 + j\kappa\omega}, \tag{3.40}$$

wobei $\underline{\varepsilon}_r$ die komplexe Dielektrizitätszahl gemäß Gl. (3.7) bedeutet. Der Realteil liefert die Suszeptibilität

$$\chi(\omega) = \varepsilon_r'(\omega) - 1 = \frac{1}{\varepsilon_0} \operatorname{Re} \frac{\hat{P}}{\hat{E}} = \frac{NZe^2}{\varepsilon_0 m_e} \cdot \frac{\omega_r^2 - \omega^2}{(\omega_r^2 - \omega^2)^2 + (\kappa\omega)^2}. \tag{3.41}$$

Der Imaginärteil der Dielektrizitätszahl ist

$$\varepsilon_r''(\omega) = -\frac{1}{\varepsilon_0} \operatorname{Im} \frac{\hat{P}}{\hat{E}} = \frac{NZe^2}{\varepsilon_0 m_e} \cdot \frac{\kappa\omega}{(\omega_r^2 - \omega^2)^2 + (\kappa\omega)^2}. \tag{3.42}$$

Der Verlustfaktor läßt sich nach Gl. (3.7 a) aus

$$\tan\delta = \frac{\varepsilon_r''}{\varepsilon_r'}$$

errechnen.

Bild **3.**23 zeigt schematisch den Verlauf des Real- und Imaginärteils der Dielektrizitätszahl in Abhängigkeit von der Frequenz. Für $\omega \to 0$ ergibt sich der statische Wert

$$\chi(0) = \varepsilon_r'(0) - 1 = \frac{NZe^2}{\varepsilon_0 m_e \omega_r^2} = \frac{NZ^2 e^2}{\varepsilon_0 k_e}. \tag{3.43}$$

Bei der Resonanzfrequenz ω_r weist die Suszeptibilität einen Nulldurchgang auf. Für $\omega \to \infty$ nähert sich die Suszeptibilität asymptotisch dem Wert Null.

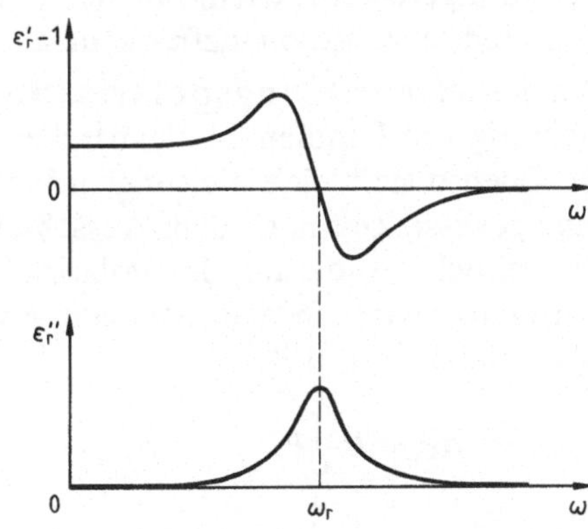

3.23
Frequenzabhängigkeit des Real- und Imaginärteils der komplexen Dielektrizitätszahl ε_r bei elektronischer und ionischer Polarisation

Der Imaginärteil von ε_r durchläuft bei $\omega = \omega_r$ ein Maximum. Infolge der großen Amplitude der Schwingungen der Elektronenwolke sind die Verluste bei dieser Frequenz besonders hoch.

Wie in Abschn. 3.1 bereits erwähnt, trägt auch der Gleichstromleitwert (Leitfähigkeit σ) zum Verlustfaktor bei. Dieser Anteil ist allerdings in den meisten Anwendungsfällen zu vernachlässigen.

Beispiel 3.5. Es ist die Resonanzfrequenz der Elektronenhülle des Wasserstoffatoms zu berechnen.

Für das Wasserstoffatom (mit $Z = 1$) ist aus Gl. (3.11) die Federkonstante

$$k_e = \frac{e^2}{4\pi\varepsilon_0 R^3}$$

der Rückstellkraft zu entnehmen; die Auslenkung ist in Gl. (3.11) mit d bezeichnet. Mit dem Radius der Elektronenhülle des Wasserstoffatoms $R = 0{,}5 \ \text{\AA} = 5 \cdot 10^{-11}$ m ergibt sich die Resonanzfrequenz

$$\omega_r = \left(\frac{e^2}{m_e \cdot 4\pi\varepsilon_0 R^3}\right)^{1/2}$$

$$= \frac{1{,}6 \cdot 10^{-19} \ \text{As}}{(0{,}91 \cdot 10^{-30} \ \text{kg} \cdot 4\pi \cdot 8{,}85 \cdot 10^{-12} \ \text{As V}^{-1} \text{m}^{-1} \cdot 125 \cdot 10^{-33} \ \text{m}^3)^{1/2}}$$

$$= 4{,}5 \cdot 10^{16} \ \text{s}^{-1}$$

bzw.

$$f_r = 7{,}2 \cdot 10^{15} \ \text{Hz}.$$

Bei der elektronischen Polarisation liegt die Resonanzfrequenz so hoch, daß in den meisten Anwendungsbereichen der Elektrotechnik dieser Polarisationsanteil als **frequenzunabhängig** angesehen werden kann.

Die Schwingungsgleichungen (3.35), (3.36) und (3.38) können auch – mit abgeänderten Werten für die Masse, den Reibungsbeiwert und die Rückstellkraft – für die **ionische Polarisation** verwendet werden, so daß qualitativ ebenfalls ein Frequenzgang gemäß Bild 3.23 resultiert. Infolge der höheren Masse und der geringeren Rückstellkraft der Ionen ergibt sich nach Gl. (3.37) eine deutlich niedrigere Resonanzfrequenz als bei der elektronischen Polarisation.

Bei der **Orientierungspolarisation** ist zu berücksichtigen, daß für die Ausrichtung von Dipolen im elektrischen Feld eine gewisse Zeitdauer erforderlich ist. Ebenso stellt sich die (ungeordnete) statistische Verteilung der Dipole erst eine gewisse Zeit nach dem Ausschalten des elektrischen Feldes ein. Dabei ist die zeitliche Änderung der Polarisation zu jedem Zeitpunkt proportional zur Differenz zwischen dem Momentanwert P und dem (statischen) Endwert P_∞ der Polarisation, d.h.

$$\frac{dP}{dt} = \frac{P - P_\infty}{\tau}. \tag{3.44}$$

Hierin ist τ die **Relaxationszeit** des Orientierungsprozesses. Bei sinusförmigem Verlauf des elektrischen Feldes ist wiederum der Ansatz

$$P = \hat{P}\,\mathrm{e}^{\mathrm{j}\omega t}$$

zu verwenden. Damit ergibt sich

$$\hat{P} = \frac{P_\infty}{1 + \mathrm{j}\omega\tau}\,, \tag{3.45}$$

d. h.

$$\underline{\varepsilon}_r(\omega) - 1 = \frac{\varepsilon_r(0) - 1}{1 + \mathrm{j}\omega\tau}\,, \tag{3.46}$$

wobei $\varepsilon_r(0)$ die statische (d. h. die für $\omega \to 0$ gültige) Dielektrizitätszahl bedeutet.

Der Realteil von Gl. (3.46) liefert die Suszeptibilität

$$\chi(\omega) = \varepsilon_r'(\omega) - 1 = \frac{\varepsilon_r(0) - 1}{1 + (\omega\tau)^2}\,. \tag{3.47}$$

Der Imaginärteil der Dielektrizitätszahl ist

$$\varepsilon_r''(\omega) = (\varepsilon_r(0) - 1) \cdot \frac{\omega\tau}{1 + (\omega\tau)^2}\,. \tag{3.48}$$

Bild 3.24 zeigt schematisch den Verlauf des Real- und Imaginärteils der Dielektrizitätszahl in Abhängigkeit von der Kreisfrequenz ω. Der Abfall der Suszeptibilität erfolgt in der Umgebung der Frequenz $\omega_a = 1/\tau$ bzw. bei $f_a = 1/(2\pi\tau)$. Der Imaginärteil der Dielektrizitätszahl weist bei ω_a ein Maximum auf.

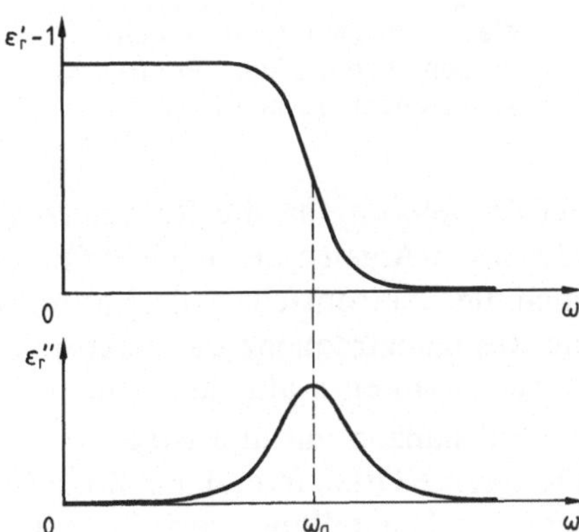

3.24
Frequenzabhängigkeit des Real- und Imaginärteils der komplexen Dielektrizitätszahl $\underline{\varepsilon}_r$ bei der Orientierungspolarisation

In den vorstehenden Herleitungen wurde die Dipol-Wechselwirkung gemäß Abschn. 3.2.2 nicht berücksichtigt. Im Falle des Auftretens von Dipol-Wechselwirkungen sind entsprechende Korrekturen bei den statischen Werten der Dielektrizitätszahl und bei den Resonanzfrequenzen anzubringen.

Der Gesamtverlauf der Dielektrizitätszahl (Suszeptibilität) eines Mediums ergibt sich durch Überlagerung des Einflusses verschiedener Polarisationsmechanismen, d.h., es ist mit der Beziehung

$$\chi = \chi_{el} + \chi_{ion} + \chi_{or}$$

zu rechnen, wobei χ_{el}, χ_{ion} und χ_{or} die Suszeptibilitätsanteile der elektronischen und ionischen Polarisation sowie der Orientierungspolarisation bedeuten. Mit

$$\varepsilon_r = \chi + 1$$

ergibt sich der im Bild **3.25** schematisch dargestellte Verlauf $\varepsilon_r(f)$. Bei niedriger Frequenz ($f \to 0$) sind alle Polarisationsmechanismen wirksam. Beim Überschreiten der Frequenz $f_a = 1/(2\pi\tau)$ geht der auf die Orientierungspolarisation zurückführende Anteil von ε_r auf Null zurück, d.h., es sind nur noch die ionische Polarisation und die elektronische Polarisation wirksam. Der Ausfall der Orientierungspolarisation findet im Frequenzbereich 10^3 Hz $\lesssim f \lesssim 10^5$ Hz statt.

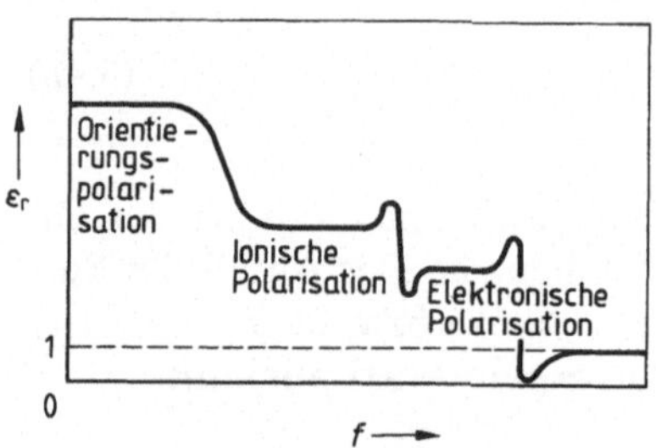

3.25 Frequenzabhängigkeit der Dielektrizitätszahl (Zusammenwirken verschiedener Polarisationsmechanismen)

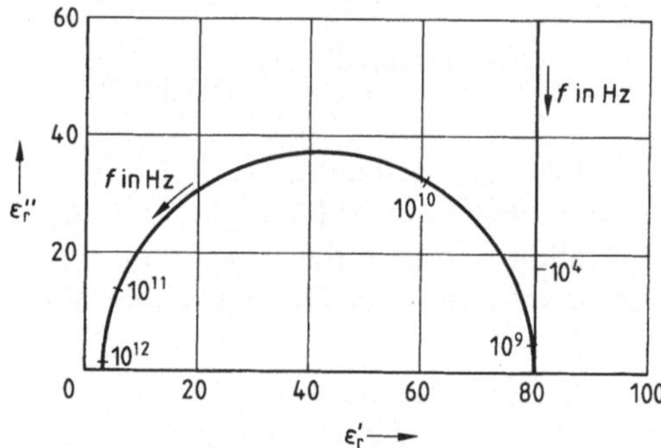

3.26 Cole-Cole-Diagramm für Wasser

Bei Annäherung an die Resonanzfrequenz der ionischen Polarisation tritt zunächst ein Anstieg der Dielektrizitätszahl auf; jenseits dieser Frequenz ist nur noch die elektronische Polarisation wirksam. Wie in Beispiel 3.5 erläutert, liegt die Resonanzfrequenz der elektronischen Polarisation so hoch, daß dieser Polarisationsanteil i. allg. als frequenzunabhängig angenommen werden kann.

Bei Substanzen mit überwiegendem Anteil der Orientierungspolarisation wird häufig eine Ortskurvendarstellung in der komplexen ε_r-Ebene bevorzugt. Eine derartige Darstellung wird Cole-Cole-Diagramm genannt. Bild **3.26** zeigt beispielhaft das Cole-Cole-Diagramm für Wasser. Aus dem Maximum des Imaginärteils ist zu entnehmen, daß die Relaxationszeit des Orientierungsprozesses

$$\tau = \frac{1}{2\pi f_a} \approx 10^{-11}\,\text{s}$$

beträgt. Im Frequenzbereich $f \gtrsim 10^{12}$ Hz ist nur noch die elektronische Polarisation (mit $\varepsilon_r \approx 2$) wirksam.

Abschließend sei darauf hingewiesen, daß in den vorstehenden Ausführungen besonders einfache Beispiele behandelt wurden. Infolge der Existenz verschiedener Atom- bzw. Ionenarten in einer Substanz ist in der Praxis häufig mit einer komplizierteren Frequenzabhängigkeit der Dielektrizitätszahl und des Verlustfaktors zu rechnen.

3.3 Ferroelektrische und antiferroelektrische Eigenschaften

Wie in Abschn. 3.2.2 erwähnt, existieren dielektrische Werkstoffe, bei denen eine spontane Polarisation auftritt; der polarisierte Zustand ist dabei nicht an ein äußeres elektrisches Feld gebunden. Ein derartiges Verhalten wird durch eine starke Dipol-Wechselwirkung hervorgerufen [16], [21].

In den meisten Fällen ist die Richtung der spontanen Polarisation in verschiedenen Bereichen des Werkstoffs unterschiedlich; derartige Bereiche nennt man Domänen oder Weißsche Bezirke. Die (relative) Ausdehnung dieser Bereiche läßt sich über ein äußeres elektrisches Feld beeinflussen. Geht man von einem makroskopisch unpolarisierten Zustand aus (d. h. $P = 0$), so resultiert bei zunehmender elektrischer Feldstärke der in Bild 3.27 a strichpunktiert einge-

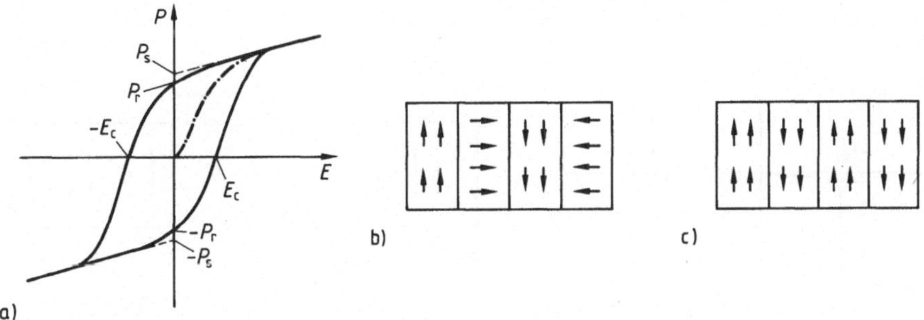

3.27 Ferroelektrisches Verhalten
   a) Zusammenhang zwischen P und E (–·–·– Neukurve),
   b) Weißsche Bezirke mit 90° Differenz der Polarisationsrichtungen,
   c) Weißsche Bezirke mit 180° Differenz der Polarisationsrichtungen

zeichnete Zusammenhang zwischen P und E (Neukurve). Bei weiterer Aussteuerung in den positiven und negativen Bereich des elektrischen Feldes ergibt sich die in Bild **3.27** a dargestellte Hystereseschleife. Der beim Abschalten des elektrischen Feldes verbleibende Wert der Polarisation wird remanente Polarisation P_r (bzw. $-P_r$) genannt. Die Schnittpunkte der Hystereseschleife mit der E-Achse bezeichnet man als Koerzitivfeldstärke E_c (bzw. $-E_c$). Die spontane Polarisation P_s des Mediums entnimmt man aus der Extrapolation der bei hoher Feldstärke gemessenen Polarisationswerte auf die P-Achse. Das Polarisationsverhalten eines ferroelektrischen Werkstoffes ist weitgehend analog zu demjenigen eines ferromagnetischen Mediums (s. Abschn. 4.2.3.1).

Bei einem Teil der ferroelektrischen Werkstoffe beträgt der Winkel zwischen den Richtungen der spontanen Polarisation in benachbarten Weißschen Bezirken 90° (Bild **3.27** b); insgesamt sind in diesem Falle sechs unterschiedliche Orientierungen der spontanen Polarisation möglich. Des weiteren existieren Ferroelektrika, bei denen die spontane Polarisation in benachbarten Weißschen Bezirken antiparallel ausgerichtet ist (Bild **3.27** c); die Kristallstruktur derartiger Werkstoffe läßt nur zwei Orientierungsmöglichkeiten der spontanen Polarisation zu.

Ein antiferroelektrisches Verhalten liegt dann vor, wenn im Bereich niedriger elektrischer Feldstärke Proportionalität zwischen P und E herrscht, während beim Überschreiten einer kritischen Feldstärke E_k (bzw. $-E_k$) eine doppelte Hystereseschleife gemäß Bild **3.28** a auftritt. Bei derartigen Substanzen existiert eine spontane Polarisation innerhalb eines Kristall-Untergitters; ein weiteres Untergitter besitzt eine spontane Polarisation, die derjenigen des ersten Untergitters entgegengesetzt gerichtet ist (Bild **3.28** b). Durch eine hinreichende elektrische Feldstärke ($|E| > E_k$) wird ein Phasenübergang, d.h. eine Parallelorientierung der Polarisationen beider Untergitter erzwungen (Bild **3.28** c).

Die vorstehend beschriebenen Ordnungszustände (ferroelektrisch und antiferroelektrisch) werden beim Überschreiten einer bestimmten Temperatur zer-

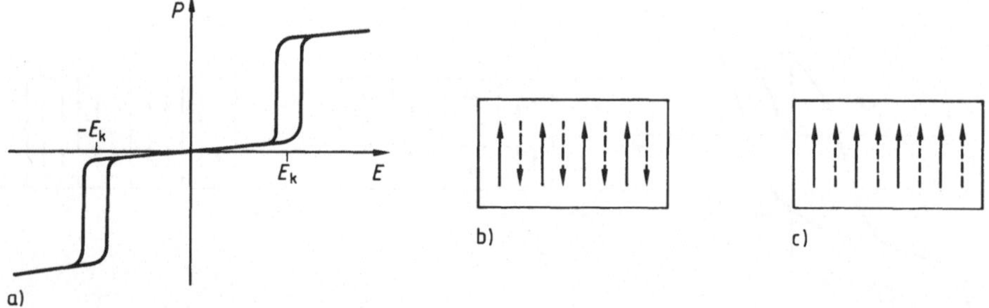

3.28 Antiferroelektrisches Verhalten
    a) Zusammenhang zwischen Polarisation P und elektrischer Feldstärke E,
    b) Dipolorientierung in den beiden Untergittern für $|E| < E_k$,
    c) Dipolorientierung in den beiden Untergittern für $|E| > E_k$

stört. Diese werkstoffspezifische Temperatur wird Curie-Temperatur T_C genannt. Dementsprechend geht die spontane Polarisation bei Annäherung an die Curie-Temperatur auf Null zurück.

Der genaue Temperaturverlauf der spontanen Polarisation einer ferroelektrischen Substanz ist von der Zusammensetzung und dem kristallinen Aufbau eines Werkstoffes abhängig. Bild **3.29** zeigt beispielhaft den Verlauf $P_s(T)$ für zwei Bariumtitanat-Proben. Bei der einkristallinen Probe tritt am Curie-Punkt eine **sprunghafte** Abnahme der spontanen Polarisation auf, während bei dem polykristallinen Material eine stetige Abnahme der spontanen Polarisation zu beobachten ist.

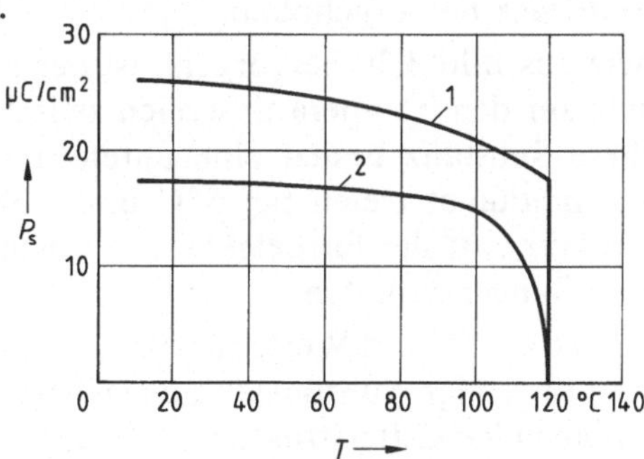

3.29 Temperaturabhängigkeit der spontanen Polarisation P_s bei Bariumtitanat (1 Einkristall, 2 polykristallines Material)

Oberhalb der Curie-Temperatur T_C ist die Polarisation proportional zur elektrischen Feldstärke. Die Temperaturabhängigkeit der elektrischen Suszeptibilität ist in diesem Bereich durch das Curie-Weißsche Gesetz

$$\chi = \frac{C_{CW}}{T - T_{CW}} \tag{3.49}$$

zu beschreiben. Hierin ist C_{CW} die materialspezifische Curie-Weiß-Konstante (mit der Dimension einer Temperatur). Die im Nenner von Gl. (3.49) auftretende Curie-Weiß-Temperatur T_{CW} stimmt näherungsweise mit der aus der Temperaturabhängigkeit der spontanen Polarisation zu entnehmenden Curie-Temperatur T_C überein ($T_{CW} \approx T_C$). Das durch Gl. (3.49) gekennzeichnete Verhalten eines Dielektrikums wird als **paraelektrisch** bezeichnet.

Der Übergang vom ferroelektrischen zum paraelektrischen Zustand ist mit einer Veränderung der Kristallstruktur verknüpft. Diese Phasenübergänge sind beispielhaft in Bild **3.30** für die Substanzen Bariumtitanat, Kaliumdihydrogen-

Substanz	Strukturen
Bariumtitanat $BaTiO_3$	**tetragonal** $\xleftrightarrow{120\,°C}$ kubisch
Kaliumdihydrogenphosphat KH_2PO_4	**orthorhombisch** $\xleftrightarrow{-150\,°C}$ tetragonal
Seignettesalz $NaKC_4H_4O_6 \cdot 4H_2O$	orthorhombisch $\xleftrightarrow{-18\,°C}$ **monoklin** $\xleftrightarrow{24\,°C}$ orthorhombisch

3.30 Beispiele für Phasenübergänge ferroelektrisch ↔ paraelektrisch

phosphat (KDP) und Seignettesalz (engl. rochelle salt) mit den entsprechenden Übergangstemperaturen dargestellt. Die ferroelektrischen Phasen sind durch Fettdruck hervorgehoben.

Wie aus Bild **3.30** hervorgeht, ist der ferroelektrische Zustand beim Seignettesalz auf den Temperaturbereich zwischen $-18\,°C$ und $24\,°C$ beschränkt, d.h., diese Substanz besitzt eine untere und eine obere Curie-Temperatur. Beim Bariumtitanat treten bei $5\,°C$ und $-90\,°C$ weitere Änderungen der Kristallstruktur ein; der ferroelektrische Zustand bleibt jedoch bei diesen Phasenumwandlungen erhalten.

In Tafel **3.31** sind Werte für die Curie-Temperatur und die spontane Polarisation für einige Substanzen angegeben. Dabei wurden Substanzen mit übereinstimmender Gitterstruktur zu Gruppen zusammengefaßt. Wie aus Tafel **3.31** hervorgeht, läßt sich durch Substitution von Wasserstoff durch Deuterium eine Erhöhung der Curie-Temperatur erzielen.

Tafel **3.31** Curie-Temperatur und spontane Polarisation einiger ferroelektrischer Substanzen

Gruppe	Substanz	T_C in K	P_s in $\mu C/cm^2$
Perowskite	$BaTiO_3$	393	26
	$KNbO_3$	708	30
	$PbTiO_3$	763	50
KDP-Gruppe	KH_2PO_4 (KDP)	123	4,8
	KD_2PO_4	213	4,8
	RbH_2PO_4	147	5,6
	RbH_2AsO_4	111	5,0
Seignettesalz-Gruppe	$NaK(C_4H_4O_6)\cdot 4\,H_2O$	297*)	0,25
	$NaK(C_4H_2D_2O_6)\cdot 4\,D_2O$	308*)	0,35
	$LiNH_4(C_4H_4O_6)\cdot H_2O$	106	0,22

*) Obere Curie-Temperatur

Das Auftreten der Ferroelektrizität soll am Beispiel des Bariumtitanats erläutert werden. Bariumtitanat kristallisiert (im paraelektrischen Zustand) in der Perowskit-Struktur. Diese Gitterstruktur mit kubischer Elementarzelle wurde bereits in Abschn. 1.4.3.1, Bild **1.45** beschrieben. Bild **3.32a** zeigt die Elementarzelle des Bariumtitanats im paraelektrischen Zustand. Das vierfach positiv geladene Titanion befindet sich im Zentrum der Elementarzelle; es ist von sechs Sauerstoffionen umgeben. Die Ecken der Elementarzelle sind mit Bariumionen besetzt. Die Gitterkonstante beträgt $a = 3{,}996$ Å bei $120\,°C$.

Beim Übergang in den ferroelektrischen Zustand findet eine tetragonale Verzerrung des Gitters gemäß Bild **3.32b** statt. Die (bei $20\,°C$ gemessenen) Gitterkonstanten betragen dann $a' = 3{,}992$ Å, $c = 4{,}036$ Å. Das Titanion besitzt in dieser Gitterkonfiguration zwei Gleichgewichtslagen; hiervon ist die untere

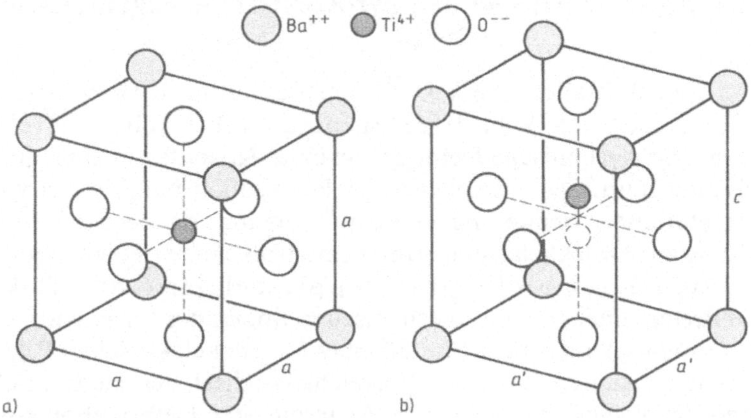

3.32 Elementarzelle des Bariumtitanats
a) paraelektrischer Zustand, b) ferroelektrischer Zustand

Gleichgewichtslage in Bild **3.32** b gestrichelt eingezeichnet. Die in Abschn.
3.2.2 beschriebene Dipol-Wechselwirkung hat zur Folge, daß die in benachbarten Elementarzellen befindlichen Titanionen korrespondierende Plätze einnehmen. Somit entsteht die in Bild **3.27** b schematisch angegebene Domänenstruktur. Durch ein äußeres elektrisches Feld können Titanionen aus der einen
Gleichgewichtslage in die andere überführt werden. Hierdurch wird eine entsprechende Veränderung der Domänenstruktur und damit eine Veränderung
der makroskopischen Polarisation bewirkt. Dieser Vorgang führt zu dem in
Bild **3.27** a dargestellten Zusammenhang zwischen P und E.

Die spontane Polarisation läßt sich aus der Beziehung

$$P_{s} = z N e d \tag{3.50}$$

berechnen. Hierin sind z die Ladungszahl, N die Konzentration und d die Auslenkung des für das ferroelektrische Verhalten maßgebenden Ions (e Elementarladung).

Beispiel 3.6. Nach Tafel **3.31** beträgt die spontane Polarisation des Bariumtitanats
$P_{s} = 26 \cdot 10^{-6}$ As/cm$^{2} = 0{,}26$ As/m^{2}. Mit $z = 4$ und der Gitterkonstanten $a = 4 \cdot 10^{-10}$ m ergibt sich die Auslenkung des Titanions

$$d_{Ti} = \frac{0{,}26 \text{ As m}^{-2} \cdot 4^{3} \cdot 10^{-30} \text{ m}^{3}}{4 \cdot 1{,}6 \cdot 10^{-19} \text{ As}} = 2{,}6 \cdot 10^{-11} \text{ m}.$$

Dabei ist vereinfachend angenommen, daß nur das Titanion seine Lage verändert.

3.4 Piezoelektrische und pyroelektrische Eigenschaften

Bei Ionenkristallen, die kein Symmetriezentrum besitzen, treten piezoelektrische Effekte auf. Vom direkten piezoelektrischen Effekt spricht man, wenn die mechanische Deformation eines Kristalles zu einer elektrischen Polarisation führt. Das Vorzeichen der Polarisation hängt dabei von der Kristallstruktur und -orientierung ab. Beim Übergang von mechanischer Zugbeanspruchung auf Druckbelastung erfolgt eine Umkehr der Polarisationsrichtung (Bild 3.33a). Der reziproke (inverse) piezoelektrische Effekt bedeutet das Auftreten einer inneren mechanischen Spannung (bzw. einer entsprechenden Verformung) unter dem Einfluß eines äußeren elektrischen Feldes $\vec{E}$. Bei Feldumkehr resultiert auch ein Vorzeichenwechsel der mechanischen Spannung und damit eine entsprechende Änderung der Deformation (Bild 3.33b) [15], [33].

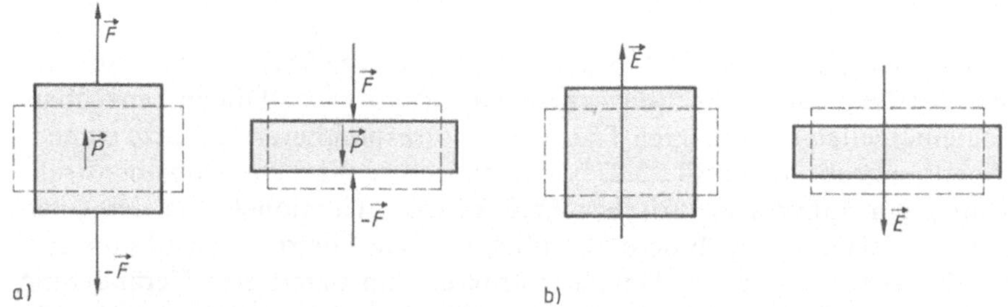

3.33 Piezoelektrische Effekte
    a) direkter piezoelektrischer Effekt bei Zug- und Druckspannung,
    b) reziproker piezoelektrischer Effekt (mit Feldumkehr)

Die Wirksamkeit des piezoelektrischen Effektes wird mittels des piezoelektrischen Koeffizienten d beschrieben. Wird ein Kristall in einer Anordnung nach Bild 3.33a mechanisch beansprucht, so tritt eine Polarisation

$$\vec{P} = d\,\vec{\sigma} \tag{3.51}$$

auf. Hierin ist $\sigma = F/A$ die mechanische Druck- oder Zugspannung (F Kraft, A Fläche). Die Einheit des piezoelektrischen Koeffizienten d ist As/N.

Unter Verwendung des Hookeschen Gesetzes läßt sich auch der Zusammenhang zwischen der Polarisation und der relativen Längenänderung $\Delta l/l$ (Dehnung) des Kristalls angeben.

Beispiel 3.7. Gegeben ist eine Scheibe Bleizirkonat-Titanat (PZT) mit einer Fläche $A = 1\ \text{cm}^2$ und einer Dicke $l = 1\ \text{mm}$. Das Material besitzt folgende Eigenschaften: Piezoelektrischer Koeffizient $d = 300 \cdot 10^{-12}$ As/N, Dielektrizitätszahl $\varepsilon_r = 1700$. Auf diese Scheibe wirke eine Kraft $F = 10\ \text{N}$ (≈ 1 kp).

Nach Gl. (3.51) resultiert die Polarisation

$$P = d \cdot \frac{F}{A} = \frac{300 \cdot 10^{-12}\ \mathrm{As\ N^{-1}} \cdot 10\ \mathrm{N}}{10^{-4}\ \mathrm{m^2}} = 3 \cdot 10^{-5}\ \mathrm{As/m^2}.$$

Für die Kapazität der Anordnung ergibt sich

$$C = \frac{\varepsilon_0 \varepsilon_\mathrm{r} A}{l} = \frac{1700 \cdot 8{,}8 \cdot 10^{-12}\ \mathrm{As\ V^{-1}\ m^{-1}} \cdot 10^{-4}\ \mathrm{m^2}}{10^{-3}\ \mathrm{m}} = 1{,}5\ \mathrm{nF}.$$

Somit tritt an den Elektroden die Spannung

$$U = \frac{AP}{C} = \frac{10^{-4}\ \mathrm{m^2} \cdot 3 \cdot 10^{-5}\ \mathrm{As\ m^{-2}}}{1{,}5 \cdot 10^{-9}\ \mathrm{As\ V^{-1}}} = 2\ \mathrm{V}$$

auf.

Beim reziproken piezoelektrischen Effekt (Bild **3.33** b) bewirkt ein äußeres elektrisches Feld mit der Feldstärke E die relative Längenänderung

$$\Delta l/l = dE \tag{3.52}$$

der Probe. Als Einheit für den piezoelektrischen Koeffizienten d verwendet man in diesem Falle m/V. Dabei ändert sich der Zahlenwert für d nicht, denn es gilt $1\ \mathrm{Ws} = 1\ \mathrm{Nm}$.

In den vorstehend geschilderten Beispielen sind nur longitudinale piezoelektrische Effekte betrachtet, d. h., es ist angenommen, daß die Polarisations- bzw. Feldrichtung mit der Achse der mechanischen Krafteinwirkung zusammenfällt. Generell ist jedoch auch mit transversal wirkenden piezoelektrischen Effekten zu rechnen. Bei der Beschreibung des mechanischen Spannungszustandes sind neben den Komponenten der Normalspannung (bei Zug- oder Druckbelastung) auch die Komponenten der Schubspannung zu berücksichtigen.

Zur vollständigen Darstellung des Zusammenhanges zwischen dem mechanischen Spannungszustand und der Polarisation benötigt man die piezoelektrischen Koeffizienten

$$d_{i\mu} \quad \text{mit } i = 1, 2, 3 \quad \text{und} \quad \mu = 1, 2, 3, 4, 5, 6.$$

Der Index i bezieht sich auf die Komponente der Polarisation in Richtung einer Koordinatenachse, während der Index μ dem mechanischen Spannungszustand zugeordnet ist. Mit $\mu = 1, 2, 3$ werden die Komponenten der Normalspannung charakterisiert (x-, y- und z-Richtung); mittels $\mu = 4, 5, 6$ werden die Komponenten der Schubspannung festgelegt.

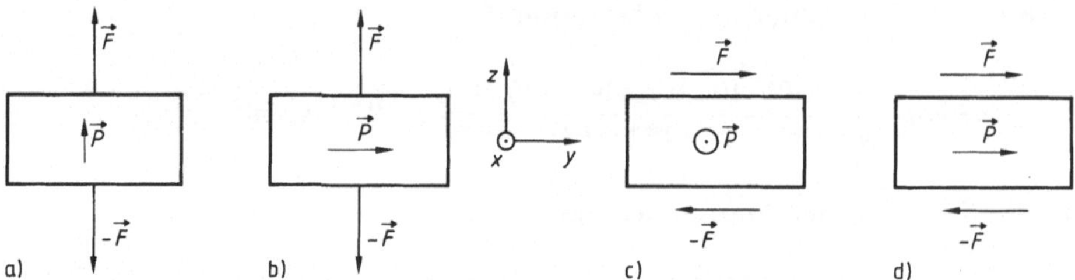

3.34 Arten des (direkten) piezoelektrischen Effektes
a) lateraler Effekt, b) transversaler Effekt, c) lateraler Schubeffekt, d) transversaler Schubeffekt

Die vorstehende Indizierung sei anhand der in Bild **3.34** dargestellten Spezialfälle erläutert. In Bild **3.34**a existiert eine Normalspannung in z-Richtung, welche eine Polarisation in derselben Richtung bewirkt; dieser Fall eines longitudinalen piezoelektrischen Effektes wird durch den piezoelektrischen Koeffizienten d_{33} beschrieben (vgl. Bild **3.33**). Ein transversaler piezoelektrischer Effekt liegt dann vor, wenn die Polarisation senkrecht zur Krafteinwirkung auftritt; der in Bild **3.34**b dargestellte Fall ist durch den Koeffizienten d_{23} zu beschreiben. Die durch Schubspannungen bewirkten Effekte sind in Bild **3.34**c, d dargestellt. Man spricht von einem longitudinalen Schubeffekt, wenn die Polarisation parallel zur Schubspannungsachse verläuft (Bild **3.34**c); dieser Effekt wird durch den Koeffizienten d_{14} beschrieben. Ein transversaler Schubeffekt liegt schließlich dann vor, wenn die Polarisation in der Schubspannungsebene (d. h. senkrecht zur Schubspannungsachse) auftritt. Der in Bild **3.34**d dargestellte Fall wird durch den Koeffizienten d_{24} charakterisiert.

Die Anzahl der Koeffizienten, welche zur vollständigen Charakterisierung der piezoelektrischen Eigenschaften eines Materials erforderlich ist, hängt von den Symmetrieeigenschaften der Kristallstruktur ab. Bei den Kristallen des triklinen Systems benötigt man 18 piezoelektrische Koeffizienten. Die piezoelektrischen Eigenschaften eines Kristalls mit kubischer Elementarzelle lassen sich aus einem einzigen Koeffizienten herleiten.

Zur atomistischen Erklärung der Existenz (bzw. des Fehlens) des piezoelektrischen Effektes sollen zwei Arten von Kristallen betrachtet werden:

- Kristalle, die ein Symmetriezentrum besitzen (Bild **3.35**),
- Kristalle, die kein Symmetriezentrum aufweisen (Bild **3.36**).

Die Eigenschaften dieser Kristalle sollen beispielhaft anhand von ebenen Modellen veranschaulicht werden.

Bild **3.35**a zeigt ein typisches Beispiel für einen Ionenkristall mit Symmetriezentrum ohne mechanische Belastung. Von einem beliebigen Ion läßt sich zu jedem beliebigen anderen Ion ein Vektor zeichnen, der bei Umkehrung (Drehung um 180°) wieder zu einem identischen Ion weist. Ein positives Ion befin-

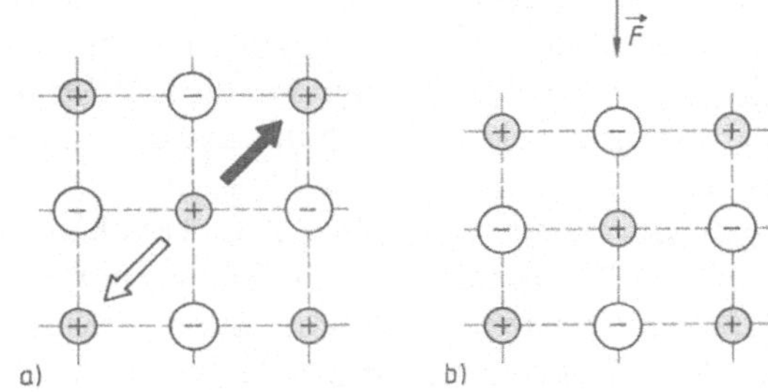

3.35
Ebenes Modell eines Kristalls mit
Symmetriezentrum
a) im unbelasteten Zustand,
b) unter mechanischer Belastung

det sich im Ladungsschwerpunkt der benachbarten negativen Ionen, d. h., es ist kein Dipolmoment vorhanden. Bei mechanischer (Druck-)Belastung wird das Gitter gemäß Bild **3.35** b deformiert. Dabei wird jedoch **kein** Dipolmoment erzeugt, da sich jedes positive Ion nach wie vor im Ladungsschwerpunkt der benachbarten negativen Ionen befindet. Ein Kristall mit der im Bild **3.35** gezeichneten Gitterstruktur ist demnach nicht piezoelektrisch.

Der in Bild **3.36** dargestellte Kristall ist aus Molekülen vom Typ AB_3 aufgebaut. Hierbei ist A beispielsweise ein dreifach positiv geladenes Ion; mit B sei ein einfach negativ geladenes Ion bezeichnet. Im unbelasteten Zustand (Bild **3.36** a) befindet sich das positiv geladene Ion im Ladungsschwerpunkt der negativen Ionen, d. h., ein derartiges Molekül besitzt kein elektrisches Dipolmoment. Bei Druckbelastung wird das Molekül in der in Bild **3.36** b dargestellten Weise verformt. Die Schwerpunkte positiver und negativer Ladung werden dabei räumlich getrennt. Hieraus resultiert eine Polarisation des Kristalles mit der in Bild **3.36** b eingezeichneten Richtung. Kristalle mit der in Bild **3.36** dargestellten Struktur sind dementsprechend piezoelektrisch.

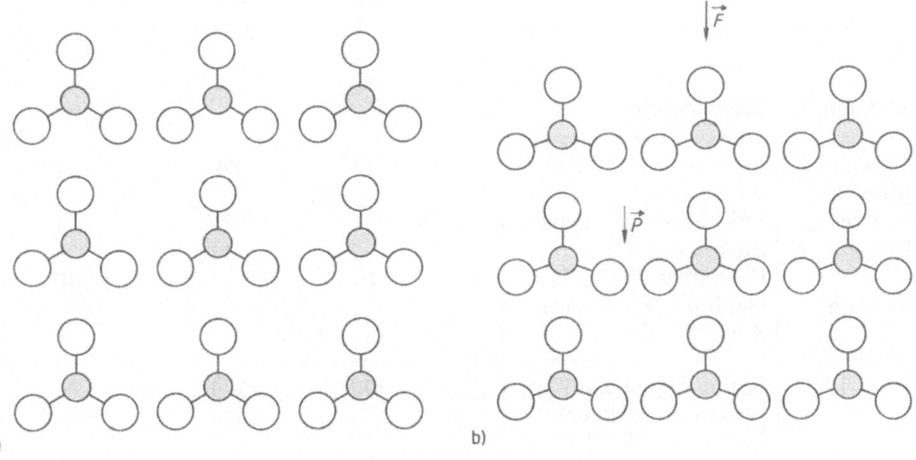

3.36 Ebenes Modell eines Kristalls ohne Symmetriezentrum
     a) im unbelasteten Zustand, b) unter mechanischer Belastung

Wie aus vorstehenden Überlegungen hervorgeht, ist die Abwesenheit eines Symmetriezentrums im Kristall eine notwendige (aber nicht hinreichende) Bedingung für das Auftreten der Piezoelektrizität. Durch allgemeine Symmetriebetrachtungen läßt sich eine Einordnung der Kristalle in 7 Kristallsysteme (s. Tafel 1.31) mit 31 Kristallklassen vornehmen. Davon weisen 10 Klassen ein Symmetriezentrum auf. Von den restlichen 21 Klassen ohne Symmetriezentrum besitzen 20 piezoelektrische Eigenschaften. Bei einer Kristallklasse ist zwar kein Symmetriezentrum vorhanden; die übrigen Symmetrieeigenschaften dieser Klasse lassen jedoch das Auftreten des piezoelektrischen Effektes nicht zu.

Die piezoelektrischen Eigenschaften sind mit dem in Abschn. 3.3 behandelten ferroelektrischen Verhalten wie folgt verknüpft: Alle ferroelektrischen Kristalle weisen den piezoelektrischen Effekt auf. Es existieren jedoch zahlreiche piezoelektrische Werkstoffe, die nicht ferroelektrisch sind. Bariumtitanat ist beispielsweise ferro- und piezoelektrisch. Bei Quarzkristallen tritt der piezoelektrische Effekt auf; sie sind jedoch nicht ferroelektrisch.

In Tafel 3.37 sind die piezoelektrischen Koeffizienten einiger Substanzen aufgelistet. Daraus ist zu entnehmen, daß Seignettesalz einen besonders stark ausgeprägten piezoelektrischen Effekt aufweist. Diese Substanz hat jedoch verschiedene anwendungstechnische Nachteile (geringe mechanische Festigkeit, Wasserlöslichkeit, begrenzter Temperaturbereich). Seignettesalz wird daher nur noch in geringem Umfange technisch genutzt. Quarzkristalle weisen eine verhältnismäßig geringe piezoelektrische Aktivität auf. Die Anwendung dieses Materials wird jedoch durch sehr gute mechanische Eigenschaften sowie durch eine hohe thermische und chemische Stabilität begünstigt.

Tafel 3.37 Piezoelektrische Koeffizienten einiger Substanzen

Kristall-system	Substanz	Piezoelektrische Koeffizienten $d_{i\mu}$ in 10^{-12} As/N							
		d_{11}	d_{22}	d_{33}	d_{14}	d_{15}	d_{25}	d_{31}	d_{36}
Rhombisch	Seignettesalz $NaK(C_4H_4O_6) \cdot 4H_2O$				2000		−55		12
Tetragonal	Bariumtitanat $BaTiO_3$			85		390		−35	
Rhombo-edrisch	α-Quarz SiO_2	2,3			0,67				
	Lithiumniobat $LiNbO_3$		20	6		70		−1	
Hexagonal	Zinkoxid ZnO			12		−12		−5	
	Bleiniobat $PbNb_2O_6$			80				−10	
Kubisch	Galliumarsenid $GaAs$				2,6				
	Zinksulfid ZnS				3				
	Bariumtitanat $BaTiO_3$*)			190		270		−80	
	Bleizirkonat-Titanat $PbZr_{0,52}Ti_{0,48}O_3$*)			220		400		−60	
				:		:		:	
				370		580		−170	

*) Keramische Werkstoffe

Eine herausragende technische Bedeutung haben die keramischen Werkstoffe auf der Basis von Bleizirkonat-Titanat (PZT) erlangt. Um derartigen polykristallinen Werkstoffen piezoelektrische Eigenschaften zu verleihen, ist bei der Herstellung der Polarisationsprozeß erforderlich. Hierbei werden die Werkstoffe (ggf. bei erhöhter Temperatur) einem hohen elektrischen Feld ausgesetzt.

Infolge der Verschiebung von Ionen unter dem Einfluß eines elektrischen Feldes tritt in fast allen dielektrischen Werkstoffen auch ein elektrostriktiver Effekt auf. Die dabei bewirkte Deformation ist proportional zum Quadrat des einwirkenden elektrischen Feldes. In den meisten Fällen ist jedoch der elektrostriktive Effekt zu vernachlässigen. Ein reziproker elektrostriktiver Effekt existiert nicht.

Wie erwähnt, besitzen Kristalle, die in 20 Kristallklassen ohne Symmetriezentrum einzuordnen sind, piezoelektrische Eigenschaften. Bei 10 von diesen Kristallklassen tritt zusätzlich der pyroelektrische Effekt auf. Die diesen Klassen angehörenden Kristalle besitzen eine permanente Polarisation, welche nach außen durch Oberflächenionen abgeschirmt wird. Da der Betrag der Polarisation von der Temperatur abhängt, resultiert bei einer Temperaturänderung ein an den Oberflächen des Kristalls abnehmbares elektrisches Signal. Als Beispiel für einen pyroelektrischen Werkstoff sei Zinkoxid in der hexagonalen Modifikation (Wurtzitstruktur) genannt. Der pyroelektrische Effekt kann zur Realisierung von Strahlungsdetektoren genutzt werden.

3.5 Anwendungen dielektrischer Werkstoffe

Werkstoffe mit dielektrischen Eigenschaften werden in allen Bereichen der Elektrotechnik eingesetzt. In den folgenden Ausführungen sollen drei Anwendungsbereiche näher betrachtet werden:

- Dielektrika als Isolatorwerkstoffe,
- Dielektrika als Bestandteil von Kondensatoren,
- Dielektrika in piezoelektrischen Bauelementen.

Bei der Verwendung eines Dielektrikums als Isolatorwerkstoff ist in erster Linie eine geringe elektrische Leitfähigkeit σ zu fordern. Die durch das elektrische Feld bewirkte Polarisation des Materials wird dabei als ein – meist unerwünschter – Nebeneffekt angesehen. Bei den meisten Anwendungen müssen die Materialeigenschaften weiteren Anforderungen entsprechen. Einige Beispiele dieser Art sind in Bild 3.38 zusammengestellt. Werkstoffe, die sich für die genannten Anwendungen besonders eignen, sind in Klammern angegeben.

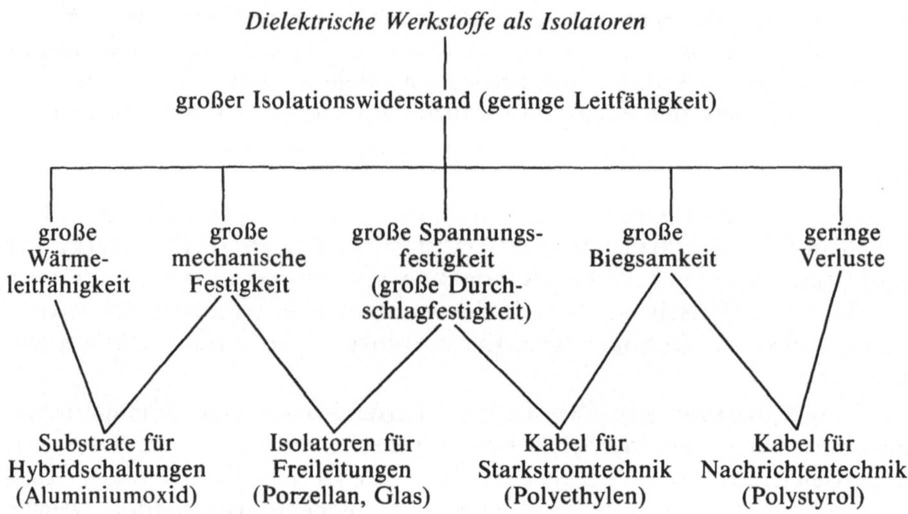

3.38 Anwendungen dielektrischer Werkstoffe als Isolatoren

Bei der Auswahl eines Werkstoffes als Kondensatordielektrikum sind in erster Linie die Polarisationseigenschaften maßgebend, d. h., es wird eine hohe Dielektrizitätszahl ε_r bei geringem Verlustfaktor $\tan\delta$ angestrebt. Darüber hinaus können weitere Werkstoffeigenschaften, wie die mechanische Festigkeit, die Stabilität bei erhöhter Temperatur sowie die Spannungsfestigkeit, eine Rolle spielen. In Tafel **3.39** sind die elektrischen Eigenschaften der wichtigsten Kondensatordielektrika zusammengestellt.

Tafel **3.39** Eigenschaften dielektrischer Werkstoffe zur Herstellung von Kondensatoren

Werkstoff	ε_r	$\tan\delta$
Anorganische Werkstoffe		
Sondersteatit	6–7	$5\cdot10^{-4}$
Kondensatorkeramik	10–10^4	$2\cdot10^{-4}$–$2\cdot10^{-2}$
Aluminiumoxid	10 $\}$	10^{-2}–10^{-1}*)
Tantaloxid	25 $\}$	
Organische Werkstoffe		
Polypropylen (PP)	2,2	$2\cdot10^{-4}$
Polystyrol (PS)	2,5	$<10^{-4}$
Polycarbonat (PC)	2,8	10^{-3}
Polyethylenterephthalat (PET)	3,2	$5\cdot10^{-3}$
Papier	4–5,6	$5\cdot10^{-3}$–10^{-2}

*) Verlustfaktor der Elektrolytkondensatoren (s. Text)

Keramische Werkstoffe (Sondersteatit und Kondensatorkeramik) werden eingesetzt, wenn eine hohe Dielektrizitätszahl, eine hohe mechanische Festigkeit und gute thermische Eigenschaften erforderlich sind. Bei Sondersteatit handelt es sich um ein Material, das aus Aluminiumoxid, Siliziumdioxid und Magnesiumoxid hergestellt wird. Unter Kondensatorkeramik ist ein breites Spektrum keramischer Werkstoffe zu verstehen, deren Grundbestandteile aus Titandioxid (TiO_2) und Erdalkalioxiden (MgO, CaO, SrO, BaO) gebildet werden. Bei den keramischen Werkstoffen ist es möglich, den Temperaturkoeffizienten der Dielektrizitätszahl durch Zugabe weiterer Oxide (z. B. ZrO_2) gezielt zu beeinflussen. In Bild 3.40 sind Werte der Dielektrizitätszahl mit dem zugehörigen Temperatur-

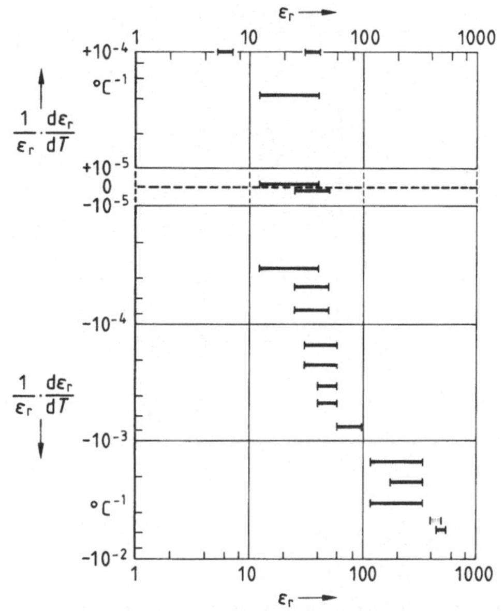

3.40 Dielektrizitätszahl ε_r und Temperaturkoeffizient der Dielektrizitätszahl $(d\varepsilon_r/dT)/\varepsilon_r$ einiger Keramikwerkstoffe (nach DIN 40685/VDE 0335)

koeffizienten für einige keramische Werkstoffe zusammengestellt [11].

Dünne Aluminium- und Tantaloxidschichten bilden das Dielektrikum der Elektrolytkondensatoren; derartige Schichten werden durch anodische Oxydation der Metalle Aluminium und Tantal erzeugt. Mit diesem Verfahren lassen sich insbesondere Kondensatoren mit hohen Kapazitätswerten herstellen. Der in Tafel 3.39 angegebene Wertebereich des Verlustfaktors bezieht sich auf fertige Bauelemente; der Verlustfaktor ist stark temperatur- und frequenzabhängig.

Zur Herstellung von Kunststoffolienkondensatoren werden vorwiegend die Werkstoffe Polypropylen, Polystyrol, Polycarbonat und Polyethylenterephthalat eingesetzt. Durch Verwendung von Folien sehr geringer Dicke (ca. 2 μm) lassen sich hohe Kapazitätswerte bei geringem Volumen erzielen. Die günstigsten Hochfrequenzeigenschaften weist Polystyrol auf.

Der Einsatz von Papier als Dielektrikum erfolgt insbesondere bei der Herstellung von selbstheilenden Kondensatoren.

Die Kapazitäts- und Betriebsspannungsbereiche der vorstehend beschriebenen Kondensatorarten sind in Bild 3.41 zusammengestellt. Danach werden Keramikkondensatoren vorwiegend für den Bereich niedriger Kapazitäten gefertigt; dabei können hohe Betriebsspannungen erzielt werden. Der Bereich sehr hoher Kapazitätswerte – bei entsprechend niedriger Betriebsspannung – ist den Elek-

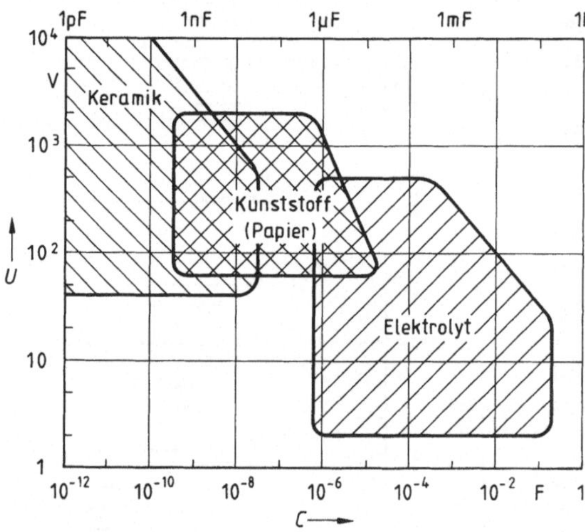

3.41
Kapazitäts- und Betriebsspannungsbereiche verschiedener Kondensatorarten

trolytkondensatoren vorbehalten. Kunststoffolienkondensatoren weisen mittlere Kapazitäts- und Betriebsspannungswerte auf.

Der Anwendungsbereich des direkten und des reziproken piezoelektrischen Effektes konnte mit der Entwicklung neuer Werkstoffe – insbesondere auf der Basis Bleizirkonat-Titanat – stark ausgeweitet werden. Bild **3**.42 gibt eine Übersicht über die wichtigsten technischen Anwendungen der Piezoelektrizität.

Die Hauptvorteile piezoelektrischer Aufnehmer für mechanische Größen (Kraft, Druck, Beschleunigung) lassen sich wie folgt zusammenfassen:

– Hohe Steifheit (d. h. geringe Meßwege),
– großer Meßbereich,
– gutes Linearitätsverhalten,
– weiter Betriebstemperaturbereich.

Als Nachteil ist zu erwähnen, daß mit einem piezoelektrischen Aufnehmer nur quasistatische Messungen möglich sind, da die von dem Bauelement abgegebene Ladung nur für eine begrenzte Zeit gespeichert werden kann. Für Präzisions-Aufnehmer wird Quarz als piezoelektrischer Werkstoff bevorzugt.

Mit Keramikwerkstoffen auf der Basis Bleizirkonat-Titanat werden hohe Werte der piezoelektrischen Koeffizienten erreicht. Durch schlagartige mechanische Beanspruchung derartiger Werkstoffe lassen sich Hochspannungsimpulse erzeugen, welche bei geeigneter Elektrodenanordnung Zündfunken für Feuerzeuge, Heizungsanlagen usw. liefern.

Die Schallerzeugung – insbesondere im Ultraschallbereich – bildet ein ausgedehntes Einsatzgebiet des reziproken piezoelektrischen Effektes; hierbei verwendet man bevorzugt keramische Werkstoffe. In zunehmendem Maße werden piezoelektrische Antriebe (Translatoren) zur hochgenauen Positionierung von Gegenständen (z. B. von Spiegeln in optischen Meßeinrichtungen) eingesetzt.

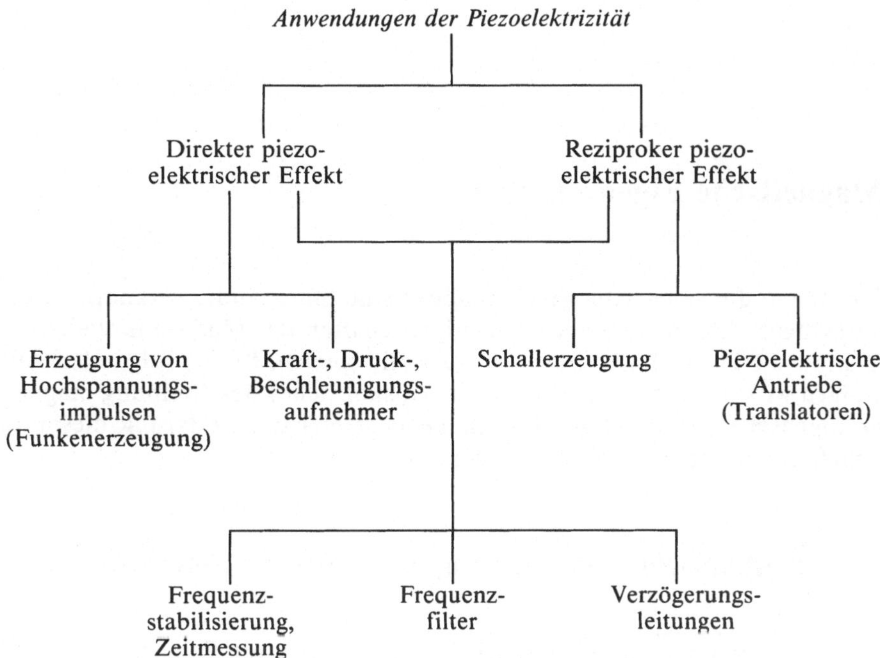

3.42 Anwendungen des direkten und des indirekten piezoelektrischen Effektes

In der Nachrichtentechnik finden piezoelektrische Bauelemente zur Frequenzstabilisierung und Frequenzselektion sowie zur Signalverzögerung Verwendung. In der Regel ist dabei ein Zusammenwirken des direkten und des reziproken piezoelektrischen Effektes erforderlich. So wird beispielsweise bei der Signalverzögerung ein elektrisches Signal zunächst in ein Ultraschallsignal umgewandelt. Am Ende der Verzögerungsstrecke – beispielsweise einer Glasfaser – erfolgt die Regeneration des elektrischen Signals. Für Oszillatoren und Filter hoher Güte wird Quarz als piezoelektrisches Material eingesetzt. Bei geringeren Anforderungen an die Selektivität kann piezoelektrische Keramik verwendet werden.

4 Magnetische Eigenschaften

Elektrische und magnetische Erscheinungen sind miteinander verknüpft. Es ist daher evident, daß die magnetischen Eigenschaften der Materie in vielen Bereichen der Elektrotechnik eine wichtige Rolle spielen. In den folgenden Ausführungen wird zunächst die formale (makroskopische) Beschreibung magnetischer Eigenschaften erläutert. Anschließend erfolgt die Erklärung dieser Eigenschaften auf der Basis atomistischer Vorgänge.

4.1 Makroskopische Beschreibung magnetischer Eigenschaften

Zur Beschreibung magnetischer Erscheinungen dienen die Feldgrößen $\vec{H}$ (magnetische Feldstärke, magnetische Erregung) und $\vec{B}$ (Induktion, magnetische Flußdichte). Dabei ist $\vec{H}$ die der **Ursache** (Bewegung von Ladungsträgern), $\vec{B}$ die der **Wirkung** (Kraft auf bewegte Ladungsträger) zugeordnete Größe. Im SI-Einheitensystem wird die magnetische Feldstärke in A/m angegeben; die Einheit der Induktion ist das Tesla ($1\,\text{T} = 1\,\text{Vs/m}^2$).

Für den Zusammenhang zwischen $\vec{B}$ und $\vec{H}$ gilt im Vakuum

$$\vec{B} = \mu_0 \vec{H} \tag{4.1}$$

mit der **magnetischen Feldkonstanten** (Induktionskonstanten)

$$\mu_0 = 4\pi \cdot 10^{-7}\,\text{Vs/Am}.$$

Bei der Beschreibung des Zusammenhanges zwischen $\vec{B}$ und $\vec{H}$ in Anwesenheit von Materie wird zunächst der Einfluß einer **magnetisch isotropen** Substanz betrachtet. Des weiteren wird angenommen, daß ein **linearer Zusammenhang** zwischen $\vec{B}$ und $\vec{H}$ besteht. Unter diesen einschränkenden Voraussetzungen gilt

$$\vec{B} = \mu_0 \mu_r \vec{H}, \tag{4.2}$$

wobei μ_r die **Permeabilitätszahl** (relative Permeabilität) der im Magnetfeld befindlichen Substanz bedeutet. Anstelle von Gl. (4.2) können die Beziehungen

$$\vec{B} = \mu_0 \vec{H} + \vec{J} \tag{4.3}$$

oder

$$\vec{B} = \mu_0 (\vec{H} + \vec{M}) \tag{4.4}$$

zur Beschreibung des Zusammenhanges zwischen $\vec{B}$ und $\vec{H}$ herangezogen werden. Man nennt $\vec{J}$ die magnetische Polarisation und $\vec{M}$ die Magnetisierung[1]). Unter Berücksichtigung der o. a. Einschränkungen gilt

$$\vec{J} = \kappa \mu_0 \vec{H} \tag{4.5}$$

und

$$\vec{M} = \kappa \vec{H}. \tag{4.6}$$

Hierin ist

$$\kappa = \mu_r - 1 \tag{4.7}$$

die magnetische Suszeptibilität.

Die durch Gl. (4.5) bzw. Gl. (4.6) definierte Größe κ wird auch als volumenbezogene Suszeptibilität bezeichnet. In Tabellenwerken findet man häufig anstelle von κ die massenbezogene Suszeptibilität κ_m. Diese Größe ergibt sich, indem man κ durch die Dichte der Substanz dividiert (κ_m wird üblicherweise in cm^3/g angegeben). Multipliziert man κ_m mit dem Molekulargewicht, so erhält man die molare Suszeptibilität κ_M (Einheit cm^3/mol).

Nach den Werten der Permeabilitätszahl bzw. der Suszeptibilität unterscheidet man folgende Fälle:

1. $\mu_r < 1$, $\kappa < 0$ (Diamagnetismus),
2. $\mu_r > 1$, $\kappa > 0$ (Paramagnetismus oder Antiferromagnetismus),
3. $\mu_r \gg 1$, $\kappa \gg 1$ (Ferromagnetismus oder Ferrimagnetismus).

Für technische Anwendungen sind die unter 3. aufgeführten Erscheinungen des Ferro- und Ferrimagnetismus besonders wichtig. Die antiferromagnetischen Eigenschaften werden im Sinne einer vollständigen Beschreibung der magnetischen Ordnungszustände erörtert.

Bei einem magnetisch anisotropen Material (z. B. einem Einkristall) ist damit zu rechnen, daß die Vektoren des Magnetfeldes und der Induktion nicht in die gleiche Richtung weisen. In diesem Falle ist anstelle von Gl. (4.2) die verallgemeinerte Beziehung

$$\vec{B} = \mu_0 \mu_r \vec{H}$$

---

[1]) Es ist darauf hinzuweisen, daß in vielen Lehrbüchern die in Gl. (4.3) mit $\vec{J}$ bezeichnete Größe die Benennung Magnetisierung (mit dem Symbol $\vec{M}$) trägt. Eine Verwechselung der den magnetischen Zustand der Materie kennzeichnenden vektoriellen Größen wird vermieden, wenn man auf die diesen Größen zugeordneten Einheiten achtet.

zu verwenden. Hierin ist μ_r eine Matrix mit 9 Elementen. Die Anzahl der zur Beschreibung der magnetischen Eigenschaften eines Einkristalls erforderlichen unabhängigen Koeffizienten der Permeabilitätsmatrix μ_r hängt von den Symmetrieeigenschaften des Kristalls ab. Bei einem Kristall des triklinen Systems sind 6 unabhängige Koeffizienten erforderlich. Für Kristalle mit kubischer Elementarzelle genügt die Angabe eines einzigen Koeffizienten der Permeabilität.

Bild 4.1 zeigt eine Übersicht über die magnetischen Eigenschaften der Elemente (ohne Seltene Erden) bei Raumtemperatur. Bei den dia- und paramagnetischen Elementen ist die Suszeptibilität κ angegeben. Bei den ferromagnetischen Elementen (Eisen, Kobalt, Nickel) hängt der Wert der Suszeptibilität stark von der Reinheit und dem Bearbeitungszustand des Materials ab. Für diese Metalle ist anstelle der Suszeptibilität die Sättigungspolarisation J_s eingetragen (Definition s. Abschn. 4.2.3.1).

Diamagnetisch sind insbesondere die Edelgase, die Halogene und die Halbleiter Bor, Silizium, Germanium und Selen, sowie die Metalle Kupfer, Silber und Gold. Der höchste Wert des Betrages der Suszeptibilität diamagnetischer Stoffe bei Raumtemperatur ist bei Wismut zu finden.

4.1 Magnetische Suszeptibilität κ der Elemente (bis $Z = 83$, ohne Seltene Erden). Zahlenangaben ohne Klammern sind mit 10^{-6} zu multiplizieren, Zahlenangaben in Klammern mit 10^{-9}. Bei den ferromagnetischen Elementen ist die Sättigungspolarisation (in T) angegeben

Metalle im supraleitenden Zustand sind durch $\kappa = -1$ gekennzeichnet, d.h., im Innern eines Supraleiters existiert keine magnetische Induktion.

Paramagnetisch sind u.a. die Alkalimetalle, die meisten Übergangsmetalle und die Seltenen Erden. Von den gasförmigen Elementen ist nur der Sauerstoff paramagnetisch. Hiervon wird in der Gasanalytik Gebrauch gemacht.

Die magnetischen Eigenschaften eines Elementes sind von der Struktur der atomaren Elektronenhülle und von der zwischenatomaren Bindung (d.h. von der Kristallstruktur) abhängig. Dementsprechend weist das metallische Zinn (β-Sn) – wie in Bild **4.1** angegeben – paramagnetische Eigenschaften auf. Die halbleitende Modifikation des Zinns (α-Sn) ist jedoch diamagnetisch.

Die Zahlenwerte der magnetischen Suszeptibilität dia- und paramagnetischer Stoffe sind sehr klein, d.h., die Werte der Permeabilitätszahl liegen sehr nahe bei Eins. Dementsprechend werden dia- und paramagnetische Stoffe häufig als nichtmagnetisch bezeichnet.

Ferromagnetisch sind bei Raumtemperatur nur die Elemente Eisen, Kobalt und Nickel. Bei tiefen Temperaturen weisen auch einige Metalle aus der Gruppe der Seltenen Erden (z.B. Gadolinium) ferromagnetisches Verhalten auf. Ferromagnetismus kann auch bei Legierungen auftreten, welche frei von Eisen, Kobalt und Nickel sind.

Ferro- und ferrimagnetische Werkstoffe werden in der Elektrotechnik u.a. als Kernmaterial von Spulen eingesetzt. Hierdurch läßt sich die Selbstinduktivität L einer Spule drastisch steigern. Bei einer langgestreckten Spule, deren Inneres mit einem Material mit der Permeabilitätszahl μ_r gefüllt ist, gilt näherungsweise

$$L \approx \mu_0 \mu_r \cdot \frac{n^2 A}{l} \tag{4.8}$$

(n Windungszahl, A Fläche, l Länge). Mit der Permeabilitätszahl μ_r des Spulenkernes erhöht sich also die Selbstinduktivität einer Spule.

Bei einer verlustfreien (idealen) Spule ist der induktive Spannungsabfall

$$u_L = L \cdot \frac{di}{dt}, \tag{4.9}$$

d.h., bei sinusförmiger Stromeinprägung gemäß Bild **4.2**a tritt eine Spannung auf, die dem Strom um 90° ($\pi/2$) vorauseilt (Bild **4.2**b). Bei einer realen Spule existiert darüber hinaus ein Spannungsanteil u_V, der gleichphasig mit dem eingeprägten Strom ist. Dieser Spannungsanteil ist auf den ohmschen Widerstand der Spulenwicklung sowie auf Verluste im Kernmaterial zurückzuführen.

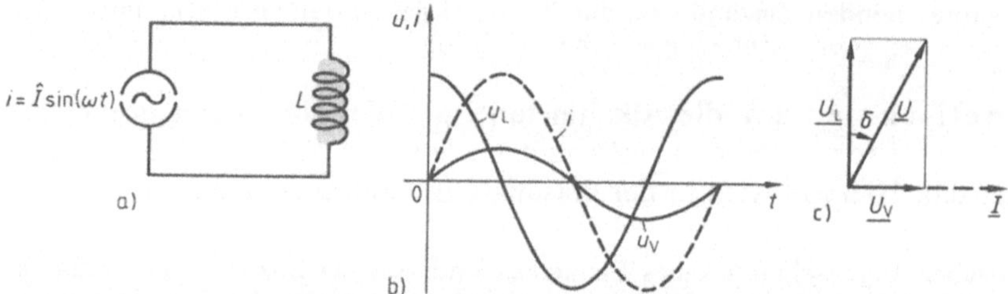

4.2 Zur Definition der Permeabilitätszahl μ_r und des Verlustfaktors $\tan\delta$
a) Spule mit eingeprägtem Wechselstrom, b) Strom- und Spannungsverlauf,
c) Zeigerdiagramm

Im Zeigerdiagramm (Bild **4.2**c) setzt sich die Gesamtspannung $\underline{U}$ vektoriell gemäß

$$\underline{U} = \underline{U}_L + \underline{U}_V \tag{4.10}$$

aus der induktiven Spannung $\underline{U}_L$ und der Verlustspannung $\underline{U}_V$ zusammen.
Als Verlustfaktor definiert man

$$\tan\delta = U_V / U_L, \tag{4.11}$$

wobei U_V und U_L die Effektivwerte der o. a. Spannungen bedeuten. Falls die
ohmschen Verluste der Wicklung vernachlässigbar sind, läßt sich der Verlustfaktor als Eigenschaft des Kernmaterials deuten.

Die Kennzeichnung der magnetischen Eigenschaften des Kernmaterials kann
durch eine komplexe Permeabilitätszahl

$$\underline{\mu}_r = \mu_r' - j\mu_r'' \tag{4.12a}$$

erfolgen. Der Verlustfaktor berechnet sich aus

$$\tan\delta = \mu_r'' / \mu_r'. \tag{4.12b}$$

Bei vielen Anwendungen – insbesondere in der Starkstromtechnik – ist zu berücksichtigen, daß in ferro- und ferrimagnetischen Werkstoffen ein n i c h t l i ne a r e r Zusammenhang zwischen der Induktion und der magnetischen Feldstärke besteht. Darüber hinaus muß davon ausgegangen werden, daß sich die
Induktion nicht nur nach dem Momentanwert der Feldstärke richtet, sondern
auch von der zu einem früheren Zeitpunkt herrschenden Feldstärke abhängt.
Der Zusammenhang zwischen B und H ist also nicht eindeutig.

Das Verhalten der ferro- und ferrimagnetischen Werkstoffe läßt sich durch
eine M a g n e t i s i e r u n g s k e n n l i n i e bzw. eine H y s t e r e s e s c h l e i f e gemäß
Bild **4.3** beschreiben. Darin ist der mit 1 gekennzeichnete Teil die N e u k u r v e ;

der hierdurch gekennzeichnete Verlauf $B(H)$ tritt auf, wenn der Werkstoff in unmagnetisiertem Zustand einem von $H=0$ ansteigenden Magnetfeld ausgesetzt wird. Der Teil 2 der Hystereseschleife beschreibt den Verlauf $B(H)$, wenn die Magnetfeldstärke von einem positiven Wert (über $H=0$) auf einen negativen Wert gebracht wird. Ist die Magnetfeldstärke zuerst negativ und dann positiv, so resultiert der mit 3 bezeichnete Ast der Hystereseschleife. Es ist hierbei angenommen, daß das Material hohen Spitzenwerten des Magnetfeldes ausgesetzt wird (volle Aussteuerung).

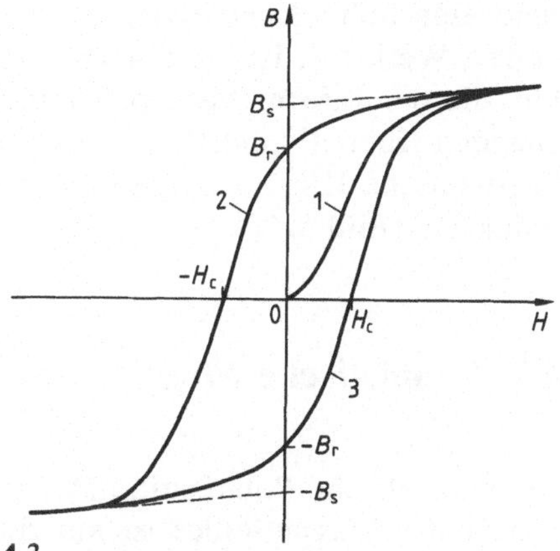

4.3
Neukurve (1) und Hystereseschleife (2 und 3) einer ferro- oder ferrimagnetischen Substanz

Eine Hystereseschleife gemäß Bild **4.3** weist vier Schnittpunkte (H_c, $-H_c$, B_r und $-B_r$) mit der H- und der B-Achse auf. Die Koerzitivfeldstärke H_c ist diejenige Feldstärke, die erforderlich ist, um eine vorher existierende Induktion zum Verschwinden zu bringen. Die Remanenzinduktion B_r ist diejenige Induktion, die nach vollständigem Verschwinden des äußeren Magnetfeldes erhalten bleibt. Des weiteren kann man noch die Sättigungsinduktion B_s angeben; sie ergibt sich durch Extrapolation der bei hohen Feldstärken gemessenen Induktionswerte auf $H=0$.

Nach der Koerzitivfeldstärke H_c kann eine Grobeinteilung der ferro- und ferrimagnetischen Werkstoffe vorgenommen werden. Werkstoffe mit geringer Koerzitivfeldstärke (Bild **4.4**a) bezeichnet man als weichmagnetisch, wäh-

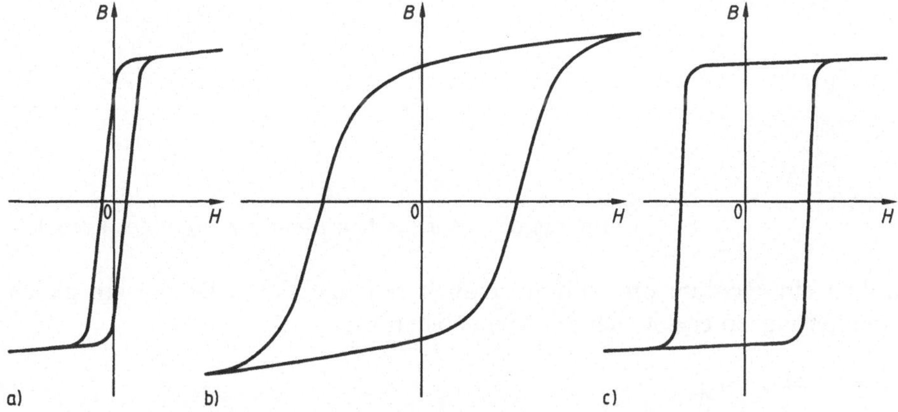

4.4 Hystereseschleifen ferro- oder ferrimagnetischer Werkstoffe
   a) weichmagnetischer Werkstoff, b) hartmagnetischer Werkstoff,
   c) Werkstoff für Speicherzwecke

rend eine hohe Koerzitivfeldstärke kennzeichnend für einen hartmagnetischen Werkstoff ist (Bild **4.4**b). Bei ferro- oder ferrimagnetischen Werkstoffen, die der Informationsspeicherung dienen sollen, ist – neben einer hinreichenden Koerzitivfeldstärke – eine möglichst rechteckförmige Hystereseschleife erwünscht. Hierbei ist die Remanenzinduktion nahezu gleich der Sättigungsinduktion (Bild **4.4**c).

4.2 Atomistische Modelle des Magnetismus

Die magnetische Polarisation (Magnetisierung) der Materie unter der Einwirkung eines Magnetfeldes ist auf die Bildung und Ausrichtung magnetischer Dipole im atomaren Bereich zurückzuführen. Bei geeigneter Wechselwirkung der Dipole untereinander kann bereichsweise eine Übereinstimmung der Ausrichtung der Dipolmomente eintreten. Derartige magnetische Ordnungszustände weisen besonders ausgeprägte magnetische Erscheinungen auf.

4.2.1 Atomare magnetische Dipole

Ein magnetischer Dipol läßt sich durch einen Kreisstrom I, der eine Fläche A umschließt, definieren. Das zugehörige magnetische Dipolmoment ist

$$\vec{\mu}_\mathrm{M} = I\vec{A}\,; \tag{4.13}$$

hierbei wird der vom Strom I umflossenen Fläche ein Normalenvektor $\vec{A}$ zugeordnet (Bild **4.5**). Die Einheit des magnetischen Dipolmomentes ist dementsprechend Am^2.

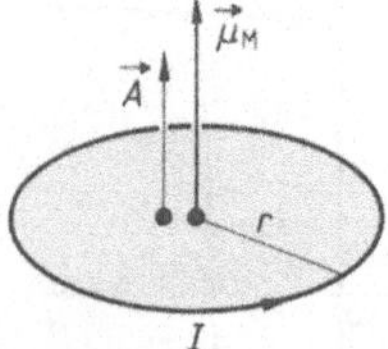

4.5
Definition des magnetischen Momentes $\vec{\mu}_\mathrm{M}$ eines Kreisstroms

Enthält ein Medium pro Volumeneinheit N magnetische Dipole mit gleicher Orientierung, so ergibt sich die Magnetisierung

$$\vec{M} = N\vec{\mu}_\mathrm{M}\,. \tag{4.14}$$

Bei unterschiedlicher Orientierung der Dipole ist eine vektorielle Addition der Dipolmomente im Volumenelement durchzuführen.

Im atomaren Bereich sind drei Arten magnetischer Dipolmomente zu unterscheiden:

1. Das mit dem **Eigendrehimpuls** (Spin) verknüpfte magnetische Dipolmoment der Elektronen. Der Betrag dieser physikalischen Größe wird **Bohrsches Magneton** μ_B genannt; es gilt

$$\mu_B = \frac{eh}{4\pi m_e} = 9{,}3 \cdot 10^{-24}\ \text{Am}^2 \tag{4.15}$$

(e Elementarladung, h **Planck**sches Wirkungsquantum, m_e Masse des Elektrons).

2. Das mit dem **Bahndrehimpuls** L verknüpfte magnetische Dipolmoment der Elektronen.

3. Das magnetische Moment der **Nukleonen**. Infolge der – im Vergleich zu den Elektronen – großen Masse der Kernteilchen ist deren magnetisches Moment μ_K verhältnismäßig klein ($\mu_K \approx \mu_B/2000$) und daher i. allg. vernachlässigbar.

Die Berechnung des durch den Bahndrehimpuls bedingten magnetischen Momentes soll zunächst auf der Grundlage des **Bohr**schen **Atommodells** erfolgen, d. h., es soll ein Elektron betrachtet werden, welches den Atomkern auf einer kreisförmigen Bahn mit dem Radius r umläuft (Bild 4.6). Nach der

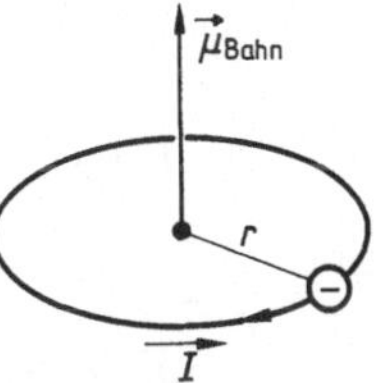

4.6
Zur Berechnung des magnetischen Bahnmomentes $\vec{\mu}_{Bahn}$

Bohrschen Quantenbedingung ist das Produkt aus dem Elektronenimpuls ($m_e v = m_e \omega r$) und der Bahnlänge $2\pi r$ eines Umlaufs ein ganzzahliges Vielfaches des **Planck**schen Wirkungsquantums, d. h.

$$m_e \omega r \cdot 2\pi r = nh \tag{4.16}$$

(ω Winkelgeschwindigkeit des Umlaufs). Daraus folgt das magnetische Moment

$$\mu_{Bahn} = \frac{e\omega}{2\pi} \cdot \pi r^2 = \frac{neh}{4\pi m_e} \tag{4.17}$$

mit der Hauptquantenzahl n (ganzzahlig). Somit gilt

$$\mu_{Bahn} = n\mu_B, \tag{4.18}$$

d. h., nach dem Bohrschen Atommodell ist das magnetische Bahnmoment ein ganzzahliges Vielfaches des Bohrschen Magnetons.

Der Quotient aus dem magnetischen Moment und dem Drehimpuls wird gyromagnetisches Verhältnis genannt. Für das Bahnmoment ergibt sich

$$\gamma_{\text{Bahn}} = \frac{n\mu_{\text{B}}}{L_{\text{Bahn}}} = \frac{n\mu_{\text{B}}}{m_{\text{e}}\,\omega\,r^2} = \frac{e}{2\,m_{\text{e}}}\,. \tag{4.19}$$

Der Eigendrehimpuls des Elektrons ist $s_{\text{e}} = h/4\pi$ (s. Abschn. 1.1). Daraus folgt das gyromagnetische Verhältnis

$$\gamma_{\text{Spin}} = \frac{\mu_{\text{B}}}{s_{\text{e}}} = \frac{e}{m_{\text{e}}}\,. \tag{4.20}$$

Durch magnetomechanische Experimente läßt sich somit feststellen, ob in einer Substanz die Bahnanteile oder die Spinanteile der magnetischen Momente überwiegen.

Für die Herleitung der Gleichungen (4.19) und (4.20) wurden nur die Beträge der Drehimpulse und der magnetischen Momente berücksichtigt. Bei einer vektoriellen Formulierung dieser Gleichungen ist zu beachten, daß die Drehimpulse und die magnetischen Momente – auf Grund der negativen Ladung des Elektrons – entgegengesetzt gerichtet sind, d. h., es gilt

$$\vec{\mu}_{\text{Bahn}} = -\frac{e}{2\,m_{\text{e}}}\,\vec{L}_{\text{Bahn}} \tag{4.21}$$

und

$$\vec{\mu}_{\text{e}} = -\frac{e}{m_{\text{e}}}\,\vec{s}_{\text{e}}\,; \tag{4.22}$$

hierin sind $\vec{\mu}_{\text{e}}$ und $\vec{s}_{\text{e}}$ die Vektoren des magnetischen Momentes und des Eigendrehimpulses eines Elektrons ($|\vec{\mu}_{\text{e}}| = \mu_{\text{B}}$).

Bei einer genaueren Betrachtung der atomaren magnetischen Eigenschaften ist die in Abschn. 1.2.2 erläuterte räumliche Anordnung der Elektronenhülle zu berücksichtigen. Die Konfiguration eines Hüllenelektrons wird dabei durch die Quantenzahlen n, l, m_{l} und m_{s} festgelegt.

Die Hauptquantenzahl n dient – wie beim Bohrschen Atommodell – zur Berechnung der Elektronenenergie. Aus der Drehimpulsquantenzahl l ist der Bahndrehimpuls zu ermitteln.

$$L_{\text{Bahn}} = \frac{h}{2\pi}\,\sqrt{l(l+1)} \tag{4.23}$$

Hieraus folgt

$$\mu_{\text{Bahn}} = \gamma_{\text{Bahn}} L_{\text{Bahn}} = \frac{eh}{4\pi m_{\text{e}}}\sqrt{l(l+1)}\,. \tag{4.24}$$

Die Orientierungsquantenzahl m_l liefert die Komponente des Bahndrehimpulses in z-Richtung (Richtung eines äußeren Magnetfelds) sowie den zugehörigen Wert der z-Komponente des magnetischen Momentes.

$$L_{\text{Bahn},z} = \frac{h}{2\pi}\,m_l\,, \tag{4.25}$$

$$\mu_{\text{Bahn},z} = \frac{eh}{4\pi m_{\text{e}}}\,m_l \tag{4.26}$$

Durch die Spinquantenzahl m_{s}, welche die Werte $\pm 1/2$ annehmen kann, ist schließlich die Richtung des mit dem Eigendrehimpuls des Elektrons verknüpften magnetischen Momentes in bezug auf die z-Achse festgelegt.

Aus den vorstehenden Erläuterungen geht hervor, daß Elektronen mit der Drehimpulsquantenzahl $l=0$ **keinen** Bahndrehimpuls besitzen, d.h. $L_{\text{Bahn}}=0$ und $\mu_{\text{Bahn}}=0$. Dies ist beispielsweise bei dem 1s-Elektron des Wasserstoffatoms der Fall. Auf Grund des mit dem Spin verknüpften magnetischen Momentes weist das Wasserstoffatom ein Gesamtmoment der Größe μ_{B} auf. Beim Heliumatom existieren ebenfalls keine Bahnmomente; die beiden Spinmomente sind antiparallel gerichtet, so daß das resultierende magnetische Moment Null ist.

Bei Atomen, welche Elektronen mit einer von Null verschiedenen Drehimpulsquantenzahl (d.h. p-Elektronen, d-Elektronen usw.) aufweisen, sind Bahnmomente **und** Spinmomente zu berücksichtigen. Dabei sind die Bahnmomente so angeordnet, daß eine möglichst weitgehende Kompensation eintritt. Abgeschlossene Schalen (Edelgaskonfigurationen) weisen kein resultierendes magnetisches Moment auf.

In nichtabgeschlossenen Schalen folgt die Spinorientierung der **Hund**schen Regel (Gesetz der maximalen Spinmultiplizität). Danach ergibt sich beispielsweise bei der Auffüllung der 2p-Zustände die in Bild **4.**7 dargestellte

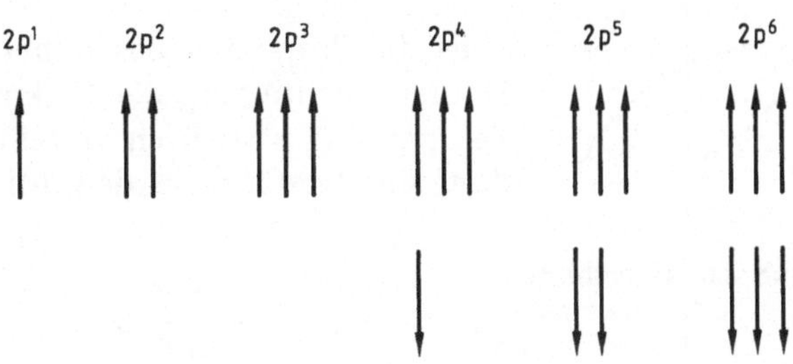

4.7
Auffüllung der 2 p-Zustände
nach der **Hund**schen Regel
(Spinorientierungen)

Orientierung der Spinmomente. Der Maximalwert des resultierenden magnetischen Momentes ist also bei einer zur Hälfte gefüllten Schale zu erwarten. Die Anwendung der Hundschen Regel spielt insbesondere eine Rolle bei der Erklärung der magnetischen Eigenschaften von Übergangselementen mit nichtabgeschlossener 3 d-Schale.

Den vorstehenden Überlegungen ist zu entnehmen, daß Atome (bzw. Moleküle) existieren, welche kein resultierendes magnetisches Moment aufweisen. Derartige Stoffe sind diamagnetisch. Paramagnetische Substanzen enthalten dagegen Atome (bzw. Moleküle), deren Bahn- oder Spinmomente nicht kompensiert sind. Die Existenz derartiger permanenter atomarer Dipole kann – unter geeigneten Bedingungen – zur Bildung von Ordnungszuständen mit ferro-, ferri- und antiferromagnetischem Verhalten führen.

4.2.2 Dia- und Paramagnetismus

Die Atome (bzw. Moleküle) diamagnetischer Substanzen weisen kein permanentes magnetisches Moment auf. Setzt man derartige Substanzen einem Magnetfeld aus, so werden magnetische Momente induziert, welche dem äußeren Magnetfeld entgegengesetzt gerichtet sind.

Zur Berechnung der induzierten Momente kann ein Modell gemäß Bild **4.8** herangezogen werden. Hierbei wird ein Elektron betrachtet, welches sich auf einer Kreisbahn mit dem Radius r bewegt und dabei ein magnetisches Moment μ_{Bahn} erzeugt. Auf diesen magnetischen Dipol wirkt im Magnetfeld ein Drehmoment, welches zu einer Präzessionsbewegung mit der Kreisfrequenz

$$\omega_{\text{L}} = \gamma_{\text{Bahn}}\, B \tag{4.27}$$

führt; ω_{L} ist die Larmor-Frequenz. Aus dieser Bewegung resultiert das induzierte Moment

$$\mu_{\text{ind}} = -\pi r_1^2 \cdot \frac{\omega_{\text{L}}}{2\pi}\, e = -\frac{e^2}{4\,m_{\text{e}}}\, r_1^2\, B\,;$$

r_1 ist die Projektion des Bahnradius r auf die Feldrichtung. Da die Orientierung der Elektronenbahnen in bezug auf die Feldrichtung statistisch verteilt ist, muß eine Mittelwertbildung durchgeführt werden. Mit $\overline{r_1^2} = \frac{2}{3} r^2$ ergibt sich

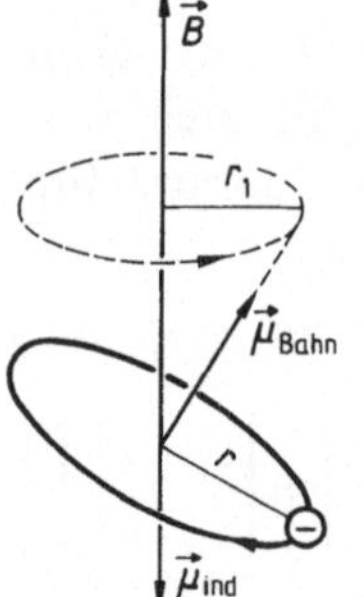

4.8 Zur Berechnung induzierter magnetischer Momente

$$\overline{\mu}_{\text{ind}} = -\frac{e^2 r^2}{6\,m_{\text{e}}}\, B\,. \tag{4.28}$$

Mit der Konzentration N der diamagnetischen Atome und der Zahl Z der Elektronen pro Atom folgt die Magnetisierung

$$M = NZ\overline{\mu}_{\text{ind}} = -\frac{NZe^2 r^2}{6 m_{\text{e}}} B \qquad (4.29)$$

und damit die diamagnetische Suszeptibilität

$$\kappa_{\text{D}} = \mu_0 \frac{M}{B} = -\mu_0 \frac{NZe^2 r^2}{6 m_{\text{e}}} . \qquad (4.30)$$

Aus Gl. (4.30) ist zu entnehmen, daß bei Atomen mit großer Ausdehnung der Elektronenhülle eine hohe diamagnetische Suszeptibilität zu erwarten ist. Die diamagnetische Suszeptibilität ist in erster Näherung temperaturunabhängig.

Bei genauerer Betrachtung eines realen Atoms ist wiederum die Struktur der Elektronenhülle in Rechnung zu stellen. Das bedeutet, daß in Gl. (4.30) anstelle der Größe r^2 der Mittelwert $\overline{r^2}$ der gesamten Elektronenhülle zu verwenden ist. Bei Festkörpern ist außerdem ein Suszeptibilitätsanteil zu berücksichtigen, der von den Valenzelektronen (d. h. den Elektronen der interatomaren Bindungen) herrührt. Dieser Anteil weist infolge der thermischen Ausdehnung der Materie eine schwache Temperaturabhängigkeit auf.

Bei paramagnetischen Substanzen besitzen die Einzelatome (bzw. -moleküle) ein resultierendes magnetisches Moment. Bei Abwesenheit eines Magnetfeldes sind derartige Stoffe nicht magnetisiert, da die Orientierungen der Dipole infolge thermischer Bewegung statistisch verteilt sind. Durch Anlegen eines Magnetfeldes erfolgt eine partielle Orientierung der Dipole in Feldrichtung. Die vektorielle Addition der Dipolmomente liefert eine Magnetisierung des Mediums, welche mit der Feldrichtung zusammenfällt.

In Bild **4.9** ist angenommen, daß jeder Elementardipol den Wert eines Bohrschen Magnetons μ_{B} aufweist; die Winkel zwischen den Richtungen der Dipole und dem Magnetfeld sind mit θ_i bezeichnet. Damit ergibt sich die jeweils in Richtung des Magnetfeldes wirkende Komponente

$$\mu_{\text{Mi}} = \mu_{\text{B}} \cos\theta_i . \qquad (4.31)$$

Die Magnetisierung folgt durch Summation dieser Komponenten gemäß

$$M = \frac{1}{V} \sum_{i=1}^{z} \mu_{\text{Mi}}, \qquad (4.32\,\text{a})$$

wobei V das betrachtete Volumen und z die Anzahl der darin befindlichen Dipole bedeuten. Anstelle von Gl. (4.32a) kann die äquivalente Beziehung

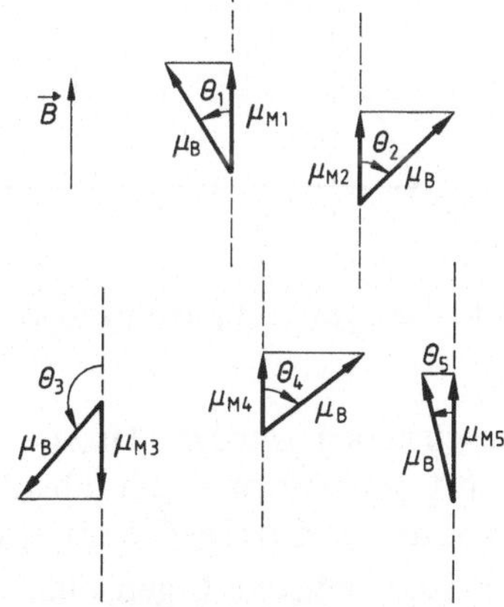

4.9 Paramagnetismus durch Ausrichtung magnetischer Dipole

$$M = N\overline{\mu}_{\text{Mi}} = N\mu_{\text{B}}\,\overline{\cos\theta} \tag{4.32b}$$

verwendet werden. Bei der Bildung des Mittelwertes $\overline{\cos\theta}$ ist nach dem in Abschn. 3.2.1.3 für die Ausrichtung elektrischer Dipole geschilderten Verfahren vorzugehen. Dabei ist

$$W_{\text{p}} = -\mu_{\text{B}}B\cos\theta \tag{4.33}$$

die potentielle Energie eines magnetischen Dipols mit dem Moment μ_{B} in einem Magnetfeld mit der Induktion B.

In Analogie zu Gl. (3.24) ergibt sich die Magnetisierung

$$M = N\mu_{\text{B}}L(\eta) = N\mu_{\text{B}}\left[\coth\frac{\mu_{\text{B}}B}{kT} - \frac{kT}{\mu_{\text{B}}B}\right]. \tag{4.34}$$

Das Argument der Langevin-Funktion $L(\eta)$ ist in diesem Falle

$$\eta = \frac{\mu_{\text{B}}B}{kT}.$$

Die Langevin-Funktion ist in Bild **4.**10 dargestellt. Für $\mu_{\text{B}}B/kT \ll 1$ läßt sich die Langevin-Funktion entwickeln. In linearer Näherung ergibt sich die Magnetisierung

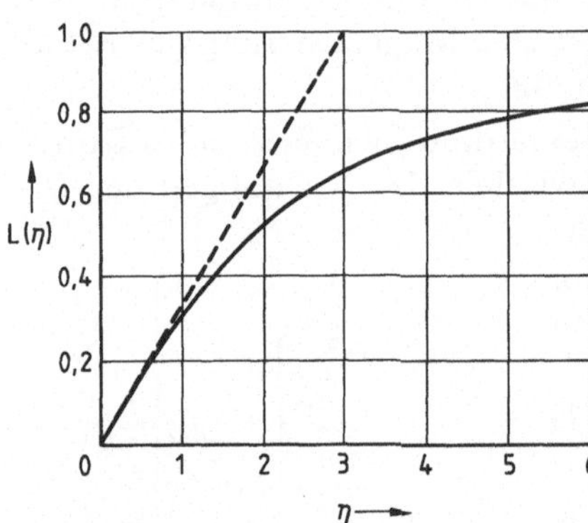

4.10 Langevin-Funktion $L(\eta)$

$$M = \frac{N\mu_{\text{B}}^2 B}{3kT} \tag{4.34a}$$

und damit die paramagnetische Suszeptibilität

$$\kappa_{\text{P}} = \mu_0\,\frac{N\mu_{\text{B}}^2}{3kT}. \tag{4.35}$$

Gleichung (4.35) kann auch in der Form

$$\kappa_{\text{P}} = C/T \tag{4.35a}$$

geschrieben werden. Hiernach ist die paramagnetische Suszeptibilität umgekehrt proportional zur absoluten Temperatur T. Man nennt die Beziehung (4.35a) das Curie-Gesetz; C ist die Curie-Konstante.

Paramagnetische Eigenschaften mit der durch Gl. (4.35a) gegebenen Temperaturabhängigkeit weisen u. a. Substanzen auf, die Ionen der Übergangselemente enthalten. Besonders ausgeprägt ist dieses Verhalten bei den Salzen der Seltenen Erden.

Bei tiefen Temperaturen kann in einer paramagnetischen Substanz eine vollständige Orientierung der magnetischen Dipole parallel zum Magnetfeld erreicht werden (d. h. $\mu_B B/kT \gg 1$). Durch adiabatische Entmagnetisierung (d. h. Abschalten des Magnetfeldes ohne Wärmeaustausch mit der Umgebung) ist eine Absenkung der Temperatur der Probe zu erzielen. Dieses Verfahren wird bei Tieftemperaturversuchen (im Bereich $T < 1$ K) angewandt.

Bei einer genaueren Berechnung der magnetischen Eigenschaften ist zu berücksichtigen, daß bei paramagnetischen Substanzen stets auch ein diamagnetischer Suszeptibilitätsanteil vorhanden ist.

Beispiel 4.1. Es sei ein (hypothetischer) Kristall betrachtet, dessen Ionen im Mittel 10 Elektronen aufweisen. Für den mittleren Radius der Elektronenhüllen sei $r = 10^{-10}$ m angenommen. Das magnetische Moment der Ionen betrage $\mu_B = 9{,}3 \cdot 10^{-24}$ Am². Unter diesen Umständen ergibt sich aus den Gleichungen (4.30) und (4.35) das Verhältnis

$$\frac{|\kappa_D|}{\kappa_P} = \frac{Ze^2 r^2 kT}{2m_e\mu_B^2} = \frac{10 \cdot 1{,}6^2 \cdot 10^{-38}\,\text{A}^2\,\text{s}^2 \cdot 10^{-20}\,\text{m}^2 \cdot 1{,}4 \cdot 10^{-23}\,\text{Ws K}^{-1} \cdot 300\,\text{K}}{2 \cdot 9{,}1 \cdot 10^{-31}\,\text{kg} \cdot 9{,}3^2 \cdot 10^{-48}\,\text{A}^2\,\text{m}^4}$$

$$= 7 \cdot 10^{-2}.$$

Bei Metallen kann paramagnetisches Verhalten auch durch die Leitungselektronen bedingt sein. In Bild 4.11a ist schematisch die energetische Verteilung der Elektronen im Leitungsband in Abwesenheit eines Magnetfeldes dargestellt. Hierbei sind die Energiezustände bis zur Energie W_F (Fermi-Energie) mit Elektronen, welche zwei unterschiedliche Spinorientierungen aufweisen, besetzt. Unmittelbar nach Anlegen eines Magnetfeldes herrscht eine Verteilung gemäß Bild 4.11b, da die Elektronen mit der zum Feld parallelen Spinorientierung gemäß Gl. (4.33) eine Erhöhung der Energie um den Wert $\mu_B B$ erfahren, während die Energie der Elektronen, deren Spinorientierung antiparallel zum Feld verläuft, um den Wert $\mu_B B$ abgesenkt wird (Spin und magnetisches Moment sind beim Elektron entgegengerichtet). Durch Umklappen eines Teils der

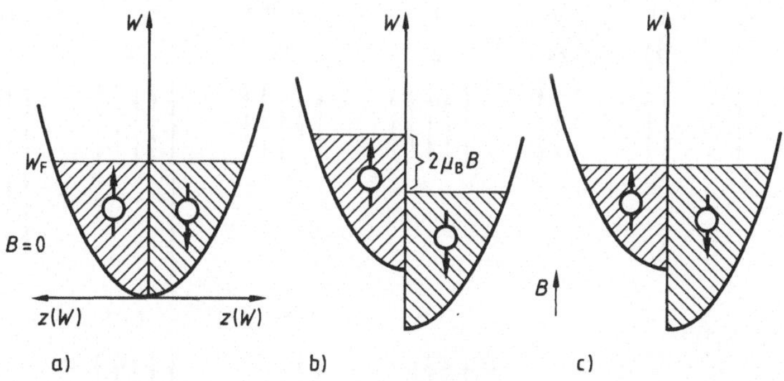

4.11 Paramagnetismus der Leitungselektronen. Energetische Verteilung der Elektronen im Leitungsband
a) ohne Magnetfeld, b) nach Anlegen eines Magnetfeldes,
c) nach Einstellung des Gleichgewichtes

Spinorientierungen entsteht schließlich die in Bild **4.**11 c dargestellte Elektronenverteilung; hieraus resultiert eine Magnetisierung in Richtung des angelegten Feldes.

Bei einer magnetischen Induktion von 1 T beträgt die in Bild **4.**11 b eingezeichnete Energiedifferenz $2\mu_B B = 18,6 \cdot 10^{-24}$ Ws ($\approx 1,2 \cdot 10^{-4}$ eV). Diese Energie ist um Größenordnungen kleiner als die Fermi-Energie ($W_F \approx 6$ eV). Das bedeutet, daß nur ein sehr geringer Teil der Leitungselektronen zum paramagnetischen Verhalten des Metalls beiträgt. Der Paramagnetismus der Leitungselektronen ist nahezu temperaturunabhängig und wesentlich schwächer als derjenige, der durch ungepaarte magnetische Momente (permanente Dipole) in Ionen hervorgerufen wird.

4.2.3 Magnetische Ordnungszustände

Wie in Abschn. 4.2.1 erläutert, folgt die Anordnung der Elektronenspins in der Elektronenhülle eines Atoms der Hundschen Regel. Für die Gruppe der Übergangselemente Scandium bis Nickel ergibt sich die in Bild **4.**12 dargestellte Ausrichtung der Elektronenspins in den 3 d-Zuständen. Beim Übergang vom Element Vanadium ($Z = 23$) zum Element Chrom ($Z = 24$) wird ein 3 d-Zustand (zusätzlich) durch ein Elektron aus der N-Schale besetzt (s. Tafel **1.**11). Bei der Bildung zweiwertiger Ionen der Elemente Mangan, Eisen, Kobalt und Nickel bleibt die Anzahl der Elektronen in den 3 d-Zuständen erhalten, da die zur Ionisation benötigten Elektronen aus der N-Schale stammen. Die Bildung der Ionen Cr^{3+}, Mn^{4+} und Fe^{3+} ist hingegen mit einer Verminderung der Anzahl der Elektronen in den 3 d-Zuständen – und daher mit einer Änderung des resultierenden magnetischen Momentes – verknüpft.

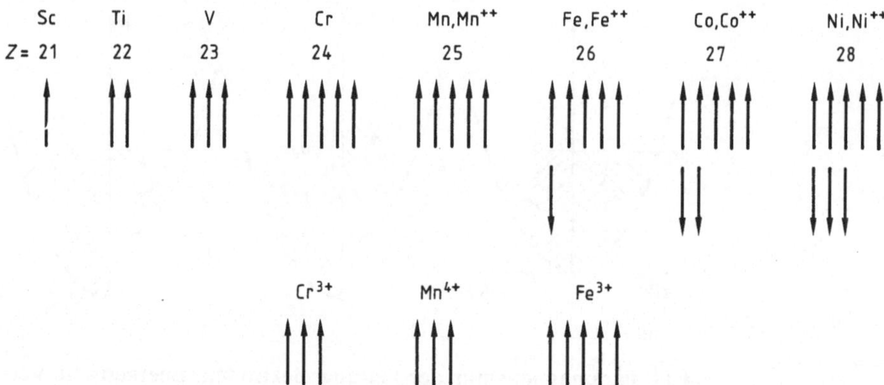

4.12 Ausrichtung der magnetischen Momente der Elektronen in den 3 d-Zuständen nach der Hundschen Regel

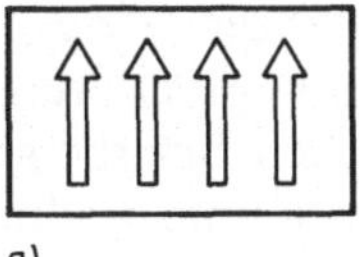 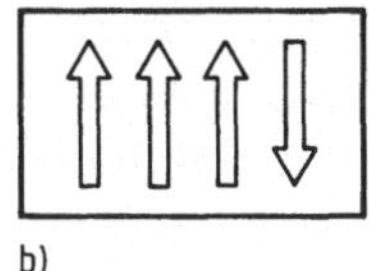 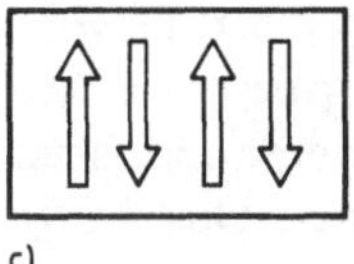

4.13 Magnetische Ordnungszustände
a) Ferromagnetismus, b) Ferrimagnetismus, c) Antiferromagnetismus

Wie aus Bild **4.**12 hervorgeht, treten bei den Atomen und Ionen der 3 d-Übergangselemente resultierende magnetische Momente bis zu einem Wert von $5\mu_B$ auf. Unter geeigneten Bedingungen kann die Wechselwirkung der resultierenden Momente benachbarter Atome (bzw. Ionen) zu einem der in Bild **4.**13 schematisch dargestellten Ordnungszustände führen. Dabei symbolisieren die in Bild **4.**13 verwendeten Pfeile jeweils ein resultierendes atomares magnetisches Moment, beispielsweise von der Größe $5\mu_B$. Die Bildung der magnetischen Ordnungszustände erfolgt innerhalb von räumlich begrenzten Bereichen, sogenannten Domänen oder Weißschen Bezirken [28].

Wie aus Bild **4.**13 ersichtlich, sind drei Erscheinungsformen magnetischer Ordnungszustände zu unterscheiden. Ferromagnetisches Verhalten ist dadurch gekennzeichnet, daß die atomaren Momente innerhalb eines Weißschen Bezirks gleichgerichtet sind (Bild **4.**13 a). Bei ferrimagnetischen Werkstoffen existiert eine partielle Kompensation der magnetischen Momente (Bild **4.**13 b). Der antiferromagnetische Ordnungszustand ist durch eine vollständige Kompensation der magnetischen Momente gekennzeichnet (Bild **4.**13 c).

Formal lassen sich die ferro- und antiferromagnetischen Ordnungszustände als Grenzfälle des ferrimagnetischen Verhaltens auffassen. Es ist jedoch anzumerken, daß der ferromagnetische Ordnungszustand an die Existenz von Leitungselektronen gebunden ist. Ferri- und antiferromagnetisches Verhalten kann dagegen auch bei Isolatoren auftreten.

Alle magnetischen Ordnungszustände werden beim Überschreiten einer bestimmten materialspezifischen Temperatur zerstört. Diese Grenztemperatur wird bei ferro- und ferrimagnetischen Substanzen Curie-Temperatur T_C genannt. Im Falle der antiferromagnetischen Substanzen spricht man von der Néel-Temperatur T_N. Oberhalb der Curie-Temperatur bzw. der Néel-Temperatur weisen die genannten Substanzen paramagnetisches Verhalten auf. Die Temperaturabhängigkeit der magnetischen Suszeptibilität κ ferromagnetischer Substanzen läßt sich oberhalb der Curie-Temperatur durch das Curie-Weiß-Gesetz

$$\kappa = \frac{C}{T - T_C} \tag{4.36}$$

beschreiben. Hierin ist C die materialspezifische Curie-Konstante.

4.2.3.1 Ferromagnetismus. Ferromagnetische Substanzen sind durch eine spontane Magnetisierung, d.h. durch eine Parallelorientierung der resultierenden atomaren Momente innerhalb der Weißschen Bezirke gekennzeichnet. Das Auftreten des Ferromagnetismus ist an bestimmte Bedingungen gebunden. Eine besondere Rolle spielt dabei der Atomabstand in Relation zur Ausdehnung der Konfiguration der 3d-Elektronen. In Bild **4.**14 ist der qualitative Verlauf der Wechselwirkungsenergie W_W der atomaren magnetischen Momente in Abhängigkeit von dem auf den Radius r_{3d} der 3d-Schale normierten Atomabstand a_A dargestellt; dieser Zusammenhang wird als Bethe-Slater-Kurve bezeichnet. Die Wechselwirkungsenergie ist dabei so definiert, daß bei positiven Energiewerten die Parallelstellung der magnetischen Momente benachbarter Atome gefördert wird. Bei negativer Wechselwirkungsenergie ist eine Antiparallelstellung der magnetischen Momente zu erwarten. Ist der Betrag der Wechselwirkungsenergie sehr klein, so resultiert paramagnetisches Verhalten oder ein Ferromagnetikum mit niedriger Curie-Temperatur [4], [20].

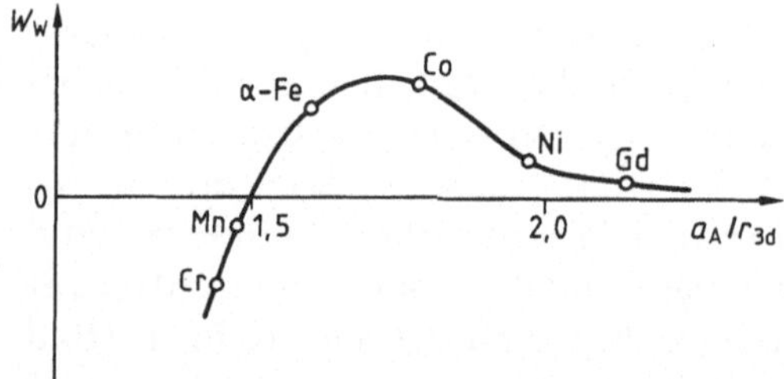

4.14 Bethe-Slater-Kurve

Der Verlauf der Bethe-Slater-Kurve kann wie folgt interpretiert werden. Bei sehr geringem Atomabstand existiert eine starke Wechselwirkung zwischen den 3d-Elektronen benachbarter Atome, d.h., die 3d-Elektronen können sich leicht von einem Atom zu einem benachbarten Atom bewegen. Hieraus folgt, daß die energetische Verteilung dieser Elektronen durch ein Bändermodell mit einer Zustandsdichtefunktion $z(W)$ zu beschreiben ist. Wie in Bild **4.**11a erläutert, liegt in einem derartigen Band – bei Abwesenheit eines äußeren magnetischen Feldes – eine antiparallele Orientierung der Elektronenspins vor, so daß keine spontane Magnetisierung auftritt. Dementsprechend ist bei einem 3d-Übergangselement mit sehr geringem Atomabstand antiferromagnetisches Verhalten zu erwarten.

Bei größerem Atomabstand ($1,5\,r_{3d} \lesssim a_A \lesssim 2\,r_{3d}$) nimmt die Wechselwirkung der Elektronen benachbarter Atome ab. Das bedeutet, daß sich das Verhalten der 3d-Elektronen demjenigen der entsprechenden Elektronen eines Einzelatoms annähert. Wie in Bild **4.**12 erläutert, folgen die Elektronen im Einzelatom der Hundschen Regel, d.h., es wird eine Parallelorientierung der Spins gefördert. Die in dem genannten Abstandsbereich verbleibende Wechselwirkung der Elektronen benachbarter Atome ist ausreichend, um eine spontane

Magnetisierung hervorzurufen. Wichtig ist dabei, daß das von den 3 d-Elektronen gebildete Band eine geringe energetische Ausdehnung und damit eine hohe Zustandsdichte besitzt. In Bild **4.15** ist eine derartige Situation schematisch skizziert. Für die spontane Magnetisierung der im 3 d-Band befindlichen Elektronen ist hier nur ein sehr geringer Energieaufwand W_s erforderlich, so daß die gesamte Wechselwirkungsenergie einen positiven Wert aufweist.

Es ist evident, daß die interatomare Wechselwirkung bei großem Atomabstand gegen Null strebt. Dementsprechend können bei großem Atomabstand keine magnetischen Ordnungszustände existieren.

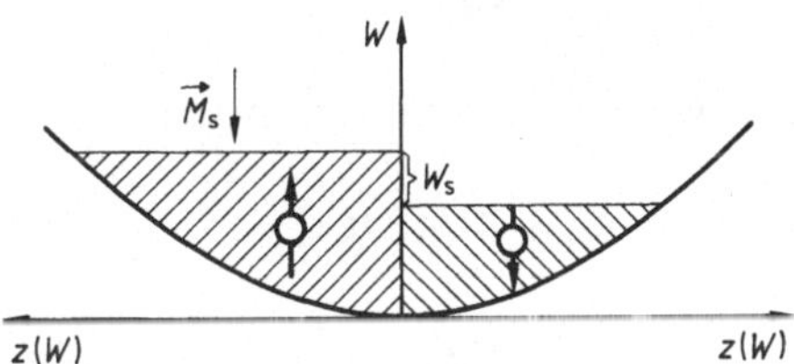

4.15
Energiebedarf der spontanen Magnetisierung in einem Band mit hoher Zustandsdichte $z(W)$

Wie aus Bild **4.14** hervorgeht, weist Chrom eine negative Wechselwirkungsenergie der magnetischen Momente auf. Hieraus resultiert antiferromagnetisches Verhalten bis zur Néel-Temperatur $T_N = 39\,°C$. Bei elementarem Mangan ist der Betrag der Wechselwirkungsenergie nicht ausreichend, um bei Raumtemperatur einen magnetischen Ordnungszustand hervorzurufen. Durch Vergrößerung des Abstandes der Manganatome innerhalb einer geeigneten Legierung kann jedoch ferromagnetisches Verhalten erzielt werden. Eisen, Kobalt und Nickel sind durch eine verhältnismäßig hohe positive Wechselwirkungsenergie gekennzeichnet; diese Elemente sind ferromagnetisch und besitzen Curie-Temperaturen zwischen 358°C und 1130°C. Es ist jedoch darauf hinzuweisen, daß auch nichtmagnetische Eisenlegierungen existieren. Diese austenitischen Eisenlegierungen kristallisieren im kubisch-flächenzentrierten Gitter (γ-Fe); dementsprechend ist der Atomabstand geringer als beim reinen Eisen (α-Fe). Das Seltenerdmetall Gadolinium ist ferromagnetisch bis zur Curie-Temperatur $T_C = 16\,°C$.

Bei der Beschreibung der ferromagnetischen Eigenschaften wird die Wechselwirkung der magnetischen Dipole dadurch berücksichtigt, daß man am Ort eines Dipols ein effektives (lokales) Magnetfeld ansetzt, welches gemäß

$$H_{loc} = H + a_W M \tag{4.37}$$

von der äußeren Magnetfeldstärke H und der durch die benachbarten Dipole hevorgerufenen Magnetisierung M abhängt; a_W ist die Weißsche Wechselwirkungskonstante. Dementsprechend ist anstelle von Gl. (4.33) die Beziehung

$$W_p' = -\mu_0 \mu_B (H + a_W M) \cos\theta$$

für die potentielle Energie eines magnetischen Dipols in dem vorstehend definierten lokalen Magnetfeld anzuwenden. Mit der in Abschn. 3.2.1.3 geschilderten Mittelwertbildung für $\cos\theta$ ergibt sich

$$M = N\mu_B\, L(\zeta) = N\mu_B \left[\coth\zeta - \frac{1}{\zeta}\right]. \tag{4.38}$$

Das Argument der Langevin-Funktion $L(\zeta)$ ist in diesem Falle

$$\zeta = \frac{\mu_0\mu_B}{kT}(H + a_W M). \tag{4.38a}$$

Für $H = 0$ resultiert die spontane Magnetisierung

$$M_s = N\mu_B\, L(\zeta^*) = M_{s0}\, L(\zeta^*) \tag{4.39}$$

mit

$$\zeta^* = \frac{\mu_0\mu_B a_W M_s}{kT}. \tag{4.39a}$$

Hierin ist $M_{s0} = N\mu_B$ die Sättigungsmagnetisierung, d.h. die Magnetisierung, die sich (für $T = 0$) bei vollständiger Ausrichtung aller Dipole ergibt. Die Auswertung der transzendenten Gleichung (4.39) erfolgt am einfachsten auf graphischem Wege. Dazu trägt man gemäß Bild **4.16**, links, in das Diagramm $M_s/M_{s0} = L(\zeta^*)$ zusätzlich die (lineare) Funktion

$$\frac{M_s}{M_{s0}} = \frac{kT}{M_{s0}\mu_0\mu_B a_W}\,\zeta^* \tag{4.39b}$$

mit verschiedenen Parameterwerten für die Temperatur T ein. Die Schnittpunkte liefern den Temperaturverlauf $M_s(T)/M_{s0}$ (Bild **4.16**, rechts). Danach

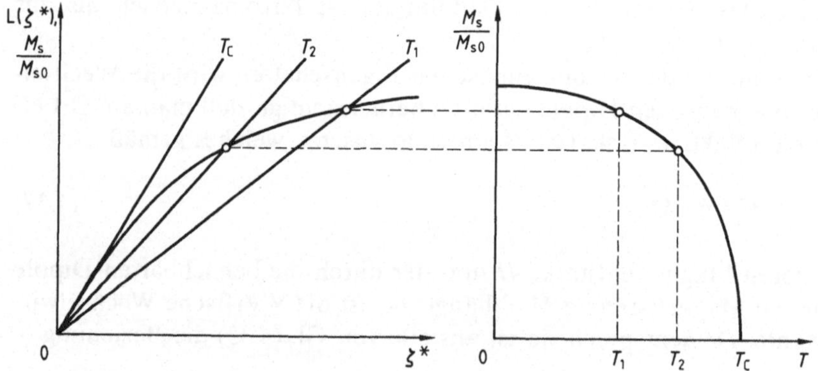

4.16 Zur Berechnung der Temperaturabhängigkeit der spontanen Magnetisierung

nimmt M_s mit steigender Temperatur stetig ab. Bei der Curie-Temperatur ist die spontane Magnetisierung Null. Diese Situation tritt ein, wenn die Funktionen (4.39) und (4.39b) im Koordinatenursprung die gleiche Steigung aufweisen. Hieraus folgt der Zusammenhang zwischen der Konstanten a_W und der Curie-Temperatur

$$T_C = \frac{M_{s0}\mu_0\mu_B\,a_W}{3\,k}\,. \tag{4.40}$$

Es ist darauf hinzuweisen, daß die vorstehenden Herleitungen sich auf eine Substanz mit einem resultierenden atomaren Moment μ_B beziehen.

Beispiel 4.2. Bei einem Ferromagnetikum mit der Atomdichte $N = 10^{29}$ m^{-3} und dem atomaren magnetischen Moment $\mu_B = 9\cdot10^{-24}$ Am^2 ist die theoretische Sättigungsmagnetisierung

$$M_{s0} = N\mu_B = 9\cdot10^5 \text{ A/m}.$$

Mit der Curie-Temperatur $T_C = 1000$ K folgt die Konstante

$$a_W = \frac{3\,kT_C}{M_{s0}\,\mu_0\mu_B} = \frac{3\cdot1,4\cdot10^{-23}\text{ Ws K}^{-1}\cdot1000\text{ K}}{9\cdot10^5\text{ Am}^{-1}\cdot4\pi\cdot10^{-7}\text{ Vs A}^{-1}\text{ m}^{-1}\cdot9,3\cdot10^{-24}\text{ Am}^2} = 1\cdot10^3\,.$$

Aus diesem Zahlenwert folgt in Verbindung mit Gl. (4.37), daß das effektive Feld H_{loc} im wesentlichen durch den Term $a_W M$ bestimmt wird. Das äußere Feld H hat dementsprechend keinen nennenswerten Einfluß auf die Magnetisierung innerhalb eines Weißschen Bezirks.

Bei einer genaueren Berechnung ist die Quantisierung der Orientierung des magnetischen Momentes eines Elektrons im Magnetfeld zu berücksichtigen (d. h., es sind nur die beiden Einstellungen parallel und antiparallel zum Magnetfeld möglich). Die hiermit berechnete Temperaturabhängigkeit der spontanen Magnetisierung weicht geringfügig von den aus Gl. (4.39) ermittelten Werten ab.

In Tafel 4.17 sind die wichtigsten Eigenschaften der ferromagnetischen Elemente Eisen, Kobalt und Nickel zusammengestellt. Die darin aufgeführten Gitterstrukturen (kubisch-flächenzentriert, hexagonal dichteste Packung und kubisch-raumzentriert) sind in Bild 1.36, 1.37 und 1.38 erläutert.

In Bild 4.18 ist die Temperaturabhängigkeit der spontanen Magnetisierung bzw. der spontanen Polarisation für Eisen, Kobalt und Nickel dargestellt. Wie daraus – und aus den Zahlenwerten der Tafel 4.17 – hervorgeht, ist die Differenz zwischen der bei 0 K auftretenden Sättigungsmagnetisierung M_{s0} und der spontanen Magnetisierung M_s (300 K) nicht sehr groß. Im allgemeinen Sprachgebrauch wird daher der Raumtemperaturwert der spontanen Magnetisierung (bzw. der spontanen Polarisation) häufig als Sättigungsmagnetisierung (bzw. als Sättigungspolarisation) bezeichnet.

Tafel **4.**17 Eigenschaften der Elemente Eisen, Kobalt und Nickel

	Eisen	Kobalt	Nickel
Ordnungszahl	26	27	28
Atomgewicht	55,8	58,9	58,7
Gitterstruktur	krz	hdP	kfz
Gitterkonstante a in Å	2,86	2,50	3,52
c in Å		4,06	
Spez. Gewicht ρ in g/cm^3	7,9	8,8	8,9
Schmelzpunkt ϑ_s in °C	1536	1495	1453
Curie-Temperatur ϑ_C in °C	770	1130	358
Sättigungsmagnetisierung M_{s0} in 10^5 A/m	17,3	14,4	5,1
Spontane Magnetisierung M_s (300 K) in 10^5 A/m	17,1	14,2	4,9
Sättigungspolarisation J_{s0} in T	2,18	1,81	0,64
Spontane Polarisation J_s (300 K) in T	2,16	1,78	0,61
Kristallrichtungen leichtester Magnetisierung	$\langle 100 \rangle$	$\langle 0001 \rangle$	$\langle 111 \rangle$

Nach der in Bild **4.**12 erläuterten Hundschen Regel sind für die Metalle Eisen, Kobalt und Nickel die Sättigungswerte der Magnetisierung

$$M_{s0,\,\mathrm{Fe}} = N_{\mathrm{Fe}} \cdot 4\mu_B, \qquad M_{s0,\,\mathrm{Co}} = N_{\mathrm{Co}} \cdot 3\mu_B \quad \text{und} \quad M_{s0,\,\mathrm{Ni}} = N_{\mathrm{Ni}} \cdot 2\mu_B$$

zu erwarten, wobei N_{Fe}, N_{Co} und N_{Ni} die jeweiligen Atomkonzentrationen bedeuten. Aus den experimentellen Daten für M_{s0} resultieren jedoch magnetische Momente pro Atom von $2{,}2\mu_B$ für Eisen, $1{,}7\mu_B$ für Kobalt und $0{,}6\mu_B$ für Nickel. Bei der Erklärung dieser Diskrepanz ist zu berücksichtigen, daß die Hundsche Regel nur für Einzelelektronen gilt. In den Übergangsmetallen sind jedoch die 3d-Elektronen am interatomaren Bindungsmechanismus beteiligt. Ihre energetische Verteilung – und damit auch die Spinorientierung – muß daher durch das Bändermodell gemäß Bild **4.**15 beschrieben werden. Beim Eisen sind die sechs 3d-Elektronen im zeitlichen Mittel im Verhältnis 4,1 : 1,9 auf die beiden möglichen Spinorientierungen verteilt.

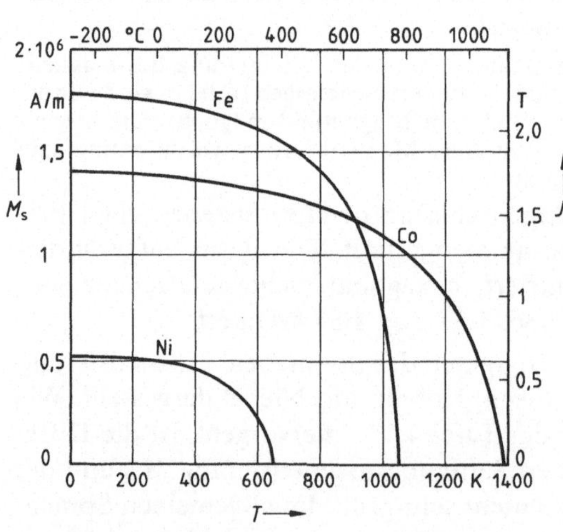

4.18 Temperaturabhängigkeit der spontanen Magnetisierung M_s bzw. der spontanen Polarisation J_s

Beispiel 4.3. Die Gitterkonstante (Kantenlänge der Elementarzelle) des Eisens beträgt $a = 2{,}86 \cdot 10^{-10}$ m. In der Elementarzelle des kubisch-raumzentrierten Gitters befinden sich zwei Atome. Bei einem magnetischen Moment von $2{,}2\,\mu_B$ pro Atom ergibt sich die Sättigungsmagnetisierung

$$M_{s0} = \frac{2 \cdot 2{,}2\,\mu_B}{a^3} = \frac{2 \cdot 2{,}2 \cdot 9{,}3 \cdot 10^{-24}\ \text{Am}^2}{2{,}86^3 \cdot 10^{-30}\ \text{m}^3} = 1{,}7 \cdot 10^6\ \text{A/m}.$$

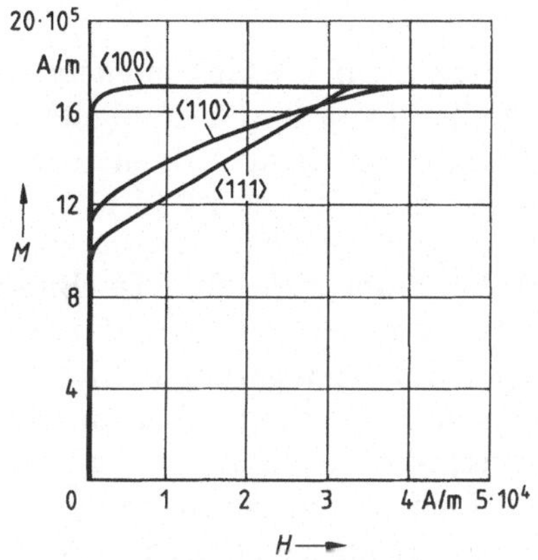

4.19 Magnetisierungskurven von
      Fe-Einkristallen bei unter-
      schiedlichen Feldrichtungen

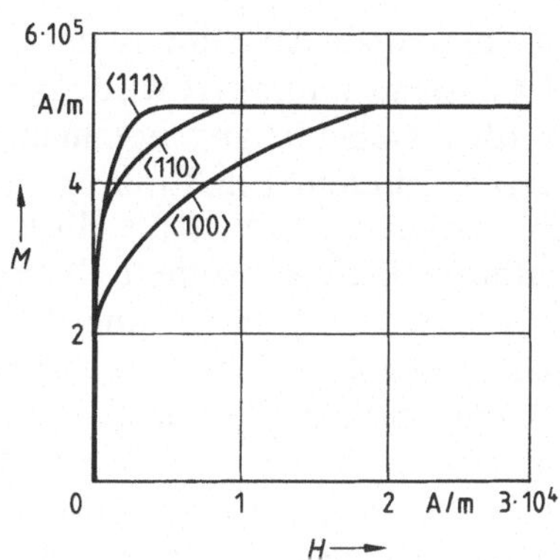

4.20 Magnetisierungskurven von
      Ni-Einkristallen bei unter-
      schiedlichen Feldrichtungen

Wie aus Messungen an Einkristallen der ferromagnetischen Elemente hervorgeht, ist die zum Erreichen der Sättigungsmagnetisierung notwendige Mindestfeldstärke von der Richtung des Magnetfeldes in bezug auf die Kristallachsen abhängig. Beim Eisen (Bild **4.**19) erfolgt die Orientierung der magnetischen Momente am leichtesten, wenn das Magnetfeld parallel zu den Würfelkanten der Elementarzelle verläuft. Beim Nickel (Bild **4.**20) liegen die magnetischen Vorzugsrichtungen parallel zu den Raumdiagonalen des kubisch-flächenzentrierten Gitters. Die genannten Elemente besitzen also jeweils **Kristallrichtungen leichtester Magnetisierung.**

Besonders ausgeprägt ist der Unterschied zwischen leichter und schwerer Magnetisierungsrichtung beim Kobalt (Bild **4.**21). Die Richtung leichter Ma-

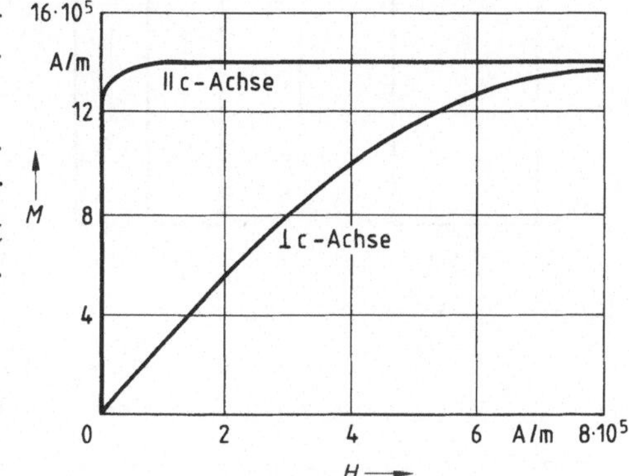

4.21
Magnetisierungskurven von Co-Einkristallen bei unterschiedlichen Feldrichtungen

gnetisierung fällt mit der *c*-Achse der hexagonalen Gitterstruktur zusammen. Senkrecht hierzu existieren schwere Magnetisierungsrichtungen. Kobalt dient daher als Basismetall für Dauermagnetwerkstoffe.

Es ist evident, daß die spontane Magnetisierung vorzugsweise in den Richtungen leichtester Magnetisierung erfolgt. Dabei bilden sich die bereits genannten Weißschen Bezirke (Domänen) aus, welche unterschiedliche Orientierungen der spontanen Magnetisierung besitzen. Die Domänen sind voneinander durch Bloch-Wände getrennt.

Die räumliche Ausbildung der Domänen erfolgt derart, daß die Gesamtenergie des Systems minimiert wird. Dieses Prinzip soll anhand von Bild **4.**22 erläutert werden. Dabei ist angenommen, daß nur zwei Richtungen leichter Magnetisierung existieren. Ein Einkristall, welcher homogen magnetisiert ist (d.h. nur eine Domäne aufweist), stellt einen energetisch ungünstigen Fall dar, da verhältnismäßig viel magnetische Feldenergie im Außenraum gespeichert ist (Bild **4.**22a). Durch Unterteilung des Kristalls in zwei Domänen mit einer dazwischenliegenden 180°-Bloch-Wand wird eine deutliche Verringerung der Feldenergie erreicht (Bild **4.**22b). Eine weitere Energieverminderung erfolgt durch die Bildung von Schließungsdomänen, wodurch die Feldlinien im Außenraum eliminiert werden (Bild **4.**22c). Dabei ist jedoch zu berücksichtigen, daß in den Schließungsdomänen die Magnetisierung nicht mit einer leichten Magnetisierungsrichtung zusammenfällt, d.h., für die Bildung von Schließungsdomänen ist ein energetischer Aufwand erforderlich. Die in den Schließungsdomänen gespeicherte Energie kann durch eine Reduktion des Gesamtvolumens der Schließungsdomänen, d.h. durch eine weitere Verfeinerung der gesamten Domänenstruktur gemäß Bild **4.**22d erreicht werden.

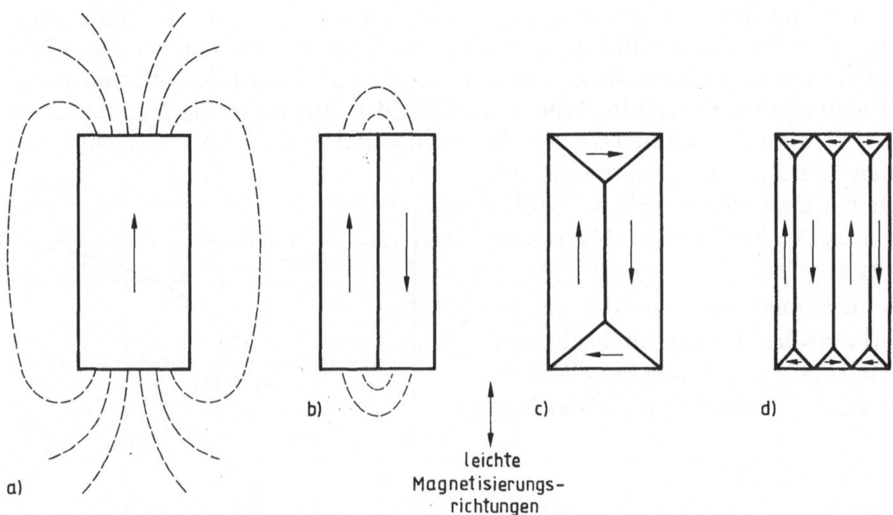

4.22 Zur Erklärung der Domänenbildung

Bild **4.**23 zeigt schematisch zwei Weißsche Bezirke mit entgegengesetzt orientierten magnetischen Momenten und die dazwischenliegende 180°-Bloch-Wand. Wie daraus ersichtlich, ist die Umkehrung der Richtung der Magnetisierung über eine Reihe von Dipolen verteilt, so daß benachbarte Dipole nur eine geringe Verdrehung gegeneinander aufweisen. Die in der Bloch-Wand befindlichen Dipole zeigen nicht in eine magnetische Vorzugsrichtung, so daß – wie bei den Schließungsdomänen – ein Energieaufwand erforderlich ist. Die Breite der Bloch-Wand d_{BW} stellt sich dabei so ein, daß die resultierende Wandenergie minimiert wird. Bei Kobalt gilt $d_{BW} \approx 600$ Å; dies entspricht etwa 250 Atomlagen.

Die Energie, die pro Volumeneinheit aufgewendet werden muß, um die spontane Magnetisierung aus der Vorzugsrichtung in eine vorgegebene andere Richtung zu drehen, heißt Kristallanisotropie-Energiedichte. Bei einem Kristall mit hexagonaler Symmetrie (z. B. Kobalt) entspricht die c-Achse der Richtung leichtester Magnetisierung. Die zum Herausdrehen aus dieser Richtung erforderliche Energie pro Volumeneinheit kann durch die Beziehung

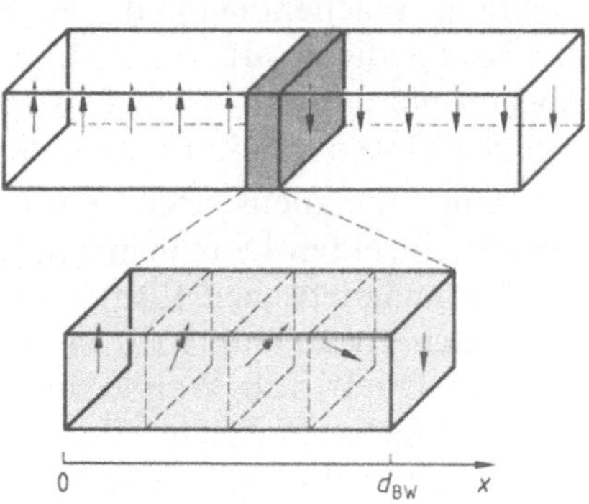

4.23 Domänen mit 180°-Bloch-Wand

$$w_{KA} = a_{KA} \sin^2 \varphi \tag{4.41}$$

beschrieben werden, wobei a_{KA} die Kristallanisotropiekonstante und φ der Winkel zwischen der Magnetisierung und der c-Achse bedeuten. Die Drehung der Magnetisierungsrichtung aus der c-Richtung in die Basisebene (d. h. senkrecht zur c-Achse) erfordert die Energiedichte a_{KA}. Für Kobalt gilt beispielsweise $a_{KA} = 5 \cdot 10^5$ Ws/m^3.

Beispiel 4.4. Bei einer 180°-Bloch-Wand nach Bild **4.**23 nimmt der Drehwinkel φ der magnetischen Momente im Bereich $x = 0$ bis $x = d_{BW}$ von $\varphi = 0$ bis $\varphi = \pi$ stetig zu. Somit gilt

$$\frac{d\varphi}{dx} = \frac{\pi}{d_{BW}}.$$

Die auf Kristallanisotropie zurückzuführende Energie der Bloch-Wand mit der Wandfläche A ist dann

$$W_{KA} = A\, a_{KA} \int_0^{d_{BW}} (\sin^2 \varphi)\, dx = A\, a_{KA} \cdot \frac{d_{BW}}{\pi} \int_0^{\pi} (\sin^2 \varphi)\, d\varphi = \frac{A\, a_{KA}\, d_{BW}}{2}.$$

Für Kobalt ergibt sich

$$W_{KA}/A \approx (5 \cdot 10^5 \text{ Ws m}^{-3} \cdot 600 \cdot 10^{-10} \text{ m})/2 = 1{,}5 \cdot 10^{-2} \text{ Ws/m}^2.$$

Bei Eisen (kubisch-raumzentriertes Gitter) läßt sich die Energie, die notwendig ist, um den Magnetisierungsvektor aus einer Richtung leichtester Magnetisierung (Würfelkante) in eine andere Richtung leichtester Magnetisierung zu drehen, durch eine Funktion

$$w_{KA} = a_{KA}^{*} \sin^{2}(2\varphi) \tag{4.42}$$

beschreiben. Die Drehung aus der (100)-Richtung (x-Richtung) in die (110)-Richtung (Flächendiagonale der Elementarzelle) erfordert daher (bei $\varphi = 45°$) die Energiedichte a_{KA}^{*}. Für Eisen gilt $a_{KA}^{*} \approx 10^{-6}\,\mathrm{Ws/m^3}$. Die magnetische Anisotropie der kubischen Gitterstruktur ist also erheblich geringer als diejenige des Gitters mit hexagonal dichtester Packung.

In einem unmagnetisierten Ferromagnetikum sind die Magnetisierungsrichtungen der einzelnen Domänen statistisch verteilt. Bild **4.24**a zeigt modellhaft einen ferromagnetischen Körper, der in Abwesenheit eines magnetischen Feldes vier gleich große Domänen mit unterschiedlichen Magnetisierungsrichtungen aufweist. Die Bloch-Wände sind in diesem Fall vom 90°-Typ; die Magnetisierung senkrecht zur Zeichenebene ist in diesem Modell außer acht gelassen. Mit wachsender Feldstärke H erfolgen Wandverschiebungen, d.h., es vergrößern sich diejenigen Bezirke, deren Magnetisierung einen spitzen Winkel gegen die Richtung des angelegten Feldes bildet. Die Ausdehnung der übrigen Bezirke wird dementsprechend reduziert (Bild **4.24**b–d). Damit entsteht eine resultierende Magnetisierung $\vec{M}$, deren Orientierung mit der Feldrichtung übereinstimmt. Bei hoher magnetischer Feldstärke tritt ein Drehprozeß auf, d.h., die Magnetisierung wird aus der leichtesten Magnetisierungsrichtung herausgedreht (Bild **4.24**e).

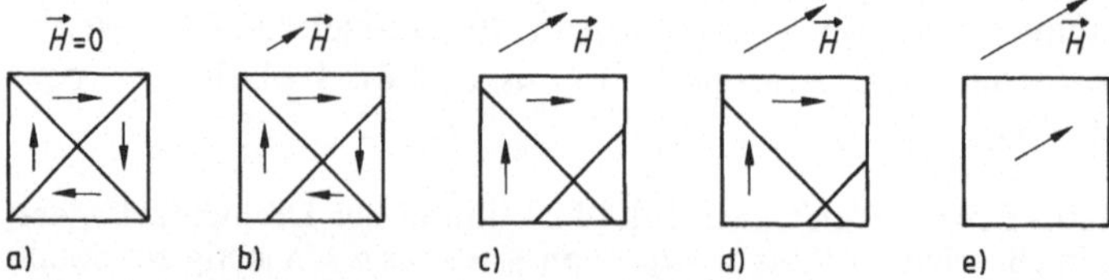

4.24 Veränderung der Weißschen Bezirke unter dem Einfluß eines Magnetfeldes

Für die magnetischen Werkstoffeigenschaften ist das Verhalten der Bloch-Wände bestimmend. Bei ungehinderter Ausbreitung erfolgt die Wandverschiebung mit einer Geschwindigkeit von ca. 100 m/s. Die Wandbewegung wird jedoch im realen Werkstoff durch Gitterfehlstellen behindert. Hierbei kann für die Bloch-Wände ein Modell von punktweise an Gitterfehlstellen hängenbleibenden „Membranen" angesetzt werden (Bild **4.25**). Die Wandverschiebungen sind bei niedriger Feldstärke reversibel, d.h., eine gemäß Bild **4.25**b verformte Bloch-Wand kehrt nach Abschalten des Magnetfeldes in die Ausgangslage (Bild **4.25**a) zurück. Beim Überschreiten einer kritischen Feldstärke

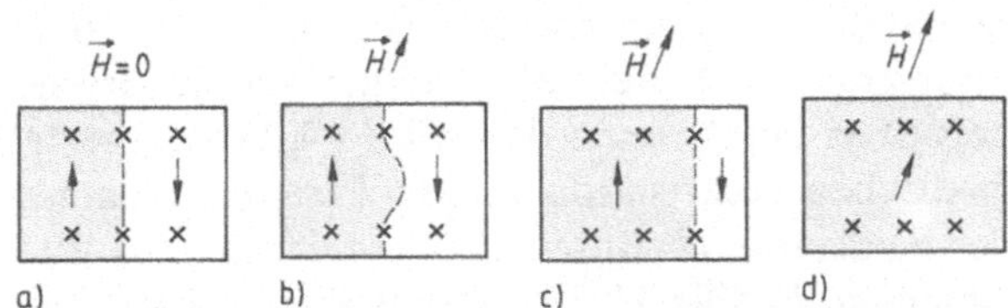

4.25 Modell der reversiblen und irreversiblen Verschiebung einer Bloch-Wand ($\times$ Gitterfehlstelle)

löst sich die Bloch-Wand von den Fehlstellen. Sie bewegt sich solange, bis eine erneute Fixierung durch Fehlstellen eintritt. Dabei resultiert eine irreversible Wandverschiebung (Barkhausen-Sprung), Bild **4.**25c. Die bei hoher Feldstärke einsetzenden Drehprozesse (Bild **4.**25 d) sind reversibel.

Bild **4.**26 zeigt das Verhalten eines ferromagnetischen Werkstoffes im Magnetfeld. Dabei wird anstelle der Magnetisierung M die magnetische Polarisation $J = \mu_0 M$ betrachtet. Bei der Neukurve (Bild **4.**26a) sind drei Bereiche zu unterscheiden. Im Bereich 1 herrschen reversible Wandverschiebungsprozesse vor; der Anstieg der Polarisation ist hierbei verhältnismäßig gering. Der Bereich der reversiblen Wandverschiebungen heißt Rayleigh-Gebiet. In diesem Bereich ist die Polarisation durch eine Parabel zu approximieren, d.h.

$$J = \mu_0 (\kappa_a H + a_R H^2) ; \tag{4.43}$$

darin ist κ_a die Anfangssuszeptibilität und a_R die Rayleigh-Konstante.

Im Bereich 2 tritt ein starker Anstieg der Polarisation auf. Wie in der Ausschnittsvergrößerung skizziert, ist dieser Anstieg auf eine stufenweise Überlagerung von reversiblen und irreversiblen Wandverschiebungen zurückzuführen. Im Bereich 3 bewirken reversible Drehprozesse einen weiteren Anstieg der Polarisation, solange bis die Sättigungspolarisation J_s erreicht ist.

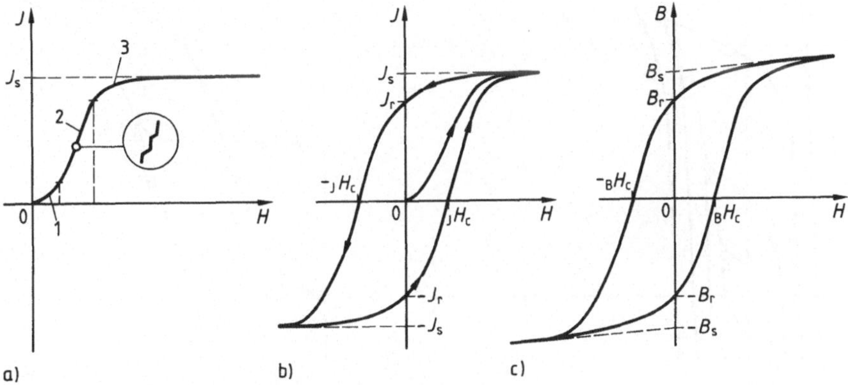

4.26 Eigenschaften ferromagnetischer Werkstoffe
a) Neukurve der Polarisation J, b) Hystereseschleife der Polarisation J,
c) Hystereseschleife der Induktion B

Durch das Zusammenwirken reversibler und irreversibler Magnetisierungsprozesse ergibt sich bei vollständiger Aussteuerung in den positiven und in den negativen Feldbereich die in Bild **4.26**b dargestellte Hystereseschleife der magnetischen Polarisation J. Den Zusammenhang zwischen der Induktion B und der Feldstärke H (Bild **4.26**c) erhält man aus Bild **4.26**b durch Hinzufügen des Anteils $\mu_0 H$. Die Hystereseschleifen werden im wesentlichen durch die Sättigungspolarisation J_s (bzw. die Sättigungsinduktion B_s), die Remanenzinduktion B_r (bzw. die Remanenzpolarisation J_r) und die Koerzitivfeldstärke H_c beschrieben. Dabei gilt $J_s = B_s$; die Schnittpunkte der Hystereseschleifen in Bild **4.26**b und Bild **4.26**c mit der J-Achse und der B-Achse ergeben denselben Wert ($J_r = B_r$). Hingegen sind die Schnittpunkte der Hystereseschleife der Polarisation mit der H-Achse nicht identisch mit den aus Bild **4.26**c zu entnehmenden Werten $_BH_c$ und $-_BH_c$. Bei genauerer Betrachtung muß also zwischen der Koerzitivfeldstärke $_JH_c$ der Polarisation und der Koerzitivfeldstärke $_BH_c$ der Induktion unterschieden werden; hierbei gilt $_JH_c > {}_BH_c$. Dieser Unterschied ist bei weichmagnetischen Werkstoffen vernachlässigbar. Bei hartmagnetischen Werkstoffen können sich die beiden Größen erheblich unterscheiden. In den folgenden Ausführungen wird nur die Größe $H_c \equiv {}_BH_c$ verwendet.

Für viele technische Anwendungen ist es erforderlich, Hystereseschleifen mit unterschiedlicher Amplitude der Aussteuerung aufzunehmen (Bild **4.27**). Die Verbindungslinie der Umkehrpunkte aller Hystereseschleifen wird **Kommutierungskurve** oder **Magnetisierungskurve** genannt. Aus Symmetriegründen benötigt man dabei nur den Verlauf im I. Quadranten des B-H-Diagramms. In den meisten Fällen ist diese Kurve mit der Neukurve identisch.

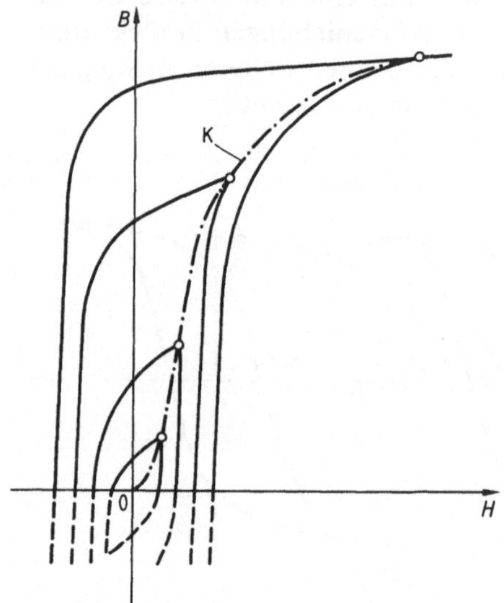

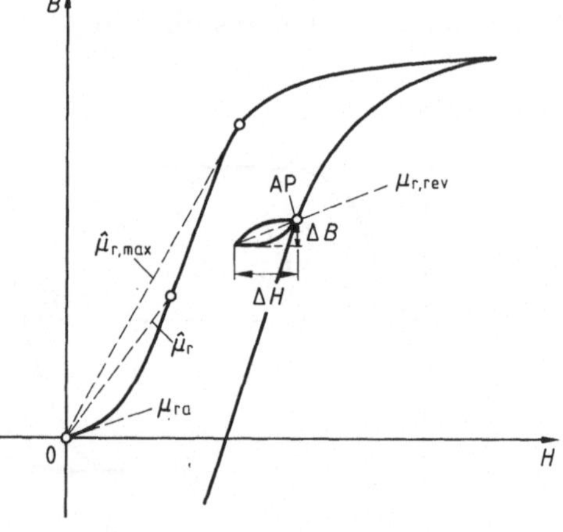

4.27
Ermittlung der Kommutierungskurve K

4.28 Zur Definition der Permeabilitätszahl ferromagnetischer Werkstoffe

Aus dem Verlauf der Neukurve lassen sich unterschiedlich definierte Werte der relativen Permeabilität (Permeabilitätszahl) herleiten (Bild **4.**28). Die relative Anfangspermeabilität ergibt sich aus der Steigung der Neukurve im Koordinatenursprung

$$\mu_{ra} = \frac{1}{\mu_0} \left(\frac{dB}{dH}\right)_{H=0}. \tag{4.44}$$

Aus dem Quotienten zweier zugeordneter Induktions- und Feldstärkewerte folgt die relative Amplitudenpermeabilität

$$\hat{\mu}_r = \frac{1}{\mu_0} \frac{B}{H}. \tag{4.45}$$

Die Größe $\hat{\mu}_r$ stimmt für $H \to 0$ mit dem Wert der Anfangspermeabilität überein. Mit wachsender Feldstärke durchläuft $\hat{\mu}_r$ ein Maximum. Bei sehr großer Feldstärke nähert sich $\hat{\mu}_r$ asymptotisch dem Wert Eins (Bild **4.**29).

Des weiteren kann eine reversible Permeabilitätszahl (Überlagerungspermeabilität) $\mu_{r,rev}$ wie folgt definiert werden: Man stellt zunächst durch Vormagnetisierung einen Arbeitspunkt (AP) auf der Hystereseschleife ein. Anschließend wird die Feldstärke um einen Wert ΔH geringfügig verkleinert und anschließend wieder vergrößert. Dadurch wird eine lanzettförmige Schleife durchlaufen. Aus dem Wert ΔH und der dazugehörigen Änderung der Induktion ΔB ergibt sich

$$\mu_{r,rev} = \frac{1}{\mu_0} \left(\frac{\Delta B}{\Delta H}\right)_{AP} \tag{4.46}$$

(Bild **4.**28).
In Tafel **4.**30 sind einige Daten ferromagnetischer Werkstoffe zusammengestellt. Daraus ist zu entnehmen, daß Permeabilitätszahlen bis etwa 10^5 erreicht werden können.

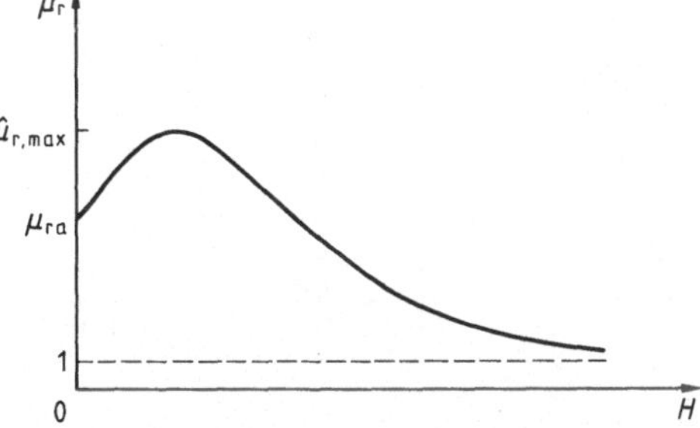

4.29 Feldstärkeabhängigkeit der relativen Amplitudenpermeabilität $\hat{\mu}_r$

Tafel **4.**30 Eigenschaften ferromagnetischer Werkstoffe

Werkstoff	Zusammensetzung in Gew.-% (Rest Fe)	B_r in T	H_c in A/m	μ_{ra}	$\hat{\mu}_{r,max}$
Dynamoblech	2 Si		60	500	6000
Trafoblech	4 Si		40	300	7000
Permalloy	78 Ni, 3 Mo	0,6	1	10^4	$8 \cdot 10^4$
Mumetall	76 Ni, 5 Cu, 2 Cr	0,4	2	$3 \cdot 10^4$	10^5

In manchen Anwendungsfällen ist ein unmagnetisierter Zustand des Werkstoffs (d. h. $B = 0$ bei $H = 0$) erwünscht. Dazu bringt man den Werkstoff in ein magnetisches Wechselfeld, dessen Amplitude allmählich auf Null reduziert wird. Alternativ kann die Abmagnetisierung thermisch, d. h. durch Überschreiten der Curie-Temperatur erfolgen.

Neben der – bei hexagonalen Kristallstrukturen besonders ausgeprägten – Kristallanisotropie kann zur Herstellung von hartmagnetischen Werkstoffen auch das Prinzip der Formanisotropie genutzt werden. Bei einem langgestreckten Körper stellt sich die Magnetisierung vorzugsweise in Richtung der größten Längenausdehnung ein. Hierauf beruht die Entwicklung der Alnico-Dauermagnetwerkstoffe. Beim Abkühlen einer aus Eisen, Kobalt, Nickel und Aluminium bestehenden Schmelze entsteht ein Zweiphasensystem, welches aus nadelförmigen Eisen-Kobalt-Teilchen in einer unmagnetischen Matrix aus Nickel und Aluminium besteht. Unter geeigneten Erstarrungsbedingungen weisen die magnetischen Ausscheidungen in eine bestimmte Richtung. Hierdurch erhöht sich die remanente Polarisation in Richtung der Ausscheidungen, d. h., es wird Material mit anisotropen Eigenschaften erzeugt.

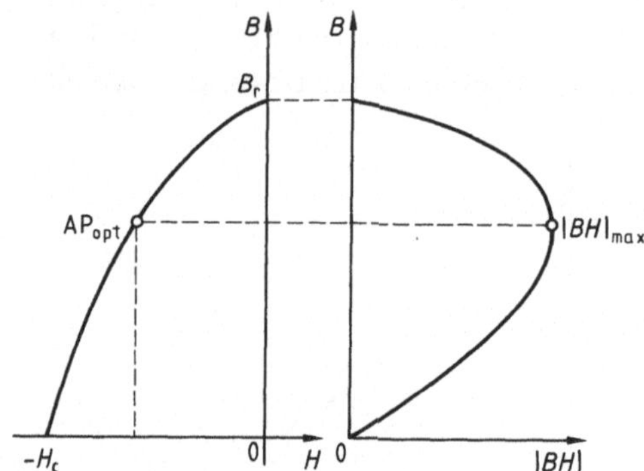

4.31
Entmagnetisierungskurve $B(H)$ und
Energieprodukt $|B\,H|$

Zur Beurteilung von Dauermagnetwerkstoffen verwendet man den im II. Quadranten des B-H-Diagramms gelegenen Teil der Hystereseschleife bei voller Aussteuerung. Dieser Kurventeil wird Entmagnetisierungskurve des Werkstoffs genannt (Bild **4.31**, links). Im Innern des Permanentmagneten ist dabei die Feldstärke H der Induktion B entgegengerichtet. Die im Außenraum erzielbare Feldstärke hängt – bei vorgegebenem Magnetvolumen – von dem Produkt $|B\,H|$ im Magnetinnern ab. Diese Größe ist in Bild **4.31**, rechts, eingezeichnet. Durch geeignete Dimensionierung des Permanentmagneten ist ein optimaler Arbeitspunkt AP_{opt} auf der Entmagnetisierungskennlinie einzustellen. Das für diesen Punkt gültige Energieprodukt $|B\,H|_{max}$ stellt ein Maß für die Güte eines Dauermagnetwerkstoffes dar.

In Tafel **4.**32 sind einige Daten wichtiger ferromagnetischer Dauermagnetwerkstoffe zusammengestellt. Daraus geht hervor, daß die auf der Basis von Kobalt und Seltenen Erden (SE) hergestellten Dauermagnetwerkstoffe ein besonders hohes Energieprodukt aufweisen.

Tafel **4.**32 Daten einiger Dauermagnetwerkstoffe (SE Seltenerdmetall)

Werkstoff	Zusammensetzung in Gew.-%	B_r in T	H_c in kA/m	$|BH|_{max}$ in kJ/m^3
Alnico	50 Fe, 24 Co, 14 Ni, 8 Al, 3 Cu	1,3	50	40
PtCo	75 Pt, 25 Co	0,65	350	80
SECo$_5$	z. B. SmCo$_5$	0,95	700	180

4.2.3.2 Antiferromagnetismus und Ferrimagnetismus. Der antiferromagnetische Ordnungszustand ist durch vollständige Kompensation der atomaren magnetischen Momente gekennzeichnet. Die antiparallele Ausrichtung der Momente erfolgt durch Vermittlung nichtmagnetischer Ionen. Dieser Vorgang wird i n d i r e k t e   A u s t a u s c h w e c h s e l w i r k u n g oder S u p e r a u s t a u s c h genannt.

Bild **4.**33 zeigt als Beispiel den Gitteraufbau des Manganoxids (MnO). Wie darin durch Pfeile angedeutet, weisen jeweils zwei in gerader Linie über ein Sauerstoffion verbundene Manganionen eine antiparallele Orientierung der magnetischen Momente auf. Die diesem Verhalten zugrundeliegende indirekte Austauschwechselwirkung ist in Bild **4.**34 erläutert. Darin sind schematisch die 3 d-Elektronenkonfigurationen der Manganionen und die Verteilung der 2 p-Elektronen des Sauerstoffions mit den dazugehörigen Spinorientierungen dargestellt. Die beiden 2 p-Elektronen des Sauerstoffions besitzen – als Valenzelektronen – antiparallele Spins. Die teilweise Überlappung der 2 p-Elektronen mit den 3 d-Schalen der benachbarten Manganionen bewirkt bei letzteren – entsprechend der H u n d schen Regel – eine antiparallele Orientierung der magnetischen Momente. Aus Bild **4.**34 ist ersichtlich, daß die indirekte Aus

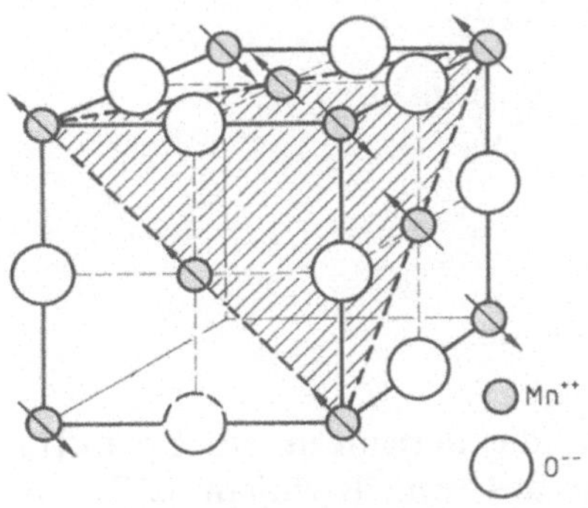

4.33 Gitteraufbau und Spinorientierung beim Manganoxid (MnO)

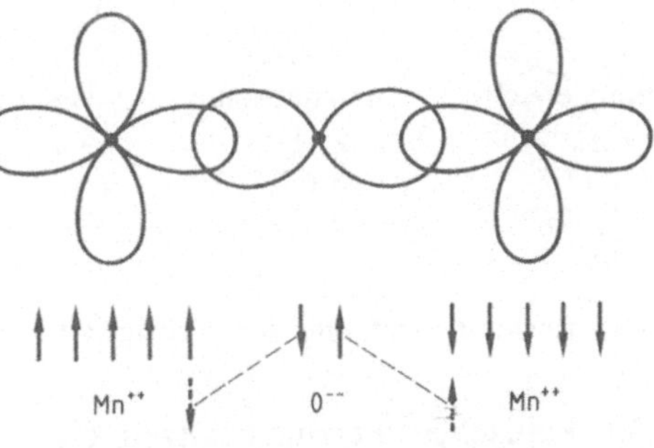

4.34 Zur Erklärung der indirekten Austauschwechselwirkung beim Manganoxid

tauschwechselwirkung über Sauerstoffionen eine lineare (oder annähernd lineare) Anordnung der Ionen erfordert. Für die Ausrichtung der magnetischen Momente werden keine Leitungselektronen benötigt.

Bei einer ferrimagnetischen Substanz existieren zwei Untergitter, welche mit Ionenarten unterschiedlichen magnetischen Momentes besetzt sind. Durch die vorstehend geschilderte indirekte Austauschwechselwirkung weisen die beiden Untergitter eine antiparallele Orientierung der magnetischen Momente auf. Damit entsteht der in Bild **4.13b** beispielhaft skizzierte ferrimagnetische Ordnungszustand.

Zu den technisch wichtigen ferrimagnetischen Werkstoffen zählen die Ferrite und die Granate. Ferrite können eine kubische oder eine hexagonale Gitterstruktur aufweisen. Ferrite werden üblicherweise in polykristalliner Form hergestellt, während Granate als Einkristalle oder als einkristalline Schichten eingesetzt werden.

Die kubischen Ferrite sind durch eine Zusammensetzung mit der allgemeinen Formel

$$MeO \cdot Fe_2O_3$$

gekennzeichnet. Dabei steht Me für ein zweifach positiv geladenes Metallion. Die wichtigsten Kombinationsmöglichkeiten bei den zur Herstellung von kubischen Ferriten verwendeten Ionen sind aus Bild **4.35** zu entnehmen. Wie daraus hervorgeht, ist der Einsatz von zweiwertigen Ionen, die ein magnetisches Moment besitzen, erforderlich. Wie später gezeigt wird, ist es jedoch in vielen Fällen zweckmäßig, einen Teil der zweiwertigen magnetischen Ionen durch nichtmagnetische Ionen zu ersetzen. Außerdem ist auch eine partielle Substitution der dreiwertigen Eisenionen durch andere dreiwertige Ionen möglich [1].

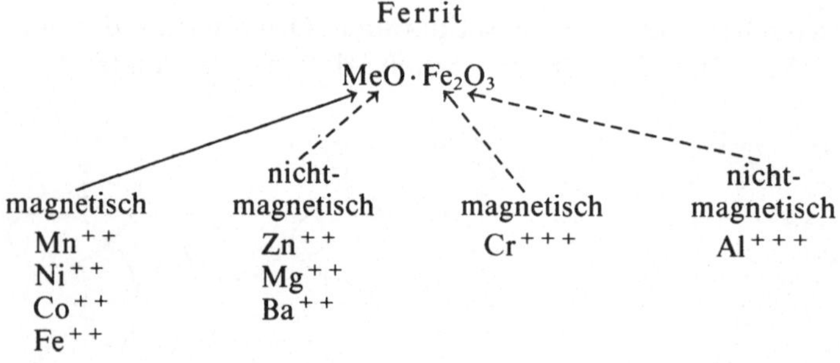

4.35 Zusammensetzung der wichtigsten kubischen Ferrite

Die kubischen Ferrite besitzen eine Struktur, die derjenigen des Spinells ($MgO \cdot Al_2O_3$) verwandt ist. Die Elementarzelle des Spinells enthält 32 Sauerstoffionen in dichtester Kugelpackung; darin sind 8 Magnesiumionen und 16 Aluminiumionen eingelagert. Wie in Bild **4.36** erläutert, existieren in dem Sau-

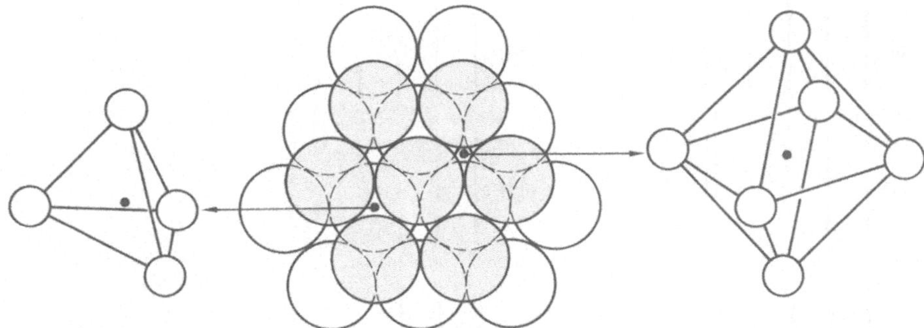

4.36 Tetraeder- und Oktaederplätze im Spinellgitter

erstoffgrundgitter zwei Arten von Zwischenräumen, in denen sich die Metallionen befinden können:

1. Zwischenräume mit tetraedrischer Konfiguration der Sauerstoffionen (Koordinationszahl 4) und

2. Zwischenräume mit oktaedrischer Konfiguration der Sauerstoffionen (Koordinationszahl 6).

Beim Spinell besetzen die Magnesiumionen Tetraederplätze, die Aluminiumionen Oktaederplätze.

Für die folgenden Betrachtungen ist es zweckmäßig, die chemische Formel des Spinells in der Form

$$Mg_8^{++}[Al_{16}^{+++}]O_{32}^{--}$$

zu schreiben. Die vor der eckigen Klammer stehenden Ionen befinden sich auf Tetraederplätzen, die in der eckigen Klammer aufgeführten Ionen nehmen Oktaederplätze ein. Die Gesamtzahl der Ionen entspricht derjenigen einer Elementarzelle.

Als Beispiel für ein kubisches Ferritmaterial sei zunächst Manganferrit mit der Zusammensetzung

$$Mn_8^{++}[Fe_{16}^{+++}]O_{32}^{--}$$

betrachtet. Infolge der früher geschilderten indirekten Austauschwechselwirkung besitzen die auf Tetraederplätzen befindlichen Manganionen eine Spinorientierung, die antiparallel zu der Spinorientierung der auf Oktaederplätzen befindlichen Eisenionen gerichtet ist. Mit den aus Bild **4.**12 zu entnehmenden magnetischen Momenten für Mn^{++} und Fe^{+++} läßt sich das resultierende Moment pro Elementarzelle mit

$$16 \cdot 5\mu_B - 8 \cdot 5\mu_B = 40\mu_B$$

angeben (Bild **4.**37 a).

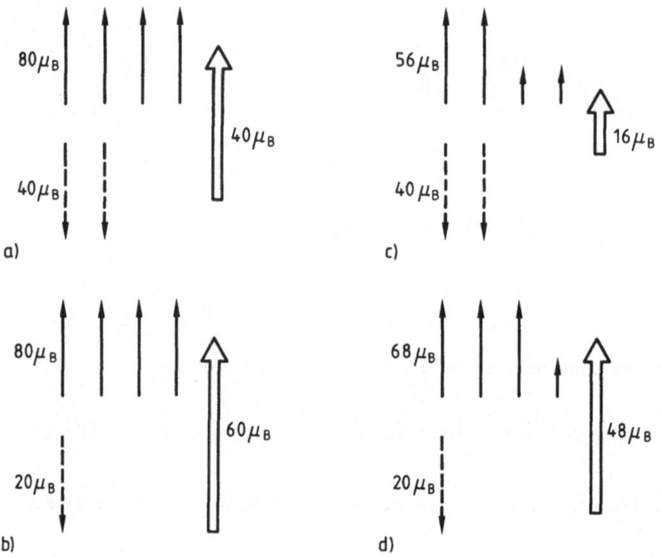

4.37 Magnetische Momente pro Elementarzelle bei verschiedenen Ferriten
a) Manganferrit, b) Mangan-Zink-Ferrit, c) Nickelferrit, d) Nickel-Zink-Ferrit

Die theoretische Sättigungspolarisation ergibt sich aus der Beziehung

$$J_s = \mu_0 \cdot \frac{z\,\mu_B}{a^3}\,;\qquad\qquad(4.47)$$

hierin sind z das atomare magnetische Moment in Bohrschen Magnetonen und a die Gitterkonstante des Ferrits.

Beispiel 4.5. Bei Manganferrit ($a = 8{,}5 \cdot 10^{-10}$ m) ist die theoretische Sättigungspolarisation

$$J_s = \frac{4\pi \cdot 10^{-7}\ \text{Vs A}^{-1} \cdot 40 \cdot 9{,}3 \cdot 10^{-24}\ \text{Am}^2}{8{,}5^3 \cdot 10^{-30}\ \text{m}^3} = 0{,}76\ \text{T}.$$

Der Meßwert beträgt (bei tiefer Temperatur) etwa 0,7 T.

Wie in Bild **4.37**b erläutert, läßt sich das magnetische Moment pro Elementarzelle steigern, indem man einen Teil der Manganionen durch nichtmagnetische Ionen (z.B. durch Zn-Ionen) ersetzt. Für ein Ferritmaterial der Zusammensetzung

$$\text{Mn}_4^{++}\,\text{Zn}_4^{++}\,[\text{Fe}_{16}^{+++}]\text{O}_{32}^{--}$$

ist theoretisch ein resultierendes Moment

$$16 \cdot 5\mu_B - 4 \cdot 5\mu_B = 60\mu_B$$

pro Elementarzelle zu erwarten. Es ist evident, daß eine vollständige Substitution der Mn-Ionen zu einem nichtmagnetischen (paramagnetischen) Werkstoff führt, da dann die indirekte Austauschwechselwirkung der Ionen auf Tetraeder- und Oktaederplätzen fehlt.

Zur Gruppe der Ferrite gehört auch der Magnetit ($FeO \cdot Fe_2O_3$) mit der Zusammensetzung

$$Fe_8^{+++}[Fe_8^{+++} Fe_8^{++}]O_{32}^{--}.$$

Zu beachten ist, daß es sich hierbei um eine **inverse** Spinellstruktur handelt, d.h., die Fe^{++}-Ionen nehmen Oktaederplätze ein, während die Fe^{+++}-Ionen teilweise Tetraederplätze und teilweise Oktaederplätze besetzen. Das magnetische Moment pro Elementarzelle beträgt daher $32\mu_B$.

Beim Nickelferrit

$$Fe_8^{+++}[Fe_8^{+++} Ni_8^{++}]O_{32}^{--}$$

tritt nach vorstehenden Überlegungen ein magnetisches Moment von $16\mu_B$ pro Elementarzelle (Bild **4.37**c) auf. Das magnetische Moment kann erheblich gesteigert werden, wenn ein Teil der Nickelionen durch Zinkionen ersetzt wird. Die Zinkionen besetzen Tetraederplätze und verdrängen dabei einen Teil der Eisenionen, so daß sich beispielsweise die Zusammensetzung

$$Zn_4^{++} Fe_4^{+++}[Fe_{12}^{+++} Ni_4^{++}]O_{32}^{--}$$

ergibt. Das resultierende magnetische Moment pro Elementarzelle ist in diesem Falle $48\mu_B$ (Bild **4.37**d).

Bei Ferriten handelt es sich um keramische (polykristalline) Werkstoffe. Bei ihrer Herstellung werden geeignete pulverförmige Metalloxide in Formen gepreßt und gebrannt. Die Zusammensetzung und der Brennprozeß sind für die Eigenschaften des Endproduktes maßgebend. In Bild **4.38** sind die relative Anfangspermeabilität und die **Curie**-Temperatur von Nickel-Zink-Ferriten in Abhängigkeit von der Zusammensetzung dargestellt.

In Tafel **4.39** sind Eigenschaften verschiedener Ferritwerkstoffe zusammengestellt. Es ist jedoch zu betonen, daß es sich dabei nur um Richtwerte handelt, da die Ferriteigenschaften – wie vorstehend erläutert – in weiten Grenzen variiert werden können.

Der spezifische Widerstand der genannten Ferritarten liegt im Bereich von etwa $100\,\Omega cm$ bis $10^6\,\Omega cm$. Sehr hohe Werte des spezifischen Widerstandes werden mit Magnesium-Mangan-Ferriten erzielt.

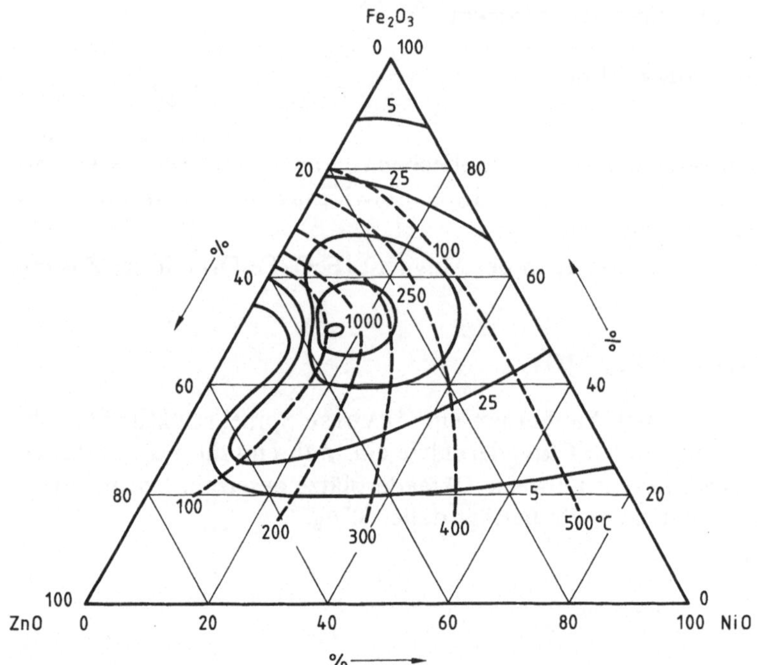

4.38 Anfangspermeabilität (—) und Curie-Temperatur (---) von Nickel-Zink-Ferriten in Abhängigkeit von der Zusammensetzung

Tafel **4.39** Eigenschaften verschiedener Ferritwerkstoffe

Werkstoff	J_s in T	μ_{ra}	T_C in °C
Manganferrit	0,49	300	300
Mangan-Zink-Ferrit	0,55	2000	200
Nickelferrit	0,35	10	580
Nickel-Zink-Ferrit	0,40	200	300

Neben den vorstehend beschriebenen kubischen Ferriten existieren Ferrite mit hexagonaler Kristallstruktur, welche sich als Dauermagnetwerkstoffe eignen. Zu den technisch besonders wichtigen hexagonalen Ferriten gehört Barium-ferrit mit der Zusammensetzung $BaO \cdot 6\,Fe_2O_3$. Dieser Werkstoff ist durch folgende Daten gekennzeichnet: $B_r = 0{,}35$ T, $H_c = 250$ kA/m, $|BH|_{max} = 25$ kJ/m³.

Die in der Elektrotechnik verwendeten Granatkristalle besitzen die allgemeine Formel

$$3\,Y_2O_3 \cdot 5\,X_2O_3.$$

Hierin steht Y für Yttrium oder für ein Metall aus der Gruppe der Seltenen Erden. X bedeutet Fe^{+++} oder ein anderes dreifach positiv geladenes Ion (z. B. Al^{+++} oder Ga^{+++}). Je nach Zusammensetzung lassen sich magnetische oder nichtmagnetische Granatkristalle herstellen. Zu den magnetischen Werkstoffen gehört beispielsweise Yttrium-Eisen-Granat (YIG, engl. yttrium iron garnet). Nichtmagnetisch sind dagegen die Werkstoffe Yttrium-Aluminium-Granat (YAG) und Gadolinium-Gallium-Granat (GGG).

Granate zeichnen sich durch einen – im Vergleich zu Ferriten – sehr hohen spezifischen Widerstand ($\sim 10^9\ \Omega cm$) aus. Es können auch dünne magnetische Schichten, die sich auf einem nichtmagnetischen Substratkristall befinden, gefertigt werden.

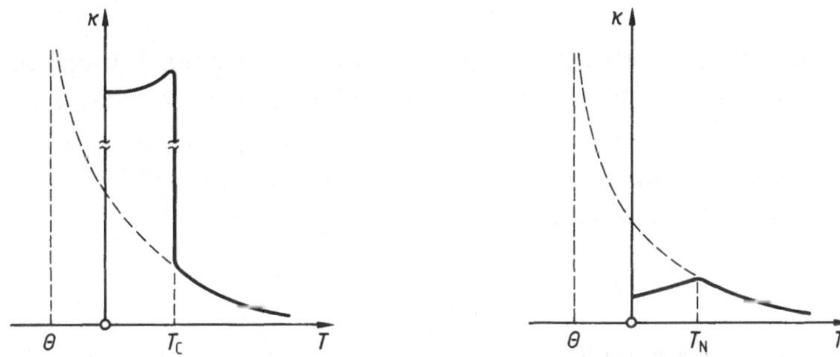

4.40 Temperaturabhängigkeit der Suszeptibilität (schematisch)
a) ferrimagnetische Substanz, b) antiferromagnetische Substanz

Ferrimagnetische und antiferromagnetische Substanzen weisen in der Regel unterhalb der Curie-Temperatur bzw. der Néel-Temperatur einen Anstieg der Suszeptibilität mit wachsender Temperatur auf. Beim Überschreiten der Curie-Temperatur bzw. der Néel-Temperatur setzt paramagnetisches Verhalten ein. Die Temperaturabhängigkeit der Suszeptibilität kann in diesem Bereich durch die Beziehung

$$\kappa_P = \frac{C}{T-\theta} \tag{4.48}$$

beschrieben werden. Die durch Extrapolation auf $\kappa_P \to \infty$ (bzw. $1/\kappa_P \to 0$) zu ermittelnde paramagnetische Curie-Temperatur θ besitzt einen negativen Wert (Bild **4.40**).

4.3 Verlustmechanismen

Wie in Abschn. 4.1 erwähnt, wird für eine Spule, die einen magnetisierbaren Kern enthält, ein Verlustfaktor $\tan\delta$ definiert, der auf Verluste in der Spulenwicklung und im Kernmaterial zurückzuführen ist. Der Verlustfaktor kann näherungsweise aus der Beziehung

$$\tan\delta = (\tan\delta)_{\mathrm{Cu}} + (\tan\delta)_{\mathrm{H}} + (\tan\delta)_{\mathrm{W}} \tag{4.49}$$

ermittelt werden. Hierin ist $(\tan\delta)_{\mathrm{Cu}}$ der durch ohmsche Verluste in der Spulenwicklung hervorgerufene Anteil des Verlustfaktors. Mit $(\tan\delta)_{\mathrm{H}}$ und $(\tan\delta)_{\mathrm{W}}$ werden die durch Hysterese und Wirbelströme im Kernmaterial bedingten Anteile des Verlustfaktors bezeichnet.

Für den erstgenannten Anteil gilt mit dem Widerstand R_{sp} der Wicklung

$$(\tan\delta)_{\mathrm{Cu}} = \frac{R_{\mathrm{sp}}}{\omega L} \sim \rho_{\mathrm{Cu}} f^{-1} \, ; \tag{4.50}$$

dieser Anteil ist also proportional zum spezifischen Widerstand ρ_{Cu} des Leitermaterials und umgekehrt proportional zur Arbeitsfrequenz f.

Die Hystereseverluste, die bei periodischer Ummagnetisierung des Kerns auftreten, lassen sich über die von der Hystereseschleife umschlossenen Flächen berechnen. Die Größe

$$w_{\mathrm{H}} = f \oint H\,\mathrm{d}B \tag{4.51}$$

ist die volumenbezogene Hysterese-Verlustleistung. Da der induktive Spannungsabfall einer Spule ebenfalls proportional zu f ansteigt, ist der durch Hysterese des Kernmaterials bedingte Anteil $(\tan\delta)_{\mathrm{H}}$ frequenzunabhängig.

In der Starkstromtechnik wird die Hysterese-Verlustleistung auf die Gewichtseinheit bezogen. In diesem Falle ist der aus Gl. (4.51) resultierende Wert durch die Dichte des Kernmaterials zu dividieren. Bei Trafoblech beträgt die bezogene Verlustleistung bei 50 Hz etwa 1 W/kg.

Nach dem Induktionsgesetz tritt in einem magnetischen Wechselfeld eine Umlaufspannung

$$U = -\frac{\mathrm{d}}{\mathrm{d}t}(\vec{A}\cdot\vec{B})$$

auf, welche mit dem zeitlichen Verlauf des magnetischen Flusses $\vec{A}\cdot\vec{B}$ durch die Fläche $\vec{A}$ verknüpft ist. Bei sinusförmiger zeitlicher Flußänderung ist die Umlaufspannung proportional zur Frequenz. Das durch den Wirbelstrom erzeugte Magnetfeld ist nach der Lenzschen Regel dem ursprünglichen Feld entgegengerichtet, so daß im Innern des Spulenkörpers eine Feldabschwächung eintritt. Diese Feldreduktion kann formal durch einen mit f^{-1} abnehmenden Realteil der Permeabilitätszahl beschrieben werden. Aus diesem Mechanismus resultiert ein Anteil des Verlustfaktors, der durch

$$(\tan\delta)_{\mathrm{W}} = \mu_{\mathrm{r}}\,\sigma_{\mathrm{K}}\,\Gamma f \tag{4.52}$$

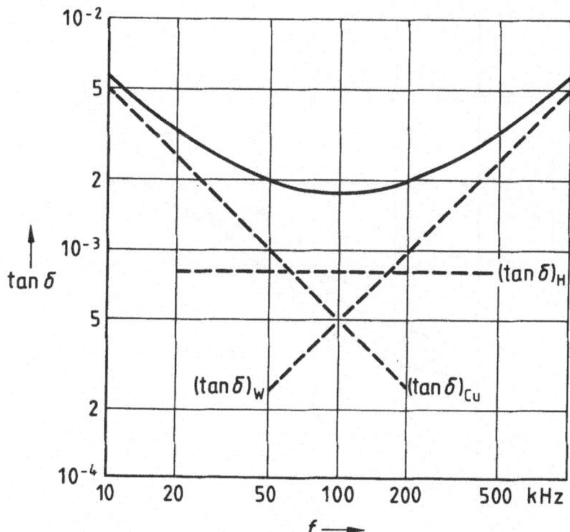

4.41 Frequenzabhängigkeit des
Verlustfaktors tan δ (Beispiel)

beschrieben werden kann. Hierin sind μ_r die Niederfrequenz-Permeabilitäts-
zahl und σ_K die Leitfähigkeit des Kernmaterials. Γ ist eine von der geometrischen Anordnung abhängige Größe.

Durch Überlagerung der einzelnen Anteile des Verlustfaktors gemäß Gl. (4.49)
ergibt sich über der Frequenz ein Verlauf, der in Bild **4.41** beispielhaft dargestellt ist.

Bei Ferriten geeigneter Zusammensetzung (z. B. bei Magnesium-Mangan-Ferriten) kann die Leitfähigkeit σ_K so gering gehalten werden, daß die Wirbelstromverluste auch bei hohen Frequenzen eine untergeordnete Rolle spielen. Hingegen ist mit einer Begrenzung der Anwendbarkeit von Ferriten bei hohen Frequenzen durch Resonanzerscheinungen, welche auf einer Präzessionsbewegung der magnetischen Dipole im Feld der Sättigungsmagnetisierung M_s beruhen, zu rechnen. In der Nähe der Resonanzkreisfrequenz ω_{res} steigt der Verlustfaktor stark an. Die Permeabilitätszahl μ_r fällt nach Überschreiten der Resonanzkreisfrequenz ab.

Für die Resonanzkreisfrequenz gilt näherungsweise

$$\omega_{res} = \frac{\gamma_{spin}\mu_0 M_s}{\mu_{ra}(0)} .$$

(4.53)

Hierin ist $\gamma_{spin} = e/m_e$ das nach Gl. (4.20) definierte gyromagnetische Verhältnis; mit $\mu_{ra}(0)$ wird die relative Niederfrequenz-Anfangspermeabilität bezeichnet. Nach Gl. (4.53) liegt die Resonanzkreisfrequenz um so höher, je niedriger
die Anfangspermeabilität des betreffenden Ferrites ist. Maßgebend für die
Qualität eines Ferrit-Werkstoffes für Hochfrequenzanwendungen ist somit der
bezogene Verlustfaktor $(\tan\delta)/\mu_{ra}$, welcher möglichst gering sein soll. Wie

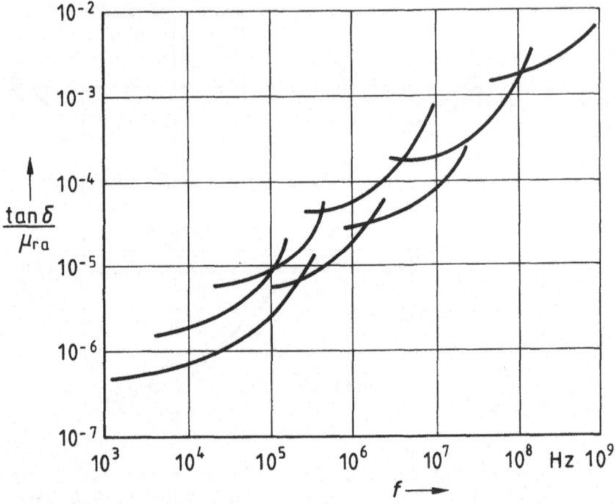

4.42 Frequenzabhängigkeit des bezogenen Verlustfaktors $(\tan\delta)/\mu_{ra}$ für verschiedene Ferritsorten

aus Bild **4.42** hervorgeht, läßt sich der bezogene Verlustfaktor prinzipiell nur für einen begrenzten Frequenzbereich minimieren. In einem Anwendungsfall ist dementsprechend eine Auswahl unter den angebotenen Ferritwerkstoffen zu treffen.

4.4 Magnetostriktion

Unter Magnetostriktion versteht man die Änderung der Abmessungen eines ferro- oder ferrimagnetischen Körpers unter dem Einfluß der Magnetisierung. Die Magnetostriktion kann positive oder negative Werte aufweisen; sie ist unabhängig vom Vorzeichen der Magnetisierung. Man unterscheidet zwischen der Längsmagnetostriktion (d.h. der relativen Längenänderung $\Delta l/l$ in Richtung der Magnetisierung) und der transversalen Magnetostriktion $\Delta d/d$ (d.h. der relativen Änderung der Abmessungen senkrecht zur Magnetisierung). Da die Volumenänderung bei der Magnetostriktion i. allg. gering ist, kann der Zusammenhang zwischen der Längsmagnetostriktion und der transversalen Magnetostriktion näherungsweise mit

$$\frac{\Delta d}{d} = -\frac{1}{2}\cdot\frac{\Delta l}{l} \tag{4.54}$$

angegeben werden. Der bei der Sättigungspolarisation erreichte Wert der Längsmagnetostriktion wird als Sättigungsmagnetostriktion λ_s bezeichnet.

Wie aus Bild **4.43** hervorgeht, ist die Magnetostriktion von der Kristallorientierung abhängig. Bei Eisen treten sowohl positive als auch negative Werte der Magnetostriktion auf. In den $\langle 110\rangle$-Richtungen findet man in der Nähe der Sät-

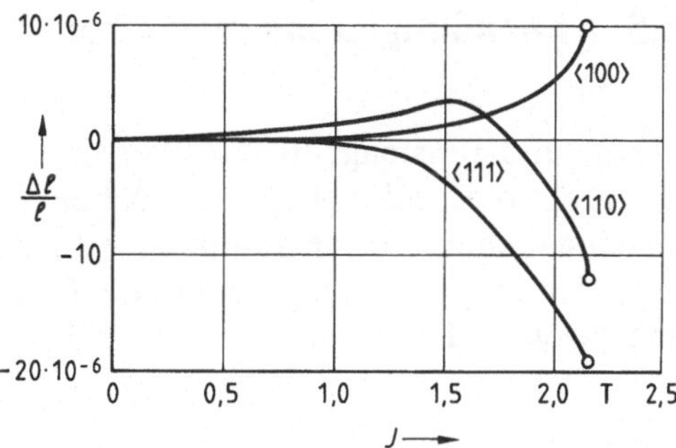

4.43 Längsmagnetostriktion $\Delta l/l$ bei
Eisen in verschiedenen Kristallorientierungen

tigungspolarisation einen Vorzeichenwechsel der Magnetostriktion. Bei techni-
schem (polykristallinem) Eisen folgt der Verlauf der Magnetostriktion etwa
demjenigen der ⟨110⟩-Orientierungen.

Nickel besitzt in allen Kristallorientierungen einen durchgehend negativen
Wert der Magnetostriktion. Die Sättigungsmagnetostriktion beträgt bei polykristallinem Nickel $\lambda_s = 35 \cdot 10^{-6}$. Hohe positive Werte der Magnetostriktion
($\lambda_s \approx 100 \cdot 10^{-6}$) werden bei Kobalt-Eisen-Legierungen (mit ca. 30 % Fe) beobachtet.

In Tafel 4.44 sind Werte der Sättigungsmagnetostriktion und der Curie-Temperatur einiger ferro- und ferrimagnetischer Werkstoffe zusammengestellt.

Tafel 4.44 Sättigungsmagnetostriktion λ_s und Curie-Temperatur ϑ_C einiger ferro- und
ferrimagnetischer Werkstoffe

Werkstoff	$\lambda_s \cdot 10^6$	ϑ_C in °C
Eisen	− 8	770
Kobalt	− 55	1130
Nickel	− 35	358
50 % Ni, 50 % Fe	+ 25	500
50 % Fe, 50 % Co	+ 70	980
Co-Ferrit, $CoFe_2O_4$	−200	510
Ni-Ferrit, $NiFe_2O_4$	− 26	595

In Nickel-Eisen-Legierungen kann eine Kompensation positiver und negativer
Werte der Magnetostriktion erzielt werden. Der Nulldurchgang der Magnetostriktion tritt bei einer Legierung auf, welche ca. 83 % Nickel enthält.

Bei Eisen-Nickel-Legierungen mit 36 % Nickel liegt die Curie-Temperatur in
der Nähe der Raumtemperatur. In diesem Temperaturbereich ist daher eine
verhältnismäßig starke Abnahme der Magnetisierung mit steigender Temperatur zu finden. Die dadurch bedingte Längenabnahme wirkt der thermischen
Ausdehnung entgegen, so daß ein außergewöhnlich niedriger thermischer Aus-
dehnungskoeffizient ($\alpha_l = 10^{-6}\,K^{-1}$) resultiert. Ein derartiger Werkstoff wird
als Invar-Legierung bezeichnet.

4.5 Anwendungen magnetischer Werkstoffe

Ferro- und ferrimagnetische Werkstoffe werden in verschiedenen Bereichen der Elektrotechnik verwendet. Dabei ist eine Werkstoffoptimierung nach unterschiedlichen Gesichtspunkten erforderlich. Die nachstehende Grobeinteilung der magnetischen Werkstoffe folgt den am Schluß des Abschnittes 4.1 angegebenen Kriterien.

4.5.1 Weichmagnetische Werkstoffe

Magnetische Werkstoffe mit geringer Koerzitivfeldstärke (d.h. geringen Ummagnetisierungsverlusten) werden sowohl in der Energietechnik als auch in vielen Bereichen der Nachrichtentechnik benötigt. Die wichtigsten Anwendungen dieser Werkstoffgruppe sind in Bild **4.45** zusammengestellt.

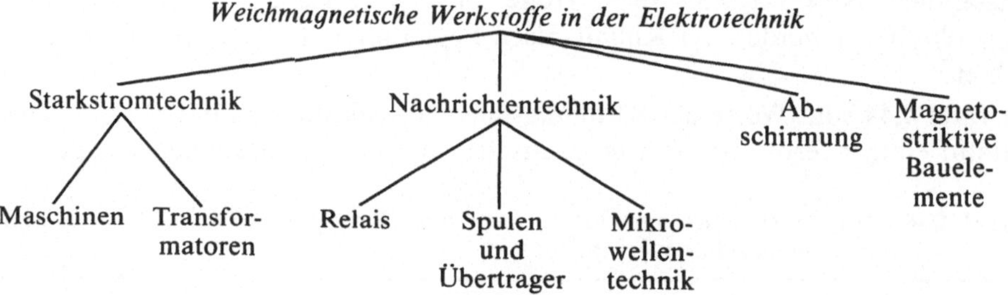

4.45 Anwendungen weichmagnetischer Werkstoffe in der Elektrotechnik

In der Energietechnik ist vor allem eine hohe Sättigungspolarisation zu fordern. Daher dient in diesem Bereich Eisen in großem Umfange als magnetischer Werkstoff. Um die Wirbelstromverluste in Grenzen zu halten, wird dem Eisen etwas Silicium zulegiert; dabei muß eine Erniedrigung der Sättigungspolarisation in Kauf genommen werden. Für Transformatoren verwendet man Legierungen mit etwa 2% Silicium. Bei der Herstellung elektrischer Maschinen (Motoren, Generatoren) werden Legierungen mit einem etwas höheren Siliciumgehalt (bis etwa 4%) eingesetzt.

Bei Transformatoren und ggf. auch bei rotierenden Maschinen können die Ummagnetisierungsverluste durch den Einsatz kornorientierter Bleche deutlich verringert werden. Durch Kaltwalzen und anschließendes Glühen bei 1100°C läßt sich bei Eisenblechen die **Goss-Textur** (Bild **4.46a**) erzeugen, bei der eine Würfelkante der Elementarzelle – und damit die leichteste Magnetisierungsrichtung – mit der Walzrichtung zusammenfällt. Der Zusammenbau der Transformatorkerne erfolgt derart, daß in den Schenkeln die Induktion parallel zur Walzrichtung verläuft (Bild **4.46b**).

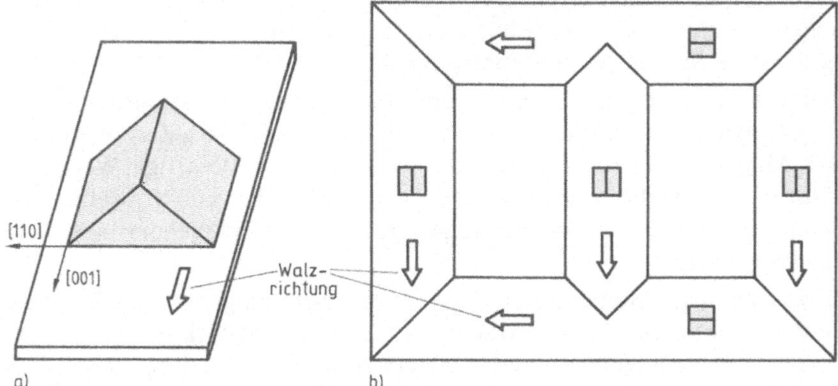

4.46 Einsatz kornorientierter Bleche im Transformatorenbau
    a) Lage der Einheitszelle bei der Goss-Textur,
    b) Zusammenbau eines Transformatorkerns aus kornorientierten Blechen

In besonderen Anwendungsfällen (z. B. für die elektrische Ausrüstung in Flugzeugen) wird Kobalt-Eisen (mit etwa 50 % Co) eingesetzt, da dieser Werkstoff eine um etwa 20 % höhere Sättigungspolarisation als Silicium-Eisen besitzt. Für Transformatoren, die in einem Frequenzbereich deutlich oberhalb 50 Hz arbeiten sollen, ist die Verwendung eines Mangan-Zink-Ferrits als Kernmaterial vorzuziehen.

In der Relaistechnik dienen weichmagnetische Werkstoffe als Kern- und Jochmaterial. Dabei sind eine hohe Permeabilität und eine geringe Koerzitivfeldstärke des Werkstoffes zu fordern. Bevorzugt werden Eisen-Nickel-Legierungen mit einem Nickelgehalt von 36 %, 50 % oder 78 %.

Kerne von Spulen und Übertragern werden üblicherweise nur im Rayleigh-Bereich der Magnetisierungskurve ausgesteuert. Dementsprechend sind die Eigenschaften des Kernmaterials im Sättigungsbereich von untergeordneter Bedeutung, d. h., die Werkstoffoptimierung erfolgt vorwiegend unter dem Gesichtspunkt geringer Verluste. Weitere Auswahlkriterien beziehen sich auf eine hohe Anfangspermeabilität und eine möglichst gute Linearität der B-H-Kennlinie. Zu den verwendeten ferromagnetischen Werkstoffen zählen Eisen-Silicium-Legierungen (2–4 % Si), Eisen-Nickel-Legierungen (mit 36 % Ni) und Dreistofflegierungen auf der Basis Nickel/Eisen/Kobalt (z. B. 45 % Ni, 30 % Fe, 25 % Co).

Besonders ausgedehnt ist der Einsatz verschiedener Ferritwerkstoffe als Kernmaterial. Verwendet werden vor allem Mangan-Zink-Ferrite, Nickel-Zink-Ferrite und Nickelferrite; der letztgenannte Werkstoff eignet sich besonders für Hochfrequenzübertrager.

In der Mikrowellentechnik sind ferrimagnetische Werkstoffe Bestandteil von nichtreziproken passiven Bauelementen (Richtleiter, Zirkulatoren). Dieser

Anwendungsbereich erfordert Werkstoffe mit einer extrem geringen elektrischen Leitfähigkeit, beispielsweise Magnesium-Mangan-Ferrite. Besonders günstig ist der Einsatz von Granatkristallen.

Abschirmungen gegen unerwünschte magnetische Streufelder werden aus Legierungen mit extrem hoher Anfangspermeabilität gefertigt, beispielsweise aus Mumetall (76% Ni, 17% Fe, 5% Cu, 2% Cr). Derartige Werkstoffe erfordern eine spezielle Wärmebehandlung (Glühen bei 600°C, definierte Abkühlung). Mechanische Verspannungen nach der Wärmebehandlung müssen vermieden werden.

Ein magnetisierbarer Körper, der sich in einem magnetischen Wechselfeld befindet, wird auf Grund des Magnetostriktionseffektes zu mechanischen Schwingungen angeregt. Da die Längenänderung näherungsweise proportional zum Quadrat der magnetischen Induktion ist, resultiert eine Magnetostriktionsfrequenz, die doppelt so hoch ist wie die Frequenz des erregenden Feldes. Bei geeigneten Abmessungen des Körpers kann Resonanz zwischen dem Magnetfeld und der mechanischen Schwingung eintreten.

Auf der Basis der Magnetostriktion werden u. a. Filter, Verzögerungsleitungen und Ultraschallgeneratoren hergestellt. Bei der Auswahl eines geeigneten Werkstoffes ist nicht nur der Absolutwert der Sättigungsmagnetostriktion maßgebend. Es sind vielmehr auch eine hohe Permeabilitätszahl und eine geringe Leitfähigkeit anzustreben. Des weiteren müssen mechanische Eigenschaften des Materials, wie der Elastizitätsmodul, die Dämpfung und die Temperaturabhängigkeit des Elastizitätsmoduls, in Betracht gezogen werden.

Zur Herstellung magnetostriktiver Bauelemente dienen u. a. Nickel und Eisen-Nickel-Legierungen. Die Legierung 55% Fe + 45% Ni ist durch einen besonders geringen Temperaturkoeffizienten des Elastizitätsmoduls gekennzeichnet. Im Bereich hoher Frequenzen (d. h. ab etwa 20 kHz) ist die Verwendung von Ferriten (z. B. Nickel-Zink-Ferrit) als Wandlermaterial vorzuziehen.

4.5.2 Dauermagnete

Dauermagnete dienen der Bereitstellung statischer Magnetfelder. Die wichtigsten Einsatzgebiete von Dauermagnetwerkstoffen sind in Bild **4.47** zusammengestellt.

Bei den in Meßgeräten verwendeten Dauermagneten (z. B. in Drehimpulsinstrumenten) ist vor allem eine hohe Stabilität und Unempfindlichkeit gegen Erschütterungen sowie gegen Temperatur- und Fremdfeldeinflüsse zu fordern. Bevorzugt werden hierbei Alnico-Werkstoffe (s. Tafel **4.32**).

In der Nachrichtentechnik werden Dauermagnete vor allem beim Bau von elektroakustischen Wandlern (d. h. von Mikrophonen und Lautsprechern) benötigt. Als Magnetwerkstoffe dienen bevorzugt Bariumferrit und Al-

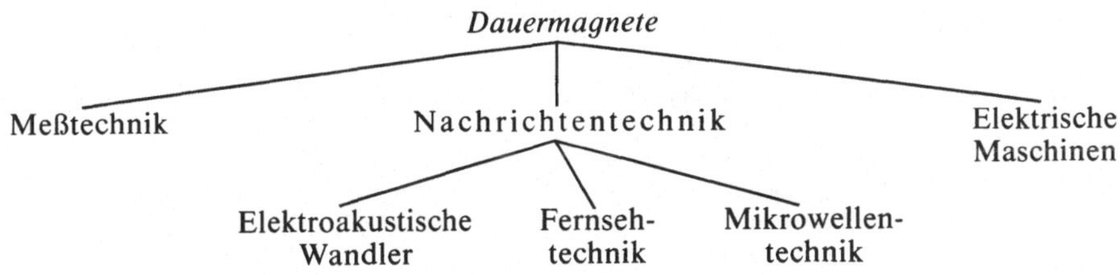

4.47 Einsatz von Dauermagneten in der Elektrotechnik

nico-Legierungen. In der Fernsehtechnik erfolgt der Einsatz von Dauermagneten zur Fokussierung des Elektronenstrahls und für Bildkorrekturen.

Die Mikrowellentechnik macht von Dauermagneten zur Fokussierung und Ablenkung der Elektronen in Mikrowellenröhren Gebrauch. Als Beispiele hierfür seien Wanderfeldröhren und Magnetrons genannt. Bei der Werkstoffauswahl ist dabei gegebenenfalls eine hinreichend hohe Curie-Temperatur zu fordern.

Als weitere Anwendung von Dauermagneten in der Meß- und Nachrichtentechnik seien die kontaktlosen (d.h. verschleißfreien) Feldplattenpotentiometer genannt. Diese beruhen auf der in Abschn. 2.4.3.8 erläuterten Widerstandsänderung geeigneter Halbleiter im Magnetfeld.

In elektrischen Maschinen dienen Dauermagnete zur Erzeugung des Erregerfeldes. Dieses Prinzip wird vor allem bei Maschinen kleiner und kleinster Leistung (beispielsweise für Positionierantriebe und in der Uhrentechnik) angewendet. Dabei hat insbesondere die Entwicklung neuer Dauermagnetwerkstoffe auf der Basis Kobalt/Seltene Erden zu einer starken Ausbreitung des Einsatzes von Dauermagneten beigetragen.

4.5.3 Informationsspeicherung

Magnetische Werkstoffe sind auf Grund der Hystereseeigenschaften zur Speicherung digitaler und analoger Informationen geeignet. Hierbei steht eine Vielzahl von Speicherverfahren zur Verfügung. Es werden u.a. Kernspeicher (Matrizenspeicher), Plattenspeicher, Trommelspeicher und Bandspeicher eingesetzt.

Die Auswahl des Speicherverfahrens erfolgt vorwiegend nach den Kriterien des Informationsumfanges (Speicherkapazität) und der Zugriffszeit. Dabei ist zu berücksichtigen, daß im Bereich sehr kleiner Zugriffszeiten die früher dominierenden Kernspeicher heute weitgehend durch Halbleiterspeicher ersetzt werden. Des weiteren ist zu beachten, daß es sich bei den magnetischen Speicherverfahren prinzipiell um eine nichtflüchtige Informationsspeicherung handelt, d.h., die Information bleibt auch nach Abschalten der Stromversorgung erhalten.

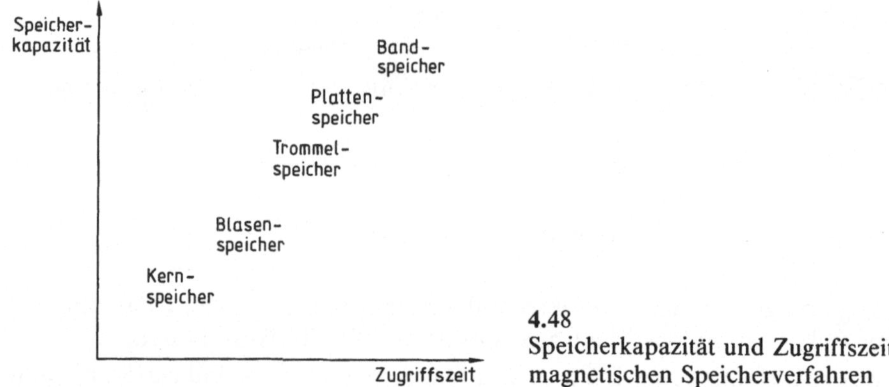

4.48
Speicherkapazität und Zugriffszeit bei
magnetischen Speicherverfahren

Bild **4.48** zeigt eine Übersicht über die Speicherkapazität und die Zugriffszeiten bei magnetischen Speicherverfahren. Wie daraus hervorgeht, gehören Kern- und Blasenspeicher zu den Speichertypen mit geringer Zugriffszeit. Bei Trommel-, Band- und Plattenspeichern muß infolge der mechanischen Bewegung des Speichermediums mit höheren Zugriffszeiten gerechnet werden.

Kernspeicher sind ausschließlich als digitale Informationsspeicher konzipiert. Dementsprechend soll das zur Kernherstellung verwendete Material eine möglichst rechteckige Hystereseschleife aufweisen (s. Bild **4.4** c). Als Kernwerkstoffe kommen u. a. Mangan-Magnesium-Ferrite, Mangan-Kupfer-Ferrite und Lithium-Nickel-Ferrite in Frage [18].

Bei den Magnetbändern, Magnetplatten und Magnettrommeln werden sehr kleine magnetische Teilchen, die sich in einer organischen Matrix befinden, als Speichermedium verwendet. Als Magnetwerkstoffe dienen insbesondere Eisenoxid (γ-Fe_2O_3), Chromdioxid (CrO_2) und reines Eisen. Die Abmessungen der nadelförmigen Teilchen liegen unter 1 µm [25].

Geeignete Teilchen aus γ-Fe_2O_3 werden durch Oxydation von Magnetit ($FeO \cdot Fe_2O_3$) bei etwa 250 °C erzeugt. Dabei bleiben die Teilchenform und die Kristallstruktur (d. h. die inverse Spinellstruktur) des Magnetits erhalten.

Zur Herstellung von Magnetblasenspeichern (engl. „bubble-memory") benötigt man zunächst ein einkristallines, nichtmagnetisches Substrat, beispielsweise aus Gadolinium-Gallium-Granat (GGG). Hierauf befindet sich eine dünne, kompliziert zusammengesetzte magnetische Granatschicht. In einer derartigen Schicht können zylindrische Domänen erzeugt und mittels geeigneter Magnetfeldkonfigurationen bewegt werden. Die Anwesenheit oder das Fehlen der Domäne an einem bestimmten Ort der Schicht charakterisiert je einen der logischen Zustände „Eins" oder „Null". Nach diesem Prinzip lassen sich Speicher mit sehr hoher Informationsdichte konzipieren.

Anhang

1 Ergänzende Bücher und Tabellenwerke

[1] Altmann, S. L.: Band Theory of Metals – The Elements. Pergamon Press, Oxford, New York, Toronto, Sydney, Braunschweig 1970
[2] Azaroff, L. V.; Brophy, J. J.: Electronic Processes in Materials. Mc Graw-Hill, New York, San Francisco, Toronto, London 1963
[3] Blythe, A. R.: Electrical Properties of Polymers. University Press, Cambridge 1979
[4] Bozorth, R. M.: Ferromagnetism. van Nostrand, Toronto, New York, London 1953
[5] Buckel, W.: Supraleitung. 3. Aufl. Physik-Verlag, Weinheim 1984
[6] Coelho, R.: Physics of Dielectrics for the Engineers. Elsevier, Amsterdam 1979
[7] Copeland, J. L.: Transport Properties of Ionic Liquids. Gordon & Breach, New York, London, Paris 1974
[8] Dekker, A. J.: Solid State Physics. Prentice Hall, Englewood Cliffs 1965
[9] Fasching, G.: Werkstoffe für die Elektrotechnik. Springer-Verlag, Wien, New York 1984
[10] Hamann, C. H.; Vielstich, W.: Elektrochemie I. 2. Aufl. VCH Verlagsgesellsch., Weinheim 1984
[11] Hecht, A.: Elektrokeramik. Springer-Verlag, Berlin, Heidelberg, New York 1976
[12] Heck, C.: Magnetische Werkstoffe und ihre technische Anwendung. Hüthig, Heidelberg 1975
[13] Heywang, W.: Amorphe und polykristalline Halbleiter. Springer-Verlag, Berlin, Heidelberg, New York 1984
[14] Heywang, W.: Sensorik. Springer-Verlag, Berlin, Heidelberg, New York, Tokio 1984
[15] Jaffe, B.; Cook, W. R.; Jaffe, H.: Piezoelectric Ceramics. Academic Press, London, New York 1971
[16] Jona, F.; Shirane, G.: Ferroelectric Crystals. Pergamon Press, Oxford, London, New York, Paris 1962
[17] Kamke, D.; Krämer, K.: Physikalische Grundlagen der Maßeinheiten. B. G. Teubner, Stuttgart 1977 (Teubner Studienbücher)
[18] Kampczyk, W.; Röß, E.: Ferritkerne. Siemens, Berlin, München 1978
[19] Kittel, Ch.: Einführung in die Festkörperphysik. 6. Aufl. Oldenbourg, München, Wien 1983
[20] Kneller, E.: Ferromagnetismus. Springer-Verlag, Berlin, Göttingen, Heidelberg 1962
[21] Lines, M. E.; Glass, A. M.: Principles and Applications of Ferroelectric and Related Materials. Clarendon Press, Oxford 1977
[22] MacDonald, D. K. C.: Thermoelectricity. Wiley, New York, London 1962

[23] Mayer-Kuckuk, T.: Atomphysik. 3. Aufl. B. G. Teubner, Stuttgart 1985 (Teubner Studienbücher)

[24] Mayer-Kuckuk, T.: Kernphysik. 4. Aufl. B. G. Teubner, Stuttgart 1984 (Teubner Studienbücher)

[25] Mee, C. D.: The Physics of Magnetic Recording. North Holland, Amsterdam 1964

[26] Moll, J. L.: Physics of Semiconductors. Mc Graw-Hill, New York, San Francisco, Toronto, London 1964

[27] Rose-Innes, A. C.; Rhoderick, E. H.: Introduction to Superconductivity. Pergamon Press, Oxford, New York, Toronto, Sydney, Paris, Frankfurt 1978

[28] Schultz, W.: Dielektrische und magnetische Eigenschaften der Werkstoffe. Vieweg, Braunschweig 1970

[29] Selberherr, S.: Analysis and Simulation of Semiconductor Devices. Springer-Verlag, Wien, New York 1984

[30] Smith, R. A.: Semiconductors. University Press, Cambridge, London, New York, Melbourne 1978

[31] Smyth, C. P.: Dielectric Behavior and Structure. Mc Graw-Hill, New York, Toronto, London 1955

[32] Sze, S. M.: Physics of Semiconductor Devices. Wiley, New York, Chichester, Brisbane, Toronto, Singapore 1981

[33] Tichy, J.; Gautschi, G.: Piezoelektrische Meßtechnik. Springer-Verlag, Berlin, Heidelberg, New York 1980

[34] Weiß, H.: Physik und Anwendung galvanomagnetischer Bauelemente. Vieweg, Braunschweig 1969

[35] Wiesemann, K.: Einführung in die Gaselektronik. B. G. Teubner, Stuttgart 1976 (Teubner Studienbücher)

[36] Wijn, H. P. J.; Dullenkopf, P.: Werkstoffe der Elektrotechnik. Springer-Verlag, Berlin, Heidelberg, New York 1967

[37] Zinke, O.; Seither, H.: Widerstände, Kondensatoren, Spulen und ihre Werkstoffe. 2. Aufl. Springer-Verlag, Berlin, Heidelberg, New York 1982

[38] Landolt-Börnstein: Zahlenwerte und Funktionen. Bd. II.6 Elektrische Eigenschaften I. Springer-Verlag, Berlin, Göttingen, Heidelberg 1959

[39] Landolt-Börnstein: Zahlenwerte und Funktionen. Neue Serie, Bd. III.1 Elastische, Piezoelektrische, Piezooptische und Elektrooptische Konstanten von Kristallen. Springer-Verlag, Berlin, Heidelberg, New York 1966

[40] Landolt-Börnstein: Zahlenwerte und Funktionen. Neue Serie, Bd. III.3 Ferro- und antiferroelektrische Substanzen. Springer-Verlag, Berlin, Heidelberg, New York 1969

[41] Landolt-Börnstein: Zahlenwerte und Funktionen. Neue Serie, Bd. III/17a Semiconductors: Physics of Group IV Elements and III-V Compounds. Springer-Verlag, Berlin, Heidelberg, New York 1982

[42] Landolt-Börnstein: Zahlenwerte und Funktionen. Neue Serie, Bd. III/17b Semiconductors: Physics of II-VI and I-VII Compounds, Semimagnetic Semiconductors. Springer-Verlag, Berlin, Heidelberg, New York 1982

2 Physikalische Konstanten

Avogadro-Konstante (Loschmidt-Zahl)	N_A^*	$= 6{,}022 \cdot 10^{23}\ \text{mol}^{-1}$
Bohrsches Magneton	μ_B	$= 9{,}273 \cdot 10^{-24}\ \text{Am}^2$
Boltzmann-Konstante	k	$= 1{,}381 \cdot 10^{-23}\ \text{Ws K}^{-1}$
Elementarladung	e	$= 1{,}602 \cdot 10^{-19}\ \text{As}$
Faraday-Konstante	F^*	$= 9{,}650 \cdot 10^{4}\ \text{As mol}^{-1}$
Gaskonstante	R	$= 8{,}314\ \text{Ws K}^{-1}\text{mol}^{-1}$
Induktionskonstante	μ_0	$= 4\pi \cdot 10^{-7}\ \text{Vs A}^{-1}\text{m}^{-1}$
Influenzkonstante	ε_0	$= 8{,}854 \cdot 10^{-12}\ \text{As V}^{-1}\text{m}^{-1}$
Lichtgeschwindigkeit	c	$= 2{,}998 \cdot 10^{8}\ \text{ms}^{-1}$
Masseneinheit, atomare	u	$= 1{,}661 \cdot 10^{-27}\ \text{kg}$
Masse des Elektrons	m_e	$= 9{,}110 \cdot 10^{-31}\ \text{kg}$
Masse des Neutrons	m_n	$= 1{,}675 \cdot 10^{-27}\ \text{kg}$
Masse des Protons	m_p	$= 1{,}673 \cdot 10^{-27}\ \text{kg}$
Plancksches Wirkungsquantum	h	$= 6{,}626 \cdot 10^{-34}\ \text{Ws}^2$
	$\hbar$	$= h/2\pi = 1{,}054 \cdot 10^{-34}\ \text{Ws}^2$

3 Formelzeichen

Physikalische Größen sind zur Unterscheidung von den steilen Einheitszeichen *kursiv* gesetzt. Mittelwerte haben einen Überstrich (z. B. $\bar{v}$). Scheitelwerte tragen ein Dach (z. B. $\hat{u}$). Die Formelzeichen komplexer Größen und Zeiger sind durch einen Unterstrich gekennzeichnet (z. B. $\underline{I}$). Die Formelzeichen von Vektoren sind überpfeilt (z. B. $\vec{E}$). Für Matrizen (Tensoren) werden Fettbuchstaben verwendet.

Indizes

(Es sind nur häufig verwendete Indizes aufgeführt)

A	Akzeptor	max	maximal
AP	Arbeitspunkt	n	Neutron
C	Kapazität	n	Elektron im Leitungsband
D	Donator	opt	optimal
d	Deuteron	p	Loch im Valenzband
e	Elektron	s	Oberfläche
I	Ion	s	Sättigung
i	Eigenhalbleiter	th	thermisch
i	laufende Zählung	V	Volumen
K	Kern	V	Valenzband
k	kritisch	∞	Endwert
kin	kinetisch	$\parallel$	parallel
L	Leitungsband	$\perp$	senkrecht
L	Induktivität		

Formelzeichen

(In Klammern Abschnittsnummer der erstmaligen Verwendung der Zeichen)

A	Massenzahl (1.2.1)		h	Miller-Index (1.4.3)
A	Fläche, Querschnitt (2.2.1)		h	Ganghöhe (2.1)
a	Gitterkonstante (1.4.3)		I	Strom (2.1)
a	Abstand (2.4.4.1)		I_C	kapazitiver Strom (3.1)
a_W	Weißsche Wechselwirkungs-		I_V	Verluststrom (3.1)
	konstante (4.2.3.1)		i	Wechselstrom (3.1)
B	magnetische Induktion (2.1)		J	magnetische Polarisation (4.1)
B_r	Remanenzinduktion (4.1)		J_s	Sättigungspolarisation (4.2.3.1)
B_s	Sättigungsinduktion (4.1)		k	Miller-Index (1.4.3)
b	Gitterkonstante (1.4.3)		k	Wellenzahl (2.4.3.1)
b	Breite (2.4.3.7)		L	Länge (2.4.3.7)
C	Kapazität (3.1)		L	Langevin-Funktion (3.2.1.3)
C	Curie-Konstante (4.2.2)		L	Selbstinduktivität (4.1)
c	spezifische Wärme (1.4.1)		L	Drehimpuls (4.2.1)
c	Gitterkonstante (1.4.3)		l	Drehimpulsquantenzahl,
c	Konzentration (2.3.1)			Nebenquantenzahl (1.2.2)
D	Durchmesser (1.4.1)		l	Miller-Index (1.4.3)
D_n	Diffusionskonstante der Elek-		l	Länge (2.1)
	tronen (2.4.3.5)		M	Magnetisierung (2.4.2.2)
D_p	Diffusionskonstante der Löcher		M	Drehmoment (3.2.1.3)
	(2.4.3.5)		M_s	spontane Magnetisierung
D	dielektrische Verschiebung,			(4.2.3.1)
	elektrische Flußdichte (3.1)		m	Masse (1.1)
d	Abstand (1.4.1)		m_l	Orientierungsquantenzahl
d	relative Dichte (2.4.2.1)			(1.2.2)
d	Dicke (2.4.3.7)		m_s	Spinquantenzahl (1.2.2)
d	piezoelektrischer Koeffizient		m_n	effektive Masse des Elektrons
	(3.4)			im Leitungsband (2.4.3.1)
E	elektrische Feldstärke (2.1)		m_p	effektive Masse des Loches im
E_d	Durchschlagfeldstärke (2.4.4.2)			Valenzband (2.4.3.1)
E_c	Koerzitivfeldstärke (3.3)		N	Neutronenzahl (1.2.1)
e	Teilchenladung (1.1)		N	Konzentration (1.4.1)
F	Kraft (2.1)		N_0	Gleichgewichtskonzentration
F_E	elektrische Feldkraft (2.1)			(2.2.1)
F_L	Lorentz-Kraft (2.1)		N_L	effektive Zustandsdichte des
$f(W)$	Fermi-Funktion (2.4.2.1)			Leitungsbandes (2.4.3.2)
$f_B(W)$	Boltzmann-Verteilung (2.4.2.1)		N_V	effektive Zustandsdichte des
f	Frequenz (3.2.4)			Valenzbandes (2.4.3.2)
f_r	Resonanzfrequenz (3.2.4)		N_A	Akzeptorenkonzentration
G	Generationsrate (2.2.1)			(2.4.3.3)
G_n	Generationsrate der Elektronen		N_D	Donatorenkonzentration
	(2.4.3.5)			(2.4.3.3)
G_p	Generationsrate der Löcher		n	Hauptquantenzahl (1.2.2)
	(2.4.3.5)		n	Molzahl (1.4.1)
G	Leitwert (3.1)		n	Elektronenkonzentration
H	magnetische Feldstärke (2.4.2.2)			(2.4.2.1)
H_c	kritische Magnetfeldstärke		n_i	Eigenkonzentration (2.4.3.2)
	(2.4.2.2)		n_0	Gleichgewichts-Elektronenkon-
H_c	Koerzitivfeldstärke (4.1)			zentration (2.4.3.5)

P	Leistung (2.4.3.8)	v_F	Fermi-Geschwindigkeit (2.4.2.1)
P	elektrische Polarisation (3.1)	v_d	Driftgeschwindigkeit (2.4.2.1)
P_r	remanente Polarisation (3.3)	v_n	Elektronengeschwindigkeit (2.4.3.4)
P_s	Sättigungspolarisation (3.3)		
p	Impuls (1.1)	v_p	Löchergeschwindigkeit (2.4.3.4)
p	Druck (1.4.1)	W	Energie (1.1)
p	Löcherkonzentration (2.4.3.2)	W_i	Ionisierungsenergie (1.2.2)
p_0	Gleichgewichts-Löcherkonzentration (2.4.3.5)	W_G	Bandabstand (2.4.1)
		W_F	Fermi-Energie (2.4.2.1)
p	Dipolmoment (3.2.1)	W_g	Bindungsenergie (2.4.2.2)
p_0	permanentes Dipolmoment (3.2.1.3)	W_a	Austrittsarbeit (2.4.2.3)
		W_v	Vakuumniveau (2.4.2.3)
Q	Ladung (2.3.1)	W_L	Energie der Unterkante des Leitungsbandes (2.4.3.2)
Q	Wärmeenergie (2.4.2.3)		
R	Widerstand (2.4.2.4)	W_V	Energie der Oberkante des Valenzbandes (2.4.3.2)
R_n	Rekombinationsrate der Elektronen (2.4.3.5)		
		W_A	Ionisierungsenergie der Akzeptoren (2.4.3.3)
R_p	Rekombinationsrate der Löcher (2.4.3.5)		
		W_D	Ionisierungsenergie der Donatoren (2.4.3.3)
R_H	Hall-Konstante (2.4.3.7)		
R_{th}	Wärmewiderstand (2.4.3.8)	W_{Ph}	Photonenenergie (1.1)
R	Radius (3.2.1.1)	W_a	Aktivierungsenergie (2.4.4.1)
r	Radius (1.2.1)	w	Energie (1.4.1)
r	Abstand (1.2.2)	x	Ortskoordinate (1.2.2)
r	Bahnradius (2.1)	y	Ortskoordinate (1.2.2)
r	Rekombinationskoeffizient (2.2.1)	Z	Ordnungszahl, Protonenzahl (1.2.1)
S	Stromdichte (2.4.2.1)		
S_n	Elektronenstromdichte (2.4.3.5)	z	Ortskoordinate (1.2.2)
S_p	Löcherstromdichte (2.4.3.5)	z	Anzahl der Freiheitsgrade (1.4.1)
S	Seebeck-Koeffizient (2.4.2.3)		
s	Eigendrehimpuls, Spin (1.1)	z	Ladungszahl (2.3.1)
s	Oberflächenrekombinationsgeschwindigkeit (2.4.3.5)	z_L	Zustandsdichte des Leitungsbandes (2.4.2.1)
		z_V	Zustandsdichte des Valenzbandes (2.4.3.2)
T	Temperatur (1.4.1)		
T	Umlaufzeit (2.1)	α	Winkel (1.4.3)
T_D	Debye-Temperatur (2.4.2.1)	α	Ionisationskoeffizient (2.2.2)
T_c	Sprungtemperatur (2.4.2.2)	α	Dissoziationsgrad (2.3.1)
T_C	Curie-Temperatur (3.3)	α_ρ	Temperaturkoeffizient des spez. Widerstandes (2.4.2.1)
T_{CW}	Curie-Weiß-Temperatur (3.3)		
T_N	Néel-Temperatur (4.2.3.2)	α_n	Ionisationsrate der Elektronen (2.4.3.4)
t	Zeit (2.1)		
U	Spannung (2.1)	α_p	Ionisationsrate der Löcher (2.4.3.4)
U_Z	Zündspannung (2.2.2)		
U_B	Brennspannung (2.2.2)	α	Polarisierbarkeit (3.2.1.1)
U_H	Hall-Spannung (2.4.3.7)	α_l	Längenausdehnungskoeffizient (4.4)
U_d	Durchschlagspannung (2.4.4.2)		
U_L	induktive Spannung (4.1)		
U_V	Verlustspannung (4.1)	β	Winkel (1.4.3)
u	Wechselspannung (3.1)	γ	Dichte (1.4.1)
V	Volumen (1.2.2)	γ	Winkel (1.4.3)
v	Geschwindigkeit (1.4.1)	γ	Sekundäremissionsfaktor (2.2.2)
v_0	wahrscheinlichste Geschwindigkeit (1.4.1)	γ	Volumen-Ausdehnungskoeffizient (3.2.3)

γ	gyromagnetisches Verhältnis (4.2.1)	μ_{ra}	Anfangspermeabilität (4.2.3.1)
		ν	Frequenz (1.1)
δ	Verlustwinkel (3.1)	Π	Peltier-Koeffizient (2.4.2.3)
ε	Dehnung (2.4.2.4)	ρ	spezifischer Widerstand (2.4.2.1)
ε_r	Dielektrizitätszahl, Permittivität (2.3.1)	ρ_i	spezifischer Widerstand des Eigenhalbleiters (2.4.3.2)
η	Zähigkeit (2.3.1)	ρ	spezifisches Gewicht (3.2.2)
θ	Winkel (3.2.1.3)	σ	elektrische Leitfähigkeit (2.2.1)
θ_H	Hall-Winkel (2.4.3.7)	σ_i	Eigenleitfähigkeit (2.4.3.2)
ϑ	Azimutalwinkel (1.2.2)	σ_s	Oberflächenleitfähigkeit (2.4.4.1)
ϑ	Celsiustemperatur (1.4.1)	τ	Relaxationszeit (2.4.2.1)
ϑ_s	Schmelzpunkt (2.3.2)	τ_f	Flugzeit (2.1)
κ	Kompressibilität (1.4.2)	τ_l	Ionenlebensdauer (2.2.1)
κ	magnetische Suszeptibilität (2.4.2.2)	τ_s	Stoßzeit (2.2.1)
Λ	freie Weglänge (1.4.1)	τ_n	Lebensdauer der Elektronen (2.4.3.5)
λ	Wellenlänge (1.1)		
λ	Wärmeleitfähigkeit (1.4.1)	τ_p	Lebensdauer der Löcher (2.4.3.5)
λ_s	Sättigungsmagnetostriktion (4.4)	φ	Winkel (1.2.2)
μ	magnetisches Moment (1.1)	φ	Potential (2.4.2.3)
μ	Beweglichkeit (2.2.1)	χ	elektrische Suszeptibilität (3.1)
μ_n	Elektronenbeweglichkeit (2.4.2.1)	ψ	Wellenfunktion (1.2.2)
		Ω	Raumwinkel (3.2.1.3)
μ_p	Löcherbeweglichkeit (2.4.3.2)	ω	Winkelgeschwindigkeit (2.1)
μ_r	Permeabilitätszahl (2.4.2.2)	ω	Kreisfrequenz (3.1)
μ_T	Thomson-Koeffizient (2.4.2.3)	ω_r	Resonanzkreisfrequenz (3.2.4)
μ_M	magnetisches Moment (4.2.1)	ω_L	Larmor-Kreisfrequenz (4.2.2)

4 Erläuterung wichtiger Begriffe

Akzeptoren

Störstellen (Fremdatome), welche beim Einbau in das Halbleitergitter Elektronen aus dem Valenzband aufnehmen und damit Löcher erzeugen. Bei Silicium und Germanium sind die Elemente Bor, Aluminium, Gallium und Indium Akzeptoren.

Alpha-Teilchen (α-Teilchen)

Aus zwei Protonen und zwei Neutronen bestehendes Teilchen, das bei radioaktiven Zerfällen und Kernumwandlungen auftritt. Das α-Teilchen ist mit dem zweifach ionisierten Helium 4-Atom identisch.

Antiferromagnetismus

Ordnungszustand der Materie, bei dem sich die magnetischen Momente innerhalb der Weißschen Bezirke paarweise kompensieren.

Arrhenius-Darstellung

Logarithmische Auftragung einer Größe (z. B. der Eigenkonzentration n_i) über dem Kehrwert der absoluten Temperatur T. Ergibt sich dabei eine Gerade, so kann für den betreffenden Prozeß eine Aktivierungsenergie ermittelt werden.

Atomare Masseneinheit

Auf den zwölften Teil der Masse des Kohlenstoffisotops ^{12}C bezogene Masse $(1\,\mathrm{u} = 1{,}66 \cdot 10^{-27}\,\mathrm{kg})$.

Austrittsarbeit

Energie, die erforderlich ist, um ein Teilchen (in der Regel ein Elektron) aus einer Festkörperoberfläche in eine große (theoretisch unendlich weite) Entfernung von ihr zu bringen.

Avogadro-Konstante (Loschmidt-Zahl)

Zahl der Atome bzw. Moleküle, die in einem Mol eines beliebigen Stoffes enthalten sind $(N_\mathrm{A}^* = 6{,}022 \cdot 10^{23}\,\mathrm{mol}^{-1})$.

Bändermodell

Darstellung der für Elektronen erlaubten und verbotenen Energiebereiche in einem Festkörper.

Bandabstand

Energiedifferenz (W_G) zwischen der Oberkante des Valenzbandes (W_V) und der Unterkante des Leitungsbandes (W_L).

Barkhausen-Sprung

Starke Veränderung der Magnetisierung durch sprunghafte Vergrößerung (Verkleinerung) von Weißschen Bezirken.

Beta-Teilchen (β-Teilchen)

Elektronen mit hoher kinetischer Energie $(W_\mathrm{kin} \gtrsim 1\,\mathrm{MeV})$; das β-Teilchen tritt bei radioaktiven Zerfällen und Kernumwandlungen auf.

Beweglichkeit

Quotient Driftgeschwindigkeit durch elektrische Feldstärke bei Ladungsträgern im Festkörper. Die Beweglichkeit ist vom Material, von der Ladungsträgerart, von der Kristallperfektion und von der Temperatur abhängig.

Bloch-Wand

Grenzbereich zwischen zwei Weißschen Bezirken mit unterschiedlicher Polarisations- bzw. Magnetisierungsrichtung.

Compton-Effekt

Experimenteller Nachweis für die Impulsübertragung von einem Photon auf ein Elementarteilchen. Der Impulsverlust des Photons wird durch die Erniedrigung der Frequenz (bzw. Erhöhung der Wellenlänge) des Photons nachgewiesen.

Curie-Temperatur

Obere (materialspezifische) Grenztemperatur für die Existenz magnetischer Ordnungszustände in ferro- und ferrimagnetischen Substanzen. Der Begriff „Curie-Temperatur" wird auch für die analoge Grenztemperatur in ferroelektrischen Substanzen verwendet.

Diffusion

Thermisch angeregte, ungeordnete Bewegung von Teilchen. Die Diffusion führt im Falle eines Konzentrationsgefälles der Teilchen zu einem Diffusionsstrom (1. Ficksches Gesetz).

Diffusionslänge

Entfernung vom Ort der Erzeugung von Minoritätsladungsträgern, bei der die Überschußkonzentration der Minoritätsladungsträger auf den e-ten Teil des Ursprungswertes abgefallen ist.

Donatoren

Störstellen (Fremdatome), welche beim Einbau in das Halbleitergitter Elektronen an das Leitungsband abgeben. Bei Silicium und Germanium sind die Elemente Phosphor, Arsen und Antimon Donatoren.

Eigenleitung

Leitfähigkeit, die durch thermisch angeregte Übergänge von Elektronen aus dem Valenzband in das Leitungsband hervorgerufen wird. Bei der Eigenleitung ist die Konzentration der Elektronen gleich der der Löcher ($n = p = n_i$).

Elementarzelle

Kleinste Einheit eines Kristalls mit typischer räumlicher Anordnung der Atome (bzw. Ionen oder Moleküle). Der Gesamtkristall entsteht durch Aneinanderreihung der (durch ebene Flächen begrenzten) Elementarzellen.

Faraday-Konstante

Elektrische Ladung, die benötigt wird, um 1 mol eines Stoffes, dessen Ionen einfach (positiv oder negativ) geladen sind, aus einem Elektrolyten abzuscheiden ($F^* = 9{,}65 \cdot 10^4$ C/mol).

Fermi-Energie, Fermi-Niveau

Energie, bei der die Besetzungswahrscheinlichkeit von besetzbaren Zuständen mit Elektronen genau 0,5 ist. Bei Metallen liegt das Fermi-Niveau im Leitungsband, bei nichtentarteten Halbleitern in der verbotenen Zone.

Ferrimagnetismus

Ordnungszustand der Materie, bei dem innerhalb der Weißschen Bezirke eine partielle Kompensation der magnetischen Momente vorliegt.

Ferroelektrika

Werkstoffe, bei denen in kleinen Bereichen (Domänen) eine spontane Polarisation (d. h. $\vec{P} \neq 0$ bei $\vec{E} = 0$) existiert. Es treten somit Hystereseerscheinungen (analog zu denjenigen der Ferro- und Ferrimagnetika) auf.

Ferromagnetismus

Ordnungszustand der Materie, bei dem die magnetischen Momente innerhalb der Weißschen Bezirke gleichgerichtet sind.

Gamma-Strahlung (γ-Strahlung)

Elektromagnetische Strahlung mit Wellenlängen unterhalb derjenigen der Röntgenstrahlung, d. h. $\lambda < 10^{-11}$ m; die γ-Strahlung tritt bei kernphysikalischen Prozessen auf.

Gitterkonstanten

Abmessungen der Elementarzelle. Die Gitterkonstanten werden häufig in Ångström-Einheiten (1 Å $= 10^{-8}$ cm $= 10^{-10}$ m) angegeben.

Hall-Effekt

Auftreten einer Potentialdifferenz senkrecht zum Strompfad als Folge der auf bewegte Ladungsträger wirkenden Lorentz-Kraft.

Hauptquantenzahl

Numerierung der Schalen der Elektronenhülle. Die K-Schale (innerste Schale) besitzt die Hauptquantenzahl $n = 1$, die L-Schale die Hauptquantenzahl $n = 2$ etc. Mit wachsender Hauptquantenzahl n nimmt die Energie der Elektronen zu.

Hysterese

Physikalische Erscheinung, bei der die Zuordnung zwischen abhängiger und unabhängiger Größe nicht eindeutig ist, sondern von der Vorgeschichte des Materials mitbestimmt wird. Hystereseeffekte treten insbesondere bei ferroelektrischen und ferromagnetischen Werkstoffen auf.

Ideales Gas

Mathematische Beschreibung des Verhaltens von Gasen unter Bedingungen, bei denen das Eigenvolumen der Moleküle und die zwischen den Molekülen wirkenden Kräfte vernachlässigt werden können.

Ion

Geladenes Teilchen, welches durch Aufnahme oder Abgabe eines Elektrons (oder mehrerer Elektronen) aus einem (elektrisch neutralen) Atom oder Molekül entsteht.

Isobare

Atome (Kerne) mit gleicher Massenzahl A, jedoch unterschiedlicher Ordnungszahl Z (Zahl der Protonen).

Isotope

Atome (Kerne) mit gleicher Ordnungszahl Z (Zahl der Protonen), jedoch unterschiedlicher Massenzahl A.

Koordinationszahl

Anzahl der nächsten Nachbarn eines Atoms im Kristallgitter. Bei dichtester Kugelpackung beträgt die Koordinationszahl zwölf.

Korn

Bereich mit den geometrischen und physikalischen Eigenschaften eines Einkristalls, d. h. mit einheitlicher Kristallorientierung und ohne bedeutende Gitterstörungen. Polykristalline Werkstoffe sind aus zahlreichen Körnern aufgebaut.

Kristallsysteme

Zusammenfassung von Kristallgittern, deren Einheitszellen bestimmte gemeinsame Symmetrieeigenschaften besitzen (Beispiele: kubisches System, hexagonales System).

Lebensdauer

Zeitkonstante beim exponentiellen Abklingen eines Überschusses von Minoritätsladungsträgern infolge Rekombination. Der Begriff „Lebensdauer" wird auch bei zahlreichen anderen Abklingvorgängen angewandt (z. B. Lebensdauer von Ionen bis zur Neutralisation).

Magnetisierung

Zustand der Materie unter dem Einfluß eines magnetischen Feldes. Die Magnetisierung $\vec{M}$ ist die vektorielle Summe aller magnetischen Momente $\vec{\mu}_\mathrm{M}$, dividiert durch das betrachtete Volumen.

Magnetostriktion

Längenänderung eines Körpers unter dem Einfluß eines Magnetfeldes. Man unterscheidet zwischen positiver und negativer Magnetostriktion.

Massendefekt

Differenz zwischen dem Produkt Massenzahl mal atomare Masseneinheit und der tatsächlichen Kernmasse. Aus dem Massendefekt läßt sich mit Hilfe der Einsteinschen Äquivalenzrelation $W = m c^2$ die Kernbindungsenergie berechnen.

Massenzahl (Nukleonenzahl)

Summe der Protonenzahl Z und der Neutronenzahl N im Atomkern: $A = Z + N$.

Miller-Indizes

Zahlentripel h, k, l, welches zur Festlegung (Indizierung) von Ebenen bzw. Ebenenscharen im Kristall dient.

Nebenquantenzahl

Zahl ($l = 0, 1, 2, \ldots$), welche die Drehimpulseigenschaften von Elektronen in der Atomhülle charakterisiert. Elektronen, welche die Nebenquantenzahl $l = 0$ (kein Drehimpuls) besitzen, werden als s-Elektronen bezeichnet. Des weiteren gelten folgende Zuordnungen: $l = 1 \leftrightarrow$ p-Elektronen, $l = 2 \leftrightarrow$ d-Elektronen, $l = 3 \leftrightarrow$ f-Elektronen.

Néel-Temperatur

Obere (materialspezifische) Grenztemperatur für die Existenz antiferromagnetischer Ordnungszustände.

Normalbedingungen

Definierte Werte für Druck und Temperatur, nämlich $1{,}013 \cdot 10^5$ Pa (1 bar) und 273,15 K (0 °C), auf die häufig stoffspezifische Daten bezogen werden. Unter Normalbedingungen nimmt 1 mol eines idealen Gases ein Volumen von 22,4 l ein.

Ordnungszahl

Zahl der Elektronen eines neutralen Atoms (gleich Zahl der Protonen im Kern). Die Ordnungszahl Z ist maßgebend für die Position eines Elementes im Periodischen System.

Pauli-Prinzip

Nach dem Pauli-Prinzip kann ein Energiezustand jeweils nur von einem Elektron (bzw. zwei Elektronen mit antiparallelem Spin) besetzt werden.

Peltier-Effekt

Auftreten einer Temperaturdifferenz als Folge eines Stromdurchganges durch die Grenze zweier verschiedenartiger Werkstoffe (z. B. p- und n-Halbleiter).

Photonen

Quanten der elektromagnetischen Strahlung. Die Energie des Photons ist $W_{\text{Ph}} = h\,\nu$.

Piezoelektrische Werkstoffe

Werkstoffe, bei denen durch uniaxialen Druck eine Polarisation hervorgerufen wird. Beim inversen piezoelektrischen Effekt wird durch Anlegen eines elektrischen Feldes eine Änderung der geometrischen Abmessungen des Materials bewirkt.

Polarisation, elektrische

Zustand der Materie unter dem Einfluß eines elektrischen Feldes. Es werden Dipole durch Verschiebung von Elektronen und Ionen gebildet oder vorhandene Dipole ausgerichtet. Die Polarisation $\vec{P}$ ist die vektorielle Summe aller Dipolmomente $\vec{p}$, dividiert durch das betrachtete Volumen.

Polarisation, magnetische

Zustand der Materie unter dem Einfluß eines magnetischen Feldes. Die Polarisation $\vec{J}$ ist mit der Magnetisierung $\vec{M}$ über die Beziehung $\vec{J} = \mu_0 \vec{M}$ verknüpft.

Polarisierbarkeit

Proportionalitätsfaktor α, der das durch ein elektrisches Feld $\vec{E}$ induzierte Dipolmoment $\vec{p}$ eines Atoms oder Moleküls beschreibt: $\vec{p} = \alpha \vec{E}$.

Rekombination

Übergang eines Elektrons aus dem Leitungsband in das Valenzband (Vereinigung von Elektron und Loch). Der Begriff „Rekombination" ist auch auf andere Prozesse anzuwenden (z. B. Neutralisation eines positiven Ions durch Aufnahme eines Elektrons).

Seebeck-Effekt

Auftreten einer elektrischen Potentialdifferenz als Folge einer Temperaturdifferenz an einer Kombination verschiedenartiger Werkstoffe (z. B. p- und n-Halbleiter).

Spin

Drehimpuls, der durch die Rotationsbewegung eines Elementarteilchens um seine eigene Achse bewirkt wird. Mit dem Spin ist in der Regel ein magnetisches Moment verknüpft.

Suszeptibilität, elektrische

Quotient elektrische Polarisation durch (elektrische Feldkonstante mal elektrische Feldstärke).

Suszeptibilität, magnetische

Quotient Magnetisierung durch magnetische Feldstärke. Alternativ: Quotient magnetische Polarisation durch magnetische Feldstärke; der Quotient ist in diesem Falle durch die magnetische Feldkonstante (μ_0) zu dividieren.

Textur

Bevorzugte Ausrichtung der Kristallite eines polykristallinen Materials.

Tripelpunkt

Punkt im Phasendiagramm (Druck und Temperatur), bei dem alle drei Phasen (gasförmig, flüssig, fest) nebeneinander existenzfähig sind. Der Tripelpunkt des Wassers liegt bei $T_{tr} = 273{,}16$ K und $p_{tr} = 611$ Pa.

Van der Waalssche Bindung

Bindung, die auf der Wechselwirkung zwischen Dipolen basiert. Die van der Waalssche Bindung ist schwächer als die Ionenbindung, die homöopolare Bindung und die metallische Bindung; ihre Reichweite ist gering.

Weißscher Bezirk (Domäne)

In ferroelektrischen Substanzen: Bereich spontaner elektrischer Polarisation. In ferro- und ferrimagnetischen Substanzen: Bereich spontaner magnetischer Polarisation bzw. Magnetisierung.

Sachverzeichnis

Moeller, Leitfaden der Elektrotechnik

Herausgegeben von Prof. Dr.-Ing. **H. Fricke**, Braunschweig, Prof. Dr.-Ing. **H. Frohne**, Hannover, und Prof. Dr.-Ing. **P. Vaske**

Band I

Grundlagen der Elektrotechnik

Teil 1: Elektrische Netzwerke

Von Prof. Dr.-Ing. **H. Fricke**, Braunschweig, und Prof. Dr.-Ing. **P. Vaske**

17., neubearbeitete und erweiterte Auflage. XVIII, 733 Seiten mit 567 teils mehrfarbigen Bildern, 34 Tafeln und 553 Beispielen. Geb. DM 64,– ISBN 3-519-06403-0

Teil 2: Elektrische und magnetische Felder

Von Prof. Dr.-Ing. **H. Frohne**, Hannover

In Vorbereitung ISBN 3-519-06404-9

Teil 3: Elektrische und magnetische Eigenschaften der Materie

Von Prof. Dr. **W. von Münch**, Stuttgart

X, 278 Seiten mit 210 Bildern, 44 Tafeln und 40 Beispielen. Geb. DM 54,– ISBN 3-519-06409-X

Band II

Elektrische Maschinen und Umformer

Teil 1: Aufbau, Wirkungsweise und Betriebsverhalten
Von Prof. Dr.-Ing. **P. Vaske**

12., neubearbeitete und erweiterte Auflage. XII, 289 Seiten mit 248 teils zweifarbigen Bildern, 12 Tafeln und 61 Beispielen. Kart. DM 44,– ISBN 3-519-16401-9

Band III

Bauelemente der Halbleiterelektronik

Von Prof. Dr. rer. nat. **H. Tholl**, Hamburg

Teil 2: Feldeffekt-Transistoren, Thyristoren und Optoelektronik
XII, 323 Seiten mit 309 Bildern, 32 Tafeln und 77 Beispielen. Kart. DM 46,– ISBN 3-519-06419-7

Band IV

Grundlagen der elektrischen Meßtechnik

Von Prof. Dr.-Ing. **H. Frohne**, Hannover, und Prof. Dr.-Ing. **E. Ueckert**, Hannover

XII, 548 Seiten mit 271 Bildern, 48 Tafeln und 111 Beispielen. Geb. DM 68,– ISBN 3-519-06406-5

Band V

Grundlagen der Regelungstechnik

Von Prof. Dr.-Ing. **F. Dörrscheidt**, Paderborn, und Prof. Dr.-Ing. **W. Latzel**, Paderborn

In Vorbereitung ISBN 3-519-06421-9

Band VI

Hochspannungstechnik

Von Prof. Dr.-Ing. **G. Hilgarth**, Braunschweig/Wolfenbüttel

X, 162 Seiten mit 138 Bildern, 13 Tafeln und 35 Beispielen. Kart. DM 38,– ISBN 3-519-06422-7

 **B. G. Teubner Stuttgart**

Moeller, Leitfaden der Elektrotechnik (Fortsetzung)

Band VII

Programmierbare Taschenrechner in der Elektrotechnik
Anwendung der TI 58 und TI 59

Von Prof. Dr.-Ing. **P. Vaske,** Prof. Dr.-Ing. **F. Dörrscheidt,** Paderborn, und Prof. Dr.-Ing. **D. Selle,** Braunschweig/Wolfenbüttel
unter Mitwirkung von Prof. Dipl.-Ing. **R. Flosdorff,** Aachen, und Prof. Dr.-Ing. **G. Hilgarth,** Braunschweig/Wolfenbüttel

XII, 425 Seiten mit 143 Bildern, 32 Tafeln, 129 Beispielen und 40 Programmen. Kart. DM 44,–
ISBN 3-519-06420-0

Band IX

Elektrische Energieverteilung

Von Prof. Dipl.-Ing. **R. Flosdorff,** Aachen, und Prof. Dr.-Ing. **G. Hilgarth,** Braunschweig/Wolfenbüttel

5., überarbeitete Auflage. XIV, 352 Seiten mit 274 Bildern, 46 Tafeln und 72 Beispielen. Kart. DM 48,–
ISBN 3-519-46411-X

Band X

Grundlagen der Digitaltechnik

Von Prof. Dipl.-Ing. **L. Borucki,** Krefeld
unter Mitwirkung von Prof. Dipl.-Ing. **G. Stockfisch,** Moers

2., neubearbeitete und erweiterte Auflage. XIV, 302 Seiten mit 292 Bildern, 76 Tafeln und 31 Beispielen. Kart. DM 46,–   ISBN 3-519-16415-9

Band XI

Grundlagen der elektrischen Nachrichtenübertragung

Von Prof. Dr.-Ing. **H. Fricke,** Braunschweig, Prof. Dr.-Ing. habil. **K. Lamberts,** Clausthal, und Prof. Dipl.-Ing. **E. Patzelt,** Braunschweig/Wolfenbüttel

XV, 375 Seiten mit 302 Bildern, 15 Tafeln und 39 Beispielen. Geb. DM 56,–   ISBN 3-519-06416-2

Band XII

Grundlagen der Verstärker

Von Prof. Dr.-Ing. **H. Gad,** Lemgo, und Prof. Dr.-Ing. **H. Fricke,** Braunschweig

XII, 306 Seiten mit 202 Bildern, 1 Tafel und 90 Beispielen. Kart. DM 52,–   ISBN 3-519-06417-0

Band XIII

Grundlagen der Impulstechnik

Von Dr.-Ing. **G.-H. Schildt,** Braunschweig

XII, 444 Seiten mit 364 Bildern, 9 Tafeln und 34 Beispielen. Kart. DM 68,–   ISBN 3-519-06412-X

Preisänderungen vorbehalten

 **B. G. Teubner Stuttgart**